猪营养代谢与表观遗传学

Porcine Nutrition Metabolism and Epigenetic

黄飞若　著

化学工业出版社

·北京·

图书在版编目（CIP）数据

猪营养代谢与表观遗传学/黄飞若著．—北京：化学工业出版社，2016.3
ISBN 978-7-122-26258-5

Ⅰ.①猪…　Ⅱ.①黄…　Ⅲ.①猪-家畜营养学-研究②猪-发育遗传学-研究　Ⅳ.①S828.5②Q959.842.03

中国版本图书馆 CIP 数据核字（2016）第 024878 号

责任编辑：邵桂林　　文字编辑：焦欣渝　李瑾　何芳
责任校对：边　涛　　装帧设计：关　飞

出版发行：化学工业出版社（北京市东城区青年湖南街 13 号　邮政编码 100011）
印　　刷：北京永鑫印刷有限责任公司
装　　订：三河市宇新装订厂
710mm×1000mm　1/16　印张 17¼　字数 331 千字　2016 年 4 月北京第 1 版第 1 次印刷

购书咨询：010-64518888（传真：010-64519686）　售后服务：010-64518899
网　　址：http://www.cip.com.cn
凡购买本书，如有缺损质量问题，本社销售中心负责调换。

定　　价：75.00 元

前 言

动物营养代谢与调控是动物营养学的经典研究内容。动物营养代谢过程，会受到环境、营养状况、应激和细胞内遗传物质等诸多因素的影响和调控。近年来，表观遗传学领域的研究得到迅速发展，并且其研究内容涉及许多学科领域。表观遗传学研究的重点是基因表达的调控机制，研究生物通过调控基因表达而不改变基因序列所导致的遗传现象的理论。所以，表观遗传学是环境因素和遗传物质相互作用的结果。动物体在生长发育过程中，也在不断进行着生理和代谢的变化和调整，从而提高机体对环境的适应能力。表观遗传学是研究基因与环境相互作用的学科，这门学科在动物营养与饲料科学领域涉及营养素对表观遗传的影响，以及表观遗传学修饰对营养代谢的调控。现在表观遗传学研究也成为动物营养代谢调控研究的热点，而目前没有有关猪营养代谢与表观遗传学相关的著作出版。

本书主要综述了作者近年来研究成果，包括脂质、蛋白质和碳水化合物三大类营养物质的营养代谢调控与表观遗传学的关系；以及肠道、肝脏、肌肉等不同的器官的营养物质代谢的表观学修饰的分析。同时辅以国内外相关研究进展，以补充猪营养代谢及表观遗传学领域相关著作空白，为科学研究、教学及动物生产提供理论依据。

动物营养学是一个正在发展的与许多学科有关的领域，其中动物营养代谢与表观遗传学修饰有密切关系，本书就是从这二者的联系展开的，内容包括两大部分：第一部分(第一～三章)是对表观遗传学的基本理论、动物营养代谢与调控的理论及方法的描述，涉及表观遗传学的形成和发展、主要研究内容、研究技术，动物营养代谢与调控的研究进展，以及表观遗传学在猪营养代谢中的研究等；第二部分(第四～八章)为猪营养代谢与表观遗传学的专题研究，涉及猪肠道脂肪代谢与乙酰化修饰，日粮不同蛋白水平下猪肠道和肝脏氨基酸的代谢及甲基化分析，表观遗传修饰在肝脏糖脂及氨代谢中的作用，表观遗传学修饰在猪肌肉蛋白质降解中的作用，猪皮下脂肪与肌内脂肪形成的表观遗传学调控等。

本书的写作和出版得到了国家自然科学基金项目（No. 31572409）、国家重点基础研究计划“973计划”（No. 2013CB127304）、国家自然科学基金青年科学基金（No. 31101722）和瑞典国际青年科学基金（No. 720112-101204）项目的资助。同时，华中农业大学动物营养与饲料科学系硕士生李鲁鲁、包正喜、张萍、王悦、郑培培等在本书所涉及的课题开展和研究过程中倾注了大量的心血和汗水。在此一并致以诚挚的谢意！同时，对化学工业出版社为本书的尽早出版所付出的辛勤劳动表示衷心的感谢！

由于编者的水平有限，经验不足，时间仓促，专业发展迅速及涉及的学科领域较广等原因，书中难免有错漏和不妥之处，敬请广大读者批评指正。

黄飞若
华中农业大学
2016年2月

目 录

第四章 猪肠道脂肪酸转运与乙酰化修饰 / 119

第五章 低蛋白日粮下猪肝脏氨基酸的代谢及甲基化修饰 / 150

第六章　表观遗传修饰在肝脏糖脂及氨代谢中的作用　/ 182

第七章 免疫应激猪肌肉蛋白质降解与表观遗传学修饰 / 206

第八章 猪皮下脂肪与肌内脂肪形成的表观遗传学调控 / 244

第一章 绪论

表观遗传学研究在DNA序列不发生改变的条件下，由于DNA甲基化、染色质结构变化等因素而引起的基因的功能发生可遗传的变化并导致表型变异的遗传学机制。近年来，表观遗传学逐渐成为众多学者研究的热点。表观遗传学同样会受到环境因素的影响，在不同的环境状况下发生不同的表观遗传学修饰，以适应环境的变化。在营养学领域，表观遗传学研究也变得非常重要，不同营养条件和功能性饲粮的添加可以通过多种方式改变表观遗传修饰，从而改变基因的表达状况，并且表观遗传修饰的改变也会进一步影响动物对营养物质的代谢。

第一节 表观遗传学研究进展

一、表观遗传学的形成与发展

经典遗传学认为，基因是一个结构单位，也是一个功能单位。基因结构的改变会引起生物体表现型（phenotype）的改变，而这种改变可以从上代传到下代。人类基因组（genome）有20000多个基因，但在成人体内的200种左右细胞中，每种细胞内都仅有一部分特定基因表达（Albert等，2010）。简而言之，就是每个个体内虽然所有细胞都含相同的遗传信息，但由于基因表达模式的不同，使这些本来由同一个受精卵分裂而成的细胞经过分化后成了具有不同功能和形态的细胞（如肝细胞、血细胞和上皮细胞等），从而形成不同的组织和器官。

在经典遗传学创立数十年后，1942年生物学家沃丁顿（Waddington）研究基因型产生表型的过程中首次提出了表观遗传学（epigenetics）这一术语。Epigenetics这一名词的中文译法有多种，常见的有“表观遗传学”“表现遗传学”“后生遗传学”“外因遗传学”“表遗传学”“外区遗传学”等。随着遗传学的快速发展，这个词的意思越来越窄（Dupont 等，2009）。沃丁顿在描述生物体的基因型与表型之间的关系时指出，基因型的遗传（heredity）或传承（inheritance）是遗传学研究的主要内容，而基因型产生表型的过程则属于表观遗传学研究的范畴。在当时，许多生物学家认为细胞的分化是由于基因组的组成发生了改变。20 世纪 80 年代，霍利德（Holliday）进一步指出可在两个层面上研究高等生物的基因属性（Holliday 等，1987）：第一个层面是基因的世代间传递的规律，这是遗传学；第二个层面是生物从受精卵到成体的发育过程中基因活性变化的模式，这是表观遗传学。1994 年，霍利德又指出基因表达活性的变化不仅发生在发育过程中，在生物体已分化的细胞中也会发生；基因表达的某种变化可通过有丝分裂的细胞遗传下去（Holliday 等，1994）。他还指出，基因表达的可遗传的变化是可逆的；这种可逆的基因表达的变化并不是基因的 DNA 序列改变引起的。霍利德认为，表观遗传学研究的是“上代向下代传递的信息，而不是 DNA 序列本身”，这是一种“不以 DNA 序列的差别为基础的细胞核遗传”。1999 年，乌尔福（Wollfe A）把表观遗传学定义为研究没有 DNA 序列变化的、可遗传的基因表达的改变。换句话说，表观遗传学是不改变基因 DNA 序列的基础表达，而改变基因表达以后蛋白质水平的遗传方式。随着表观遗传学的不断发展，表观遗传学定义为研究不涉及遗传物质核苷酸序列的改变，但可以通过有丝分裂和减数分裂实现代间遗传的生物现象的遗传学分支领域（薛京伦等，2006）。

在分子生物学空前发展的形势下，表观遗传学也在分子水平上得到了更为系统的研究，人们不仅发现了多种表观遗传修饰方式，而且探究了其错综复杂的生物学作用，如 DNA 甲基化对基因表达的抑制；组蛋白乙酰化和甲基化影响基因表达；染色质重塑与基因表达的关系；非编码 RNA 可能通过 RNA 干扰机制调节影响其他基因的活性等。因此表观遗传学现已成为生命科学领域的研究热点之一，形成了独立的分支学科。它不仅对基因表达、调控、遗传有重要作用，而且在肿瘤、免疫等许多疾病的发生和防治中也具有十分深远的意义。它是近年来生命科学领域中的一个突出进展，具有十分广泛的研究和应用前景。

二、表观遗传学和遗传学的关系

表观遗传学（epigenetics）与遗传学（genetics）是相对应的概念，既相互区别、彼此影响，又相辅相成，从而构成一个整体。经典遗传学经历了从孟德尔遗传到分子遗传的阶段，它认为 DNA 序列中储存着生命的全部遗传信息。经典遗传学主要是研究基因序列改变和染色体突变为基础所引起的基因表达水平的变化。表观遗传学则认为是在 DNA 序列不变化的基础上的遗传模式，以 DNA 甲基化形式和蛋白密码、RNA 干涉等进行调控，实际上是以基因表达水平为主的遗传学。表观遗传变异也能遗传，而且表现出表型差异，但与经典遗传中基因突变不同。首先，表观遗传学是逐渐积累的遗传过程而非突变的过程，而且表观遗传突变及其回复突变的频率也高于遗传中基因突变及其回复突变；第二，表观遗传变异往往是可逆的；第三，表观遗传改变多发生在非编码的启动子区，而遗传突变多发生在编码区等。遗传学和表观遗传学有共同的理论基础，即它们都主张遗传连续性和体质的不连续性（白丽荣等，2007）。在整个生命过程中，遗传学信息提供合成生命所必需的蛋白质结构模板，而表观遗传学则调控适当的一组表达基因及其表达的程度，即表观遗传学信息是提供何时、何地和怎样地应用遗传学信息的指令。在整个生命过程中，表观遗传学机制能对激素、生长因子等调节分子传递的环境信息作出反应，而不改变DNA序列。由此可见，遗传学和表观遗传学系统既相互区别又相互依存，共同确保细胞的正常功能。只有二者相互协同，生命过程才能正常进行，否则就会出现异常。表观遗传学把遗传和环境结合起来，由于表观遗传修饰具有潜在的遗传能力，这意味着环境可作为一种积极因素，通过表观遗传修饰作用于生物体，并遗传给后代，在进化的长河中，它也许是物种进化的动力之一。

三、表观遗传学的主要研究内容

真核基因的表达受细胞核内、外多种调节，包括遗传调控（genetic regulation）和表观遗传调控（epigenetic regulation）。遗传调控是指基因结构的改变会引起生物体表现型（phenotype）的改变，而这种改变可以从上代传到下代。主要包括基因转录、转录后加工、翻译以及翻译后修饰等环节，其中转录水平的调控是真核生物遗传信息传递过程中第一个具有高度选择性的环节。在遗传调控过程中，反式作用因子与顺式作用元件间的相互作用是构成基因表达调控网络的基础。表观遗传调控是指不涉及遗传物质核苷酸序列的改变，但可以通过有丝分裂和减数分裂实现代间遗传。它是真核基因组一种独特的调控机制，所以表观遗传调控又被称为以染色质为基础的基因表达调控。

现阶段较为公认的表观遗传的定义为：不依赖于DNA序列改变的可遗传的变异（Bonasio等，2010）。这其中包含了三层含义：第一，可遗传的，即这类改变通过有丝分裂或减数分裂，能在细胞或个体世代间遗传；第二，可逆性的基因表达调节，也有较少的学者描述为基因活性或功能的改变；第三，没有DNA序列的变化或不能用序列变化来解释。这也是表观遗传区别于传统遗传的特点所在。而这类遗传信息以DNA甲基化、组蛋白翻译后修饰等形式来保存。近年来，表观遗传学已成为基因表达调控的研究热点之一。

目前，表观遗传学研究的具体内容主要分为两大类：基因选择性转录表达的调控和基因转录后的调控。前者主要研究作用于亲代的环境因素造成子代基因表达方式改变的原因，包括DNA甲基化（DNA methylation）、组蛋白共价修饰、染色质重塑（chromatin remodeling）、基因沉默（gene silencing）和RNA编辑（RNA editing）等；后者主要研究RNA的调控机制，包括基因组中非编码RNA、微小RNA（miRNA）、反义RNA（antisense RNA）、核糖开关（riboswitch）等（薛京伦等，2006）。近年来研究较多的主要有DNA甲基化、染色质重塑、组蛋白共价修饰、非编码RNA调控等。

（一）基因选择性转录表达调控

表观遗传学是指在基因的DNA序列没有发生改变的情况下，基因功能发生可遗传的遗传信息变化，并最终导致可遗传的表型变化，而且这种改变在发育和细胞增殖过程中能稳定传递且具有可逆潜能。主要研究为什么作用于亲代的环境因素可以造成子代基因表达的改变。

1. DNA甲基化

DNA甲基化是表观遗传学的重要研究内容之一。DNA甲基化现象广泛存在于真核生物基因组中，是DNA的一种天然的修饰方式。人类染色体CpG二核苷酸是最主要的甲基化位点，其作用是导致基因失活。一般来说，高甲基化程度抑制基因的表达，低甲基化促进基因表达。DNA甲基化状态受多种酶的调节，所以对调节DNA甲基化状态的酶的研究是非常有必要的。因此，DNA甲基化有其重要的生物学意义。

2. 组蛋白共价修饰

组蛋白修饰是表观遗传修饰的另外一种重要方式。组蛋白是真核生物染色体的基本结构蛋白，是一类小分子碱性蛋白质，在进化上十分保守。组蛋白有两个活性末端：羧基端和氨基端。羧基端与组蛋白分子间的相互作用和DNA缠绕有关，而氨基端则与其他调节蛋白和DNA作用有关，这类变化由乙酰化、磷酸化、甲基化等共价修饰引起，由此构成多种多样的组蛋白密码。因此，组蛋白共价修饰可能是更为精细的基因表达方式。目前研究较多的是组蛋白的甲基化和乙酰化。

（1）组蛋白乙酰化　组蛋白乙酰化修饰是在组蛋白乙酰转移酶（histone acetyltransferase，HAT）和组蛋白去乙酰化酶（histone deacetylase，HDAC）的协调作用下进行的，主要发生在组蛋白N端的赖氨酸。乙酰化修饰大多在组蛋白H3的Lys9、14、18、23和H4的Lys5、8、12、16等位点。例如，干扰素-β基因启动子附近组蛋白赖氨酸：组蛋白4的8位赖氨酸（H4K8）、组蛋白3的9位赖氨酸（H3K9）以及组蛋白3的14位赖氨酸（H3K14）的乙酰化。

（2）组蛋白甲基化　组蛋白的甲基化修饰主要是在组蛋白甲基转移酶（histone methyltransferase，HMT）的作用下完成的，主要发生在组蛋白的赖氨酸（K）和精氨酸（R）残基上（Shi等，2007）。根据每一位点甲基化程度的不同，赖氨酸残基能分别被单甲基化（me1）、双甲基化（me2，对称或非对称）和三甲基化（me3），精氨酸也可以是单甲基化或者双甲基化，由精氨酸甲基转移酶（protein arginine methyltransferase，PRMT）催化完成。赖氨酸甲基化似乎是基因表达调控较为稳定的标记，例如，H3K9 和 H3K27 的甲基化与基因沉默有关。相反，精氨酸甲基化与基因激活先关，而 H3 和 H4 中精氨酸的甲基化丢失与沉默基因相关。

（3）其他组蛋白修饰方式　组蛋白氨基末端的多样性共价修饰，除甲基化和乙酰化外，还有泛素化、磷酸化和 ADP 核糖基化等。这些修饰可能通过两种机制影响染色质的结构与功能。首先，这些修饰可以改变染色质的疏松或凝集状态；其次，通过招募其他调节蛋白参与 DNA 的加工过程。

3. 染色质重塑

染色质重塑（chromatin remodeling）是指染色质位置和结构的变化，主要涉及核小体的置换或重新排列，改变了核小体在基因启动序列区域的排列，增加了基因转录装置和启动序列的可接近性。染色质重塑的发生和组蛋白 N 端尾巴修饰密切相关，特别是对组蛋白 H3 和 H4 的修饰。修饰直接影响核小体的结构，并为其他蛋白提供了和 DNA 作用的结合位点。染色质重塑主要包括两种类型：一种是依赖 ATP 的物理修饰；另一种是依赖共价结合反应的化学修饰。染色质重塑已经成为目前生物学中最重要和前沿的研究领域之一，人们提出了与基因密码相对应的组蛋白密码来说明染色质重塑在基因表达调控中的作用。

（二）基因转录后的调控

1. 基因组中非编码 RNA

非编码 RNA 主要来源于内含子和转录的基因间序列，尽管不能被翻译成蛋白质，但本身具有许多生理功能，如在调节基因表达、基因转录、调整染色质结构、表观遗传记忆、RNA 选择性剪接以及蛋白质翻译中都发挥重要作用。按照非编码 RNA 的大小可分为长链非编码 RNA 和短链非编码 RNA。长链非编码 RNA 在基因簇以至于整个染色体水平发挥顺式调节作用；短链 RNA 在基因组水平对基因表达进行调控，其可介导 mRNA 的降解，诱导染色质结构的改变，决定着细胞的分化命运，还对外源的核酸序列有降解作用，以保护本身的基因组。

2. 微小 RNA

RNA（miRNA）是一类小分子的、非编码基因。虽然目前已经从植物、线虫到人类的细胞中找到了 1500 个以上 miRNA，并提出它们在细胞增殖、分化、代谢与死亡中发挥着重要的调节作用，但是至今为止，真正确认其功能的 miRNA 还是微乎其微。拟南芥叶的形态形成是受一种活性 RNA 的调节，它不属于反应 RNA，而是一种叫做 miRNA 的小分子 RNA。其能够自我折叠形成发夹结构，通过RNA干扰（RNAi）或类似于RNAi的机制发挥其作用。

3. 反义RNA

反义RNA（antisense RNA）最初发现于细菌中，它是一些较短的、散布的转录产物，本身缺乏编码能力，但能够与靶mRNA互补的RNA分子结合，从而阻抑基因的正常表达。近年来，人们不断发现原核生物和真核生物中自然存在的反义RNA，这可能揭示另一个新的基因调控方式。反义RNA通过碱基配对，特异性地与mRNA结合，阻止mRNA的翻译，从而抑制细胞中内源性或外源性基因的表达。

4. 核糖开关

核糖开关（riboswitch）是2002年发现的RNA的特殊形式，充当RNA开关的作用。核糖开关可以在转录和翻译两个水平上调节基因表达，且均有抑制和激活两种方式。在细菌中有7种核糖开关分别调控维生素、氨基酸、核苷酸相关合成及转运的代谢基因的表达。其中6种核糖开关为抑制性，当存在相应代谢物时基因关闭；只发现1种激活性核糖开关，存在相应代谢物时，基因开始表达。

四、表观遗传学的研究技术

近年来，遗传学相关技术飞速发展，推动着基因组甚至整个生命科学的高速发展，出现了一系列新技术、新方法，包括基因靶标技术、全基因表达分析技术、蛋白激酶组学分析技术、生物信息学分析、细胞组学分析、基因组学研究、转录组学研究、蛋白组学研究、蛋白质谱分析技术、药物基因组学分析、高通量细胞荧光筛选技术以及高通量远红外细胞免疫筛选技术等现代的技术体系。表观遗传学是遗传学的研究领域，它的发展离不开遗传学研究的技术方法。目前，广泛用于表观遗传学研究的技术主要有表观基因组分析技术、表观遗传学生物信息学分析、DNA甲基化分析技术、组蛋白修饰分析技术、染色质重塑分析、RNA组学研究、基因表达谱分析技术、RNA拼接图谱综合分析技术等专用技术和方法。

（一）DNA甲基化的相关技术

随着DNA甲基化研究的深入，DNA甲基化分析方法层出不穷，根据其原理的不同，主要可分为：依赖于甲基化敏感的限制性内切酶技术，依赖于重硫酸盐的甲基化分析方法等。

1. 依赖于甲基化敏感的限制性内切酶技术

（1）限制性标记基因组扫描（restrivtive landmark genomic scanning, RLGS） 一些限制性内切酶的识别位点中含有CpG双核苷酸序列，它常常只能结合非甲基化的识别序列，而对发生甲基化的序列则没有结合活性。这样可以识别 DNA 序列是否发生甲基化。Hatada 等（1991）于报道了 RLGS 方法，并将其用于全基因组范围 DNA 甲基化分析，随后用于检测含 CpG 岛甲基化状态的改变。该方法先用甲基化敏感的稀频限制性内切酶 *Not* Ⅰ消化基因组 DNA，由于 *Not* Ⅰ识别 GCGGCCGC 序列，并且可以被重叠的 CpG 甲基化阻断，因此 CpG 甲基化位点保留，用同位素标记末端，用甲基化不敏感的酶如 *Eco*RⅤ切割，进行一维电泳；随后再用更高频的甲基化不敏感的内切酶如 *Hin*f Ⅰ切割，进行二维电泳。这样甲基化的部分被切割开并在电泳时显带，得到 RLGS 图谱与正常对照得出缺失条带，即为甲基化的可能部位。RLGS 可一次得到数以千计的 CpG 岛的甲基化定量信息。但 RLGS 对 DNA 质量要求较高，只能利用新鲜组织，且 RLGS 不能快速分析多个样本。

（2）差异性甲基化杂交分析（differential methylation hybridization for methylation analysis，DMH） Huang 等（2005）于 1999 年首先将 DMH 用于不同样本中全基因组范围内差异甲基化 CpG 岛的筛选。该方法主要过程如下：基因组 DNA 用 *Mse* Ⅰ割成小片段，但保留 CpG 岛的完整性，消化产物经体外甲基化反应后获得富含 CpG 岛的 *Mse* Ⅰ酶切片段，经亲和色谱柱富集，以此构建 CpG 岛文库微阵列。该方法可用于多样本、多位点甲基化的检测，样本需要量少，适于临床样本，但对于不含 *Bst*U Ⅰ酶切位点的序列将给出正常与样本中均甲基化的假阳性问题，需进行后续鉴定。

（3）甲基化 CpG 岛扩增子代表性差异分析（methylation CpG island amplification for methylation analysis，MCA-RDA） CpG 岛扩增结合代表性差异分析由 Toyota 等建立，是一种有效的全基因组甲基化分析技术，该方法能鉴定并克隆出不同样本间差异的甲基化片段。其原理是利用甲基化敏感和非敏感的两种限制性内切酶消化基因组中的 DNA，之后与相应的接头连接，用 PCR 把基因组中的甲基化状态的 DNA 片段进行特异扩增，从而实现富集整个甲基化片段的目的。主要过程：首先不同样本的基因组 DNA 用甲基化不敏感的 *Sma* Ⅰ，切割非甲基化的 CCCGGG，产生平端；继以甲基化不敏感的 *Sma* Ⅰ同裂酶 *Xma* Ⅰ消化，将甲基化的 CCCGGG 切割产生 CCGGG 黏端，再连上接头，而非甲基化的 CCCGGG 由于平末端而不能连接，PCR 扩增带有接头的片段，得到甲基化的 MCA 扩增子。对照组和样本组 MCA 扩增子进一步做斑点杂交和代表性差异分析（RDA）。斑点杂交可同时检测多个已知 CpG 岛甲基化；RDA 则可发现新的 CpG 岛甲基化基因。MCA 可快速检测多样本、多基因的 CpG 岛甲基化，且联合 RDA 可发现新的甲基化基因；但不能检测石蜡包埋组织，且对于不含相邻 CCCGGG 片段的 CpG 岛无法检测。

2. 依赖于重亚硫酸盐的甲基化分析方法

（1）结合重亚硫酸盐的限制性内切酶分析（combined bisulfite restriction analysis，COBRA） DNA 样本经亚硫酸氢盐处理后，对检测部位进行 PCR 扩增，扩增产物纯化后用限制性内切酶（*Bst*U Ⅰ）酶切PCR产物：若其识别序列中的胞嘧啶被甲基化，因胞嘧啶保持不变，该位点能被限制性内切酶酶切；若待测序列未甲基化，则胞嘧啶转化为胸腺嘧啶，该位点则不被原来的限制性内切酶识别。这样酶切产物再经电泳分离、探针杂交、扫描定量后即可检测出DNA的甲基化状态及甲基化程度（Xiong等，1996）。本方法相对简单，可以快速定量几个已知CpG位点的甲基化，且需要的样本量少。但它只能获得特殊酶切位点的甲基化情况。检测结果呈阴性不能排除样品DNA中存在甲基化的可能性。

（2）DNA直接测序　直接测序是由Frommer等（1992）提出的用于研究DNA甲基化的方法。其原理是：亚硫酸氢盐使DNA中未发生甲基化的胞嘧啶脱氨基转变成尿嘧啶，而甲基化的胞嘧啶保持不变，然后在所研究的CpG位点处进行PCR扩增，最后，对PCR产物进行测序并且与未经处理的序列进行比较，判断是否CpG位点发生甲基化。这是检测基因组甲基化状态最直接、最可靠的方法，能明确目的片段中每一个CpG位点的甲基化状态，虽然它费时、昂贵，但在寻找有意义的关键CpG位点上，有其他方法无法比拟的优点。

（3）甲基化特异性的PCR（methylation-specific PCR，MS-PCR）　Herman等（1996）使用亚硫酸盐处理的基础上建立的MS-PCR是一种简单、特异、敏感的检测基因组DNA甲基化水平常用方法。其基本原理是DNA经亚硫酸氢钠处理后，未甲基化的胞嘧啶变成尿嘧啶，而甲基化的胞嘧啶保持不变。在PCR扩增时，设计两套不同的引物对：其一引物序列针对亚硫酸氢钠处理后的甲基化DNA链设计，若用该对引物能扩增出片段，说明该检测位点发生了甲基化；另一引物针对经亚硫酸氢钠处理后的非甲基化DNA链设计，若该对引物能扩增出片段，说明该检测位点没有甲基化。两对引物具有很高的特异性，与未经处理的DNA序列无互补配对。MS-PCR是目前应用最广泛的CpG岛甲基化检测方法，可检出比例为千分之一的甲基化片段。可靠的MS-PCR，关键在于引物设计。其引物需要两个已知的、包含多个完全甲基化或非甲基化CpG位点的区域，但这样的区域并不多，因此限制了MS-PCR的使用。此方法应用范围广，可以检测包括已知的、接近PCR引物的及限制性酶切范围的CpG双核苷酸序列的甲基化状况（Schilling等，2007）。

（二）组蛋白修饰研究技术

组蛋白修饰包括甲基化、乙酰化、磷酸化、泛素化、ADP核糖基化等。但目前研究组蛋白修饰的方法较少。目前检测组蛋白修饰最常用的方法主要有染色质免疫沉淀技术、染色质免疫沉淀结合芯片技术以及染色质免疫共沉淀结合短序列测序技术。

1. 染色质免疫沉淀技术

染色质免疫沉淀技术（chromatin immunoprecipitation，ChIP）是由O'Neill

和 Turne（1995）提出的一种可在体内用来确定与某一特定蛋白结合或蛋白定位所在的特异性 DNA 序列的技术，是基于体内分析发展起来的方法，也称结合位点分析法。其在过去十年已经成为表观遗传信息研究的主要方法，可用于组蛋白的各种修饰与基因表达的关系的研究。其原理是在活细胞状态下固定蛋白质-DNA 复合物，并用超声波破碎将染色质随机切断为一定长度范围内的染色质小片段，然后通过研究的目的蛋白特异性抗体沉淀此复合物，再通过对目的片段的纯化与检测，从而获得蛋白质与 DNA 相互作用的信息。此方法可以充分反映生理条件下 DNA 与蛋白质相互作用的真实情况，可以找出生理条件下某个 DNA 结合蛋白与 DNA 序列的结合位点，但该方法需要一个特异性蛋白质抗体，有时难以获得。

2. 染色质免疫共沉淀结合芯片技术

染色质免疫共沉淀结合芯片技术（ChIP-chip）是将 ChIP 与生物芯片相结合，在全基因组或基因组较大区域上高通量分析 DNA 结合位点或组蛋白修饰的方法（李敏俐等，2010）。其过程是先通过染色质免疫共沉淀技术富集组蛋白被修饰的 DNA 片段，然后用 LM-PCR 扩增富集的 DNA 片段，并在扩增过程中引入荧光基团。由于富集每种长度片段的百分比含量不同，PCR 的扩增效率不同，可以通过循环数来减少偏好性。最后将扩增的片段与设计的芯片杂交。

3. 染色质免疫共沉淀结合短序列测序技术

染色质免疫共沉淀结合短序列测序技术（ChIP-sequencing，ChIP-seq）是将 ChIP 与第二代测序技术相结合，在全基因组范围内检测 DNA 组蛋白修饰的高通量方法，可以应用到任何基因组序列的物种，并能确切得到每一个片段的序列信息（李敏俐等，2010）。其原理是先通过染色质免疫沉淀技术特异性地富集目的蛋白结合的 DNA 片段，并对其进行纯化与文库构建；然后对富集得到的 DNA 片段进行高通量测序。ChIP-Seq 具有定位分辨率高、成本不断降低及通量迅速增高的特点，该技术主要困难在于测序完成后对海量数据分析。ChIP 和测序技术的结合越来越广泛地应用到 DNA 与互作蛋白分析。

（三）非编码 RNA 相关研究技术

为揭示非编码 RNA 的分子作用机制，人们需要借助多种分子生物学研究方法。这里主要介绍 RNA 结合蛋白免疫沉淀、RNA 纯化的染色质分离、ChIRP-seq 等技术。

1. RNA 结合蛋白免疫沉淀

RNA 结合蛋白质免疫沉淀（RNA-binding protein immunoprecipitation，RIP）是研究细胞内 RNA 与蛋白质结合的技术，是了解转录后调控网络动态过程的有力工具，能帮助我们发现 miRNA 的调节靶点。其实验原理：先用抗体或表位标记物捕获细胞核内或细胞质中内源性的 RNA 结合蛋白；防止非特异性的 RNA 的结合；免疫沉淀把 RNA 结合蛋白及其结合的 RNA 一起分离出来。结合的 RNA 序列通过 microarray（RIP-Chip）、定量 RT-PCR 或高通量测序（RIP-Seq）方法来鉴定。RIP 可以看成是普遍使用的染色质免疫沉淀 ChIP 技术的类似应用，但由于研究对象是 RNA-蛋白复合物而不是 DNA-蛋白复合物，RIP 实验的优化条件与 ChIP 实验不太相同。RIP 技术下游结合 microarray 技术被称为 RIP-Chip，可使人们更加了解癌症以及其他疾病整体水平的 RNA 变化。

2. RNA 纯化的染色质分离

RNA 纯化的染色质分离（chromatin isolation by RNA purification，ChIRP）是一项通过纯化 RNA 分子从而获得其结合的染色质片段的技术，主要用于鉴定长链非编码 RNA 与染色质相互作用的状态和位点。其原理如下：首先用戊二醛固定细胞，以维持 lncRNA 与染色质的相互作用，然后进行细胞裂解和超声破碎，接着用生物素标记的寡核苷酸探针与靶 lncRNA 杂交，基于生物素和链霉亲和素相互作用的原理，用链霉亲和素磁珠来分离、纯化染色质复合体，最后从纯化的染色质复合体中分离蛋白质、RNA 或 DNA 以进行下游的分析（Chu 等，2012）。

3. ChIRP-测序

ChIRP-测序（ChIRP-sequencing，ChIRP-seq）是将 ChIRP 和高通量测序相结合用于在全基因组范围内定位 lncRNA 的结合位点的方法（Chu 等，2011）。该方法通过设计生物素或链霉亲和素探针，靶定目标 RNA 以后，与其共同作用的 DNA 染色体片段就会附在到磁珠上，最后把染色体片段做高通量测序，这样会得知该 RNA 能够结合到在基因组的哪些区域。

五、表观遗传学的应用前景

表观遗传学补充了“中心法则”没有解释的 2 个问题：第一，存储遗传信息的载体并不是只有核酸；第二，决定基因的正常转录和翻译的因素有哪些。表观遗传信息可通过控制基因的表达方式、空间位置和表达时间，进而调控发育过程及各种生理反应（余丽，2010）。如此，一些用 DNA 序列不能解释的现象，可以通过表观遗传学的研究找到答案。表观遗传学涉及的领域很广，这一学科迅速发展在为分子水平揭示了复杂的临床现象，给征服疾病带来了希望。目前，表观遗传学已成为生命科学研究前沿和热点。研究表观遗传中各种因子突变致病的机理，将有助于了解表观遗传学的分子机制，进而进行疾病治疗和新药开发。

（一）指导临床治疗

环境因素通过表观遗传修饰对人体有着深远的影响，与环境相关的复杂性疾

病比如恶性肿瘤、神经精神疾病、自身免疫疾病、心脑血管疾病、代谢性疾病等均受到表观遗传调节控制（Min 等，2011）。如 DNA 甲基化影响到基因的表达，与肿瘤的发生关系紧密。甲基化状态的变化是致癌作用的一个关键因素，以抑癌基因为代表的 CpG 岛甲基化引起肿瘤抑制基因转录失活是肿瘤发生的重要机制之一，CpG 岛甲基化导致抑癌基因转录失活是一个可以逆转的表观遗传学基因修饰过程，而 CpG 岛去甲基化可以恢复抑制癌症基因功能。因此，DNA 去甲基化作用恢复癌基因功能的研究也成为肿瘤基因治疗的新型手段之一（Szyf 等，2000）。由此，人们可根据表观遗传变化的可逆性特征，通过研究新的分子靶向药物，逆转疾病状态下异常的表观遗传改变，达到治疗的目的，为肿瘤的治疗提供了新的思路。

（二）指导健康平衡的饮食

母体健康平衡的饮食对婴儿健康具有重要作用。环境中的镍、砷等物质及辐射对动物的表观遗传修饰也具有重要影响。食物中叶酸含量过低时会出现低甲基化，过高则会出现高甲基化。通常甲基化可以抑制基因活动，因此，人们通过建立健康平衡的膳食结构、干涉治疗等方法改变表观遗传，达到治疗疾病的目的。

表观遗传学探究在不发生 DNA 序列改变的情况下，DNA 甲基化、染色质结构状态等因素的改变，使基因功能发生可遗传的变化，并最终导致表型变异的遗传现象及本质。但人们对其机制仍知之甚少，解答这一问题无疑对深入、彻底了解表观遗传修饰具有极为重要的意义。随着表观遗传学系统研究的不断深入，有利于揭示人类疾病、杂种优势、生长发育和作物抗逆等许多生命现象的本质，为遗传学研究开辟新的思路。表观遗传的修饰和调控已成为生命科学的研究热点。

第二节 猪营养代谢调控的研究进展

日粮中的营养物质经过肠道消化吸收后，随着血液循环被运送到机体不同的组织进行代谢，维持生命活动和生产需要。然而，日粮除了提供营养外，还对机体营养物质的代谢调控有着重要的作用；动物所处的环境如温度、湿度、空气中的有害气体等都可以不同程度地影响机体对营养物质的代谢；肠道中栖居着大量的微生物，也可对营养物质进行发酵，产生各种代谢产物，进而影响营养物质的消化吸收。此外，遗传性状、激素水平都影响着营养物质的代谢。本节主要介绍日粮因素、环境因素以及微生物因素对猪营养代谢调控的研究进展。

一、日粮因素对猪营养代谢的调控

日粮是动物机体维持生命、生产产品所必需的，它为动物的一切生命活动提供营养物质。动物摄取日粮，经过肠道的消化吸收后，随血液循环进入组织代谢，为动物机体提供能量和合成机体所需的营养物质。日粮除了为动物机体提供所需的营养外，还有一个重要的作用就是调节动物机体营养物质的代谢。不同日粮营养物质对机体营养代谢调控是有差异的。日粮中多不饱和脂肪酸能调控脂肪细胞的增殖分化和有关脂肪代谢酶及蛋白质的基因表达，可降低血脂、胆固醇以及调控脂肪的沉积；日粮能量和蛋白质水平影响着猪肌肉脂肪的沉积；纤维通过影响肠道微生物发酵来实现对代谢的调控。日粮中同一种营养素对机体可以进行多种营养调控。日粮碳水化合物对蛋白质、脂类以及自身的代谢都有影响。不同来源的日粮对动物机体营养物质代谢的影响是不一样的。此外，日粮中营养物质的结构、消化速率对营养物质的消化、代谢均有影响。饲料中的非淀粉多糖，能增加肠道食糜，影响肠道内微生物发酵，降低营养物质的消化吸收；饲料中的抗性淀粉能够抑制葡萄糖的吸收，动物机体通过代谢补偿使部分氨基酸在小肠黏膜参与氧化功能，从而降低可消化氨基酸的利用率，导致肝脏蛋白质合成率降低。饲料中淀粉的消化速率也能够调节氨基酸吸收及其在门静脉排流组织中的代谢程度，影响门静脉氨基酸组成模式，进而影响整体蛋白质的周转代谢。仔猪对氨基酸的消化、血液中游离氨基酸的含量及其他反映氨基酸代谢状况的代谢产物和酶活性均在一定程度上与日粮淀粉消化速率有关。这些都是日粮因素引起的营养物质在机体消化吸收代谢上的差异。

近年来随着分子生物学技术的快速发展，使得日粮营养物质对动物代谢调控的研究逐步深入到分子水平。日粮营养物质及其代谢产物均可作为诱导因子，通过对关键蛋白质转录、转录后（mRNA 的稳定性）翻译及定位的调节作用，引起营养物质代谢酶基因的表达变化，使得最终靶组织中酶浓度发生改变。日粮营养素通过对 mRNA 非翻译区调节性信号肽的控制而影响基因表达。研究表明，日粮调控动物营养代谢相关基因表达的关键调控点包括：mRNA 5′和 3′非翻译区的调节（Hesketh 等，1998）、核内 mRNA 加工的调节（Towle，1995）、mRNA 的翻译（Clarke 和 Kim，1998）、mRNA 的定位（Hesketh 等，1998）等。在复杂的基因表达调控过程中，日粮营养对基因转录后调控是主要的调控方式（Towle，1995）。日粮营养受限或日粮营养供给的变化通过对非翻译区的调节，引起某些蛋白质的合成发生变化，导致动物的代谢发生变化。碳水化合物含量较高的日粮引起葡萄糖-6-磷酸脱氢酶（glucose 6-phosphate dehydrogenase，G6PD）活性升高，导致脂肪酸的从头合成，同时提高了 G6PD mRNA 的浓度及其稳定性（Spolarics 等，1999）。日粮碳水化合物来源和能量摄入量在转录及转录后水平调节胰淀粉酶的基因表达（Swanson 等，2000）。组氨酸酶和白蛋白mRNA 在肝脏的表达随着日粮蛋白质或氨基酸供给的增加而提高。氨基酸不仅是蛋白质和其他含氮化合物合成的重要前体，还参与体内主要代谢途径的调控。当氨基酸不足时，机体内多种机制参与调节体内平衡，包括快速停止蛋白质合成、增加氨基酸合成和转运、加强自噬作用。氨基酸还可作为信号分子参与细胞内信号传导过程，可以调节其他营养素如蛋白质、脂肪和能量的代谢，最终导致机体整体代谢的改变。从这些研究结果中可以看出，日粮在调控营养物质代谢过程基本上是通过影响代谢关键基因的表达来实现的。通过在日粮营养对动物代谢调控的分子生物学基础上的研究，对于我们生产实际中利用日粮营养调控动物机体代谢进而提高饲料利用效率和改善畜产品质量具有重要意义。

二、环境因素对猪营养代谢的调控

动物的饲养环境是指与动物生产生活关系极为密切的空间以及直接、间接影响动物健康的各种自然的和人为的因素，主要包括环境温度、湿度、有害气体、光照、地板类型、栏舍大小以及饲养密度等。随着集约化规模化养殖场的发展，饲养密度增大影响到畜舍的正常温度、湿度以及通风、有害物质的变化；同时动物的活动空间狭小，导致动物压抑烦躁，引起动物个体之间的相互咬斗等异常行为，加重动物的应激反应，使体内甲状腺素、肾上腺素等激素和毒素大量分泌，引起体内代谢不同程度的变化。

动物对营养物质的代谢情况，很大程度上受到环境温度的影响。环境温度是影响动物生长以及畜产品的一个重要因素。我国养猪业主要聚集于夏季高温、高湿天气持续时间较长的南部，加之饲养密度增加和全球变暖的加剧，热应激越来越成为制约养猪业发展的重要因素之一。高温环境降低猪的采食量，影响猪脂肪沉积。大量的研究表明，与常温相比，环境高温降低脂肪在猪皮下和内脏的沉积，这可能与环境高温减少猪的采食量，降低能量的摄入有关。但同时在采食量相似的情况下，高温环境促进脂肪的沉积，抑制猪胴体蛋白质的沉积。此外，环境高温对不同部位脂肪沉积的影响存在较大的差异。在自由采食条件下，环境高温对猪皮下脂肪比例无显著影响，但提高肾周围脂肪的比例。环境高温促进脂肪沉积从体表向体内转移，是减少体表脂肪的隔热作用以适应高温环境的一种反应。环境高温导致不同部位脂肪沉积的差异可能是由于环境高温对不同部位脂肪代谢的影响不同。但有研究表明，环境高温降低皮下脂肪、内脏脂肪组织中乙酰辅酶 A 羧化酶的活性，抑制脂肪酸的从头合成（Kouba 等，1999）。高温促进脂肪沉积可能是通过增加极低密度脂蛋白浓度和脂蛋白脂酶的活性，加快脂质的转运，同时促进脂肪组织对血浆中脂蛋白携带的甘油三酯的摄取和利用。其可能的机制是，环境高温可能通过神经内分泌、自分泌或旁分泌的脂肪细胞因子以及细胞内转离子信号调控脂肪的合成分解代谢，最终影响猪脂肪的沉积。但具体机制还需进一步研究。

环境温度影响能量、蛋白质以及矿物质代谢。随着环境温度降低，饲料的能量利用率下降。随着环境温度的升高，由于维持净能变化可导致代谢产热下降，对热增耗无影响。在正常的生理条件下，产热的多少主要受维持需要耗能的影响。环境温度显著影响维持需要，动物的维持需要随着环境温度的升高而减低。日粮蛋白质水平过高使产热量增加，因此在高温环境时应降低日粮中蛋白质水平。高温时，动物机体大量出汗，低温时机体排尿量增加，体液及细胞内的pH值、渗透压的代偿性调节机能导致矿物质代谢的变化。在环境温度高于或低于适温区的温度时，机体对某些物质的需要量增加。

三、微生物因素对猪营养代谢的调控

动物机体在刚刚出生时，消化道内是无菌的，出生后几小时在自然环境中，被来自母体或土壤或空气中的细菌迅速定植。首先是需氧型及兼性厌氧菌，随着细菌的生长繁殖，消化道内局部氧气的消耗为厌氧菌提供了生存环境，于是厌氧菌在肠内定植，并利用饲料中的蛋白质、脂肪、碳水化合物、矿物质和维生素而生长繁殖，很快成为肠道内的优势菌群，构成了肠道正常微生物群的主体，占到肠道菌群数量的95%，作为宿主的组成部分与环境保持着动态平衡。由于微生物定植的区域主要在消化道的后部，未被消化道前段吸收的营养物质，在细菌水解酶的作用下发酵，转变成短链脂肪酸、肽、氨基酸等，生成的肽和氨基酸可被微生物直接利用，也可被微生物脱氨酶、氨基酸氧化酶、脱羧酶等进一步降解成氨。动物机体肠道微生物与饲料在畜禽体内的消化吸收关系密切，肠道微生物不仅与碳水化合物、蛋白质、脂肪、矿物质的代谢及维生素的体内合成有关，而且对防止体内病原菌增殖，预防疾病（如大肠菌症、沙门氏菌及梭状杆菌肠炎）的发生都有着重要作用。

肠道微生物是机体代谢的重要参与者，为动物机体代谢过程提供底物、酶和能量；同时代谢产生的脂肪酸等促进机体上皮细胞生长与分化，并参与了维生素的合成和各种离子的吸收。经过小肠的吸收，未被消化的日粮中营养物质在大肠内由微生物进行发酵。宿主基因不能完全编码植物多糖降解酶，而肠道微生物能帮助机体消化和代谢抗性淀粉、非淀粉多糖和寡糖等难以消化的营养物质。这些聚合多糖发酵产生的乙酸、丙酸、丁酸等短链脂肪酸具有抑制结肠炎症反应和肿瘤细胞增殖的作用，扩大宿主原料利用范围，提高能量利用效率。其中丁酸是肠道的主要能量来源，丙酸运输至肝脏参与糖原异生，乙酸进入循环系统用于脂肪的生成。肠道微生物的代谢产物能够调节机体代谢。短链脂肪酸可通过抑制组蛋白去乙酰化酶活性来促进肠道内特定基因的表达，并通过抑制G蛋白耦合受体调节宿主代谢。此外，短链脂肪酸还可调节胰高血糖素样肽-1的产生，增加胰岛素的分泌，影响机体糖代谢。肠道微生物的代谢产物还有可能间接影响肝脏、大脑、脂肪组织和肌肉组织代谢，从而影响机体肥胖水平以及相关的并发症。如肠道微生物可通过分解胆汁酸和甘氨酸的结合体从而改变胆汁酸在体内的肝肠循环过程，并进一步调节脂肪和葡萄糖代谢，从而控制机体肥胖水平和Ⅱ型糖尿病发病情况。

第三节 猪营养代谢中的表观遗传学研究

表观遗传是环境因素和细胞内的遗传物质相互作用的结果。表观遗传学是在DNA碱基序列不变的前提下引起的基因表达或细胞表观型变化的一种遗传现象。基因的表达不仅受到遗传物质的控制，而且还受到外界环境的影响，而其中一个主要来源就是饲料的营养物质。越来越多的证据表明营养等环境因素对基因表达具有重要的修饰作用，如营养因素可通过DNA的甲基化、组蛋白修饰和microRNA（miRNA）调控等作用来影响表观遗传。并且，营养素对表观遗传学的影响在动物机体健康的保持方面也有着非常重要的作用。

一、营养对表观遗传调控及机制

在营养学领域，表观遗传研究已经变得非常重要，因为营养和功能性饲粮可以通过抑制或者激活催化DNA甲基化酶，或者通过组蛋白修饰作用，改变基因表达，改变表观遗传，从而影响到动物本身以及后代。大量研究表明，常量营养素（如脂肪、碳水化合物和蛋白质等）、微量营养素（如维生素等）和天然生物活性化学物（如白藜芦醇等）都参与调控表观遗传（喻小琼等，2013）。动物机体表观遗传修饰的建立和变化贯穿着整个生命时期，尤其是哺乳动物早期胚胎形成时期。哺乳动物早期胚胎形成时期是表观基因组形成的关键时期，特别是在受精卵形成和着床时存在广泛的脱甲基作用，这个时期生物所处的环境是影响表观遗传标记模式建立的关键因素，营养条件则会通过表观遗传修饰模式的改变对动物整个生命过程产生深远的影响。

（一）营养对表观遗传调控

表观遗传学弥补了经典遗传学研究的不足，成为了目前动物遗传学与动物营养学研究的热点。随着研究的不断深入，人们逐渐认识到表观遗传性状往往都和营养等生命过程息息相关。营养物质可以对基因的表达起调节作用，而表观遗传学研究有助于解释在核苷酸序列不变的情况下动物机体及细胞在不同营养物质条件下的不同的基因表达情况。在动物机体中，营养素的变化会引起细胞中 DNA 甲基化、组蛋白修饰或者染色质重塑等表观遗传学的变化（喻小琼等，2013）。

蛋白质是生物体中重要的生物大分子，日粮蛋白质缺乏容易造成母体营养不良并影响后代的生长发育。饲喂低蛋白质水平饲粮动物的胎儿的肝脏中易出现 DNA 甲基化（Rees 等，2000），动物妊娠期间日粮蛋白质摄入受限会导致子代 DNA 某些核心区域甲基化模式发生改变，并且这种变化在动物成年后变得非常稳定。此外，氨基酸的缺乏可能会破坏基因组的完整性并影响 DNA 甲基化水平。尤其是蛋氨酸的水平，饲粮中长期缺乏蛋氨酸可能会导致肌肉、肝脏等组织 DNA 低甲基化；而饲粮中蛋氨酸过量时会导致肌肉、肝脏等组织 DNA 高甲基化（Waterland 等，2006）。脂肪水平也对表观遗传有着重要的影响，有研究表明，母体饲喂高脂饲粮影响子代 DNA 甲基化，改变基因的表达（Dudley 等，2011）；母体妊娠期大量摄入高脂日粮使子代肝脏中甘油三酯的浓度增加，组蛋白 H3K14 和 H3K18 乙酰化，从而引起非酒精性脂肪肝疾病的发生（Aagaard-Tillery 等，2008）。

此外，叶酸等相关 B 族维生素与 DNA 甲基化有着密切的关系。叶酸、胆碱和甜菜碱作为一碳单位，能够直接或间接地提供甲基，从而影响 DNA 和组蛋白的甲基化，改变基因的表达。而维生素 B_{12} 作为一碳单位进入一碳循环，也能对基因的表达产生影响。由于一碳循环在体内营养物质代谢中非常重要，有研究表明，用低叶酸水平日粮来饲喂断奶后的小鼠，在小鼠直肠中检测出低水平的甲基化状态（Sie 等，2011）；用含叶酸水平较低的饲粮饲喂妊娠期和泌乳期的小鼠，其子代小肠组织中的甲基化水平显著下降（McKay 等，2011）。而胆碱的缺乏使小鼠大脑基因的甲基化水平发生很大的变化，导致记忆功能衰退（Niculescu 等，2006）。由此可知，日粮中适宜的甲基供体物质对维持动物机体生命健康极为重要，而这种作用正是通过调控机体表观遗传修饰完成的。另外，除了作为甲基供体物质的某些 B 族维生素，许多天然生物活性物质（如姜黄素、白藜芦醇、茶多酚等）和维生素 C 都参与调控表观遗传。维生素 C 作为一种重要的维生素可以通过影响表观遗传修饰相关的组蛋白赖氨酸去甲基化酶和 DNA 去甲基化酶来参与细胞的表观遗传调控过程。

（二）营养对表观遗传调控的机制

营养对 DNA 甲基化修饰的研究表明，营养因素可以通过影响相关供体、辅助因子及酶的活性等达到调控甲基化的目的，包括为 DNA 甲基化提供物质基础、提供调控甲基转移酶（DNMT）活性的辅助因子和通过改变蛋氨酸循环酶活性来实现。营养对组蛋白的修饰方式多种多样，包括影响组蛋白甲基化和组蛋白的乙酰化等。组蛋白甲基化模式的调控途径类似于 DNA 的甲基化调控，也是通过调节细胞中 *S*-腺苷甲硫氨酸（SAM）含量来实现。组蛋白甲基转移酶

(HMT) 及去组蛋白甲基化酶（HDM）在此过程中发挥着重要的作用（宋善丹等，2015）。此外，某些高能营养物质（如高碳水化合物、蛋白质和脂肪）代谢产生的辅因子可通过调控 HDM 来调控组蛋白甲基化（Teperino 等，2010）。组蛋白乙酰化作用是组蛋白脱乙酰基酶（HDAC）和组蛋白乙酰基转移酶（HAT）的作用结果。如 Sirtuins，其全称为沉默信息调节因子，是 NAD^+ 依赖的蛋白质去乙酰化酶家族，在调控新陈代谢方面发挥着重要作用。当禁食和能量限制时，SIRT3 被激活并调控乙酰化水平和关键代谢酶的活性，例如乙酰辅酶 A 合成酶、长链脂酰辅酶 A 脱氢酶等，以增强禁食期间的脂肪代谢（Newman，2012）。此外，miRNA 作为非编码小 RNA，通过影响 mRNA 的稳定性发挥功能，在营养代谢尤其是脂肪代谢过程中发挥着重要的作用（Esau 等，2006）。

二、表观遗传对营养物质代谢的影响

（一）甲基化修饰在营养物质代谢中的作用

蛋白质的共价修饰对于蛋白质功能的发挥有着重要的意义。目前已知的共价修饰调节方式主要有：磷酸化/去磷酸化、乙酰化/去乙酰化、腺苷酰化/去腺苷酰化、尿苷酰化/去尿苷酰化、甲基化/去甲基化等（蔡群芳和周鹏，2006）。蛋白质精氨酸甲基化是重要的翻译后修饰方式，参与众多生命过程，精氨酸的甲基化修饰与糖代谢密切相关。蛋白质甲基化是细胞代谢中不可或缺的一种修饰方式，通常发生在特定的氨基酸残基上，如赖氨酸、精氨酸、组氨酸、脯氨酸等。精氨酸和赖氨酸残基上的甲基化修饰较为常见。在此过程中，蛋白质精氨酸甲基化转移酶（protein arginine methyltransferases，PRMTs）起主要的作用。PRMTs 有 PRMT1～11 共 11 种，根据其催化产生的甲基精氨酸种类，PRMTs 可分为Ⅰ、Ⅱ、Ⅲ、Ⅳ四种类型：Ⅰ型 PRMTs 主要包括 PRMT1、PRMT3、PRMT4、PRMT6、PRMT8；Ⅱ型 PRMTs 有 PRMT5、PRMT7、PRMT9；Ⅲ型 PRMTs 主要指 PRMT7，它同时具备Ⅱ型酶和Ⅲ型酶活性；Ⅳ型 PRMTs 即酵母 Rmt2 酶。PRMT1 与糖代谢疾病之间有着密切联系。PRMT1 还可以通过胰岛素相关通路与糖代谢产生联系，并且可调节胰岛素受体的活性。PRMT1 介导的甲基化在胰岛素受体和葡萄糖摄取中起正性调节作用。PRMT4 可通过对组蛋白 H3R7 的精氨酸甲基化，促进核转录因子 NF-κB 的转录活性。PRMT5 不仅与脂质代谢有关，而且参与了糖代谢。

（二）磷酸化修饰在营养物质代谢中的作用

蛋白质磷酸化是最常见、最重要的一种蛋白质翻译后修饰方式，它参与和调控生物体内的许多生命活动。通过蛋白质的磷酸化与去磷酸化，调控信号转导、基因表达、细胞周期等诸多细胞过程。蛋白质磷酸化是由蛋白质激酶催化的，把

ATP 或 GTP 的 γ 位磷酸基转移到底物蛋白质的氨基酸残基，如丝氨酸、苏氨酸和酪氨酸等上的过程，是生物体内一种普通的调节方式（梁前进等，2012）。磷酸化修饰在营养代谢通路及营养代谢相关信号转导通路上发挥重要的作用。并且，可逆的蛋白质磷酸化更是调节着细胞的大部分功能，如能量储存、蛋白质合成、基因表达、信号因子释放和生化代谢等。如哺乳动物的雷帕霉素靶（mammalian target of rapamycin，mTOR）是一种非典型丝氨酸/苏氨酸蛋白激酶，可整合细胞外信号，磷酸化下游靶蛋白核糖体 p70S6 激酶，如 S6K1 及 4E-BP1，影响基因转录与蛋白质的合成。mTOR 进化上相对保守，可整合营养、能量及生长因子等多种细胞外信号，参与基因转录、蛋白质翻译、核糖体合成等生物过程，在细胞生长和凋亡中发挥极为重要的作用（陈洪菊等，2010）。磷酸化修饰在 PPARs/NF-κB 信号通路激活促进骨骼肌蛋白质降解方面也有重要的影响作用。对于 NF-κB，PPARγ 配体抑制可诱导 NF-κB 抑制因子（IκB）激酶的活性，正常情况下，IκB 激酶促使 IκB 磷酸化，导致 NF-κB 靶基因的转录活化。此外，除蛋白质底物外，糖代谢过程中也发生重要的磷酸化反应，重要的磷酸化修饰酶如葡萄糖激酶、6-磷酸果糖激酶和丙酮酸激酶等。

（三）乙酰化修饰在营养物质代谢中的作用

乙酰化修饰不仅指组蛋白的乙酰化修饰，也指组蛋白乙酰化酶对非组蛋白底物的修饰。组蛋白的乙酰化修饰可以引起染色质重塑，从而改变基因的表达模式以适应营养和环境状况的变化，从而调控营养代谢等生理过程。而非组蛋白底物的乙酰化修饰是一种重要的蛋白质翻译后修饰方式。虽然乙酰化修饰在转录调控方面的作用已经被人所熟知，但随着蛋白质组学及质谱技术的发展，发现乙酰化修饰在生命活动中普遍存在，多种代谢酶均存在不同程度的乙酰化（明轩和江松敏，2013）。代谢酶的赖氨酸乙酰化修饰对新陈代谢的调控起着关键作用，尤其是在线粒体。

线粒体是糖类、脂肪酸和氨基酸最终氧化的部位，是进行氧化磷酸化和 ATP 合成的主要场所。除了为细胞供能外，还参与细胞分化、细胞信息传递和细胞凋亡等过程。所以，线粒体的正常功能是新陈代谢稳态和多种代谢酶活性的精细调节的保证。此外，线粒体数量和活性的改变与年龄、癌症以及代谢综合征的发病机理密切相关。线粒体中的蛋白质存在广泛的赖氨酸乙酰化，乙酰化的线粒体蛋白质参与到众多涉及营养物质及能量代谢的途径，例如三羧酸循环（TCA）、氧化磷酸化、脂肪的 β-氧化、氨基酸代谢、碳水化合物代谢、核苷酸代谢及尿素循环等（Zhao 等，2010）。并且，目前已经发现约有 44% 的线粒体内的脱氢酶是被乙酰化的。所以，线粒体代谢酶的乙酰化修饰作用对于物质、能量及代谢性疾病的研究有重要的意义。

蛋白质的乙酰化过程需要用到代谢中间物乙酰 CoA 作为底物，而去乙酰化酶中包含了一大类以 NAD^+ 作为底物的催化酶——Sirtuins 蛋白家族。而乙酰 CoA 和 NAD^+ 是动物机体内众多代谢途径的共同反应中间产物，一种营养物质的增多或减少，导致该物质中间代谢产物乙酰 CoA 和 NAD^+ 含量的增加或减少，从而影响乙酰化酶和去乙酰化酶的活性，继而对代谢酶进行乙酰化修饰（Dominy 等，2011）。所以代谢酶的乙酰化状态可以高度灵敏地随着营养物质浓度和能量水平的改变而改变。Sirtuins 是 NAD^+ 依赖的蛋白质去乙酰化酶，其调控细胞凋亡、新陈代谢等。哺乳动物已知的 Sirtuins 蛋白家族有 7 个：SIRT 1～7，其中 SIRT3、SIRT4 和 SIRT5 位于与衰老和能量代谢密切相关的细胞器——线粒体。

1. 乙酰化修饰调控脂质代谢

脂肪酸在供氧充分的条件下，可氧化分解生成二氧化碳和水，并释放出大量能量供机体利用，脂肪酸的 β-氧化是脂肪酸氧化的最主要的形式。脂肪酸首先活化成脂酰 CoA 进入线粒体，在线粒体中氧化。长链脂酰 CoA 脱氢酶（LCAD）是线粒体内脂肪酸氧化的关键酶，在禁食的状态下，SIRT3 可以使 LCAD 去乙酰化并激活，促进脂肪酸转化为乙酰 CoA 而被高效地利用。在 SIRT3 基因缺失的小鼠中发现，脂肪酸 β-氧化的前体物质和中间代谢产物，如甘油三酯和长链脂酰 CoA 在细胞内大量累积，并且表现出了基础 ATP 水平降低的现象（Hirschey 等，2010）。

在肝脏中，脂肪酸经 β-氧化作用生成乙酰 CoA，两分子的乙酰 CoA 可生成乙酰乙酸，乙酰乙酸可脱羧生成丙酮，也可还原生成 β-羟基丁酸。乙酰乙酸、β-羟丁酸和丙酮合称为酮体。3-羟基-3-甲基戊二酰 CoA 合酶 2（HMGCS2）是 β-羟基丁酸合成的限速酶，HMGCS2 被证明是乙酰化的蛋白质，并且能够被 SIRT3 去乙酰化，去乙酰化后的 HMGCS2 活性升高，使酮体生成增加，对 SIRT3 缺失小鼠进行血液指标检测时发现，其血清的酮体水平显著降低（Shimazu 等，2010）。乙酰 CoA 是 TCA 循环的起始底物，能够进入 TCA 循环彻底氧化转化为 CO_2、H_2O 和能量，是糖与脂肪酸共同代谢产物。乙酰 CoA 合成酶是一种肝外组织酶，能够促进肝脏中由乙酰 CoA 生成的乙酸盐重新在肝外组织变为乙酰 CoA，这样乙酸盐可以被运输到肝脏外作为一种形式的能源物质。乙酰 CoA 合成酶 1（AceCS1）位于细胞质，通过 SIRT1 去乙酰化而激活。乙酰 CoA 合成酶 2（AceCS2）定位于线粒体，在乙酰化的状态下完全失活，而在 SIRT3 存在的条件下快速再活化，从而使乙酰 CoA 生成增加，鼠型乙酰 CoA 去乙酰化的位点为 Lys-635，人型的为 Lys-642（Hallows 等，2006）。

因此，在禁食状态下，SIRT3 具有促进肝脏中脂肪酸的分解代谢，以及肝外组织利用脂类衍生物乙酸盐和酮体的能力。SIRT4 和 SIRT5 也能够调节脂肪酸氧化，但是相关的机制还不是十分清楚。

2. 乙酰化修饰调控氮代谢

谷氨酸脱氢酶（GLUD）是氨基酸代谢过程中的一种重要的代谢酶，主要位于肝细胞线粒体，能催化谷氨酸脱氨生成 α-酮戊二酸和氨，GLUD 是一种既能利用 NAD^+ 又能利用 $NADH^+$，并且不需要氧的脱氢酶，在氨基酸代谢中占有重要地位。SIRT3 通过去乙酰化激活 GLUD，促进氨基酸的分解代谢，以及氮废物的排泄。绝大多数氨基酸的分解代谢需要通过联合脱氨基作用，在 GLUD 的作用下将谷氨酸转变成 α-酮戊二酸，并将氨基转移入尿素循环中。

氨是一种碱性物质，过多的氨对动物机体有害。肝脏中尿素的合成是除去氨的主要途径，尿素循环的任何一个环节有问题都有可能产生疾病。尿素循环的整个过程部分发生在细胞质中，部分发生在线粒体。线粒体部分中尿素循环所必需的两种酶为鸟氨酸氨甲酰基转移酶（OTC）和氨甲酰磷酸合成酶 1（CPS1）。SIRT3 能够通过去乙酰化激活 OTC 加速尿素循环，SIRT3 缺失的小鼠表现出与人类尿素循环障碍相似的症状，如血清鸟氨酸含量升高，而瓜氨酸水平降低（Hallows 等，2011）。CPS1 是尿素循环的关键酶，SIRT5 能够去乙酰化 CPS1 使其活性升高，在禁食的情况下，肝脏线粒体中 NAD^+ 的含量上升，SIRT5 对 CPS1 去乙酰化，加速尿素循环以应对氨基酸代谢的增加，而在 SIRT5 敲除的小鼠中，CPS1 无法激活，并且血氨维持在一个较高的水平（Nakagawa 等，2009）。

3. 乙酰化修饰调控糖代谢

最近研究表明，乙酰化修饰是糖酵解与糖异生切换的关键调控环节。磷酸烯醇式丙酮酸羧激酶（PEPCK）是葡萄糖异生中的限速酶，其稳定性受到乙酰化修饰的严格调控，当葡萄糖含量升高时，乙酰 CoA 水平升高，乙酰化酶活性增强，PEPCK 乙酰化水平升高而活性降低，使糖酵解增强而糖异生减弱。由于此过程发生在细胞质，线粒体 Sirtuins 蛋白对其的调控作用尚不可知。然而，理论上 SIRT3 可通过促进脂肪酸的氧化，间接抑制碳水化合物的利用。

4. 乙酰化修饰调控 TCA 循环和氧化磷酸化

线粒体 TCA 循环中的 8 个酶均存在乙酰化的修饰，包括苹果酸脱氢（MDH），其中 MDH 有 4 个乙酰化位点 Lys-185、Lys-301、Lys-307 和 Lys-34。与线粒体许多代谢酶不同的是，乙酰化正调控 MDH。当细胞暴露在高浓度的葡萄糖中，MDH 的乙酰化程度增加 60%，酶活性也大大增加，TCA 循环的强度因此得到增强，以消耗糖酵解产生的乙酰 CoA，以产生大量的能量供机体利用（Zhao 等，2010）。SIRT3 通过去乙酰化 TCA 循环中异柠檬酸脱氢酶（IDH2）调控活性氧（ROS）的产生，IDH2 可催化产生 NADPH，该酶去乙酰化后的活性提高，线粒体中 NADPH 的含量增加，使谷胱甘肽保持还原态的形式，以维持其抗氧化的能力。其次，SIRT3 还可以去乙酰化并激活 ROS 清除酶锰过氧化物歧化酶，减少肝脏的氧化应激。

线粒体氧化磷酸化与呼吸链的偶联是机体产生 ATP 的主要方式。SIRT3 能够调节呼吸链的活性，SIRT3 去乙酰化并激活了线粒体内的呼吸链复合物，包括复合体Ⅰ（complexⅠ）和复合体Ⅱ（complexⅡ），所以，SIRT3 缺失使动物具有较低的 complexⅠ和 complexⅡ活性。通过 SIRT3 敲除小鼠和野生型小鼠的实验比较，缺失 SIRT3 的小鼠的耗氧量减少了 10%，而 ATP 的生成量减少了 50%（Ahn 等，2008）。

5. 乙酰化修饰与代谢疾病

线粒体代谢酶乙酰化位点的改变会导致代谢酶活性与稳定性不受乙酰化修饰的调控，从而引起体内代谢紊乱，造成一些代谢中间产物的积累或者合成不足继而引发代谢相关疾病（明轩和江松敏，2013）。近年的研究发现，Ⅱ型糖尿病等疾病均可能与代谢酶的乙酰化位点突变有关。代谢综合征是一种以肥胖、高血压、高血糖、高血脂和胰岛素抵抗为临床特征的疾病（Reaven，1988）。线粒体内高的乙酰 CoA 水平以及蛋白高度乙酰化导致代谢障碍。乙酰 CoA 存在于线粒体和细胞质中，来源于碳水化合物、脂肪酸或蛋白质等营养物质分解代谢。线粒体内蛋白质乙酰化水平上升与禁食、能量限制等多种状态导致的乙酰 CoA 的产量提高有关。SIRT3 缺失的小鼠表现出了肥胖、高脂血症、Ⅱ型糖尿病、胰岛素抵抗等症状，由于 SIRT3 缺失，使其无法移除线粒体内过多的乙酰基，导致线粒体蛋白高度乙酰化，产生了代谢综合征（Hirschey 等，2011）。

线粒体作为一种与衰老和能量代谢密切相关的细胞器，代谢酶的乙酰化修饰调节在其正常的生命活动中发挥了重要的作用。乙酰化修饰不仅发生在转录水平，通过修饰转录因子调节代谢酶的表达量；也发生在翻译后水平，通过感受营养物质和能量水平变化调控代谢酶活性。SIRT3 是线粒体内一种重要的去乙酰化酶，可以去乙酰化并激活线粒体内的多种催化酶。由于乙酰化修饰的作用方式多为负调控，所以，Sirtuins 作为一种去乙酰化蛋白在脂肪酸、葡萄糖、氨基酸等营养物质及能量的正常代谢中发挥的作用越来越明显。随着研究的深入，更多的乙酰化修饰调控代谢的机制将被发现，可进一步丰富乙酰化调控的理论。线粒体内代谢酶的修饰调节仅仅是一方面，细胞内还存在更为广泛的乙酰化修饰现象。这一广泛的乙酰化修饰调控网络与调控机制有待进一步的深入研究与拓展。乙酰化修饰的失调与代谢疾病发生也密切相关，其关系正在开始被阐明，这有利于阻止代谢相关疾病的发生，并有望使去乙酰化酶如 Sirtuins 成为预防及治疗这些疾病的药物靶点（周犇和翟琦巍，2013）。

（四）miRNA 在营养物质代谢中的作用

广义上讲，miRNA 调控基因表达也属于表观遗传学，miRNA 在 DNA 甲基化和组蛋白修饰中发挥重要的作用，表观遗传和 miRNA 两者相互作用，共同调控组织细胞内的基因表达。研究发现miRNA不仅参与到调控生长发育、细胞增殖、细胞分化、激素分泌等在内的多种生理过程，在营养代谢如脂肪代谢过程中也发挥着重要的作用。有学者在饲喂高脂日粮的小鼠中发现肠脂中miR-143的表达上调，并与体重和肠脂的增加及脂肪分化相关的标记基因（PPARγ、Ap2和leptin）相关，所以暗示miR-143可能调节参与肥胖形成的脂肪细胞基因的表达（Takanabe等，2008）。肝脏是脂类代谢的一个重要器官，肝脏特异性miRNA对维持肝脏组织分化和功能具有重要作用。在肝脏中表达丰度最高的miRNA是miR-122（Chang等，2004），有研究表明，miR-122在肝脏脂代谢中起重要作用，在鼠中敲除miR-122可使对胆固醇生物合成具重要作用的几个基因的表达降低，而过表达miR-122可增加胆固醇的生物合成（Krützfeldt等，2005）。同样，在鼠中敲除miR-122可降低循环血流中胆固醇水平、肝脏胆固醇和脂肪酸合成，并增加肝脏脂肪酸氧化；而在饮食诱导的鼠肥胖发生过程中，抑制miR-122可降低肝脏胆固醇累积和肝脏脂肪变性（Esau等，2006）。Nakanishi等（2009）发现在肥胖小鼠的肝脏和白色脂肪组织中，miR-335的表达上调，并与体重、肝脏重、白色脂肪组织重、肝脏甘油三酯及胆固醇的合成增加有关。miRNA的研究为解释复杂的营养代谢调控特别是脂质代谢提供了重要的理论依据和思路。

三、内分泌激素与表观遗传学

激素（hormone）是由内分泌腺或内分泌细胞分泌的高效生物活性物质，在体内作为信使传递信息，对机体生理过程如代谢、生长、发育和繁殖等起重要的调节作用。激素作为高度分化的内分泌细胞合成并直接分泌入血的化学信息物质，它通过调节各种组织细胞的代谢活动来影响人体的生理活动。内分泌在营养物质代谢过程中起着重要的调节作用，营养代谢过程中涉及的最重要的激素包括胰岛素、胰高血糖素、糖皮质激素、甲状腺激素等。各种激素在动物机体中发挥着相互协同或拮抗的作用，共同调节代谢，维持机体的代谢稳态，并适应环境状况的变化等。胰岛素（insulin）和胰高血糖素（glucagon）是摄食和禁食状态下最重要的代谢调节激素，通过与靶细胞表面的受体结合后，胰岛素和胰高血糖素启动细胞内不同的分子信号通路，调节能量的平衡。

（一）胰岛素与表观遗传学

胰岛素，是一种蛋白质激素，由胰脏内的胰岛β细胞分泌。胰岛素参与调节糖代谢，控制血糖平衡。胰岛素主要作用在肝脏、肌肉及脂肪组织，控制着蛋白质、糖、脂肪三大营养物质的代谢和储存。在对糖代谢的影响方面，胰岛素能加速葡萄糖的利用，提高细胞膜对葡萄糖的通透性，促进葡萄糖由细胞外转运到细胞内，增加组织对糖的利用，又能促进葡萄糖激酶和已糖激酶的活性，促进葡萄糖转变为6-磷酸葡萄糖，从而加速葡萄糖的酵解和氧化；并在糖原合成酶作用下促进肝糖原和肌糖原的合成和储存。胰岛素也可以抑制葡萄糖的生成，能抑制肝糖原分解为葡萄糖，以及抑制甘油、乳酸和氨基酸转变为葡萄糖，减少葡萄糖的异生。所以，胰岛素在糖代谢方面可以通过加速葡萄糖的利用，抑制葡萄糖的生成，通过增加血糖去路减少来源达到降低血糖的目的。胰岛素对脂肪代谢的影响主要表现为胰岛素能抑制脂肪分解，并促进糖的利用；对蛋白质代谢的影响，主要为促进蛋白质的合成，阻止蛋白质的分解。胰岛素作用的靶细胞主要有肝细胞、脂肪细胞、肌肉细胞等。

动物机体内胰岛素的分泌主要受血糖浓度、日粮蛋白质水平、胃肠道激素分泌等因素的影响。血糖浓度是影响胰岛素分泌的最重要因素。动物摄食高碳水化合物日粮后，门静脉血浆中胰岛素在极短的时间内即可达到最高值；动物进食含蛋白质较多的食物后，血液中氨基酸浓度升高，胰岛素分泌也增加。精氨酸、赖氨酸、亮氨酸和苯丙氨酸均有较强的刺激胰岛素分泌的作用；动物摄食后胃肠道激素增加，也可促进胰岛素分泌。所以，胰岛素作为动物摄食后的一种重要的信号，在摄食后动物体营养物质消化代谢过程中起着十分重要的作用。

1. 表观遗传学对胰岛素信号通路的调控

动物摄食后，除葡萄糖刺激的信号分子调控外，胰岛素信号的活化同样调控糖代谢过程。肝脏、肌肉和脂肪是胰岛素最为敏感的器官，血糖的升高刺激胰岛素释放，胰岛素通过与靶组织器官细胞表面的胰岛素受体（IRs）或胰岛素样生长因子受体（IGF-R）结合，激活细胞内信号级联传导（卢晓昭，2014）。胰岛素与其受体结合后，导致受体酪氨酸残基磷酸化，促进胰岛素受体底物（IRSs）的酪氨酸磷酸化；PI3K（phosphoinositide 3-kinases）与 IRSs 结合，获得激酶活性，同时将 PIP2 [phosphatidylinositol(4,5)-bisphosphate] 磷酸化为 PIP3 [phosphatidylinositol (3,4,5)-triphosphate]；PIP3 再进一步促进 Akt、MAPK 等多种不同信号分子磷酸化。Akt 的磷酸化可以通过 GLUT 的作用促进葡萄糖向细胞内转运，并能磷酸化糖原合酶激酶（GSK）导致其失活，而无法磷酸化糖原合酶（GS）使其失活，从而达到胰岛素促进糖原合成的效果。胰岛素信号的活化促进了肝细胞葡萄糖的转运和糖原的合成。

甾醇调节元件结合蛋白（SREBPs）是一类调节脂类合成的转录因子。SREBPs 通过转录调节下游基因的表达，调控脂肪酸和胆固醇合成。SREBP 包括 3 个异构体 SREBP1a、SREBP1c 和 SREBP2。其中，SREBP1 主要调节脂肪酸合成相关分子的转录，而 SREBP2 则调节胆固醇的合成。SREBP1c 在摄食状态下表达上升，活性明显增强，并可调控催化脂肪酸合成的重要酶类（LPK、ACC、FAS 等）。而摄食状态下，胰岛素可能通过多种下游信号促进 SREBP1c 的表达，胰岛素信号可通过活化蛋白激酶 Cλ/δ（PKCλ/δ），促进 SREBP1c 表达，也可能通过活化 Akt/PI3K，依靠 mTOR-S6K 促进 SREBP1c 表达，继而调控脂质代谢。综上，磷酸化修饰在摄食状态下胰岛素信号活化及糖脂代谢调控中发挥了重要作用。

2. 胰岛素对染色质重塑的影响

近几年来研究发现，胰岛素对表观遗传学具有一定的调控作用，并通过表观遗传的修饰，进一步调控营养代谢。染色质重塑是表观遗传学的重要组成部分，染色质重塑可导致核小体位置和结构的变化，引起染色质变化，从而打开染色质的紧密结构，使转录因子进入，启动某些相关基因的转录过程。染色质重塑主要是通过染色质重塑复合物与组蛋白相互作用，使染色质构象发生改变，根据其不同的作用原理把染色质重塑复合物分为两类：一类是借助水解 ATP 产生的能量来移动核小体，使核小体发生重排，这类重塑复合物有 SWI/SNF、RSC 和 CHD1 等，它们都有一个共同的结构特征，即都包含一个 ATPase 催化亚基；另一类染色质重塑复合物则是通过对组蛋白尾部的特定氨基酸进行共价修饰而导致 DNA 与组蛋白结合的松动，使转录机器进入到目标基因启动子上，有乙酰化、甲基化、磷酸化、泛素化，如 SAGA 等（易聪等，2009）。其中，染色质重塑因子 BAF60a 和 BAF60c 在肝脏染色质重塑和糖脂代谢中发挥着重要的作用。

胰岛素感应下 BAF60c 的磷酸化及在染色质重塑中的招募作用可调控脂质合成。脂肪酸和甘油三酯的合成受摄食和胰岛素分泌的影响。脂肪生成的过程涉及脂肪生成相关酶的转录共激活，包括脂肪酸合成酶、3-磷酸甘油乙酰基转移酶。在胰岛素诱导下，USF-1 磷酸化和随后的乙酰化在脂肪合成基因中发挥着重要的功能（Wong 等，2009；Wong 和 Sul，2009）。随后，发现染色质重塑因子 BAF60c 参与肝脏脂肪合成相关基因转录调控，在胰岛素的感应下，BAF60c 通过 PKCζ/γ 在 S247 位点磷酸化，引起了 BAF60c 的迁移，并允许 BAF60c 和 USF-1（被 DNA-PK 磷酸化及被 P/CAF 乙酰化）的相互作用，因此，BAF60c 招募并在染色体结构上形成脂肪 BAF 复合体，从而激活脂质合成相关基因的表达（Wang 等，2013）。所以，BAF60c 促进了脂质的合成并提高了甘油三酯的水平，证明了其在摄食和胰岛素条件下激活脂肪合成程序的代谢调节。此外，BAF60a 可以与 PGC-1α 和 PPARα 结合从而促进肝脏的脂肪酸氧化。PGC-1α 被证明是控制哺乳动物细胞功能和稳态的重要组成部分。Li 等（2008）采用高通量技术分析了 PGC-1α 转录网络的分子信号，发现 BAF60a 作为 SWI/SNF 染色质重塑因子和肝脏脂质代谢之间具有重要的相关性；并且腺病毒介导的 BAF60a 的表达，能够刺激培养肝细胞中脂肪酸的 β-氧化，并在机体水平改善了脂肪肝。PGC-1α 介导的 BAF60a 对 PPARα 结合位点的招募，导致了过氧化物酶和线粒体脂肪氧化基因的激活（Li 等，2008）。这些结果证明了 SWI/SNF 复合物与在脂质稳态调节中的作用。

（二）胰高血糖素与表观遗传学

胰高血糖素是一种由胰脏胰岛 α 细胞分泌的促进分解代谢的激素。胰高血糖素可以通过激活肝细胞的磷酸化酶，加速糖原分解，加速氨基酸进入肝细胞，并激活糖异生过程有关的酶，从而达到促进糖原分解和糖异生作用，使血糖升高。胰高血糖素还可激活脂肪酶，促进脂肪分解，同时又能加强脂肪酸氧化。血糖浓度是影响胰高血糖素分泌最重要的因素，血糖降低时，胰高血糖素分泌增加；反之，胰高血糖素分泌减少。此外，氨基酸能起到促进胰高血糖素分泌的作用。胰岛素与胰高血糖素作用相反，但两者共同调节着血糖的水平。当机体处于不同的营养状态时，血液中胰岛素与胰高血糖素的比例发生变化。当胰岛素分泌减少而胰高血糖素分泌增多时，糖原分解和糖异生作用加强，并有利于脂肪分解，增强脂肪酸氧化供能。相反，胰岛素分泌增加而胰高血糖素分泌减少时，葡萄糖的消耗加强。值得注意的是，胰高血糖素的主要靶器官是肝脏。胰高血糖素作为一种禁食或饥饿状态下分泌的激素，在营养物质代谢调控方面发挥着重要的作用。

动物机体在饥饿状态下，糖原分解和糖异生作用加强，在此过程中发挥重要功能的各种酶的表达受到多重分子信号的调节。其中，最为重要的分子信号是胰高血糖素介导的信号通路。胰高血糖素与其受体结合后发挥一系列的调控作用。胰高血糖素受体是一种 G 蛋白偶联受体，通过与 G 蛋白偶联结合，调节受体活性。当与 G 蛋白结合的 GDP 被 GTP 代替时，受体活化，活化腺苷酸环化酶（AC），产生更多的 cAMP 并激活 cAMP 依赖的蛋白激酶 PKA，从而进一步磷酸化糖原磷酸酶，使其转化为具有活性的磷酸酶 A 而启动糖原分解（Jitrapakdee，2012；Ohand，2013）。PKA 活化后同样导致糖异生重要转录因子 CREB（cyclic AMP responsive element binding protein）被磷酸化，磷酸化的 CREB 和其共活化因子 CRTC2（cAMP regulated transcriptional co-activator 2）转录调节糖异生关键酶 PC、PEPCK 和 G6Pase 的表达，使糖异生加强（Altarejos 和 Montminy，2011）。动物在饥饿条件下，脂肪酸主要发生分解代谢，而 PPARα 是控制脂肪酸氧化最为重要的转录因子。PPARα 通过转录调节，控制着线粒体和过氧化物酶体的 β-氧化、脂肪酸摄取和结合以及脂蛋白的组装转运等。并且，在饥饿条件下，PGC-1α 也是 PPARα 重要的共活化因子。

在此过程中，去乙酰化酶 SIRT1 发挥了重要的功能。在饥饿早期，CREB/CRTC2 促进糖异生并促进 IRT1 的表达。随着饥饿时间的延长，SIRT1 表达增多，去乙酰化 CRTC2，使 CRTC2 被泛素化降解，此时，CREB/CRTC2 介导的糖异生途径被关闭。SIRT1 通过去乙酰化 FOXO1 和 PGC1α 促进其转录活性，使 FOXO1/PGC1α 介导的糖异生通路被活化，进一步促进糖异生限速酶 PC、PEPCK 和 G6Pase 的表达。在脂肪酸代谢方面，长期饥饿时胰高血糖素信号活化，SIRT1 的表达升高，使得 PGC-1α 和 PPARα 去乙酰化，去乙酰化的 PPARα

则被多种激酶磷酸化而活化，从而促进脂肪酸的分解供能。此外，线粒体是细胞能量代谢的重要器官，胰高血糖素还能促进线粒体 SIRT3 的表达，在线粒体能量代谢和稳态中具有重要的功能（Buler 等，2012；Kong 等，2010）。所以，表观遗传学修饰（乙酰化和磷酸化修饰）在胰高血糖素信号通路调控糖脂代谢过程中发挥了重要的作用。

四、表观遗传学、营养与环境的关系

在动物机体生理代谢及疾病的发生发展过程中，遗传学机制和环境因素起着重要的影响作用。遗传学的核心研究内容集中在基因突变及基因重组等基因序列的改变，而目前的研究发现除基因序列外，还存在着其他一些因素影响着基因的表达。表观遗传学即是研究除基因序列改变之外，基因功能的可逆的和可遗传的改变。所以，表观遗传学通常是不涉及 DNA 序列改变的基因或者蛋白质表达的变化，并可以在发育和细胞增殖过程中稳定传递的遗传学分支学科，主要包括 DNA 甲基化、组蛋白共价修饰、染色质重塑、基因沉默和 RNA 编辑等调控机制。环境中营养因素、化学因素、物理因素、生物因素和精神心理以及其他因素均影响着表观遗传，表观遗传的改变也已被证实与多种疾病密切相关，因此了解环境中各种因素的表观遗传效应十分必要（刘敏等，2011）。所以，人们形象地称表观遗传学为：可遗传的环境印记。

表观遗传现象基本上都包含时间和空间上因环境因素（物理、化学、生物因素）参与修饰而产生的基因活性变化、修正效应。表观遗传是个体适应外界环境的一种反应，并且具有可逆性。所以，在环境变化时，生物可以通过重编程，消除原有的表观遗传标记，产生适应新环境的表观遗传标记，这样既适应了环境变化，同时也避免了 DNA 反复突变造成的染色体不稳定与遗传信息紊乱（师明磊和赵志虎，2013）。同时研究表明，环境因素可通过表观遗传机制改变基因的表达，并可遗传。然而，错误的表观遗传程序的建立可导致多种人类疾病，如肿瘤、衰老、中枢神经系统及精神发育紊乱等。由于表观遗传改变的可逆性，改善环境、适当的营养补充和针对性的干预措施可逆转不利的基因表达模式和表型（程学美等，2010）。研究发现，许多调节表观遗传修饰的酶的底物也同时存在于代谢通路之中，因此，营养、代谢与表观遗传修饰之间存在密切联系（Kaelin 等，2013）。

环境的影响及营养结构等因素会对表观遗传修饰产生强烈影响，进而造成明显的代谢紊乱，包括肥胖、血脂异常、胰岛素抗性及葡萄糖耐量异常等。所以，营养因素在某些疾病如Ⅱ型糖尿病发病环节中起着重要作用，食物为生命活动提供能量和营养成分，营养成分和食物中的活性成分不仅为正常代谢提供原料，还可以通过抑制催化 DNA 甲基化酶和组蛋白修饰酶，或通过改变这些酶反应所必需的基础物质的可用性直接影响表观遗传现象（Rogói 等，2011）。有学者研究发现，营养物质具有潜在的表观遗传效应，如叶酸和维生素 B_{12} 在 DNA 甲基化方面发挥着重要作用，食物中缺乏叶酸、蛋氨酸及胆碱等可诱导动物肝脏脂肪沉积及肝脏胰岛素抵抗的发生。众多的研究证明，母亲在妊娠期间的饮食对子代的健康发生着重要影响，高脂日粮饲喂的雄性大鼠改变了其雌性后代大鼠胰岛β细胞 DNA 甲基化修饰，导致β细胞基因组异常表达而更易发生肥胖和胰岛素抵抗（Volpe 等，2008）。所以，环境因素（饮食）因素可通过表观遗传学影响代谢和机体健康，尤其是糖脂代谢。

动物的生产中，动物个体也暴露在环境中，遭受着环境中除营养等其他因素的影响。急性环境污染事件的发生，以及大气、水、有机物等的污染也对动物生产及人的健康产生严重威胁，甚至会导致营养代谢、免疫、神经和呼吸等系统的疾病。随着分子生物学机制和遗传学等学科的不断发展，不断的研究报道表明，表观遗传的改变是环境污染引发疾病的重要机制，并且表观遗传学效应越发成为环境污染致病的重要原因（刘敏等，2011）。

对表观遗传学影响巨大的环境因素包括：

① 化学因素　化学物污染的危害性可通过蓄积性、持久性以及食物链中的富集作用影响表观遗传，某些有机污染物（多环芳烃、苯等）造成 DNA 甲基化、miRNA 的功能和组蛋白乙酰化等表观修饰的改变。周边环境、土壤及食物中的金属污染物不能被生物体降解并可蓄积达到对动物体有害的水平，对机体产生细胞毒性和遗传毒效应，如镍和砷等。

② 物理因素　物理因素包括电离辐射、电磁辐射、噪声及温度湿度等。自然状况下可能对动物体无损害作用，但当某些物理因素的强度、剂量及作用时间超出一定限度时，就会危害动物体的健康，其中也涉及表观遗传学机制（Prueitt 等，2008）。

所以，环境表观遗传学的研究还有待深入发掘，这对有效地揭示目前复杂的环境变化对动物体及人类的影响有重要的意义。

参考文献

[1] 白丽荣，时丽冉．表观遗传学及其相关研究进展．安徽农业科学，2007，35（20）：6056-6057.

[2] 蔡群芳，周鹏．去乙酰化酶 Sirtuins 研究进展．生命科学，2006，18（2）：133-137.

[3] 陈洪菊，屈艺，母得志．mTOR 信号通路的生物学功能．生命的化学，2010，30（4）：555-561.

[4] 程学美，单宝德，张天亮．环境与表观遗传学．职业与健康，2010，26（18）：2136-2138.

[5] 李敏俐，王薇，陆祖宏．ChIP 技术及其在基因组水平上分析 DNA 与蛋白质相互作用．遗传，2010，32（3）：219-228.

[6] 梁前进，王鹏程，白燕荣．蛋白质磷酸化修饰研究进展．科技导报，2012，30（31）：73-79.

[7] 刘敏，陈春梅，谭聪等．环境表观遗传学研究进展．环境卫生学杂志，2011，1（5）：35-41.

[8] 卢晓昭．Sirt1 介导 RNA 结合蛋白 QKI 的去乙酰化在饥饿肝脏能量平衡中的作用：[博士论文]．西

安：第四军医大学，2014.

[9] 明轩，江松敏. 代谢酶乙酰化修饰对新陈代谢的调控. 生物化学与生物物理进展，2013，40 (2)：130-136.

[10] 师明磊，赵志虎. 表观遗传，环境与疾病. 中国医药生物技术，2013，8 (005)：362-367.

[11] 宋善丹，陈光吉，饶开晴等. 营养与表观遗传修饰关系的研究进展. 中国畜牧兽医，2015，42 (7)：1755-1762.

[12] 薛京伦，汪旭，吴超群等. 表观遗传学. 上海：上海科学技术出版社，2006.

[13] 易聪，周兰姜，周兴涛. 染色质重塑复合物 SAGA 及其同源物的功能. 中国生物化学与分子生物学报，2009，25：407-413.

[14] 余丽. 表观遗传学的研究和发展. 安徽农业科学，2010，38 (2)：588-591.

[15] 喻小琼，赵桂苹，刘冉冉等. 家禽营养与表观遗传学. 动物营养学报，2013，25 (10)：2192-2201.

[16] 周犇，翟琦巍. Sirtuin 蛋白家族和糖脂代谢. 生命科学，2013，25 (2)：140-151.

[17] Aagaard-Tillery K M，Grove K，Bishop J，et al. Developmental origins of disease and determinants of chromatin structure：maternal diet modifies the primate fetal epigenome. Journal of Molecular Endocrinology，2008，41：91-102.

[18] Ahn B H，Kim H S，Song S，et al. A role for the mitochondrial deacetylase Sirt3 in regulating energy homeostasis. Proceedings of the National Academy of Sciences，2008，105：14447-14452.

[19] Albert M，Helin K. Histone methyltransferases in cancer. Seminars in cell & developmental biology，2010，21：209-220.

[20] Altarejos J Y，Montminy M. CREB and the CRTC co-activators：sensors for hormonal and metabolic signals. Nature Reviews Molecular Cell Biology，2011，12：141-151.

[21] Buler M，Aatsinki S M，Izzi V，et al. Metformin reduces hepatic expression of SIRT3，the mitochondrial deacetylase controlling energy metabolism. 2012.

[22] Chang S，Johnston R J，Frøkjær-Jensen C，et al. MicroRNAs act sequentially and asymmetrically to control chemosensory laterality in the nematode. Nature，2004，430：785-789.

[23] Chu C，Quinn J，Chang H Y. Chromatin isolation by RNA purification (ChIRP). Journal of Visualized Experiments，2012，61：3912.

[24] Chu C，Qu K，Zhong F L，et al. Genomic maps of long noncoding RNA occupancy reveal principles of RNA-chromatin interactions. Molecular Cell，2011，44：667-678.

[25] Clarke S D，Kim S K. Molecular methodologies in nutrition research. The Journal of nutrition，1998，128：2036-2037.

[26] Dominy J E，Gerhart-Hines Z，Puigserver P. Nutrient-dependent acetylation controls basic regulatory metabolic switches and cellular reprogramming. Cold Spring Harbor Symposia on Quantitative Biology，2011，76：203-209.

[27] Dudley K J，Sloboda D M，Connor K L，et al. Offspring of mothers fed a high fat diet display hepatic cell cycle inhibition and associated changes in gene expression and DNA methylation. PloS One，2011，6：e21662.

[28] Dupont C，Armant D R，Brenner C A. Epigenetics：definition，mechanisms and clinical perspective Seminars in reproductive medicine. NIH Public Access，2009，27：351.

[29] Esau C，Davis S，Murray S F，et al. miR-122 regulation of lipid metabolism revealed by in vivo antisense targeting. Cell Metabolism，2006，3：87-98.

[30] Frommer M，McDonald L E，Millar D S，et al. A genomic sequencing protocol that yields a positive display of 5-methylcytosine residues in individual DNA strands. Proceedings of the National Academy

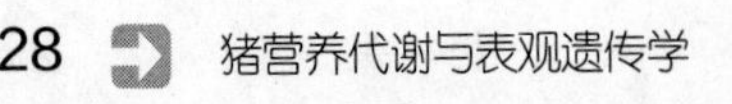

of Sciences, 1992, 89: 1827-1831.

[31] Hallows W C, Lee S, Denu J M. Sirtuins deacetylate and activate mammalian acetyl-CoA synthetases. Proceedings of the National Academy of Sciences, 2006, 103: 10230-10235.

[32] Hallows W C, Yu W, Smith B C, et al. Sirt3 promotes the urea cycle and fatty acid oxidation during dietary restriction. Molecular Cell, 2011, 41: 139-149.

[33] Hatada I, Hayashizaki Y, Hirotsune S, et al. A genomic scanning method for higher organisms using restriction sites as landmarks. Proceedings of the National Academy of Sciences, 1991, 88: 9523-9527.

[34] Herman J G, Graff J R, Myöhänen S, et al. Methylation-specific PCR: a novel PCR assay for methylation status of CpG islands. Proceedings of the National Academy of Sciences, 1996, 93: 9821-9826.

[35] Hesketh J E, Vasconcelos M H, Bermano G. Regulatory signals in messenger RNA: determinants of nutrient-gene interaction and metabolic compartmentation. British Journal of Nutrition, 1998, 80: 307-321.

[36] Hirschey M D, Shimazu T, Goetzman E, et al. SIRT3 regulates mitochondrial fatty-acid oxidation by reversible enzyme deacetylation. Nature, 2010, 464: 121-125.

[37] Hirschey M D, Shimazu T, Jing E, et al. SIRT3 deficiency and mitochondrial protein hyperacetylation accelerate the development of the metabolic syndrome. Molecular Cell, 2011, 144: 177-190.

[38] Holliday R. The inheritance of epigenetic defects. Science, 1987, 238: 163-170.

[39] Holliday R. Epigenetics: an overview. Developmental Genetics, 1994, 15: 453-457.

[40] Huang T H M, Perry M R, Laux D E. Methylation profiling of CpG islands in human breast cancer cells. Human Molecular Genetics, 1999, 8: 459-470.

[41] Jitrapakdee S. Transcription factors and coactivators controlling nutrient and hormonal regulation of hepatic gluconeogenesis. The International Journal of Biochemistry & Cell Biology, 2012, 44: 33-45.

[42] Kaelin W G, McKnight S L. Influence of metabolism on epigenetics and disease. Cell, 2013, 153: 56-69.

[43] Kong X, Wang R, Xue Y, et al. Sirtuin 3, a new target of PGC-1alpha, plays an important role in the suppression of ROS and mitochondrial biogenesis. PloS One, 2010, 5: e11707.

[44] Kouba M, Hermier D, Le Dividich J. Influence of a high ambient temperature on stearoyl-CoA-desaturase activity in the growing pig. Comparative Biochemistry and Physiology Part B: Biochemistry and Molecular Biology, 1999, 124: 7-13.

[45] Krützfeldt J, Rajewsky N, Braich R, et al. Silencing of microRNAs in vivo with 'antagomirs'. Nature, 2005, 438: 685-689.

[46] Li S, Liu C, Li N, et al. Genome-wide coactivation analysis of PGC-1α identifies BAF60a as a regulator of hepatic lipid metabolism. Cell Metabolism, 2008, 8: 105-117.

[47] McKay J A, Waltham K J, Williams E A, et al. Folate depletion during pregnancy and lactation reduces genomic DNA methylation in murine adult offspring. Genes & Nutrition, 2011, 6: 189-196.

[48] Min L, Chunmei C, Cong T, et al. Research progress in environmental epigenetics. Journal of Environmental Hygiene, 2011, 5: 011.

[49] Nakagawa T, Lomb D J, Haigis M C, et al. SIRT5 deacetylates carbamoyl phosphate synthetase 1 and regulates the urea cycle. Cell, 2009, 137: 560-570

[50] Nakanishi N, Nakagawa Y, Tokushige N, et al. The up-regulation of microRNA-335 is associated

with lipid metabolism in liver and white adipose tissue of genetically obese mice. Biochemical and Biophysical Research Communications，2009，385：492-496.

[51] Newman J C，He W，Verdin E. Mitochondrial protein acylation and intermediary metabolism：regulation by sirtuins and implications for metabolic disease. Journal of Biological Chemistry，2012，287：42436-42443.

[52] Niculescu M D，Craciunescu C N，Zeisel S H. Dietary choline deficiency alters global and gene-specific DNA methylation in the developing hippocampus of mouse fetal brains. The FASEB Journal，2006，20：43-49.

[53] Oh K J，Han H S，Kim M J，et al. Transcriptional regulators of hepatic gluconeogenesis. Archives of Pharmacal Research，2013，36：189-200.

[54] O'Neill L P，Turner B M. Immunoprecipitation of chromatin. Methods in Enzymology，1995，274：189-197.

[55] Prueitt R L，Goodman J E，Valberg P A. Radionuclides in cigarettes may lead to carcinogenesis via p16 INK4a inactivation. Journal of Environmental Radioactivity，2009，100：157-161.

[56] Reaven G M. Banting lecture 1988. Role of insulin resistance in human disease. Diabetes，1988，37：1595-1607.

[57] Rees W D，Hay S M，Brown D S，et al. Maternal protein deficiency causes hypermethylation of DNA in the livers of rat fetuses. The Journal of Nutrition，2000，130：1821-1826.

[58] Rogói Z，Kabziński M. Enhancement of the anti-immobility action of antidepressants by risperidone in the forced swimming test in mice. Pharmacological Reports，2011，63：1533-1538.

[59] Schilling E，Rehli M. Global，comparative analysis of tissue-specific promoter CpG methylation. Genomics，2007，90：314-323.

[60] Shi Y，Whetstine J R. Dynamic regulation of histone lysine methylation by demethylases. Molecular Cell，2007，25：1-14.

[61] Shimazu T，Hirschey M D，Hua L，et al. SIRT3 deacetylates mitochondrial 3-hydroxy-3-methylglutaryl CoA synthase 2 and regulates ketone body production. Cell Metabolism，2010，12：654-661.

[62] Sie K K Y，Medline A，Van Weel J，et al. Effect of maternal and postweaning folic acid supplementation on colorectal cancer risk in the offspring. Gut，2011，60：1687-1694.

[63] Spolarics Z. A carbohydrate-rich diet stimulates glucose-6-phosphate dehydrogenase expression in rat hepatic sinusoidal endothelial cells. The Journal of Nutrition，1999，129：105-108.

[64] Swanson K C，Matthews J C，Matthews A D，et al. Dietary carbohydrate source and energy intake influence the expression of pancreatic α-amylase in lambs. The Journal of Nutrition，2000，130：2157-2165.

[65] Szyf M. The DNA methylation machinery as a therapeutic target. Current drug targets，2000，1：101-118.

[66] Takanabe R，Ono K，Abe Y，et al. Up-regulated expression of microRNA-143 in association with obesity in adipose tissue of mice fed high-fat diet. Biochemical and Biophysical Research Communications，2008，376：728-732.

[67] Teperino R，Schoonjans K，Auwerx J. Histone methyl transferases and demethylases；can they link metabolism and transcription? Cell Metabolism，2010，12：321-327.

[68] Towle H C. Metabolic regulation of gene transcription in mammals. Journal of Biological Chemistry，1995，270：23235-23238.

[69] Toyota M，Ho C，Ahuja N，et al. Identification of differentially methylated sequences in colorectal

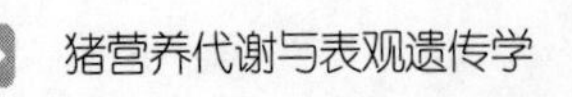

cancer by methylated CpG island amplification. Cancer Research，1999，59：2307-2312.
[70] Volpe U，Federspiel A，Mucci A，et al. Cerebral connectivity and psychotic personality traits. European Archives of Psychiatry and Clinical Neuroscience，2008，258：292-299.
[71] Waterland R A. Assessing the effects of high methionine intake on DNA methylation. The Journal of Nutrition，2006，136：1706S-1710S.
[72] Wang Y，Wong R H F，Tang T，et al. Phosphorylation and recruitment of BAF60c in chromatin remodeling for lipogenesis in response to insulin. Molecular Cell，2013，49：283-297.
[73] Wong R H F，Chang I，Hudak C S S，et al. A role of DNA-PK for the metabolic gene regulation in response to insulin. Cell，2009，136：1056-1072.
[74] Wong R H F，Sul H S. DNA-PK：relaying the insulin signal to USF in lipogenesis. Cell Cycle，2009，8：1973-1978.
[75] Zhao S M，Xu W，Jiang W，et al. Regulation of cellular metabolism by protein lysine acetylation. Science，2010，327：1000-1004.

第二章 表观遗传学调控的分子机制

表观遗传学是研究表观遗传变异的遗传学分支学科。表观遗传变异是指在基因的 DNA 序列没有发生改变的情况下，基因功能发生了可遗传的变化，并最终可导致表型的改变。表观遗传学调控所涉及的分子机制主要包括组蛋白修饰、染色质重塑、DNA 的甲基化、组蛋白和非编码 RNA 调控等 4 种方式。据此，对表观遗传学涉及的机制、改变的特征等进行研究与总结尤为重要。

第一节 组蛋白修饰

组蛋白修饰作为表观遗传中重要的调控机制之一，在基因表达调控等多种生物学过程中起着重要作用。染色体中的组蛋白虽然在进化中高度保守，但它们并不是保持恒定的结构，而是动态变化的，组蛋白可以通过改变与 DNA 双链的亲和能力从而改变染色质的疏松和凝集状态，同时影响与染色质结合的蛋白质因子的亲和性，还可影响识别特异 DNA 序列的转录因子与之结合的能力，从而间接地影响基因表达，导致表型改变。因此，组蛋白是重要的染色体结构维持单元和基因表达调控因子。

组蛋白是一种碱性蛋白质，富含精氨酸和赖氨酸等碱性氨基酸，是染色质的主要成分之一。其氨基端的氨基酸残基可以被共价修饰，进而改变染色质构型，导致转录激活或基因沉默。组蛋白修饰不仅可以调控基因表达，还可以招募蛋白复合体，影响下游蛋白，从而参与细胞分裂、细胞凋亡和记忆形成，甚至影响免疫系统和炎症反应等。

组蛋白修饰包括乙酰化、磷酸化、甲基化、泛素化、ADP 核糖基化等，这些多样化的修饰以及它们时间和空间上的组合与生物学功能的关系被称为组蛋白密码（histone code），它决定了基因表达调控的状态。但目前对于组蛋白密码的

分子机制还不清楚，处于初步认识阶段。目前对组蛋白密码乙酰化与甲基化的研究较多，转录活化区域组蛋白多表现为高度乙酰化状态，而去乙酰化状态通常表现为转录沉默。下面将具体讲述组蛋白修饰。

一、组蛋白的甲基化修饰

组蛋白甲基化主要发生在赖氨酸和精氨酸残基，目前发现 24 个组蛋白甲基化位点，其中 7 个位于精氨酸、17 个位于赖氨酸。已经证实数十种组蛋白赖氨酸甲基转移酶（histone lysine methyltransferase，HLMT）和两大类蛋白质精氨酸甲基转移酶（protein arginine methyltransferase，PRMT），其中赖氨酸的 ε-氨基可以有单甲基化、二甲基化和三甲基化，而精氨酸侧链的胍基有单甲基化以及对称与不对称的二甲基化。

（一）组蛋白精氨酸甲基化修饰

组蛋白精氨酸甲基化修饰作为“组蛋白密码”的重要组分，普遍存在于各类生物，广泛作用于生物体各种发育过程（Pahlich 等，2006）。精氨酸甲基化修饰由精氨酸甲基转移酶催化完成，精氨酸甲基转移酶能够将 *S*-腺苷甲硫氨酸上的甲基转移到靶蛋白精氨酸残基末端的胍基上，反应最初产生单甲基化精氨酸，也可连续两次催化得到非对称双甲基化精氨酸，或者对称的双甲基化精氨酸。精氨酸甲基转移酶不仅能催化组蛋白甲基化修饰，还能够催化非组蛋白的精氨酸甲基化修饰，其功能多样，广泛参与调控各类细胞学过程。哺乳动物中，催化组蛋白精氨酸甲基化的精氨酸甲基转移酶包括两大类：第一类催化形成单甲基精氨酸和非对称的双甲基精氨酸，与基因激活有关，如 PRMT4/CAMR1、PRMT1、PRMT3 等；第二类催化形成单甲基精氨酸和对称的双甲基精氨酸，与基因抑制有关，如 PRMT5。精氨酸甲基转移酶催化位点和方式的不同决定了组蛋白精氨酸甲基化修饰类型的丰富多样。例如，PRMT4/CAMR1 主要引起 H3R2、H3R17、H3R26 以及 H2A 的甲基化，PRMT1 主要引起 H4R3 的甲基化，而 PRMT5 可引起 H3R8 及 H4R3 的甲基化。

精氨酸甲基转移酶在生命活动过程中存在广泛而多样的调控作用，参与了在 DNA、RNA 和蛋白质各个水平上对细胞活动的调控。如 PRMT1 参与转录、蛋白质定位和信号转导等细胞学过程；PRMT2 参与调控细胞周期和细胞凋亡；PRMT3 与核糖体组装密切相关；PRMT4/CARM1 能催化组蛋白、转录因子以及细胞质蛋白的甲基化；PRMT5 在细胞质中通过甲基化 Sm 蛋白调控 snRNP 的生物合成，在核中则参与 hSWI/SNF 介导的染色质重组并能催化组蛋白精氨酸甲基化修饰；PRMT6 可以通过催化 H3R2 甲基化使转录水平调控下游基因的表达；PRMT7 已被发现可以参与调控细胞质中 snRNP 的组装。

（二）组蛋白赖氨酸甲基化修饰

组蛋白赖氨酸的甲基化修饰通过改变赖氨酸残基的甲基化状态和甲基化程度介导转录水平的沉默现象和活化染色质。组蛋白赖氨酸甲基化主要发生在组蛋白H3和H4上。目前研究组蛋白赖氨酸甲基化位点较多的有H3K4、H3K9、H3K27、H3K36、H3K79和H4K20（Jenuwein等，2006）。这些位点的甲基化修饰由不同的特异性组蛋白赖氨酸甲基转移酶（histone lysine methyltransferases，HKMTs）催化完成。不同类型以及不同位点的甲基化修饰具有不同的作用，如组蛋白H3K9位赖氨酸的甲基化与基因的失活相关；组蛋白H3K4位赖氨酸和H3K36位赖氨酸的甲基化与基因的转录有关；组蛋白H3K11位赖氨酸的甲基化与同源盒基因沉默、X染色体失活、基因印记等基因沉默现象有关；组蛋白H3K79位赖氨酸的甲基化与防止基因失活和DNA修复有关（Berger，2007）。总的来说，H3K4、H3K36和H3K79的三甲基化与基因的转录激活相关，而H3K9、H3K27和H4K20的三甲基化与基因的转录抑制相关。

自2000年发现第一个组蛋白赖氨酸甲基转移酶SUV39以来，至今共发现两类甲基转移酶：含SET结构域的蛋白质和酵母中DOT1蛋白质以及其哺乳类同源物DOT1L以非SET结构域催化甲基化过程。SET结构域多存在于与肿瘤发生相关的人类基因中，含有此结构域的蛋白质多具有发挥肿瘤抑制的功能，因此推断组蛋白甲基转移酶发生异常可能会导致肿瘤发生，例如过表达的SmyD3可以明显促进结肠癌细胞和肝癌细胞的生长（Hamamoto等，2004）。SUV39H1/H2的功能下调可能导致增殖失控而发生癌变，如非何杰金氏淋巴瘤（Hayashi等，2005）。同时SUV39存在于常染色质的基因启动子区域，发挥抑制基因表达的作用（Nielsen等，2001）。DOT1的敲除和过表达会导致端粒沉默的中断，这一令人费解的现象是因为DOT1和SIR蛋白之间有一种共享的反向关系，SIR蛋白在酵母中维持特异染色质的沉默。H3K79位赖氨酸的修饰水平和分布模式与甲基化酶DOT1的表达水平有着密切的关系。SIR蛋白可以特异结合染色质组蛋白H3K79位赖氨酸的低甲基化区域，从而限制了这种修饰向异染色质区域延伸。组蛋白H3与H4的甲基化修饰在DNA损伤修复过程中起到重要作用。DOT1对组蛋白H3K79甲基化修饰可以募集Rad9到DNA损伤位点，形成DNA损伤检验点，使细胞周期阻滞，以待DNA损伤修复完成。

二、组蛋白的乙酰化与去乙酰化修饰

乙酰化修饰是通过组蛋白乙酰化酶的催化作用完成的。组蛋白的乙酰化和去乙酰化分别由组蛋白乙酰基转移酶（histone acetylase，HAT）和组蛋白去乙酰基转移酶（histone deacetylase，HDAC）催化完成。前者将乙酰 CoA 的乙酰基转移到组蛋白 N 末端尾区赖氨酸侧链的 ε-氨基，去乙酰基转移酶的功能则相反，不同位置的修饰均需要特定的酶完成。组蛋白通过与 DNA 的电荷相互作用，使核小体 DNA 易于接近转录因子，因此乙酰基转移酶充当了转录的辅激活因子。乙酰化修饰后的组蛋白可以募集其他相关因子进入到一个基因位点，影响转录。去乙酰基转移酶则与染色质易位、转录调控、基因沉默、细胞周期、细胞分化和分化增殖、细胞凋亡相关。乙酰化修饰主要在组蛋白 H3 的 Lys9、Lys14、Lys18、Lys23 和 H4 的 Lys5、Lys8、Lys12、Lys16 等位点。

（一）组蛋白乙酰化酶

组蛋白乙酰化酶被分成 3 个主要家族：GNAT（Gcn5-related *N*-acetyltransferases superfamily）超家族，这一家族包括主要包括 Gcn5、PCAF、Hat1、Elp3 和 Hpa2 等；MYST 家族，包括 MOZ、Ybf2/Sas3、Sas2 和 TIP60；p300/CBP 家族。

1. GNAT 超家族

GNAT 超家族是目前为止了解比较全面的一个家族，它们是在几个同源区和乙酰化相关序列上相似的一类物质。这一家族包括组蛋白乙酰化酶 Gcn5、PCAF、Hat1、Elp3、Hpa2，还包括其他的真核和原核不同底物的乙酰化酶，表明这类乙酰化酶的乙酰化机制在进化过程中具有保守性和广泛性。目前对酵母 Gcn5 的结构和功能了解较为清楚。研究表明，Gcn5 的功能域包括 C 末端 bromo 结构域、Ada2 相互作用结构域和 HAT 结构域，且这些结构域对于体内转接子（adaptor）介导的转录活性是必需的。Gcn5 的乙酰化酶活性与细胞的生长、体内转录、体内 Gcn5 依赖的 HIS3 启动子的组蛋白乙酰化有直接关系。研究表明，Gcn5 的组蛋白乙酰化酶活性对于体内 PHO5 启动子区域的染色质重塑有一定影响。

2. MYST 家族

MYST 家族是一组进化相关蛋白，家族成员包括 MOZ、Ybf2/Sas3、Sas2 和 TIP60，另外有酵母 Esa1、果蝇 MOF、人 HBO1 和 MORF。这些蛋白质尽管因序列相似性被聚为一个家族，但在 MYST 家族还有着广泛的调节作用。如 Sas3 和 Sas2 在酿酒酵母中与转录沉默相关；Esa1 是细胞周期进程所需的重要组蛋白乙酰化酶，其作为重组蛋白，能够在体外乙酰化游离的组蛋白 H2A、H3 以及 H4，对 H4 的乙酰化活性最强，尤其是 H4 的赖氨酸，但无法乙酰化体外的核小体；在果蝇中，MOT 蛋白在转录调控、剂量补偿中发挥重要的生物学功能；TIP60 的作用反映的是基因激活与组蛋白乙酰化之间的关系，TIP60 还能够与 HIV 的转录激活蛋白 Tat 的激活结构域相互作用；MOZ 参与特定人类疾病——致癌基因转化导致白血病。

3. p300/CPG 家族

多细胞真核生物中共激活因子和它的同源物 CBP 是组蛋白乙酰化酶。p300/CBP 是一个分子质量大约 300kDa，2400 个残基的大分子蛋白，是一个被广泛表达的转录激活因子，在多细胞过程发挥重要作用，包括细胞周期、分化和凋亡。p300 和 CBP 的突变与某些癌症和其他人类疾病的进程相关。研究显示，该家族作为肿瘤抑制基因起作用（Muraoka 等，1996），如在一部分结直肠癌和胃癌患者中发现有 p300 基因的点突变，而 80%的成胶质细胞瘤中已观察到与 p300 水平相符的杂合缺失。Rouaux 等指出 p300/CBP 过表达或低表达都有可能导致神经元的凋亡。还有学者提出 p300/CBP 缺失与记忆缺失和突触功能异常有关。研究发现，组蛋白乙酰化酶 p300 通过调节阿尔茨海默病（Alzheimer's disease，AD）相关基因启动子（PS1，BACE1）区域的组蛋白乙酰化水平，进一步调控基因的转录及表达。组蛋白乙酰化酶 p300 在阿尔茨海默病病理的表观调节作用为家族性阿尔茨海默病的防治提供了新思路。

（二）组蛋白去乙酰化酶

组蛋白去乙酰化酶最初在酿酒酵母中被发现，后来相继在不同的生物中发现多种组蛋白去乙酰化酶。基于酵母种系发育的不同组蛋白去乙酰化酶的结构同源性分析（Gregoretti 等，2004），真核生物组蛋白去乙酰化酶被分为 3 类：第Ⅰ类与酵母的 Rpd3 具有同源性，包括 HDAC1、HDAC2、HDAC3、HDAC8、HDAC11；第Ⅱ类组蛋白去乙酰化酶与酵母 Hda1 有相近的催化结构，又可分为 A 亚类和 B 亚类，ⅡA 类具有一段催化区域，是转录共遏制因子，包括 HDAC4、HDAC5、HDAC7 和 HDAC9，ⅡB 类具有两段催化区域，主要包括 HDAC6 和 HDAC10；第Ⅲ类与酵母中的沉默信息调节因子 2（silent information regulator 2，Sir2）相关酶类（Blander 等，2004）。组蛋白去乙酰化酶家族成员主要存在于细胞核和细胞质中，只有少部分存在于线粒体中，如Ⅲ类组蛋白去乙酰化酶中的 Sirt3、Sirt4、Sirt5。组蛋白去乙酰化酶的目标靶蛋白种类很多，主要有热休克蛋白 HSP70、抑癌蛋白 p53、Smads 蛋白家族等。

组蛋白去乙酰化酶乙酰化不同种类的细胞核转录因子和蛋白质等，抑制多种抑癌蛋白的表达且与多种癌基因密切关联，导致细胞过度增殖和肿瘤发生。如组蛋白去乙酰化酶诱导染色质重塑，抑制基因转录，研究表明，t(15;17)(q22;q21) 是急性早幼粒细胞白血病常见的染色体异位，编码的融合蛋白 PML-RARα 能异常募集 HDACs 去抑制 RA 反应基因的转录，导致髓系细胞成熟受到阻碍；组蛋白去乙酰化酶可通过影响肿瘤细胞异常增殖的 3 种作用因子（$p21^{WAFI/CIPI}$、CDK、RB）而对肿瘤细胞的增殖分化产生重大影响；组蛋白去乙酰化酶可以作用于细胞凋亡相关蛋白，影响细胞凋亡过程；还可以联合血管生成因子，导致肿瘤组织血管移行与形成的改变。

三、组蛋白的磷酸化修饰

组蛋白磷酸化修饰指在磷酸激酶等相关酶的作用下，ATP 水解后的磷酸基团与组蛋白 N 末端丝氨酸或苏氨酸残基的缩水结合。组蛋白磷酸化修饰是另一种重要的调控方式，各种不同亚型的组蛋白磷酸化分别参与了基因转录、DNA 复制、细胞凋亡及染色体的浓缩等过程。组蛋白分为核小体核心组蛋白（H2A、H2B、H3、H4）和核小体连接蛋白（H1）五种，对不同组蛋白的磷酸化的作用也不尽相同。组蛋白 H3 的磷酸化主要在其 10、28 位丝氨酸（Ser10/Ser28）和 3、11 位苏氨酸（Thr3/Thr11）上。目前对于组蛋白 H4 的研究集中在 Ser1 上，H2A 的磷酸化修饰发生在 Ser1 和 Ser10。

（一）组蛋白 H3 磷酸化

H3 磷酸化与细胞分裂有关。组蛋白 H3 的 Ser10（第 10 位丝氨酸）在 G2 期初始阶段发生磷酸化，从而进一步影响基因转录的起始和有丝分裂期染色体浓缩时形态结构的改变。如果蝇热休克基因的调节就伴随 Ser10 的大量磷酸化；而用在静息期的成纤维细胞受到表皮生长因子刺激，伴随早期反应基因 c-fos 的诱导表达，组蛋白 Ser10 在 Rsk-2 激酶的催化下迅速被磷酸化。H3 磷酸化（Ser10、Ser28、Thr3、Thr11）的缺乏使得减速分裂Ⅰ期和减速分裂Ⅱ期的 X 染色体失活，造成减速分裂期的 X 染色体不能分离。研究发现 aurora 激酶（aurora kinase，ArK）家族与 H3Ser10 的磷酸化有关（Song 等，2007）。ArK 的定位对细胞正确地进行分裂是非常重要的，如果定位出现错误，细胞分裂会出现障碍，甚至染色体无法平均地分配到子代细胞，产生异倍体的子代细胞，最终导致肿瘤的发生。ArK 与 1 型磷酸酶的作用相反，并且磷酸酶是有丝分裂中调控 H3k79 磷酸化的主要方法。因此 H3 磷酸化调控是受到 ArK 和 1 型磷酸酶等各种酶的相互作用来实现的。

H3 磷酸化还与 DNA 的损伤修复有关。如与 139 位的丝氨酸位点有关，酵母中 H2A 的突变体 H2AX 在 DNA 诱变剂刺激下快速被磷酸化，该反应是在 Meci 的催化下发生的，这对于 DNA 损伤的修复是非常有必要的，这也说明磷酸化调控染色体结构的改变，且这种改变对 DNA 的损伤修复是有利的。组蛋白磷酸化修饰和其他表观遗传修饰一样可以通过两种机制影响染色体的结构和功能：第一，磷酸基团携带的负电荷中和了组蛋白上的正电荷，造成组蛋白与 DNA 之间亲和力的下降；第二，修饰能够产生与蛋白质识别模块（protein recognition modules）结合的表面，与特异的蛋白质复合物相互作用。

（二）组蛋白 H4 磷酸化

H4 Ser1 磷酸化与 H3 Ser10 磷酸化的发生时间是不同的，H3 Ser10 的磷酸化出现于孢子形成早期，而 H4 Ser1 的磷酸化则激活于孢子发芽后，与孢子形成无关。在对酵母孢子形成、果蝇和小鼠精子发生过程中组蛋白 H4 Ser1 的研究中，依据 Sps1 激酶在中期与 H4 Ser1 峰值出现时间相同然后依次下降的现象，是一种依赖于 Sps1 激酶调控的稳定修饰。Krishnamoorthy 等（2006）发现 H4 Ser1 缺失的染色质包装程度和组蛋白可接近性均减弱；这个结果进一步被 Sps1 敲除和 H4 Ser1 替换后出现的胞核体积增大所证实；也就意味着 H4 Ser1 可以调控细胞核体积、染色质包装及其可接近性。

（三）组蛋白 H2A/H2B 磷酸化

组蛋白 H2A 家族包括 H2A1、H2A2、H2AZ、H2AX、macroH2AX1、macroH2AX2 和 H2AxBbD。研究发现，发生于组蛋白 H2AX Ser139 的磷酸化在细胞 DNA 损伤后募集相关蛋白进行修复的过程中发挥非常关键的作用。Ser139 磷酸化的 H2AX 称为 γ-H2AX，与 DNA 双键断裂和染色质重塑有关，暗示 γ-H2AX 能用于细胞 DNA 损伤检测。γ-H2AX 在不同物种间具有高度保守性。γ-H2AX 在调控动物生殖甚至人类健康与生殖方面都可能具有非常重要的地位（Kimmins 等，2005）。

（四）组蛋白 H1 磷酸化

组蛋白 H1 也称连接组蛋白，组蛋白有许多亚型，有体细胞亚型（H1.1、H1.2、H1.3、H1.4、H1.5）、替换亚型（H1.0）以及睾丸组织亚型（H1.t、H2.t）等。H1 的磷酸化与细胞周期有关，H1 的磷酸化在 G1 期时水平很低，伴随着有丝分裂的进行逐渐升高，最后达到最高峰，但是癌基因转化的细胞或者 Rb 缺失的细胞会在 G1 期出现 H1 磷酸化水平的增高，且每个亚基在细胞中的磷酸化程度是不相同的。组蛋白 H1 磷酸化作用是中和正电荷，削弱组蛋白 H1 与 DNA 之间的结合力，导致染色质结构的不稳定。虽然组蛋白 H1 磷酸化水平在时间上与染色质凝集偶联，但近期有研究发现在缺乏组蛋白 H1 的体内和体外实验中，染色质都能发生凝集，所以认为 H1 磷酸化以及组蛋白 H1 本身都不是染色质凝集所必需的。因此，认为组蛋白与染色质的凝集可能受到多种因素的调控，如连接组蛋白亚型的构成及其磷酸化的水平、其他的核因子等。

四、组蛋白的泛素化修饰

泛素（ubiquitin，Ub）是高度保守的、含 76 个氨基酸的蛋白质，分子质量为 8.5kDa，广泛存在于真核生物体内。泛素分子氨基端 1～72 位点的氨基酸残基形成一个紧密折叠的球状结构，紧靠羧基端的 4 个氨基酸残基是随机盘绕的。泛素-蛋白水解酶决定体内众多生化反应系统，具有快速、一过性、单向进行的特点，在细胞周期、凋亡、代谢调节、免疫应答、信号传递、转录控制、蛋白运输、应激应答、DNA 修复等众多生命科学领域起到了中心的作用。蛋白质的泛素化修饰是指将激活的含 76 个氨基酸的泛素蛋白的羧基末端与组蛋白亚基多肽链 N 端处的赖氨酸残基相互结合的过程。泛素的羧基末端为甘氨酸，该甘氨酸上的羧基可以与组蛋白赖氨酸的氨基形成异构肽键。组蛋白的泛素化修饰与经典的蛋白质的泛素调节途径不同，不会导致蛋白质的降解，但是能够募集核小体转移到染色体，参与 X 染色体的失活，影响组蛋白的甲基化和基因的转录。

泛素化修饰催化途径需要 3 种类型的酶：泛素激活酶（ubiquitin-activating enzyme，E1），泛素接合酶（ubiquitin conjugating enzyme，E2）和泛素-蛋白质连接酶（ubiquitin-protein ligase，E3）。它们分别在组蛋白泛素化过程中发挥不同的重要功能。首先，泛素的羧基末端与 E1 的半胱氨酸激活位点，在 E1 的催化和消耗利用 ATP 下，结合形成高能硫酯键，构成泛素-E1 偶联物并将泛素激活。第二步，泛素被转运到 E2 的半胱氨酸残基上。最后，在 E3 的作用下促使泛素转移到特异靶蛋白，使泛素的羧基末端与底物蛋白的赖氨酸 ε-氨基基团之间形成肽键。E3 对靶蛋白的特异性识别在泛素调节路径中起决定作用。多聚泛素化需要以上三种酶的共同作用，而单泛素化一般仅需要前两种酶。根据识别靶蛋白序列中结构域不同，E3 可分为两大类：第一类，HECT（homologous to the E6-associated protein carboxyl terminus，HECT）结构域家族，该结构域带有保守的半胱氨基酸残基的 350 个氨基酸，且半胱氨基酸残基是通过硫酯键与泛素形成共价中间体，从而给泛素传递底物；第二类，RING（the really interesting new gene，RING）结构域家族，为 E2 和底物提供居留位点从而使 E2 催化泛素转移到底物上。

组蛋白 H2A 在 1975 年被 Goldknopf 首次发现有泛素化修饰，其泛素化修饰位点是高度保守的赖氨酸残基第 119（K119）位点。脊椎动物体内，泛素化修饰底物主要为组蛋白 H2A（ubiquitinated-H2A，uH2A）和 H2B。组蛋白 H2A 约有 5%～15%泛素化，H2B 约有 1%～2%泛素化；酵母细胞内没有发现 H2A 泛素化但约 1%～2%的 H2B 泛素化（Robzyk 等，2000）。研究发现，组蛋 H2A 的泛素化能够促进组蛋白 H1 与核小体的结合，促进多聚梳群蛋白（polycomb group protein）的沉默，在 X 染色体失活的起始过程中也起到重要作用。虽然染色质中 H2B 泛素化并不多，但 H2B 泛素化在转录起始时发挥重要的作用，如 H2B 泛素化影响组蛋白 H3 的第 4 位和第 36 位赖氨酸甲基化，从而调控启动子 GAL1 的表达。

组蛋白去泛素化是将泛素分子从组蛋白上移除，这个过程需要一系列蛋白酶超家族参与。去泛素化酶可分为泛素羧基端水解酶家族（UbC-terminal hydrolase，UCH）和泛素特异性加工蛋白酶家族（Ub-specific processing protease，UBP)。UCH 家族分子质量较小，并具有组织特异性。UCH 家族的核心催化域与已知的木瓜蛋白酶样半胱氨酸蛋白酶非常相似，有 230 个氨基酸核心催化域，能够水解泛素羧基端的酰氨基和酯键。UBP 家族的分子质量在 50～250kDa 上下，UBP 家族的核心催化域有 350 个氨基酸。芽殖酵母有 16 种 UBP，这些 UBP 间的不同在于其不同的氨基端延伸物，这些氨基端延伸物能够识别底物特异性。

五、组蛋白的 SUMO 化修饰

小泛素相关修饰物（small ubiquitin-related modifier，SUMO）是一类由 98 个氨基酸残基组成的多肽，广泛存在于真核生物中且高度保守的蛋白质家族。SUMO 是类泛素蛋白家族的重要成员之一，在结构上与泛素存在一定相似性。它们的一级结构虽然只有 18％的序列相似性，但二级、三级结构惊人地相似。三级结构包含一个 β-折叠（β-sheet）缠绕一个 α-螺旋（α-helix）的球状折叠，而且参与反应的 C 端双甘氨酸残基位置也十分相似。不同的是 SUMO 的 N 端还有一个约 10～25 个氨基酸长度的柔韧延伸，而泛素没有。并且二者的表面电荷分布也完全不同，这提示它们可能具有不同的功能。SUMO 可与多种蛋白结合发挥相应的功能，其分子结构及 SUMO 化反应途径都与泛素类似，但与泛素介导蛋白质的降解不同，SUMO 化修饰参与了更为广泛的细胞内代谢途径，在信号转导、核质运输、转录调控维持基因组完整性及信号转导等多种细胞内活动中发挥重要的作用。

SUMO 蛋白分布广泛，最早在酵母中被发现，其后证明普遍存在于各种真核生物（酵母、果蝇、线虫和脊椎动物）。但酵母、线虫、果蝇只存在一种 SUMO 基因，而在植物和脊椎动物体内包含几种不同的 SUMO 基因。人类基因组迄今已发现 4 个 SUMO 家族成员，分别为：SUMO1（又称 PIC1、UBL1、sentrin、GMP1 或 SMT3C）、SUMO2（又称 SMT3A 或 sentrin-3）、SUMO3（又称 SMT3B 或 sentrin-2）和 SUMO4。其中，SUMO1、SUMO2、和 SUMO3 广泛存在于各种组织；SUMO4 则局限存在于肾脏、胰腺和免疫组织，且其功能呈现组织或器官特异性。

SUMO 化修饰指由 SUMO 分子参与、对体内蛋白质进行修饰并动态调节蛋白质功能的生物学机制。SUMO 修饰过程包括活化、结合、连接、修饰等过程（Dohmen，2004)，具体机制如下：在 ATP 提供能量情况下，SUMO 活化酶（E1）使 SUMO 的羧基端甘氨酸被腺苷化，SUMO 与 E1 亚基形成硫酯键释放出 AMP 后结合于 E2 结合酶 Ubc9 上，SUMOE3 连接酶催化 SUMO 从 E2 到底物的转移使组蛋白发生SUMO化。同泛素化类似，SUMO化修饰的结果也是在修饰蛋白羧基端的甘氨酸残基和底物蛋白赖氨酸的ε-氨基之间形成一个异肽键。其具体路径也与泛素化修饰十分相似，涉及多个酶的级联反应：E1活化酶；E2结合酶以及E3连接酶。但二者反应途径中涉及的酶完全不同。

组蛋白SUMO化可以降低组蛋白乙酰化的水平，而组蛋白的乙酰化水平与组蛋白其他修饰类型之间存在着密切的关系。研究发现，组蛋白的去乙酰化会促进组蛋白H3K9发生甲基化修饰（Miao等，2005）。H3K9发生甲基化是基因转录沉默的标志。有研究报道，组蛋白甲基化H3K9可募集HP1到染色质，HP1可以与转录抑制因子结合，从而抑制基因的转录（Weinberg等，2006）。组蛋白H4发生SUMO化修饰会引起HP1招募异常，导致转录受到抑制。组蛋白SUMO化对于维持组蛋白的功能和DNA的转录是十分重要的，它的失衡将影响细胞周期、分化及凋亡并可导致肿瘤的发生。SUMO化还与许多转录因子的翻译后修饰及基因转录抑制有关。最近的研究表明，转录抑制因子如组蛋白去乙酰化酶之间的SUMO化依赖性的相互作用，可能是SUMO对转录进行调控的一种机制。组蛋白去乙酰化酶是SUMO化的效应器、修饰底物和调节器，说明SUMO化与乙酰化之间复杂的相互作用可能对调控许多基因的表达都非常重要。

SUMO化修饰是一个动态可逆的过程：将SUMO从靶蛋白上去除，称之为去SUMO化，由岗哨蛋白特异蛋白酶（sentrin-specific protease，SENP）来完成。在哺乳动物中，SENP主要有六种，其中：SENP1是核蛋白酶，能对多种SUMO化修饰的蛋白质去SUMO化；SENP2是与核膜相连的蛋白酶；SENP3和SENP5存在于核仁中，由于两者的同源程度较高，且底物特异性也相似，所以把他们归于一个单独的SUMO特异性蛋白酶家族；SENP6存在于胞质中，对其了解较少。SENP切除SUMO前体蛋白羧基端的短肽，以利于SUMO的成熟，同时又具备SUMO移除功能。

第二节 染色质重塑

作为表观遗传学的主要内容之一。染色质重塑近年来成为人们研究的一个重要方向。染色质重塑（chromatin remodeling）是指在能量驱动下核小体的置换或重新排列，它改变了核小体在基因启动子区的排列，增加了基础转录装置和启动子的可接近性。也就是染色质位置和结构的变化。染色质的基本组成单元是核小体，它是147bp的DNA缠绕在组蛋白八聚体上。每个组蛋白包括两分子的H2A、H2B、H3和H4。染色质核小体的这种结构能使DNA在细胞核中有组织地紧紧折叠。染色质重塑会导致核小体结构的变化，产生了两个重要的结果：第一，染色质重塑可以让细胞中的其他蛋白结合核小体DNA，特别是那些涉及基因表达、DNA复制和修复的蛋白质分子；第二，重塑复合物可以在DNA上催化核小体的位置改变，有些甚至可以从一个组蛋白核心转移到另一个上。

染色体重塑过程由两类结构介导：ATP依赖型核小体重塑复合体和组蛋白修饰复合体。前者主要是通过利用ATP水解释放的能量，使DNA超螺旋旋矩和旋相发生变化，使转录因子更易接近并结合核小体DNA，从而调控基因的转录过程；后者是对核心组蛋白N端尾部的共价修饰进行催化。修饰直接影响核小体的结构，并为其他蛋白提供了和DNA作用的结合位点。染色质重塑、组蛋白修饰以及DNA甲基化三个水平之间是相互作用的。染色质的重塑和组蛋白的去乙酰化是相互依赖的；DNA甲基化可能需要组蛋白去乙酰化酶（HDACs）的活动或染色质的重塑中的成分参与。通常DNA甲基化、组蛋白甲基化和染色质的压缩状态和DNA的不可接近性，以及基因处于抑制和静息状态相关；而DNA的去甲基化、组蛋白的乙酰化和染色质压缩状态的开启，则与转录的启动、基因活化和行使功能有关。这就表明，在基因结构本身不变的情况下，微环境条件下改变基因转录可以影响基因的活性。

三者中的任一部分的异常都将影响基因结构以及基因表达，导致某些复杂综合征、多因素疾病或癌症，这将有助于我们了解表观遗传机制，进而指导疾病的治疗和新药的研发。染色质重塑已经成为目前生物学中最重要和前沿的研究领域之一，人们提出了与基因密码相对应的组蛋白密码来说明染色质重塑在基因表达调控中的作用。

一、染色质的结构

染色质（chromatin）是指细胞核内能被碱性染料染色的物质。染色质是由DNA与蛋白质组合成的复合物，也是构成染色质的结构，存在于真核生物的细胞核内。组成动物染色质的组蛋白共有5种，分别称为H1、H2A、H2B、H3和H4，它们在进化中高度保守。染色质是间期核中遗传物质的存在形式，由许多重复的结构单位组成，这些结构单位称为核小体（nucleosome）。核小体是由一条DNA双链分子串联起来，形似一串念珠。每个核小体分为核心部和连接区两部分。核心部是由组蛋白H2A、H2B、H3和H4各2个分子形成的组蛋白八聚体及围绕在八聚体周围的DNA组成，这段DNA约146bp，绕八聚体外围1.75圈。两个核心部之间的DNA链称为连接区。这段DNA的长度变异较大，组蛋白H1位于连接区DNA表面。因此在细胞生命过程中，染色质结构起着极为重要的作用。染色质可以分为常染色质和异染色质两大类，常染色质DNA只占全部DNA的一小部分，其他大多数区域是异染色质。

1. 常染色质

常染色质（euchromatin）是基因密度较高的染色质，多数在细胞周期的 S 期进行复制。常染色质呈较松散状态，它们均匀地分布在整个细胞核内，染色较浅，具有转录活性，能够生产蛋白质。常染色质在真核生物与原核生物的细胞中都有存在。与原核生物不同的是，真核生物基因组 DNA 的遗传信息在细胞核内由基因转录为 mRNA 前体，经剪切加工，mRNA 在核糖体上翻译、折叠和修饰等成为具有生物功能的蛋白质。

2. 异染色质

间期细胞核内，在整个细胞周期都处于高度螺旋化状态，在细胞核中形成染色较深的团块，即异染色质（heterochromatin）。存在于异染色质中的基因是没有转录活性的。动物有两类异染色质：一类是兼性异染色质（facultative heterochromatin）；另一类为结构异染色质（constitutive heterochromatin）。兼性异染色质又称功能性异染色质，在特定细胞或在特定发育阶段呈凝缩状态而失去功能，在另一发育阶段时又呈松散状态而恢复功能，如 X 染色质。结构异染色质总是呈凝缩状态，所含 DNA 一般为高度重复序列，没有转录活性，常见于着丝粒、端粒区、Y 染色体长臂远端 2/3 区段和次缢痕区等。

3. 染色质结构的顺式调控

尽管核小体的基本结构相同，但基因一旦处在 30nm 直径以上的高级结构甚至异染色质中，该基因就不可能转录。除此以外，真核细胞的基因及其转录活化需要的顺式调控元件（cis acting element）在染色质中的状态对转录效率也至关重要。如果一个基因和它的重要转录元件（如启动子、增强子等）被特定的染色质结构间隔开，也不能进行转录。

4. 染色质结构的反式调控

在体内核小体结构的动态调整过程表现为核小体有序的周期性结构因特异转录因子的加入或去除而改变。染色质结构调整导致基因起始转录过程中的四个阶段：第一，“串珠状”核小体甚至更高级结构中的基因处于非活化的基态；第二，当蛋白质因子通过其 DNA 结合结构域结合到染色质上，局部的染色质转变为去阻遏状态，这一过程不需要 ATP 和转录因子的反式活化结构域的参与；第三，蛋白质因子结合染色质后，依赖于 ATP 的存在介导了染色质结构的调整，使染色质成为活化状态；第四，结合于染色质的蛋白反式活化结构域参与募集启动子结合蛋白和转录起始前复合体，基因开始转录。由此可见，染色质结合蛋白中的 DNA 结合结构域是染色质结构动态调整的关键，而其中的反式活化结构域主导基因的转录。

5. X 染色质和 Y 染色质

X 染色质是上皮细胞等的间期核，用碱性染料染色后，在人的女性细胞靠近核膜处可观察到一个长圆形的小体（长径稍大于 1μm），它的形态不一，常呈三角、半圆、平凸或球状，过去叫做染色质，或称为巴尔氏小体。X 染色质的功能与胚胎发育有关，还与性别比例有关。剂量补偿（dosage compensation）是使 X 连锁的基因在两性间的表达水平达到平衡的过程。X 染色失活是与性别相关联的一种特殊形式的基因调控。Y 染色质又称为荧光小体，用荧光染料染色后，呈现亮度不一的荧光带，在 Y 染色体长臂的远侧段呈明亮的荧光区。Y 染色质出现率的平均值在正常男子外周血淋巴细胞、分叶核粒细胞、口腔黏膜细胞以及精子内分别为 64%、45%、78%和 43%。

二、核小体的定位

核小体是构成真核生物染色质的基本结构单位，各核小体串联而成染色质纤维。单个核小体包括一个由 108kDa 核心组蛋白（core histone）和 146bp 核心 DNA（core DNA）所组成的核心颗粒（core particle），以及由 8～114bp 连接 DNA（linkerDNA）及 H1 所组成连接结构组成。组蛋白八聚体由进化上高度保守的 H2A、H2B、H3 和 H4 各两个拷贝组成。核小体核心颗粒在组蛋白 H1 的作用下形成稳定结构，进一步组装成高级结构。在 H1 的参与下，10nm 纤维可以形成 30nm 的螺线管二级结构，螺线管结构提供 40 倍包装比，螺线管进一步形成环状的常染色质和异染色质。念珠状的核小体在基因组 DNA 分子上的精确位置称为核小体定位（nucleosome positioning），也就是指组蛋白八聚体在 DNA 双螺旋上的精确位置，具体可分为描述核小体 DNA 的中心点相对于染色体座位的平移定位（translational positioning）和描述 DNA 双螺旋与组蛋白八聚体结合表面的旋转定位（rotational positioning）（Albert 等，2007）。核小体在基因组上的组装方式及其定位机制的研究，对于理解转录因子结合和转录调控机制等多种生物学过程具有十分重要的作用（Schalch 等，2005），基因组上核小体定位、组蛋白修饰、染色质重塑等问题已成为目前表观遗传学的重要研究内容。

核小体的分布规律：在基因的启动子、终止子和转录因子结合位点（TFBS）区域内核小体比较缺乏，而编码区内核小体相对较密集；在基因转录起始位点与转录终止位点附近分别存在一个核小体缺乏区域（NFR）5′NFR 与 3′NFR，且 5′NFR 的上下游分布着 +1 和 −1 两个位置高度确定的核小体，3′NFR上游也有一个定位较强的核小体；编码区其他位置上核小体定位的确定性随着与 5′NFR 与 3′NFR 的距离增大而降低。对于上述核小体定位的具体机制目前主要有两种主流的观点：DNA 序列定位和统计定位。

目前，对于转录起始位点附近的核小体定位特征的研究也比较多。研究人员对人类以及酵母基因组的数据进行分析，发现核小体定位有重要的偏好性序列特征，转录起始位点（TSS）处的核小体定位参与基因的转录调节。Li 等（2011）通过研究小鼠肝脏的核小体定位图谱，发现 DNA 上核小体的定位能够调节基因转录水平。TSS 附近核小体定位具有重要的序列特征。在 TSS 附近，核小体稀疏区域促成转录因子与靶位点结合而发挥作用。DNA 序列有差异，核小体定位水平不同，引起基因表达调控不同。TSS 附近大多数 TF 位点距离很近，甚至部分重叠与核小体存在竞争，也在一定程度上表明转录起始位点附近核小体分布较少。某些基因的 TSS 定位预测，比如从 GC 偏好性等出发（Bhattacharyya 等，2012），有助于基因调控机制的探索。综合大量研究发现，TSS 周围核小体定位特征具有一定的规律性，受 DNA 序列和表观遗传因素的共同作用，转录起始位点处核小体定位较少，除了序列特征造成的影响外，与 DNA 甲基化的分布、组蛋白变体及组蛋白修饰、染色质重塑、可变剪接、RNA 聚合酶Ⅱ等因素密切相关，从而调控基因表达水平。核小体定位是需要时机的，核小体与 DNA 的相互选择有两次基本的机会：DNA 复制和转录。目前在真核生物体内尚未发现过没有核小体形成的 DNA 合成期，也就是说 DNA 合成与核小体加入是一个偶联的事件，核小体解体和重新形成过程中可能没有新的定位机制。一般认为，在转录过程中，DNA 修复和重新合成可能发生重新定位。基本的假设是核小体核心 DNA 上至少有一个直接或间接的位点可被相关蛋白质结合，而该结合将造成核小体的滑动或解体，这样导致重新定位或复位过程。

三、染色质重塑复合物

染色质重塑主要是通过染色质重塑复合物与组蛋白相互作用，使染色质构象发生改变。染色质重塑是由多亚基复合物完成，根据催化亚基的保守结构域不同可被进一步分为 24 个亚家族，其中包括 SWI/SNF2 亚家族（含有可结合乙酰化的赖氨酸的溴结构域）、INO80 亚家族（含有被分开的 ATP 酶功能域）、ISWI 亚家族（含有 SANT 和 SLIDE 结构域）和 CHD 亚家族（含有能结合甲基化的赖氨酸的染色质结构域）。

1. SWI/SNF 染色质重塑复合物

染色质重塑的发现是从 SWI/SNF 复合物开始的，SWI/SNF 是由 8～14 个蛋白质亚基组成的约 1.14MDa 的多亚基复合物。早期在酵母中研究发现，某些基因的突变影响酵母交配型转换和蔗糖上不发酵缺陷，因此被称为 SWI/SNF 基因（mating-type/switching/sucrose non-fermenting，SWI/SNF）（Peterson 等，1992）。随后的研究使一系列的 SWI 和 SNF 基因被发现，SWI2/SNF2 是最早在啤酒酵母中发现的 ATP 依赖性染色质重塑复合物。SWI2 是 ATP 酶亚基，SNF2、SNF5、SKF6 是 SUC2 的正向调控因子，SUC2 编码酵母利用蔗糖所必需的蔗糖酶。复合物在进化过程中相当保守，在线虫、果蝇、爪蟾、鸡、小鼠和人体中陆续发现其类似物，且分子量和亚基数与酵母中复合物相近。研究发现，在人和果蝇中的 SWI/SNF 复合物，一般均含有两个不同的核心 ATPase 组成的 SWI/SNF 样染色质重塑复合物，如酵母中的 SWI/SNF 和 RSC 复合体、果蝇中的 BAP（brahma associate protein）和 PBAP（polybromo-associated BAP）复合体，以及小鼠和人类中的 BAF（BRG1 associated factoe，也被称为 SWI/SNF-A）和 PBAF 复合物（polybromo-associated BAF，也被称为 SWI/SNF-B）。在哺乳动物中，BAF 和 PBAF 执行着不同的生物学功能。BRF SWI/SNF 复合物催化蛋白基因敲除小鼠可以存活且细胞增殖方面有细微的变化；BRG1 SWI/SNF 复合物催化蛋白基因敲除小鼠出现胚胎致死现象。

SWI/SNF 复合物能够通过滑动核小体或移除/插入组蛋白八聚体的方式重塑核小体的结构，然而该复合物也与其他许多染色质蛋白相互作用。SWI/SNF 复合物在基因表达过程中通过调节组蛋白的位置促进 DNA 动态变化，暴露 DNA 功能位点，促使 DNA 与相关转录因子及其他关键蛋白结合，调控基因表达。SWI/SNF 复合物可以激活也可以抑制转录，如在哺乳动物的 T 淋巴细胞发育过程中，沉默 CD4 和激活 CD8 的表达都需要 BRG1 和 BAF57 的参与。SWI/SNF 染色质重塑复合物在胚胎干细胞自我更新和多能性维持上具有重要作用。研究发现与 SWI/SNF 相关的蛋白参与多个细胞生理过程，这说明 SWI/SNF 在人胚胎干细胞中是一种广谱性的调节方式，还能在组织再生、细胞衰老、细胞凋亡等多方面发挥重要作用。

研究普遍认为 SWI/SNF 染色质重塑复合物相关亚基的失活在肿瘤中起抑癌基因作用（Kadoch 等，2013；Wang 等，2014）。在几乎所有的恶性杆状肿瘤内 SWI/SNF 复合物的 SNF5 亚基都因等位基因突变而受抑制。在这些细胞系中 BRG1 突变与 KRAS、LKB1、NRAS、CDKN2A、TP35 突变共存，说明它们可能协调促使肿瘤的形成（Medina 等，2008）。虽然我们研究已经发现 SWI/SNF 复合物与癌症的发生存在联系，但是对于 SWI/SNF 复合物突变致癌的机制尚不清楚。

2. ISWI 染色质重塑复合物

ISWI（imitation switch）家族染色质重塑复合体广泛存在于真核生物中，目前在酵母、线虫、果蝇、哺乳动物以及拟南芥中都已经发现了 ISWI 重塑复合体的存在。ISWI 染色质重塑复合体一般包含 2～4 个亚基，包括具有催化功能的核心蛋白以及一个或多个辅助蛋白。NURF、CHARC 和 ACF 是三个从果蝇中分离出的 ISWI 复合物，后两者可能高度相似或是同一种复合物。ACF 复合体由

ISWI 与 dACF1 组成，dACF1 主要含有 N 末端的 WAC 结构域、DDT 结构域，以及 C 末端的 PHD 结构域、Brome 结构域等；NURF 复合体由 ISWI、NURF301、NURF55、NURF38 的四个亚基组成。NURF301 在蛋白质结构上与 dACF1 类似，由 HMGA（High Mobility Group）结构域、DDT 结构域、PHD 结构域、Bromo 结构域等多个结构域组成。

在酵母中有 2 个成员，分别是 ISW1 和 ISW2。Isw1 能与 Ioc3 形成 ISW1a，Ioc3 没有发现明显的结构域；Isw1 还能与另外的两个亚基 Ioc2 和 Ioc4 相结合，形成 ISW1b 复合体，Ico2 含有 PHD 结构域，Ico4 含有 PWWP 结构域。Isw2 能与 Itc1 形成 ISW2 复合体，Itc1 与 ACF1 亚基拥有相同的 WAC、DDT 结构域、C 末端的 PHD 结构域和 Brome 结构域。ISW1a 的主要功能是通过感知相邻两个核小体间的相对距离来滑动核小体，使核小体间保持合适的间距（Yamada 等，2011）。而 ISW1b 没有核小体间隔活性，主要参与转录延伸和转录终止的过程，并以此调控基因的表达（Morillon 等，2003）。ISW2 复合体能够结合核小体与 DNA 相结合，具有滑动核小体的功能，其滑动效率受核小体外裸露 DNA 长度的影响，具有核小体的间隔活性（Gelbart 等，2001）。在人类等哺乳动物细胞中同样有两个 ISWI 蛋白，分别是 SNF2H 和 SNF2L。在祖细胞内，SNF2H 是 ISWI 复合物的主要 ATP 酶；在终末分化细胞，SNF2L 蛋白高度表达。有研究发现 SNF2H 的复合物在复制过程中介导核小体的组装和间隔以及参与甲状腺调控，SNF2L 的复合物对最后分化时期的转录过程存在基因特异性有影响。

核心 ISWI 亚基可与不同的亚基组成复合物，由于包含的所有亚基所具有的全部功能，这就使得 ISWI 染色质重塑复合物可以靶向于所有可能的位点，可与转录所需的其他因子发生相互作用。ISWI 可与 cohesin 及 NuRD 组成复合物；也有一些其他的染色质重塑复合物或组蛋白修饰因子包含 ISWI 亚基，因此种类繁多的 ISWI 家族复合物可发挥复杂多样的生物学功能。在含有 ISWI 染色质重塑复合物存在的条件下，DNA 与蛋白质的相互作用加强。在一定条件下，该复合物似乎可以参与转录起始、复制等过程。因此，猜测该复合物的活性可能因环境差异而表现不同的染色质重塑方向。

3. INO80 染色质重塑复合物

INO80 复合物首次从啤酒酵母中被纯化出来，酵母 INO80（yINO80）含有 15 个亚基，分别是：INO80、Rv1、Rvb2、Arp4（actin-related protein4）、Arp5、Arp8、actin、Nhp10（nonhistone protein 10）、Ancl/Taf14、Ies1（ino eighty subunit）、Ise2、Ise3、Ise4、Ise5、Ise6（Shen 等，2000，2003）。人 INO80（hINO80）中有 8 个亚基与 yINO80 同源，包括核心亚基 Ino80、actin、Arps 和 RvbAAA+ATP 酶。其中 INO80 亚基作为复合物中的支撑，为其他亚基提供结合位点。INO80 的显著特点是酶活性结构域中含有一段间隔，将保守

的结构域分成两部分。肌动蛋白（actin）和与肌动蛋白存在显著序列相似性的肌动蛋白相关蛋白（Arps）参与多种染色质重塑复合物的组成。Rvb1 和 Rvb2 是复合物酶活性所必需的，且属于高度保守的蛋白，两种蛋白分别形成环状同源六聚体后组成异源十二聚体，在结合核苷酸和参与水解作用时发生构象改变。INO80 复合物含有 actin、Arp4、Arp5 和 Arp8。但目前为止仅在 INO80 复合物内发现 Arp5 和 Arp8，是 INO80 特有的亚基。Arp5 和 Arp8 的功能对于染色质重塑过程是很重要的，现已经发现，Arp5Δ 和 Arp8Δ 与 Ino80Δ 的欠失体表型相似。在体外因突变而缺乏 Arp5 或 Arp8 的 INO80 复合物的 DNA 结合、核小体移动、ATP 酶活性都将受到损害（Shen 等，2003）。Ise1、Ise3、Ise4、Ise5 在进化上并不保守，它们的分子功能仍然不清楚，可能参与酵母 INO80 复合物的调控。

在研究影响肌醇生物合成的突变体的遗传时识别到了 INO80 基因。随后的研究发现 INO80 基因的产物与 SNF2/SWI2 染色质重塑复合物的 DNA 依赖的 ATP 酶高度相关。INO80 作为染色质重塑酶，能参与细胞内的多种生物学过程，包括：基因组稳定性维持，基因的复制和转录，DNA 损伤修复，端粒结构调控以及胚胎干细胞（ESCs）自我分化等。

hINO80 复合物参与基因复制、转录过程。在细胞进入 S 期时，hINO80 复合物可以富集在基因的复制起始位点，参与起始基因复制过程，而且基因高效的复制过程需要 hINO80 复合物的持续作用来维持及完成，从而使基因的复制和转录得以正常进行（Papamichos-Chronakis 等，2008）。在 hINO80 缺失的细胞中会出现复制叉阻滞的现象，这种现象对细胞而言是一种致命的伤害。除了转录调控功能，INO80 也参与 DNA 损伤反应。研究人员利用染色体免疫共沉淀技术和免疫荧光染色技术发现 hINO80 复合物能够富集到 DNA 双链断裂部位或者激光损伤部位。在多数情况下染色质重塑酶直接参与 DNA 损伤修复过程，且通过参与同源重组修复过程来完成 DNA 损伤修复（Seeber 等，2013），但有研究报道染色质重塑酶还能够通过参与非同源末端连接修复 DNA 损伤（Shim 等，2005）。DNA 损伤修复是维持基因组稳定性和抵制癌症发生所必要的。缺失 hINO80 复合物的核心亚基 INO80 或者关键亚基 YY1 的细胞在受到外界刺激后，比如紫外线照射、造成 DNA 损伤药物等，细胞的成活率明显降低。

四、染色质重塑的模式

染色质重塑复合物有多种染色质重塑模式用于染色质结构的重塑。重塑子能够滑动核小体，重建和置换 H2A/H2B 二聚物。这些方式会破坏组蛋白与 DNA 的接触以及它们所需的能量。所有的染色质重塑 ATP 酶都是 SF2 家族的成员，也都是属于ATP依赖的DNA转位酶。各种重塑方式都肩负着各自特定的任务。

（一）滑动

滑动主要指的是核小体的滑动。NURF、CHARC和酵母SWI-SNF复合物均表现出催化核小体在同一个DNA分子上的顺式置换（沿DNA分子滑动）。有人提出SWI/SNF复合物通过与核小体DNA的进入点到二分轴约60bp的大片段DNA结合区滑动核小体。NURF也可以将核小体从一个359bp的DNA中央移动到分子的两侧。ISWI也具有同样的催化作用，但特异性相对较低。SWI/SNF复合物也可以介导反式置换反应，即将核小体转移到其他的DNA分子上，发生该反应所需要的SWI/SNF复合物浓度较高，提示顺式滑动是染色质重塑复合物的主要催化方式，但可能不是唯一的方式。ISWI复合物的功能是通过移动整个核小体建立一个抑制的染色质环境。有研究表明，ISWI复合物创建了以约10bp步长移动的小膨突，它不易被DNA内切酶分解。ISWI复合物促进核小体均匀分布，这有利于染色质高级结构的形成。ISWI复合物还可以作为二聚体重塑染色质。

（二）重建

滑动为SWI/SNF复合物的主要催化活性，但是其不能解释所有由于染色质重塑所导致的结构变化。在质粒核小体阵列的染色质重塑分析中发现，SWI/SNF复合物可以重建核小体。一种方式是两个独立的核小体被结合在一起形成一个新的稳定结构，而与这些核小体相关的DNA分子对核酶的敏感性明显变化。由于这样的变化引起的DNA分子构象变化构成生物活性改变的分子基础。该结构更容易被GAL4也更容易被其他转录因子调控。现在一般认为，两类主要的重塑复合物可能在不同的情况下发挥作用，SWI/SNF复合物一般并不移除和重定位核小体，可能通过改变局部结构来激活启动子，而ISWI则可能是通过移除和重定位核小体而暴露转录因子。

（三）置换组蛋白

SWR1复合物催化核小体H2A与H2AZ变体之间的交换。研究发现H2AZ与转录激活的启动子相关（Raisner等，2005）。此外，SWR1还可以催化DNA包装的打开并暴露DNA与H2A/H2AZ的结合表面。SWR1的亚基可以直接驱动第一个H2A/H2B二聚物从八聚体分离。SWR1复合物作用下DNA的打开和H2A/H2B的释放会导致包含H2A/H2AZ或H2A/H2B的组蛋白八聚体重组。这将造成结构不相容并促进SWR1催化第二个H2A/H2B二聚体的交换。

第三节 DNA甲基化

DNA 甲基化是在 DNA 甲基化转移酶（DNA methyltransferases，DNMTs）的催化下，以 S2 腺苷蛋氨酸（S2 adenosylmethionine，SAM）作为供体将活化的甲基引入 DNA 链中。甲基化反应进行的程度受到 DNA 甲基转移酶的控制。DNA 甲基化现象广泛存在于细菌、植物和动物中，参与生物体的多种生物学过程。DNA 甲基化是哺乳动物 DNA 最常见的复制后调节方式之一，是正常发育、分化所必需的。通常高甲基化抑制基因的表达，低甲基化促进基因表达。人类染色体 CpG 二核苷酸是最主要的甲基化位点，DNA 甲基化不仅影响基因的表达过程，而且这种影响可随细胞的有丝分裂和减数分裂遗传并持续下去。在脊椎动物中，甲基基团的共价加减反应只会发生于启动子区域的胞嘧啶与鸟苷酸含量丰富的区域，即所谓的 CpG 岛（CpG island）。DNA 的甲基化状态在生物发育的某一阶段或细胞分化的某种状态下是可以逆转的，这一性质是研究的关键。DNA 的去甲基化包括依赖复制的被动去甲基和不依赖复制的主动去甲基两种方式，前者通过阻止新生链上发生 DNA 甲基化而达到去甲基的效果，后者的作用机制仍存在争议，需要进一步的研究。DNA 甲基化状态受多种酶的调节，因此研究调节 DNA 甲基化状态的酶类至关重要。

DNA 甲基化及去甲基化，再加上组蛋白修饰，直接制约基因的活化状态。因此，DNA 甲基化有其重要的生物学意义主要包括：①影响基因的表达状态，可以通过该表达基因调控区 DNA 甲基化程度调控基因转录；②可以参与基因组防御，通过高度甲基化使外源 DNA（如转座子）处于沉默状态；③可以提高环境适应能力，在不改变基因型的情况下产生可遗传的新表型。DNA 甲基化是基因主要的表观遗传修饰形式，是调节基因组功能的重要机制，与人类胚胎的发育分化密切相关。其作用体现在多种遗传现象上，与基因组印记、基因沉默、染色体失活、肿瘤的发生和发展等密切相关。

一、DNA 甲基化

DNA 甲基化是脊椎动物 DNA 唯一的自然化学修饰方式，它是由甲基转移酶介导，将胞嘧啶（C）变为 5-甲基胞嘧啶（5mC）的一种反应（Adams 等，2012）。DNA 甲基化修饰的前提是必须有 DNA 甲基转移酶的存在。甲基化主要形式：5-甲基胞嘧啶（5-mC）、少量的 N6-甲基嘌呤（N6-mA）及 7-甲基鸟嘌呤（7-mG）等。原核生物可对胞嘧啶与腺嘌呤甲基化，而真核生物中甲基化仅发生于胞嘧啶。

（一）DNA 甲基化机制

DNA 甲基化是一种在原核和真核生物基因组中常见的复制后修饰，根据作用方式和参与反应的酶的不同，DNA 甲基化模式可分为两种类型：一种是从头甲基化（de novo methylation），指 DNA 的两条单链都没有甲基化，之后又均被甲基化；另一种是维持甲基化（maintenance methylation），是指 DNA 一条链已经被甲基化，而另一条链没有被甲基化，之后只有未被甲基化的单链被甲基化。目前的 DNA 甲基化反应机制是在原核生物的 DNA-C5 甲基转移酶中首先发现的。当 DNA 甲基化酶结合 DNA 后，目的碱基 C 从 DNA 双螺旋中翻转，进而突出于双螺旋结构之外，并嵌入酶的袋形催化结构域里。同时，碱基对的氢键断裂，使邻近碱基间的堆积作用缺失。DNA-C5 甲基转移酶的活性位点（motifⅣ）中的保守序列 PCQ 的半胱氨酸残基上的硫醇基对底物 C-6 位碳进行亲核作用，并形成共价键激活。由于 *S*-腺苷甲硫氨酸（SAM）的甲基基团结合于 S 原子上，分子极不稳定，在酶的作用下甲基从 SAM 转移至被激活的 C-5，随着 C-5 位上质子的释放与共价中间物的转变，最终完成 DNA 甲基化修饰过程（Sulewska 等，2007）。

（二）DNA 甲基化特点及生物学功能

脊椎动物只有一种嘧啶即胞嘧啶能发生甲基化，而细菌体内胞嘧啶和胸腺嘧啶都可以发生甲基化，因此它们之间是截然不同的。就脊椎动物 DNA 甲基化而言，它有以下 4 个特点：第一，YAU 甲基化在生物体内的分布并不是随机的，而是呈现一定的规律性，一般基因组内甲基化多数发生在与鸟嘌呤相连的胞嘧啶上；第二，富含鸟嘌呤和胞嘧啶区域的 CpG 即 CpG 岛未发生甲基化，CpG 岛位于转录起始点的上游；第三，启动子区的 CpG 发生甲基化时，其后的转录受到抑制；第四，启动子区 CpG 甲基化的密度与转录的抑制程度有关。

DNA 甲基化参与了机体的多种反应，其功能主要有：DNA 甲基化与基因表达调控；DNA 甲基化与哺乳动物发育；DNA 甲基化与基因组印记。

1. DNA 甲基化与基因表达调控

DNA 甲基化和许多生命过程有重要关系，如雌性哺乳动物的 X 染色体失活，能很好地实现体内 X 染色体上基因表达剂量的平衡。一般说来，DNA 甲基化与基因表达呈负相关，不仅启动子区高甲基化与基因表达呈负相关，基因内部的甲基化与基因表达也存在着弱的负相关，而启动子区低甲基化与转录活性正相关。DNA 甲基化虽然未改变核苷酸顺序及其组成，但可在转录水平调控基因，特别是在转录起始阶段。DNA 甲基化调节基因的表达有三种可能的机制：第一，DNA 轴的主沟是许多蛋白因子与 DNA 结合的部位，当胞嘧啶发生甲基化后，5-甲基胞嘧啶则伸入 DNA 双螺旋的大沟，从而影响转录因子的结合；第二，序列特异的甲基化连接蛋白（sequence specific methylated DNA binding protein，MDBP）与启动子区甲基化 CpG 岛结合，阻止转录因子与启动子靶序列的结合，从而影响基因的转录；第三，甲基化 CpG 结合蛋白（MeCP1 和 MeCP2）与甲基化的二核苷酸 CpG 结合，类似转录抑制蛋白的作用，MeCP1 与甲基化 DNA 结合需要 12 个甲基化的 CpG，MeCP2 只需要一个甲基化的 CpG，并且非常丰富。

2. DNA 甲基化与哺乳动物发育

基因组的甲基化模式在分化的体细胞中通常是稳定且可以遗传的，但哺乳动物中的生殖细胞发育期和移入前胚胎期，甲基化模式通过大规模的去甲基化和再甲基化形成新的甲基化模式，并产生有发育潜能的细胞（Reik 等，2001）。胚胎在发育和分化过程中，DNA 序列没有改变，但在特异性组织和器官中基因表达有特定的模式，研究表明这种遗传外改变与 DNA 甲基化有关（Sugimura 等，2000）。随后在对敲除了 3 种 DNA 甲基化转移酶小鼠模型的研究中发现，3 种甲基化酶（DNMT1、DNMT3A、DNMT3B），任何一种的缺失都将导致小鼠胚胎或围产期的死亡，从而可以看出 DNA 甲基化在正常的发育过程中是非常重要的。在 ES 细胞发育过程中，甲基化在不同的分化阶段能够解除或抑制一些基因的表达情况从而达到 ES 细胞的不同分化作用，在细胞和哺乳动物发育过程中起到了非常重要的作用（Ballas 等，2005）。

3. DNA 甲基化与基因组印记

基因组印记是一种不符合传统孟德尔遗传的表观遗传现象，来自父方和母方的等位基因在通过精子和卵子传递给子代时发生了某种修饰，这种作用使其后代仅表达父源或母源等位基因中的一种。基因印记发生在配子形成期，DNA 甲基化在遗传印记中发挥着重要的作用，如胰岛素样生长因子 IgF2 与其下游紧密相连的 H19 是一对对立的印记基因。一般认为主要由于来自双亲等位基因被甲基化而导致沉默，即 DNACpG 岛的胞嘧啶 5′位置上被加上甲基。从基因印记的分离鉴定及其作用机制的研究结果中看出，许多与基因印记和印记调控子邻近的序列都存在 DNA 甲基化修饰及差异甲基化序列，由此可见，甲基化在基因组印记的分子机理中充当重要角色。如对胚胎发育和转基因小鼠的研究结果表明，DNA 甲基化对基因转录的调控作用是产生基因印记效应的原因之一。基因组印记是哺乳动物正常发育所必需的，它对个体生长发育、肿瘤发生、性别决定等起着至关重要的调控作用。

（三）DNA 甲基化与肿瘤

肿瘤的形成受遗传学修饰和表观遗传修饰的影响，DNA 甲基化是一种影响基因表达的机制，其异常在肿瘤等多种疾病的发生、发展中有重要的作用。

DNA 甲基化异常包括全基因组的低甲基化和局部基因的高甲基化。DNA 甲基化异常是致癌作用的一个关键因素，是肿瘤抑制基因的失活方式之一。DNA 甲基化通过基因机制和基因外机制使细胞增殖和分化相关基因表达异常，导致细胞产生恶变，最终形成肿瘤。

1. DNA 低甲基化与肿瘤的关系

肿瘤细胞中 DNA 甲基化的不平衡，可能是引起基因表达遗传性改变，形成基因组不稳定性的分子基础。肿瘤中的 DNA 甲基化多表现为总体甲基化水平降低和某些特定区域发生的高甲基化。在细胞群体中，低甲基化可导致原癌基因活化，形成突变热点、染色体不稳定及转座子的异常表达等。如 DNA 低甲基化导致肿瘤相关的基因的激活，并在肿瘤的发生过程中发挥重要作用。有报道肾细胞癌中 MN/CA9 编码的肿瘤抗原、髓细胞白血病中 MDR1 及乳腺癌和卵巢癌中 SNCG/BSCG1 的过度表达，都与 DNA 低甲基化相关。这些研究显示，多种肿瘤中都存在原癌基因低甲基化，并且低甲基化和相应蛋白表达升高密切相关，说明基因低甲基化可诱发原癌基因激活。

肿瘤细胞整个基因组存在普遍的低甲基化，事实上肿瘤在未恶变之前就已经发生甲基化的改变，且经代谢可释放出来。Sato 等（2003）通过微点阵分析胰腺癌研究发现，在胰腺癌中发生低甲基化的基因在胰腺癌初级阶段也发生低甲基化，进而推断在癌细胞系中发生低甲基化的基因在癌前病变中也发生低甲基化。因此，深入研究明确 DNA 低甲基化改变与肿瘤发展的相关性，对肿瘤的早期诊断、判断肿瘤亚型、分析肿瘤对化疗药物的敏感性、辅助治疗及判断预后有重要作用，这将成为一个全新的治疗方法，并具有极大的发展前景。

2. DNA 高甲基化与肿瘤的关系

相关研究已发现在多种肿瘤发生时伴随相关基因甲基化异常，这些基因包括：抑癌基因、原癌基因、错配修复基因、凋亡相关基因等。这些肿瘤相关基因的异常高甲基化或低甲基化可促进肿瘤发生发展。基因启动子区域的异常高甲基化是引起抑癌基因失活的主要机制。现在发现许多抑癌基因在肿瘤中伴随着高甲基化而失活，如 P15、P14、P16、P73、APC、THBS1、GSTP1、BPCA1 等。这些基因的功能涉及基因转录沉默，使重要基因如抑癌基因等低表达或不表达及增加点突变，并通过影响多条细胞信号转导通路来干预细胞周期和细胞凋亡等，从而影响肿瘤的发生发展及预后和治疗。研究发现 P16 基因启动子甲基化导致 P16 基因被抑制，从而导致多种肿瘤发生。在肺癌中已有大量研究发现抑癌基因启动子区 CpG 岛高甲基化。Wang 等（2007）检测肺癌组织中 CDH1 基因甲基化率高达 40.9%，明显高于癌旁和正常组织，提示该启动 CpG 岛甲基化可能参与肺癌的发生发展。以上这些研究说明了基因启动子区高甲基化是抑癌基因表达抑制甚至失活的主要机制之一。

二、DNA 去甲基化

在过去很长的一段时间内，DNA 甲基化被认为是一种非常稳定的表观遗传修饰，但是过去十多年的研究表明 DNA 甲基化并非想象中那样稳定，它是可以被去除的。DNA 去甲基化（DNA demethylation）是指 5-甲基胞嘧啶被胞嘧啶取代的过程。根据 DNA 甲基化去除的方式，DNA 去甲基化可分为被动去甲基化和主动去甲基化两种途径。被动 DNA 去甲基化是指在 DNA 复制过程中，由于 DNA 甲基转移酶缺失或者活性被抑制，导致新合成的 DNA 链不能被甲基化，从而造成 DNA 甲基化丢失的过程；主动 DNA 去甲基化是指由特殊的机制或酶介导的 DNA 甲基化去除的过程。

（一）主动去甲基化

DNA 去甲基化活性最早是在鼠白血病细胞提取物中发现的，5-甲基胞嘧啶由标记的胞嘧啶代替，预示整个核苷或仅碱基被代替。同样在大鼠的成肌细胞中 DNA 去甲基化活性也被发现。目前出现关于 DNA 主动去甲基化各种机制的假说有很多，主要包括：通过直接切除 5mC 的碱基切除修复；通过 5mC 脱氨基后变为 T，然后通过 T、G 错配的碱基切除修复途径去除；核苷酸剪切修复；延伸因子介导的 DNA（ELP3）去甲基化机制。

1. 碱基切除修复途径和核苷酸剪切修复途径

碱基切除修复途径（base excision repair，BER）和核苷酸剪切修复途径（NER）是 DNA 修复的两个主要通路，参与哺乳动物细胞中 DNA 主动去甲基化。DNA 的去甲基化可能通过碱基切除修复途径的 DNA 修复过程实现，其过程为：在 DNA 糖基化酶作用下去除目标碱基并产生一个磷酸化位点（AP），接着 DNA 链中的 AP 位点被 AP 裂解酶催化产生一个 5′磷酸基团和 3′糖基，AP 内源性酶然后去除 3′糖基基团，产生了一个单核苷酸缺口，随后在 DNA 聚合酶和连接酶的作用下修复（Sancar 等，2004）。在植物中该过程需要 DNA 去甲基化酶 ROS1 家族蛋白参与，R0S1 家族包含 ROS1、DME、DML2 和 DML3 四个成员。它们属于双功能的 DNA 糖基化酶，兼有 DNA 糖苷酶和裂解酶两种活性，不仅可以水解碱基和脱氧核糖之间的糖苷键，还能够切开 AP 位点的 DNA 骨架。而在动物中碱基切除修复机制需要借助于脱氨基作用才能实现：首先，5-甲基胞嘧啶在脱氨基酶的作用下变成胸腺嘧啶；其次，错配的胸腺嘧啶由碱基切除修复途径替换成无甲基化的胞嘧啶。DNA 去甲基化还可以通过 5-甲基胞嘧啶脱氨基后变为胸腺嘧啶，然后通过碱基切除修复途径使用正常的胞嘧啶替换错配的胸腺嘧啶来完成。研究发现，脱氨基酶和 DNMT 两种酶都能够催化脱氨基作用。在 5-甲基胞嘧啶的脱氨基过程中，胸腺嘧啶糖基化酶如 TDG 和 MBD4 同样会发挥错配修复功能。由于TDG直接催化5-甲基胞嘧啶发生去甲基化的活性很弱，而敲除另一DNA转葡萄糖基MBD4则无法阻止合子中的去甲基化发生，所以推测碱基切除修复必须与5-甲基胞嘧啶脱氨基这类的修饰机制偶联才能产生去甲基化作用。

DNA主动去甲基化的另一条途径是核苷酸剪切修复。核苷酸剪切修复途径一般是DNA受到化学物质或者辐射后造成巨大损伤后出现的。当损伤的DNA被XPC蛋白（xeroderma pigmentosum）识别，损伤附近的DNA展开并且由核苷酸剪切修复核酸酶XPF和XPG从任意一边切开后产生24～32bp的核苷酸片段，DNA中出现的缺口通过修复聚合酶和连接酶添补。这一过程在DNA聚合酶的作用下胞嘧啶会取代5-甲基胞嘧啶，导致DNA甲基化的丢失。在HEK293细胞中发现，生长阻滞和DNA损伤诱导蛋白45α（GADD45A），GADD45A是主要编码p53和乳腺癌Ⅰ型敏感性蛋白（BRCA1）诱导的基因，参与许多生命活动过程，包括DNA损伤反应、细胞周期进行、凋亡和核苷酸剪切修复等（Zhan等，2005），通过募集核苷酸剪切修复各组件触发了rDNA（rRNA基因）启动子的去甲基化。GADD45b是GADD45家族的另一个成员，也参与主动的DNA去甲基化。其中GADD45b功能缺失会导致FGF1（Fibroblast growth factor 1）启动子的DNA甲基化升高，并抑制这两个基因的表达（Ma等，2009）。然而，GADD45b功能缺失合子的父本基因组则呈现出正常的DNA去甲基化。这些证据说明GADD45a介导的主动DNA去甲基化只发生在特定的基因组位点。

2. 延伸因子介导的DNA去甲基化机制

张毅等发现ELP3（elongator complex protein 3）在受精后合子的父本基因组去甲基化过程中起作用。ELP3是关键延伸因子复合体（ELP1-ELP3）的一个成员，其和其他的复合体（ELP4-ELP6）形成总延伸复合体。ELP1和ELP4也在父本基因组的去甲基化过程中发挥作用，损失雄原核的去甲基化，说明父本基因组去甲基化需要一个完整的延伸因子复合体。进一步研究发现在受精前向MⅡ期卵母细胞内注射编码ELP3结构域突变体mRNA，发现ELP3中含有Fe-S簇的S-腺苷甲硫氨酸残基结构域（radical SAM domain）突变可阻碍父源DNA的去甲基化（Okada等，2010）。在酵母的研究中发ELP3中富含Cys的结构域对于延伸因子的完整性是必需的（Li等，2009），这就说明Fe-S的SAM结构域可能在结构上发挥作用，而并不在酶催化上发挥作用。因此，还需进一步地获得延伸因子的酶催化活性的直接生物学证据和EIP3缺失的卵母细胞的遗传学证据。

3. TET蛋白介导的DNA去甲基化机制

TET（ten-eleven translocation）蛋白能够催化5-甲基胞嘧啶（5mC）转变

为 5-羟甲基胞嘧啶（5-hydroxymethylcytosine，5hmC），这可能是 DNA 去甲基化过程的一种机制。在合子雄原核中，TET3 能够催化 5mC 转变为 5hmC。TET 不仅能够催化 5mC 转变为 5hmC，在细胞及体外实验中 5mC 和 5hmC 在 TET 的作用下氧化成 5-羧基胞嘧啶（5-carboxylcytosine，5caC），然后 5caC 可能被 TDG 特异性地识别剪切，进行碱基剪切修复，这就说明 5hmC、5fC 和 5caC 可能是 DNA 去甲基化过程中的中间产物（He 等，2011）。

（二）被动去甲基化

被动去甲基化是细胞通过抑制 DNMT1 表达或催化活性来阻断 DNA 甲基化的维持，然后在细胞分裂过程中稀释或降低基因组中甲基化胞嘧啶的密度来实现的。有研究报道了这种被动去甲基化机制是小鼠胚胎发育过程中原生殖细胞（primordial germ cell）去除基因组亲 DNA 甲基化的关键机制（Kagiwada 等，2013）。

三、DNA 甲基转移酶的分类

DNA 的甲基化是通过 DNA 甲基转移酶（DNMTs）催化和维持的。在哺乳动物中，目前已发现 4 种 DNMTs，分别为：DNMT1、DNMT2、DNMT3 和 DNMT3L。DNMTs 家族 C 末端有高度保守的催化结构域，直接参与 DNA 甲基转移反应；而 N 末端的调节结构域存在差异，以介导其细胞核定位以及调节并参与其他蛋白的相互作用。

（一）DNMT1 的结构和功能

DNMT1 是 1988 年 Bestor 等从真核生物中克隆出来的第一个 DNA 甲基转移酶，是一种胞嘧啶 C5 特异的甲基转移酶，分子质量为 183kDa。一般认为 DNMT1 有 3 个结构域：C 端的催化域，N 端的某些蛋白识别的靶区域，以及其他未知区域。有研究发现，DNMT1 的半胱氨酸富集区可与未甲基化的 CpG 岛结合，这说明除了催化区域以外，DNMT1 的其他结构域也与酶活性有重要关系（Pradhan 等，2008）。DNMT1 的结构可能还会通过与氨基酸相互作用以及催化域的丝氨酸磷酸化而发生变化，这可能与酶的活性、DNA 结合等的调节有关。

DNMT1 的主要作用是维持 DNA 甲基化，这种维持作用可以将 DNA 甲基化信息传递给子代细胞。在体外 DNMT1 也能将未修饰 DNA 从头甲基化（de novo methylation），但在细胞中正常存在的 DNMT1 不能完成这些工作。人 DNMT1 在心、脑、肺、肝、肾、肌肉、胰腺和胎盘中有表达。荧光原位杂交显示人 DNMT1 定位于 19p13.2、p13.3。其中人类 DNMT1 基因位于染色体

19p13.2，由40个外显子构成。DNMT1是组织中含量最为丰富的甲基转移酶，与非甲基化的底物相比，该酶对半甲基化底物的活性要高7～100倍。用全长人DNMT1 cDNA构建真核表达重组质粒，转染至人成纤维细胞并且使之高表达，结果发现基因组中某些敏感的CpG位点甲基化程度大大增加。DNMT1有几种不同的变异体，包括体细胞DNMT1剪接异构体DNMT1b和卵细胞特异性的DNMT1o。体细胞DNMT1一直保留在体细胞细胞核中；而DNMT1o主要存在于卵细胞的胞浆中当胚胎发育时，由胞浆转入细胞核内。DNMT1过度表达不是增加细胞增殖活性的结果，而是显著地与肿瘤相关基因CpG岛DNA甲基化聚积相关。DNA甲基化改变可以解释人类癌症组织学异质性和临床病理多样性。

（二）DNMT2的结构和功能

DNMT2基因位于染色体10p12～p14，有11个外显子。DNMT2包括391个氨基酸，含10个高度保守的DNA甲基转移酶模体，在模体Ⅷ-Ⅸ区有41个保守的氨基酸，其中包括Cys-Phe-Thr三肽和Aso-Ile二肽，这个区域与原核和真核生物的DNA C5胞嘧啶甲基转移酶[(cytosine 5) methyltransferases (m5CMTasess)]具高度同源性。DNMT2结构比较特殊，缺乏N端的调节结构域，仅含有C端保守的催化模体，这可能与DNMT2较弱的甲基转移活性有关。DNMT2与DNA具有较强的结合能力，并且在体外可与DNA结合并阻止DNA的变性。这些特性说明DNMT2可能起着识别DNA上特异序列并与之结合的作用，但并不具备催化C两位点甲基化的特性。DNMT2主要是tRNA的甲基转移酶，具有微弱的DNA甲基转移酶活性。DNMT2可以产生多种种类的mRNA，它不仅限于已知的有从头甲基化活性的细胞，还低水平地存在于人和鼠的所有组织中。但人们对DNMT2功能的认识一直存在争议。虽然结构与其他DNMTs高度相似，DNA甲基化酶活性非常弱，且识别位点并非在CpG上，因而在体外酶活性实验中，常常难以观测到DNA甲基化酶活性。

（三）DNMT3的结构和功能

DNMT3家族包括DNMT3a、DNMT3b和调节因子DNMT3L，参与对未甲基化DNA的全新甲基化过程（Gowher等，2005）。DNMT3a包括912个氨基酸，DNMT3b包括853个氨基酸。DNMT3a、DNMT3b拥有类似的结构。高度可变的N末端，包括：PWWP（proline tryptophan tryptophan proline）位点，Zn结合位点（含有多个Cys、6个CXXC结构），以及具有催化功能的C末端（Xie等，1999；Chen等，2004）。由于DNMT3a、DNMT3b的DNA结合位点均较小，大约50个残基左右，因此DNMT3常以二聚体形式存在，以增大和底物的接触面，在一次作用过程中可以同时甲基化两个CpG位点（Cheng等，2008）。DNMT3L包括387个氨基酸，N末端只有类似植物同源结构域的基序

PHD 结构域，C 末端只延伸至保守基序Ⅷ，缺乏有效的催化结构域。因此，DNMT3L 本身无催化活性，它是甲基化的一个调节因子。

DNMT3a 基因位于 2p23.3，有 23 个外显子和可作选择性拼接的外显子。DNMT3b 基因位于 20q11.2，由 23 个外显子和一个具选择性转录作用的外显子 1P 组成。DNMT3a 在 ES 细胞中表达丰度较高，发育成熟的组织中很低；DNMT3b 在未分化的 ES 细胞和睾丸组织中高表达，但是在分化细胞和发育成熟的组织中几乎检测不到表达。DNMT3a、DNMT3b 基因突变的小鼠胚胎畸形和死亡率极高，DNMT3a 缺失的小鼠胚胎发育不全，出生后 3～4 周死亡，缺乏 DNMT3b 的小鼠胚胎受精后发育不超过 9.5 天即夭折。将人工合成的寡核苷酸上所有 CpG 位点甲基化修饰，但其他的胞嘧啶未甲基化，经与 DNMT3a 或 DNMT3b 蛋白反应后，发现其不能发生转甲基反应，这一现象表明 DNMT3a 和 DNMT3b 是 CpG 位点胞嘧啶特异的 DNA 重新甲基转移酶。Robertson 等（1999）RT-PCR 法检测 4 种恶性肿瘤组织（膀胱癌、结肠癌、肾癌、胰腺癌）中 DNMT3a、DNMT3b 的 mRNA 表达量，发现 DNMT3a 的 mRNA 水平较正常对照增高约 3.1 倍，而 DNMT3b 增高约 7.5 倍。单云峰等用实时荧光定量 RT-PCR 检测了 DNMT3a、DNMT3b 在正常肝细胞系、肝癌癌旁细胞系和肝癌细胞系中的表达水平，结果显示它们在肝癌细胞系中的表达水平均比肝癌旁系和正常肝细胞系要高，说明 DNMT 与肝癌发生之间可能存在一定的相关性，用 cDNA 基因芯片方法也证实了 DNMT3b 与肝癌发生有一定的相关性。

人 DNMT3L 基因位于 21p22.3，含 12 个外显子。DNMT3L 蛋白本身无甲基转移酶活性，但可通过与 DNMT3a 和 DNMT3b 催化区域相互作用而提高这两个酶的活性，从而有助于从头甲基化（Chen 等，2005）。DNMT3L 基因对生殖细胞形成过程中的 DNA 甲基化有重要作用，尤其是在精子发生过程中 DNA 甲基化的重要基因，在完成精子发生的整个过程发挥关键作用。研究表明，DNMT3L 基因的缺陷会引起小鼠生精障碍，进而导致雄性不育，因此 DNMT3L 基因也可能与人类生精障碍相关（Webster 等，2005）。El-Maarri 等（2009）研究发现，正常人群中存在一种稀有的 DNMT3L 变异体，这种变异体含有氨基酸突变 R271Q，生物学性质分析发现，这种 DNMT3L 变异体辅助 DNMT3a 重头甲基化的功能明显减弱，从而导致基因组 DNA 的低甲基化，而这种低甲基化主要出现在亚端粒区。

第四节　非编码RNA调控

Jacob 和 Monod（1961）在“Journal of Biological Chemistry”杂志上发表了一篇意义重大、里程碑式的研究论文，论文中首次提出了信使 RNA (mRNA)的概念以及它们在蛋白质翻译过程中作为遗传信息传递者的中心作用。在随后的50多年中，关于mRNA的研究越来越多，随着研究的不断深入，以及遗传“中心法则”的确立，因此对以mRNA为代表的基因转录本的认识主要集中在其作为蛋白质翻译模板的信使作用。但近年来许多研究都表明人类基因组中只有不到2%的序列为蛋白质编码序列，而人类基因组中70%～90%的序列都有转录本生成，表明非编码RNA占据人类转录组的绝大部分（Guigo等，2012）。非编码序列包括非编码基因、启动子等顺式作用元件、内含子、5′非编码区、3′非编码区和基因间区。其中基因间区包括移动元件的缺陷拷贝、假基因等详细注释的序列片段以及一大类不具有蛋白编码潜能的RNA转录本。这些占了细胞总数绝大部分的非编码RNA无处不在，而且参与了包括从干细胞维持、胚胎发育、细胞分化、凋亡、代谢、信号传导、感染以及免疫应答等几乎所有生理或病理过程的调控。

由于非编码RNA在序列、结构以及生物功能上的高度异质性，所以存在多种分类方法，这里根据RNA分子的长度，将非编码RNA分为两大类：小于200nt的短链非编码RNA和大于200nt的为长链非编码RNA。短链非编码RNA分子虽小，却参与了包括细胞增殖、分化、凋亡、细胞代谢以及机体免疫在内的几乎所有生命活动的调节和控制，在生命体内扮演着至关重要的角色，短链非编码RNA主要包括：①参与mRNA翻译的转运RNA（transfer RNA，tRNA）；②参与转录后RNA沉默的小RNA（microRNA，miRNA）及小干扰RNA；③参与RNA剪切的小核RNA；④参与核糖体RNA修饰的小核仁RNA；⑤参与转座抑制的PIWI相互作用RNA；⑥参与转录调节的转录起始RNA、启动子结合小RNA等。长链非编码RNA（long noncoding RNA，lncRNA）包括增强子RNA、基因间转录本以及与其他转录本同向或反向重叠的转录本。长链非编码RNA一般比蛋白编码基因的表达水平低，起初认为它是聚合酶Ⅱ转录的副产物，没有生物学功能，但随着长链非编码RNA的高度重视和研究的不断深入，表明它可作为调控元件，调控基因的转录；可影响与长链非编码RNA结合的蛋白，发挥调控作用；长链非编码RNA还能影响mRNA转录后的修饰。长链非编码RNA广泛存在于真核生物中，并参与生物体X染色体沉默、基因组印迹、染色体修饰、转录激活、转录干扰以及核内运输等多种生命过程的调控（Rinn等，2012；Batista等，2013）。ENCODE研究计划在人类基因组中鉴定了9000余条长链非编码RNA基因，但其中具有明确生物学功能的只有不到100条（Djebali等，2012）。

一、RNA干扰的特点

RNA干扰（RNA interference，RNAi）是一种由双链RNA（double-stranded RNA，dsRNA）介导、能够特异沉默靶基因的转录后基因沉默现象。它广泛存在于生物界，是生物进化过程中遗留下来的一种在转录后通过小 RNA 分子调控基因表达的机制。它由双链 RNA 启动，在 Dicer 酶的参与下，把 RNA 分子切割为小分子干扰 RNA（small interfering RNA，siRNA），siRNA 特异性地与 mRNA 的同源序列结合，最终抑制或者关闭特定基因的表达。RNA 干扰具有高效性、高度特异性、可遗传性、可传播性、位置效应、时间效应和 ATP 依赖性等特点。下面将简要介绍几种主要的 RNA 干扰的特点：

（一）特异性

RNAi 具有很高的特异性，只特异性地沉默外源或内源双链 RNA 同源的 mRNA，而对不相关序列的表达无干扰作用。研究发现在 siRNA 分子碱基对中只要有 1～2 个碱基错配就会大大降低对靶 mRNA 的降解效果。

（二）高效性

RNA 干扰抑制基因表达具有很高的效率，对目的基因表达的抑制可以达到缺失突变体表型的程度；而且数量相对很少的双链 RNA 分子（数量远少于内源 mRNA 的数量）即能完全抑制相应基因的表达，许多生物学和遗传学证据表明，RNA 干扰效应中存在信号分子的扩增机制。有研究者一次性使用 50μg 的 siRNA 注入小鼠的血液内，结果显示能高效地抑制肝脏、肾脏、肺脏、脾脏和胰腺中多个器官目标基因的表达，且肝脏内特异的基因抑制效果最强，能达到 80%以上。

（三）可传播性和遗传性

在植物体内，RNA 干扰信号能通过细胞内的运输通道送到植物体的其他细胞执行基因沉默功能，把 RNA 干扰的功能扩展到整个植物体内。而在动物中，RNA 干扰信号的扩散需要特殊蛋白参与，在膜上形成跨膜通道而传播到整个机体。RNA 干扰信号可以穿过细胞界限，向其他组织细胞扩散，引发系统性应答，而且能稳定遗传给后代。在实验中发现，在线虫中人工合成的 siRNA 通过注射或浸泡的途径可遗传给第 2 代，但在第 3 代中没有发现（Fire 等，1998）。而通过转染双链 RNA 到体外培养的细胞后，其功能缺失的表型却持续遗传到第 9 代。

（四）位置效应

Holen 等根据人 TF（tissue factor）不同的位置各合成了 4 组双链 RNA 来检测不同位置的双链 RNA 对基因沉默效率的影响。在不同浓度和不同类型的细胞中，hTF167i 和 hTF372i 能够抑制 85%～90%的基因活性，hTF562i 只能抑制部分基因活性，而hTF478i则几乎没有抑制基因的活性。他们还以hTF167为中心依次相差3个碱基对在其左右各合成了几组双链RNA，有趣的是它们所能抑制该基因活性的能力以hTF167为中心依次递减。特别是hTF158i和hTF161i只与hTF167i相距9个和6个碱基，但它们几乎没有抑制该基因活性的能力。结果还表明，双链RNA对mRNA的结合部位有碱基偏好性，相对而言，GC含量较低的mRNA被沉默效果较好。

（五）ATP依赖性

RNAi的过程需要ATP为其提供能量，去除ATP或者抑制合成ATP后，RNAi现象降低或消失，而加入外源性ATP后，仍不能加强其抑制作用，显示RNAi是一个ATP依赖的不可逆过程。Zamore等（2000）认为RNAi中至少有两个过程需要ATP供能：一是双链RNA被Dicer酶酶切产生siRNA；二是siRNA与RISC结合解链后形成有活性的RNA诱导沉默复合物。

二、RNA干扰作用机制

病毒基因、人工转入基因、转座子等外源性基因随机整合到宿主细胞基因组内，并利用宿主细胞进行转录时，常产生一些双链RNA。双链RNA通过Argonaute家族蛋白，进一步诱导双链RNA与Dicer结合。胞质中的核酸内切酶Dicer，在ATP的参与下将双链RNA切割成多个具有21～23nt长度和结构的小片段RNA，即siRNA。siRNA在细胞内RNA解旋酶的作用下解链成正义链和反义链，随后由反义siRNA与体内一些酶（包括内切核酸酶、外切核酸酶、解旋酶和同源RNA链搜索活性酶等）结合形成RNA诱导的沉默复合物（RNA-induced silencing complex，RISC）。RISC与外源性基因表达的mRNA的同源区进行特异性结合，RISC具有核酸酶的功能，在结合部位切割mRNA，切割位点即是与siRNA中反义链互补结合的两端。被切割后的断裂mRNA随即降解，从而诱发宿主细胞针对这些mRNA的降解反应。siRNA不仅能引导RISC切割同源单链mRNA，而且可作为引物与靶RNA结合并在RNA聚合酶（RNA-dependent RNA polymerase，RdRP）作用下合成更多新的双链RNA，新合成的双链RNA再由Dicer切割产生大量的次级siRNA，从而使RNAi的作用进一步放大，最终将靶mRNA完全降解。在此过程中，内源基因的同源转录产物也可被结合和降解，结果外源基因的导入使内源和外源基因的表达共同受阻。

RNAi效应具有自我扩增性，少量双链RNA即可发挥阻抑效应，能够在细胞间传递，甚至将此效应传至下一代。Brenda等认为在RNAi过程中包括RdRP介导的双链RNA扩增反应，从而使PTGS具有持久性和系统性。此外，RNAi的扩增效应还可能存在另外两种机制：①Dicer将长双链RNA切成初级siRNA，这一放大水平取决于双链 RNA 的长度；②siRNA 在酶的作用下可以多次应用，产生进一步的放大效应。这些扩增机制只是一种推测，是否存在尚需进一步的实验研究确定。所以正常机体内各种基因的有效表达有一套严密防止双链 RNA 形成的机制。

三、miRNA 作用机制与功能

第一个 miRNA——lin4 是由 Lee 等（1993）在线虫中发现的。随后的研究发现了第二个 miRNA——let7，let7 与 lin4 相似，可以调节线虫的发现进程。自从 let7 发现以来，通过应用随机克隆和测序、生物信息学预测的方式，又分别在众多生物体如病毒、家蚕和灵长类动物中发现数以千计的 miRNA。目前已经有 1638 个植物 miRNA 基因和 6930 个动物及其病毒 miRNA 被发现。

微小 RNA（microRNA，miRNA）是一类长度很短的非编码调控单链小分子 RNA，约 20～24nt（少数小于 20nt 的），由一段具有发夹环结构的长度为 70～80nt 的单链 RNA 前体（pre-miRNA）剪切后生成。miRNA 合成的具体过程可以分成三个阶段：首先，在 RNA 聚合酶Ⅱ作用下，miRNA 被转录成 pre-miRNA，pre-miRNA 长约 70 个核苷酸，具有茎环结构序列；其次，pre-miRNA 经 Ran-GTP 依赖的核质/细胞质转运蛋白 ExPortins 的作用从核内运输到胞浆中，pre-miRNA 经过剪切之后，形成具有小发卡结构的 pre-miRNA，后成形的 pre-miRNA 被 RNA 酶Ⅲ——Dicer 切割成 22bp 左右的双链 RNA；最后，双链 RNA 与 Ago 家族的蛋白质结合，其中一条链是最终行使功能的 miRNA，其互补链则被视为目标 RNA 而被切割和释放，成熟的 miRNA 最终形成，可以与靶点 mRNA 在 3′UTR 端或编码序列非完全互补性结合，从而抑制靶点基因的表达（Lee 等，2002）。miRNA 基因可以以单拷贝、多拷贝或基因簇等多种形式存在于基因组中。miRNA 基因在基因组中有其固定的基因座位，其中 70%～90%位于蛋白基因的基因间隔区（intergenic region，IGR），其余存在于内含子中，还有个别位于编码区的互补链中，这说明它们的转录独立于其他的基因，具有本身的转录调控机制。

（一）miRNA 的作用机制

1. 翻译起始抑制机制

关于 miRNA 翻译起始抑制机制现在主要有 3 种观点：

第一种观点认为 miRNA 可能通过抑制全能性核糖体的组装而阻断翻译起始。因为研究发现被 miRNA 沉默的 mRNA 没有或鲜有偶联完整的核糖体，部分研究者认为 miRNA 可能通过抑制全能性核糖体的组装而阻断翻译起始。Thermann 等（2007）在一个体外研究中发现，果蝇的 miR-2 抑制全能性核糖体的前体——48S 翻译复合物的组装，该复合物添加 60S 亚基后即形成全能性核糖体；Chendrimada 等（2007）报道的证据也说明 miRNA 抑制一个早期翻译步骤（在延长步骤之前）。他们用人细胞展示 AGO2 可与 EIF6 以及核糖体大亚基结合。EIF6 通过与核糖体大亚基结合，防止大亚基过早地与核糖体小亚基连接。如果 AGO2 使 EIF6 与之结合，核糖体的大亚基和小亚基则可能无法结合，导致翻译受到抑制。

第二种观点根据 miRNA 抑制要求靶 mRNA m^7G 帽子的存在，认为 miRISC 可能抑制翻译起始复合物的形成（Humphreys 等，2005）。在一个体外系统中研究发现，eIF4F 复合物（含有 m^7G 帽子结合蛋白、翻译起始因子 eIF4E）的增加，导致 miRNA 翻译受到抑制；也有研究发现与上述一致，Ago2 有一个结构域与 eIF4E 类似，具有结合 m^7G 帽子的能力。可能是因为 Ago 蛋白与起始复合物 eIF4E 竞争结合 m^7G 帽子，从而抑制翻译起始复合物的形成，阻止翻译起始抑制。

此外，也有研究者指出 miRNA 还可能通过阻止 polyA 结合蛋白（poly A binding protein，PABP），与 mRNA 结合影响翻译起始。

2. 翻译起始后的抑制机制

有研究发现，一些被 miRNA 抑制的 mRNA 与翻译活跃性的多核糖体偶联，说明有一些 miRNA 的抑制作用不是发生在翻译起始阶段（Olsen 等，1999）。此外，Petersen 等发现，经内部核糖体进入位点（internal ribosome entry site，IRES）起始、不依赖于 mRNA m^7G 帽子的翻译也可以被 miRNA 抑制，这进一步证明 miRNA 抑制是发生在翻译起始之后。虽然这些研究证明 miRNA 沉默作用确实是发生在翻译起始后、新生多肽完成前，但关于 miRNA 究竟如何在翻译起始后发挥抑制作用，目前还没有一致的结论。因此推测，miRNA 可能引起新生多肽链的翻译同步降解，或者是在翻译延伸过程中，miRNA 引发大量的核糖体脱落及高频次的翻译提前终止，产生的不完整多肽产物则被迅速降解。

3. miRNA 介导的 mRNA 降解

当 miRNA 与 mRNA 完全互补配对时，目的 mRNA 单链的磷酸二酯键会被直接断裂，从而导致基因沉默。这种方式与 siRNA 类似，如大多数植物在可读框（ORF）中与它的靶位点几乎完全配对。这种 miRNA/siRNA 介导的基因沉默机制已得到了相关的解释。以 siRNA 参与的 RNAi 为例进行说明，RISC 的核心蛋白是 Ago，高度保守，约 100kDa，其成员在太古菌和真菌中均有发现，siRNA 可与 RISC 结合，作为模板识别 mRNA 靶子，通过碱基互补配对原则，mRNA 与 siRNA 中的反义链结合，置换出正义链。双链 mRNA 在 Dicer 酶、ATP 和解旋酶共同作用下产生 22nt 左右的 siRNA，siRNA 继续同 RISC 形成复合体，与 siRNA 互补 mRNA 结合，使 mRNA 被 RNA 酶裂解。这个过程也称为基因沉默（PTGS）。

（二）miRNA的功能

miRNA作为一种特殊的表观遗传学修饰，成为当下研究的热点与重点。miRNA普遍存在的小分子在真核基因表达调控中有着广泛的作用。很多研究表明，miRNA参与调控基因表达、基因转录后调控、植物的发育过程等生命过程中一系列的重要进程，如早期发育、细胞增殖、细胞凋亡、细胞死亡、脂肪代谢等，并与多种疾病的发生紧密相关。但目前只有少数miRNA的功能已经明确，许多miRNA的功能还有待深入研究。本节将简单介绍几种主要的miRNA功能：

1. miRNA与信号通路

miRNA参与信号通路的调控过程。研究者发现果蝇的Notch信号通路受到miR-7的调控，miR-7的过量表达使Notch信号通路下游靶基因cut的表达量减少，导致果蝇出现翅缘缺刻现象（Stark等，2003）。miR-8则是果蝇Wnt信号通路的一个负调节因子，能够通过靶基因wntless抑制Wnt信号通路，miR-8还能以Wnt的正调节因子CG32767为靶标，对Wnt起负调节作用，可见miR-8以多种抑制方式参与了果蝇Wnt信号通路的调控过程。此外，Notch信号通路对生命的发展也很重要，研究结果表明，miRNA通过保守序列影响果蝇Notch靶标基因，miRNA的异位表达使Notch信号通路受阻，从而使Notch诱导转录本受抑制，这样可能会阻止它们的过度表达。虽然miRNA不是直接作用信号传导通路，但是它们通常会影响反馈回路进而控制相应的表达。

2. miRNA在细胞凋亡和代谢中的作用

Brennecke等（2003）研究结果表明，bantam miRNA基因能够加速细胞增殖和通过调节凋亡基因hid来阻止细胞凋亡。bantam与hid mRNA的3′UTR互补结合，阻止hid mRNA的翻译，抑制蛋白的表达，最终表现为促进细胞的增殖。而敲除bantam、hid的表达水平将上升，诱导凋亡的发生，从而抑制细胞增殖。同样，miRNA-14作为细胞死亡的抑制剂，它通过调节凋亡效应因子半胱天冬酶Drice参与细胞凋亡和脂肪代谢（Xu等，2003）。尽管miRNA-14的细胞靶标还不清楚，但是蝇类miRNA-14的突变体会有不同的表现型，它们表现为肥胖且甘油三酯水平较高，这些表现型的不同说明了miRNA-14在脂肪代谢中起到重要作用。在脊椎动物中，miRNA-375在胰岛中表达，并且抑制葡萄糖诱导的胰岛素分泌。重组胰岛素样生长因子1（Mton）基因作为miRNA-375的靶标基因得到验证，并且由siRNA介导敲除Mtpn后，使miRNA-375对胰岛素分泌的影响加倍。Cimmino等证实，miR-15a和miR-16-1通过下调BCL-2蛋白的表达水平诱导了细胞凋亡。

3. miRNA与细胞分化

在鼠骨髓、胸腺的B淋巴细胞中miR-181特异表达，参与增强哺乳动物B

淋巴细胞减少，T 淋巴细胞增加，但目前 miR-181 作用的靶 mRNA 还未发现。此外，通过鉴定干细胞和已分化细胞的 miRNA，发现有些 miRNA 是干细胞特有的，例如，小鼠干细胞特异表达 miR290～295，人干细胞特异表达 miR371～373，推测是维持细胞全能性所必需的并参与细胞分化过程。一些 miRNA 呈组织特异性表达，似乎说明它们与维持分化细胞的功能有关。

近期有研究表明 miRNA 在心脏细胞的生长和分化过程中，也扮演着极为重要的平衡角色。miR-1 家族包括 miR-1-1 和 miR-1-2，在心肌、骨骼肌中特异表达。miR-1 能与 Hand2 基因的 mRNA 结合，而 Hand2 基因是心脏形成的一种关键调节因子，miR-1 能适时关闭 Hand2 蛋白制造，以促进心脏正常发育。因为 Hand2 蛋白是一种重要的调节因子，所以发现这种 miR-1 对控制 Hand2 及其蛋白具有重要意义。

4. miRNA 与癌症

近年来的研究发现 miRNA 与人类多种疾病的发生、发展相关。最初证明 miRNA 与癌症有关，是在慢性淋巴细胞白血病的研究过程中发现的，通过研究慢性淋巴细胞白血病病例发现，缺失了包含 miRNA-15 和 miRNA-16 的染色体 13q14。总之，目前认为 miRNA 的突变、缺失及表达水平的异常均与人类肿瘤的发生、发展密切相关，它发挥类似于抑癌基因或癌基因的作用，参与肿瘤细胞的增殖、分化、凋亡及转移过程。

Lu 等（2005）采用基因芯片技术对多种肿瘤组织样本中的 miRNA 表达谱进行检测，发现大多数 miRNA 在肿瘤样本中出现下调，少部分 miRNA 表达水平上调。在肺脏肿瘤的样本中发现 Ras/Raf/MAPK 通路中 Ras 蛋白的表达水平是由 let-7 调控的（Johnson 等，2005）。通常在肺癌中，let-7 含量较低。体外实验表明，let-7 对多种人类肺癌组织有明显抑制作用，移植到小鼠肺癌模型中，let-7 作为鼻内药物能减少小鼠肺癌模型的肿瘤形成。进一步研究证实，let-7 在人体中能负向调控肺癌的决定基因——RAS 癌基因。RAS 蛋白过表达时会引起细胞的恶性增殖，let-7 表达水平的降低可增加其靶点癌基因 Ras 表达并促进肿瘤生长。胃癌是一种死亡率与发病率均很高的癌症。它也是一种病因相当复杂的基因疾病，其发生、发展过程涉及多种编码基因与非编码基因的异常表达。Otsubo 等（2011）对 miRNA-126 造成胃癌的风险进行了研究，分析 miRNAs 是否调控 SOX2 在胃癌细胞里的表达，结果发现 SOX2 基因是胚胎干细胞全能性机制中重要的一个转录因子，决定着细胞的命运。在检测的胃癌组织中，有 73.33%出现 miR-421 的过表达；miR-31 等 miRNA 低表达于胃癌组织中。

Calin 等（2001）提出了 miRNA 具有肿瘤抑制因子的功能，随后又报道 miR-15a 和 miR-16-1 定位于人类染色体的 13q14 区域，而这一区域在超过 50%的 B 细胞慢性淋巴型白血病病人（CLL）中缺失，推测 miRNA 可能起到肿瘤抑癌基因的作用（Calin 等，2002）。肿瘤中的大部分 miRNA 都是低水平表达的，因此低水平的 miRNA 与细胞分化功能缺失有很大的联系，miRNA 低表达可能原因是在癌症细胞中 Drasha 没有起作用有关。miRNA 调控的一个或者数个基因，虽然能有效抑制肿瘤，但要彻底治疗肿瘤，还需要深入研究 miRNA 调控的多个基因及其相互作用关系。目前 miRNA 变化与肿瘤的密切关系已经得到科学家的共识，形成了一个研究的热点。

参考文献

[1] Adams R L P，Burdon R H. Molecular biology of DNA methylation. Springer Science Business Media，2012，26：27-30.

[2] Albert I，Mavrich T N，Tomsho L P，et al. Translational and rotational settings of H2A. Z nucleosomes across the Saccharomyces cerevisiae genome. Nature，2007，446：572-576.

[3] Ballas N，Grunseich C，Lu D D，et al. REST and its corepressors mediate plasticity of neuronal gene chromatin throughout neurogenesis. Cell，2005，121：645-657.

[4] Batista P J，Chang H Y. Long noncoding RNAs：cellular address codes in development and disease. Cell，2013，152：1298-1307.

[5] Bedford M T，Richard S. Arginine methylation：an emerging regulatorof protein function. Molecular Cell，2005，18：263-272.

[6] Bestor T，Laudano A，Mattaliano R，et al. Cloning and sequencing of a cDNA encoding DNA methyltransferase of mouse cells：the carboxyl-terminal domain of the mammalian enzymes is related to bacterial restriction methyltransferases. Journal of Molecular Biology，1988，203：971-983.

[7] Bhattacharyya M，Feuerbach L，Bhadra T，et al. MicroRNA transcription start site prediction with multi-objective feature selection. Statistical Applications in Genetics and Molecular Biology，2012，11：1-25.

[8] Blander G，Guarente L. The Sir2 family of protein deacetylases. Annual Review of Biochemistry，2004，73：417-435.

[9] Brennecke J，Hipfner D R，Stark A，et al. bantam encodes a developmentally regulated microRNA that controls cell proliferation and regulates the proapoptotic gene hid in Drosophila. Cell，2003，113：25-36.

[10] Calin G A，Dumitru C D，Shimizu M，et al. Frequent deletions and down-regulation of micro-RNA genes miR15 and miR16 at 13q14 in chronic lymphocytic leukemia. Proceedings of the National Academy of Sciences，2002，99：15524-15529.

[11] Chen T，Tsujimoto N，Li E. The PWWP domain of Dnmt3a and Dnmt3b is required for directing DNA methylation to the major satellite repeats at pericentric heterochromatin. Molecular and Cellular Biology，2004，24：9048-9058.

[12] Chen Z X，Mann J R，Hsieh C L，et al. Physical and functional interactions between the human DNMT3L protein and members of the de novo methyltransferase family. Journal of Cellular Biochemistry，2005，95：902-917.

[13] Chendrimada T P，Finn K J，Ji X，et al. MicroRNA silencing through RISC recruitment of eIF6. Nature，2007，447：823-828.

[14] Cheng X，Blumenthal R M. Mammalian DNA methyltransferases：a structural perspective. Structure，2008，16：341-350.

[15] Djebali S, Davis C A, Merkel A, et al. Landscape of transcription in human cells. Nature, 2012, 489: 101-108.

[16] Dohmen R J. SUMO protein modification. Biochimica et Biophysica Acta-Molecular Cell Research, 2004, 1695: 113-131.

[17] El-Maarri O, Kareta M S, Mikeska T, et al. A systematic search for DNA methyltransferase polymorphisms reveals a rare DNMT3L variant associated with subtelomeric hypomethylation. Human Molecular Genetics, 2009, 18: 1755-1768.

[18] Fire A, Xu S Q, Montgomery M K, et al. Potent and specific genetic interference by double-stranded RNA in Caenorhabditis elegans. Nature, 1998, 391: 806-811.

[19] Gelbart M E, Rechsteiner T, Richmond T J, et al. Interactions of Isw2 chromatin remodeling complex with nucleosomal arrays: analyses using recombinant yeast histones and immobilized templates. Molecular and Cellular Biology, 2001, 21: 2098-2106.

[20] Ghioni P, D'Alessandra Y, Mansueto G, et al. The protein stability and transcriptional activity of p63α are regulated by SUMO-1 conjugation. Cell Cycle, 2005, 4: 183-190.

[21] Goldknopf I L, Taylor C W, Baum R M, et al. Isolation and characterization of protein A24, a" histone-like" non-histone chromosomal protein. Journal of Biological Chemistry, 1975, 250: 7182-7187.

[22] Gregoretti I V, Lee Y M, Goodson H V. Molecular evolution of the histone deacetylase family: functional implications of phylogenetic analysis. Journal of Molecular Biology, 2004, 338: 17-31.

[23] Guigo Serra R, ENCODE Project Consortium. An integrated encyclopedia of DNA elements in the human genome. Nature, 2012, 489 (7414): 57-74.

[24] Hamamoto R, Furukawa Y, Morita M, et al. SMYD3 encodes a histone methyltransferase involved in the proliferation of cancer cells. Nature Cell Biology, 2004, 6: 731-740.

[25] Hayashi K, Yoshida K, Matsui Y. A histone H3 methyltransferase controls epigenetic events required for meiotic prophase. Nature, 2005, 438: 374-378.

[26] He Y F, Li B Z, Li Z, et al. Tet-mediated formation of 5-carboxylcytosine and its excision by TDG in mammalian DNA. Science, 2011, 333: 1303-1307.

[27] Humphreys D T, Westman B J, Martin D I K, et al. MicroRNAs control translation initiation by inhibiting eukaryotic initiation factor 4E/cap and poly (A) tail function. Proceedings of the National Academy of Sciences of the United States of America, 2005, 102: 16961-16966.

[28] Jacob F, Monod J. Genetic regulatory mechanisms in the synthesis of proteins. Journal of Molecular Biology, 1961, 3: 318-356.

[29] Jenuwein T. The epigenetic magic of histone lysine methylation. Febs Journal, 2006, 273: 3121-3135.

[30] Kadoch C, Hargreaves D C, Hodges C, et al. Proteomic and bioinformatic analysis of mammalian SWI/SNF complexes identifies extensive roles in human malignancy. Nature Genetics, 2013, 45: 592-601.

[31] Kagiwada S, Kurimoto K, Hirota T, et al. Replication-coupled passive DNA demethylation for the erasure of genome imprints in mice. The EMBO Journal, 2013, 32: 340-353.

[32] Kimmins S, Sassone-Corsi P. Chromatin remodelling and epigenetic features of germ cells. Nature, 2005, 434: 583-589.

[33] Krishnamoorthy T, Chen X, Govin J, et al. Phosphorylation of histone H4 Ser1 regulates sporulation in yeast and is conserved in fly and mouse spermatogenesis. Genes Development, 2006, 20:

2580-2592.

[34] Lee R C, Feinbaum R L, Ambros V. The C. elegans heterochronic gene lin-4 encodes small RNAs with antisense complementarity to lin-14. Cell, 1993, 75: 843-854.

[35] Lee Y, Jeon K, Lee J T, et al. MicroRNA maturation: stepwise processing and subcellular localization. The EMBO Journal, 2002, 21: 4663-4670.

[36] Li Q, Fazly A M, Zhou H, et al. The elongator complex interacts with PCNA and modulates transcriptional silencing and sensitivity to DNA damage agents. PLoS Genet, 2009, 5: e1000684.

[37] Li X, Carthew R W. A microRNA mediates EGF receptor signaling and promotes photoreceptor differentiation in the Drosophila eye. Cell, 2005, 123: 1267-1277.

[38] Li Z, Schug J, Tuteja G, et al. The nucleosome map of the mammalian liver. Nature Structural Molecular Biology, 2011, 18: 742-746.

[39] Liu C, Lu F, Cui X, et al. Histone methylation in higher plants. Annual Review of Plant Biology, 2010, 61: 395-420.

[40] Lu J, Getz G, Miska E A, et al. MicroRNA expression profiles classify human cancers. Nature, 2005, 435: 834-838.

[41] Ma D K, Jang M H, Guo J U, et al. Neuronal activity-induced Gadd45b promotes epigenetic DNA demethylation and adult neurogenesis. Science, 2009, 323: 1074-1077.

[42] Medina P P, Romero O A, Kohno T, et al. Frequent BRG1/SMARCA4-inactivating mutations in human lung cancer cell lines. Human Mutation, 2008, 29: 617-622.

[43] Miao F, Natarajan R. Mapping global histone methylation patterns in the coding regions of human genes. Molecular and Cellular Biology, 2005, 25: 4650-4661.

[44] Morillon A, Karabetsou N, O'Sullivan J, et al. Isw1 chromatin remodeling ATPase coordinates transcription elongation and termination by RNA polymerase Ⅱ. Cell, 2003, 115: 425-435.

[45] Muraoka M, Konishi M, Kikuchi-Yanoshita R, et al. p300 gene alterations in colorectal and gastric carcinomas. Oncogene, 1996, 12: 1565-1569.

[46] Nielsen S J, Schneider R, Bauer U M, et al. Rb targets histone H3 methylation and HP1 to promoters . Nature, 2001, 412: 561- 565.

[47] Okada Y, Yamagata K, Hong K, et al. A role for the elongator complex in zygotic paternal genome demethylation. Nature, 2010, 463: 554-558.

[48] Olsen P H, Ambros V. The lin-4 regulatory RNA controls developmental timing in Caenorhabditis elegans by blocking LIN-14 protein synthesis after the initiation of translation. Developmental Biology, 1999, 216: 671-680.

[49] Pahlich S, Zakaryan R P, Gehring H. Protein arginine methylation: Cellular functions and methods of analysis. Biochimica et Biophysica Acta -Proteins and Proteomics, 2006, 1764: 1890-1903.

[50] Papamichos-Chronakis M, Peterson C L. The Ino80 chromatin-remodeling enzyme regulates replisome function and stability. Nature Structural Molecular Biology, 2008, 15: 338-345.

[51] Peterson C L, Herskowitz I. Characterization of the yeast SWI1, SWI2, and SWI3 genes, which encode a global activator of transcription. Cell, 1992, 68: 573-583.

[52] Pradhan M, Esteve P O, Chin H G, et al. CXXC domain of human DNMT1 is essential for enzymatic activity. Biochemistry, 2008, 47: 10000-10009.

[53] Raisner R M, Hartley P D, Meneghini M D, et al. Histone variant H2A. Z marks the 5′ ends of both active and inactive genes in euchromatin. Cell, 2005, 123: 233-248.

[54] Rea S, Eisenhaber F, O'Carroll D, et al. Regulation of chromatin structure by site-specific histone

H3 methyltransferases. Nature, 2000, 406: 593-599.

[55] Reik W, Dean W, Walter J. Epigenetic reprogramming in mammalian development. Science, 2001, 293: 1089-1093.

[56] Rinn J L, Chang H Y. Genome regulation by long noncoding RNAs. Annual Review of Biochemistry, 2012, 81.

[57] Robertson K D, Uzvolgyi E, Liang G, et al. The human DNA methyltransferases (DNMTs) 1, 3a and 3b: coordinate mRNA expression in normal tissues and overexpression in tumors. Nucleic Acids Research, 1999, 27: 2291-2298.

[58] Robzyk K, Recht J, Osley M A. Rad6-dependent ubiquitination of histone H2B in yeast. Science, 2000, 287: 501-504.

[59] Sancar A, Lindsey-Boltz L A, Ünsal-Kaçmaz K, et al. Molecular mechanisms of mammalian DNA repair and the DNA damage checkpoints. Annual Review of Biochemistry, 2004, 73: 39-85.

[60] Schalch T, Duda S, Sargent D F, et al. X-ray structure of a tetranucleosome and its implications for the chromatin fibre. Nature, 2005, 436: 138-141.

[61] Seeber A, Hauer M, Gasser S M. Nucleosome remodelers in double-strand break repair. Current Opinion in Genetics Development, 2013, 23: 174-184.

[62] Shim E Y, Ma J L, Oum J H, et al. The yeast chromatin remodeler RSC complex facilitates end joining repair of DNA double-strand breaks. Molecular and Cellular Biology, 2005, 25: 3934-3944.

[63] Song L, Li D, Liu R, et al. Ser-10 phosphorylated histone H3 is involved in cytokinesis as a chromosomal passenger. Cell Biology International, 2007, 31: 1184-1190.

[64] Stark A, Brennecke J, Russell R B, et al. Identification of Drosophila microRNA targets. PLoS Biology, 2003, 1: E60.

[65] Sternsdorf T, Jensen K, Freemont P S. Sumo. Current Biology, 2003, 13: R258-R259.

[66] Sugimura T, Ushijima T. Genetic and epigenetic alterations in carcinogenesis. Mutation Research/Reviews in Mutation Research, 2000, 462: 235-246.

[67] Thermann R, Hentze M W. Drosophila miR2 induces pseudo-polysomes and inhibits translation initiation. Nature, 2007, 447: 875-878.

[68] Vermeulen M, Mulder K W, Denissov S, et al. Selective anchoring of TFIID to nucleosomes by trimethylation of histone H3 lysine 4. Cell, 2007, 131: 58-69.

[69] Wang H B, Miao H, Zhang J C, et al. The study of CpG island methylation of E-cadherin gene promoter in lung cancer. Prac Journal Cancer, 2007, 22: 357-359.

[70] Wang X, Haswell J R, Roberts C W M. Molecular pathways: SWI/SNF (BAF) complexes are frequently mutated in cancer-mechanisms and potential therapeutic insights. Clinical Cancer Research, 2014, 20: 21-27.

[71] Webster K E, O'Bryan M K, Fletcher S, et al. Meiotic and epigenetic defects in Dnmt3L-knockout mouse spermatogenesis. Proceedings of the National Academy of Sciences of the United States of America, 2005, 102: 4068-4073.

[72] Weinberg M S, Villeneuve L M, Ehsani A L I, et al. The antisense strand of small interfering RNAs directs histone methylation and transcriptional gene silencing in human cells. Rna, 2006, 12: 256-262.

[73] Witt O, Deubzer H E, Milde T. HDAC family: What are the cancer relevant targets? Cancer Letters, 2009, 277: 8-21.

[74] Xie S, Wang Z, Okano M, et al. Cloning, expression and chromosome locations of the human DN-

MT3 gene family. Gene, 1999, 236: 87-95.

[75] Xu P, Vernooy S Y, Guo M, et al. The Drosophila microRNA Mir-14 suppresses cell death and is required for normal fat metabolism. Current Biology, 2003, 13: 790-795.

[76] Yamada K, Frouws T D, Angst B, et al. Structure and mechanism of the chromatin remodelling factor ISW1a. Nature, 2011, 472: 448-453.

[77] Zamore P D, Tuschl T, Sharp P A, et al. RNAi: double-stranded RNA directs the ATP-dependent cleavage of mRNA at 21 to 23 nucleotide intervals. Cell, 2000, 101: 25-33.

[78] Zhan Q. Gadd45a, a p53-and BRCA1-regulated stress protein, in cellular response to DNA damage. Mutation Research/Fundamental and Molecular Mechanisms of Mutagenesis, 2005, 569: 133-143.

第三章 猪营养代谢与调控

蛋白质、碳水化合物和脂质是动物机体三大主要的营养物质，各类营养物质在动物体内不是孤立存在的，而是具有复杂的相互关系。同时，各类营养物质的代谢也受到各种因素的影响和调控。在我国畜牧业生产规模不断扩大和集约化程度不断提高的情况下，充分研究猪的营养代谢与调控理论，运用动物营养调控学的营养调控技术，最大限度地提高动物对营养物质的利用率，提高动物的生产性能和肉质品质有重要的意义。

第一节 猪氨基酸代谢与调控

一、氨基酸的分类

一般来说，构成蛋白质的 20 种氨基酸（aminoacids，AA）根据其 R 侧链在生理方面的差异、在动物营养中的必要性以及氨基酸碳骨架的代谢来分类。根据标准氨基酸 R 侧链的极性和电荷的不同，氨基酸可以分为带正电荷氨基酸、带负电荷氨基酸、不带电氨基酸；根据在动物营养中的必需性，氨基酸可以分为必需氨基酸和非必需氨基酸；根据氨基酸碳骨架的代谢特点，氨基酸可以分为生糖氨基酸与生酮氨基酸。此外，还可以根据 R 侧链的大小、形状等分为支链氨基酸（如亮氨酸、异亮氨基酸、缬氨酸）、芳香族氨基酸（苯丙氨酸、酪氨酸）、脂肪族氨基酸。同时氨基酸结构类似物和异构体在动物营养中同样起着重要的作用。

（一）必需氨基酸与非必需氨基酸

组成蛋白质的基本氨基酸有 20 多种，有些氨基酸可以在动物机体内合成，这种不由饲粮提供，可在体内合成且能完全满足机体自身需求的氨基酸叫非必需氨基酸。而动物机体自身不能合成或合成的量不能满足动物生长和繁殖需要，且必须由饲料提供的氨基酸称为必需氨基酸。高等动物需要的九种主要氨基酸（赖氨酸、组氨酸、亮氨酸、异亮氨酸、缬氨酸、蛋氨酸、苏氨酸、色氨酸和苯丙氨酸），用来满足其维持和生产肉、蛋、奶等畜产品的营养需要。对于这些氨基酸，动物自身不能合成或合成量不能满足需要，必须由饲料提供，故称为不可或缺或必需氨基酸。此外，在一定条件下能够代替或节省部分必需氨基酸的氨基酸称为半必需氨基酸。半胱氨酸或胱氨酸、酪氨酸以及丝氨酸，在体内可分别由蛋氨酸、苯丙氨酸和甘氨酸转化而来，其需要完全可以由蛋氨酸、苯丙氨酸和甘氨酸满足，但动物对蛋氨酸和苯丙氨酸的特定需要却不能由半胱氨酸或胱氨酸及酪氨酸满足，营养学上把这几种氨基酸称为半必需氨基酸。同时，在特定的条件下，必须由饲粮提供的氨基酸称为条件性必需氨基酸。在早期快速生长时期，日粮中的精氨酸和脯氨酸可能是必需氨基酸，比如谷氨酸/谷氨酰胺内源合成的精氨酸和内源合成的脯氨酸为新生仔猪和断奶仔猪提供精氨酸起到非常重要的作用。然而，快速生长猪精氨酸需要量大约40%需要从饲料中提供。这种需要的部分原因可能是肝脏中的活性较强的精氨酸酶将尿素循环中合成的大部分精氨酸分解了。因此在快速生长期需要额外补充这些氨基酸。

一般认为，日粮中的氮全部以必需氨基酸形式提供，否则高产动物不能达到潜在的生产能力。除此之外，其他形式的氮也是必需的，非特异性氮高效来源包括谷氨酸盐、丙酸盐、磷酸氢二铵和柠檬酸盐等。然而，最有效的来源是各种非必需氨基酸混合物。因此，尽管动物日粮中必须添加必需氨基酸，但是为了获得最大的生产性能，日粮中也必须添加一定量的非必需氨基酸。

（二）生糖氨基酸与生酮氨基酸

在氨基酸降解过程中，生成的碳骨架按照一定的代谢途径进行代谢，一些氨基酸降解为丙酮酸或三羧酸循环的关键中间产物（α-酮戊二酸、延胡索酸、草酰乙酸等），通过糖异生途径中生成葡萄糖，因此把这些氨基酸称为生糖氨基酸。在动物机体内这类氨基酸主要有：丙氨酸、半胱氨酸、甘氨酸、丝氨酸、苏氨酸、天冬氨酸、天冬氨酰、甲硫氨酸、缬氨酸、精氨酸、谷氨酸、谷氨酰胺、脯氨酸和组氨酸。而一些氨基酸降解为乙酰辅酶A或乙酰乙酰辅酶A，这些降解产物是酮体的前体物质，因此这类氨基酸被认为是生酮氨基酸，主要包括亮氨酸和赖氨酸。此外，还有一些氨基酸的降解产物既可以生酮又可以生糖，这些氨基酸主要有色氨酸、苯丙氨酸、酪氨酸和异亮氨酸。

（三）氨基酸的结构类似物

许多非蛋白质氨基酸广泛存在于植物中，特别是豆科类植物种子和叶子，这些非蛋白质氨基酸也包括几种必需氨基酸类似物。芳香族氨基酸类似物如含羞草素、精氨酸结构类似物刀豆氨酸广泛存在于热带豆科植物中。S-甲基半胱氨酸亚砜是一种蛋氨酸类似物，可以引起牛羊溶血性贫血，存在于植物体内。硒半胱氨酸是最近被公认为合成蛋白质的第 21 种氨基酸，因为硒半胱氨酸可以参加特定的蛋白质合成。另外一类非蛋白质氨基酸具有神经毒性，如一些氨基酸类神经递质包括谷氨酸盐和 γ-氨基丁酸，这些氨基酸主要是通过减少特异性的必需氨基酸的利用来实现它们的负面作用。

（四）氨基酸异构体

每一种氨基酸都有 D 型和 L 型两种构型，所有参加蛋白质合成的氨基酸必须是 L 构型。植物蛋白质氨基酸是以 L 型手性异构体存在，所以一般饲料中蛋白质氨基酸也是以 L 型异构体存在。但氨基酸的 D 型异构体也普遍存在于自然界中，有些还有重要功能，但不存在于蛋白质中。如细菌细胞壁中含有 D-谷氨酸，段杆菌肽中含有 D-苯丙氨酸。动物机体也可以利用一些 D 型氨基酸，其利用过成分为两步：首先，D-氨基酸必须经过氧化生成相应的 α-酮酸类似物；然后，这些 α-酮酸类似物通过适宜的转氨基反应再进行胺化生成 L-氨基酸。动物机体组织中没有赖氨酸和苏氨酸酶，所以 D-赖氨酸和苏氨酸无营养价值。

二、氨基酸的功能

氨基酸是机体合成蛋白质的底物。氨基酸、肽与蛋白质均是有机生命体组织细胞的基本组成成分，对生命活动发挥着举足重轻的作用。动物营养学通常介绍氨基酸在蛋白质中的合成过程，以及它们对动物性产品的影响（肉蛋奶）。近年来越来越多的研究证实了体内某些氨基酸不仅作为蛋白质合成的底物原料，它们还能够通过自身及其代谢产物所具有的生物活性对动物机体内许多生命活动产生调节作用，例如调节营养物质代谢、蛋白质代谢、脂代谢、糖代谢等为机体提供能量、维持机体内环境稳态。研究表明，亮氨酸可以作为信号分子通过提高真核起始因子的可用性促进肌肉蛋白质的合成（刘兆金等，2007）。进一步的研究表明，亮氨酸是唯一可以促进蛋白质合成的支链氨基酸（Anthony 等，2000）。此外一些氨基酸代谢过程中合成一氧化氮（NO）、多胺、谷胱甘肽、核酸激素和神经递质，影响神经内分泌调控细胞的基因表达和信号转导、免疫、抗氧化、抗应激等功能，这些调节作用最终可影响到动物的生长发育、生产性能以及健康状况。精氨酸通过其自身或其代谢产物 NO、多胺、鸟氨酸、脯氨酸等在调节机体代谢和繁殖、促进激素分泌、改善免疫功能、预防心血管疾病和内皮细胞功能紊乱、维持骨骼肌和大脑功能组织损伤与修复等多个方面均发挥重要的功能（Wu 等，2009）。谷氨酰胺可以诱导 HSP70 表达量增加，而 HSP70 的高表达可以提高细胞的耐热性，增强动物抵抗热应激的能力。

三、氨基酸的代谢途径

氨基酸不能以游离的分子形式储存在机体中，随血液运至全身各组织中进行代谢。体内氨基酸的主要去向是合成蛋白质和多肽，其次可转变成嘌呤、嘧啶、卟啉和儿茶酚胺类激素等多种含氮生理活性物质。多余的氨基酸通常用于分解功能，虽然不同的氨基酸由于结构的不同，各有其自己的分解方式，但它们都有 α-氨基和 α-羧基，故有共同的代谢途径，即氨基酸的一般分解代谢。氨基酸分解时，在大多数情况下首先是脱去氨基生成氨和 α-酮酸。氨可转变成尿素排出体外，而 α-酮酸则可以再转变成氨基酸，或彻底氧化分解成二氧化碳和水释放能量，或变为糖或脂肪作为能量储备，这是氨基酸分解的主要途径。在少数情况下，氨基酸首先脱去羧基生成二氧化碳和胺，这是分解代谢的次要途径。

（一）转氨酶

转氨酶又称氨基转移酶。转氨酶催化某一氨基酸的 α-氨基转移到另一种 α-酮酸的酮基上，生成相应的氨基酸；原来的氨基酸则转变成 α-酮酸。其辅酶是维生素 B_6 的磷酸酯（磷酸吡哆醛）。转氨基作用既是氨基酸的分解代谢过程，又是体内某些氨基酸（非必需氨基酸）合成的重要途径。体内存在多种转氨酶，不同的氨基酸与 α-酮酸之间的转氨基作用只能由专一的转氨酶催化。除了甘氨酸、赖氨酸、苏氨酸、脯氨酸外，其他的氨基酸都可以进行转氨反应。在各种转氨酶中，以 L-谷氨酸与 α-酮酸的转氨酶最为重要。

（二）氨基酸的脱氨基作用

氧化脱氨基作用：肝、肾、脑等组织广泛存在 L-谷氨酸脱氢酶，它是氨基酸代谢中的一种关键酶，可催化 L-谷氨酸氧化脱氨生成 α-酮戊二酸及氨，辅酶是 NAD^+ 或 $NADP^+$，这是一个可逆反应，当这个反应与转氨酶催化的反应连接，就可以合成非必需氨基酸和降解所有的氨基酸。联合脱氨基作用：有两种方式。一种是转氨酶催化氨基酸与 α-酮戊二酸转氨基作用，生成相应的 α-酮酸及谷氨酸，然后谷氨酸在 L-谷氨酸脱氢酶催化下氧化脱氨，重新生成 α-酮戊二酸及氨，主要在肝、肾等组织进行。另一种是联合脱氨基作用——嘌呤核苷酸循环，转氨基作用中生成的天冬氨酸与次黄嘌呤核苷酸（IMP）作用生成腺苷酸代琥珀酸，后者在裂解酶作用下生成延胡索酸和腺嘌呤核苷酸，腺嘌呤核苷酸在腺苷酸脱氨酶作用下脱掉氨基又生成 IMP，对于骨骼肌和心肌主要是通过这种方式脱去氨基。

（三）脱羧反应

氨基酸在氨基酸脱羧酶催化下进行脱羧作用，生成二氧化碳和一个伯胺类化合物。这个反应除组氨酸外均需要磷酸吡哆醛作为辅酶。氨基酸的脱羧作用，在微生物中很普遍，在高等动植物组织内也有此作用，但不是氨基酸代谢的主要方式。氨基酸脱羧酶的专一性很高，除个别脱羧酶外，一种氨基酸脱羧酶一般只对一种氨基酸起脱羧作用。氨基酸脱羧后形成的胺类中有一些是组成某些维生素或激素的成分，有一些具有特殊的生理作用。氨基酸脱羧作用产生几种重要的胺类：①γ-氨基丁酸，由谷氨酸脱羧酶催化生成，γ-氨基丁酸是一种抑制性神经递质，它对中枢神经系统的传导有抑制作用。②组胺，由组氨酸在组氨酸脱羧酶催化下产生；组胺在体内分布广泛，主要存在于肥大细胞中，创伤性休克或炎症病变部位有组胺释放；组胺具有强烈的扩张血管功能，能增加血管通透性，使血压下降，也使胃液分泌刺激剂。③5-羟色胺，色氨酸经羟化酶催化生成 5-羟色氨酸，再经脱羧酶催化生成 5-羟色胺，除神经组织外，5-羟色胺还存在于胃肠道、血小板及乳腺细胞中，在脑内 5-羟色胺作为神经递质具有抑制作用，在外围组织中具有收缩血管的功能。

（四）含硫氨基酸代谢

含硫氨基酸中最重要的是蛋氨酸和半胱氨酸。蛋白质中，半胱氨酸可以被氧化成硫化物，从而产生另外一种含硫氨基酸，即胱氨酸。蛋氨酸在代谢中起着甲基供体的作用，在蛋氨酸腺苷转移酶的催化下，蛋氨酸与 ATP 作用，生成 *S*-腺苷蛋氨酸（SAM）。SAM 中的甲基十分活泼，称为活性甲基，SAM 称为活性蛋氨酸。SAM 在甲基转移酶的催化下，可将甲基转移给另一物质，使甲基化，SAM 即变为 *S*-腺苷同型半胱氨酸。同型半胱氨酸由 N^5-甲基四氢叶酸供给甲基，生成蛋氨酸。此即蛋氨酸循环。SAM 是体内最重要的甲基供体。

（五）芳香族氨基酸代谢

苯丙氨酸和酪氨酸的结构相似。苯丙氨酸在体内经苯丙氨酸羟化酶催化生成酪氨酸，然后再生成一系列代谢产物。在体内，芳香族氨基酸在苯丙氨酸羟化酶和酪氨酸羟化酶作用下进行代谢。代谢生成的多巴胺、去甲肾上腺素、肾上腺素系统统称为儿茶酚，是脑内重要的神经递质或肾上腺髓质激素。苯丙氨酸羟化酶存在于肝脏，是一种混合功能氧化酶，该酶催化苯丙氨酸氧化生成酪氨酸，反应不可逆，亦即酪氨酸不能还原生成苯丙氨酸，因此，苯丙氨酸是必需氨基酸而酪氨酸是非必需氨基酸，缺乏苯丙氨酸羟化酶时，会出现苯内酮尿症。酪氨酸羟化酶是合成儿茶酚的限速酶。酪氨酸的另一条代谢途径是生成黑色素，其合成的关键酶是酪氨酸酶，缺乏此酶可引起白化病。

（六）支链氨基酸的代谢

支链氨基酸包括缬氨酸、亮氨酸和异亮氨酸，它们都是必需氨基酸，均主要在肌肉、脂肪、肾、脑等组织中降解。因为在这些肝外组织中有一种作用于此三个支链氨基酸的转氨酶，而肝中却缺乏。在摄入富含蛋白质的食物后，肌肉组织大量摄取氨基酸，最明显的就是摄取支链氨基酸。支链氨基酸在氮的代谢中起着特殊的作用，如在禁食状态下，它们可给大脑提供能源。支链氨基酸降解的第一步是转氨基，α-酮戊二酸是氨基的受体。缬氨酸、亮氨酸、异亮氨基酸转氨基后各生成相应的α-酮酸，此后，在支链α-酮酸脱氢酶系的催化下氧化脱羧生成各自相应的酰基 CoA 的衍生物，反应类似于丙酮酸和α-酮戊二酸的氧化脱羧。

（七）尿素循环

在哺乳动物体内尿素循环是氨解毒的主要途径，肝脏是动物生成尿素的主要器官，由于精氨酸酶的作用使精氨酸水解为鸟氨酸及尿素。精氨酸在释放了尿素后产生的鸟氨酸，和氨甲酰磷酸反应产生瓜氨酸，瓜氨酸又和天冬氨酸反应生成精氨基琥珀酸，精氨基琥珀酸被酶裂解，产物为精氨酸及延胡索酸。由于精氨酸水解在尿素生成后又重新反复生成，故称为尿素循环。

氨甲酰磷酸是由来自脱氨等作用的铵离子和来自碳代谢的 CO_2，通过氨甲酰磷酸合成酶Ⅰ（CPSI）的催化缩合而成。合成的过程中消耗了 4 分子 ATP，反应基本上是不可逆的。氨甲酰磷酸的合成可以看做是动物氮代谢的关键反应，而鸟氨酸在这一反应中仅起着携带者的作用。CPSI 是尿素循环的关键限速酶，而 *N*-乙酰谷氨酸能够激活 CPSI，如高蛋白膳食可导致激活剂增产，从而促进氨甲酰磷酸增加合成，有助于多余的氨的排除。

四、饲粮中营养物质对氨基酸代谢的调控

日粮中蛋白质在被动物摄入后在消化道内分解为大量的游离氨基酸和少量的肽，在小肠被吸收，从肠腔吸收的氨基酸进入肠系膜静脉血液，后进入肝脏代谢用于蛋白质合成或转氨脱氨成其他的氨基酸。不被消化吸收利用的氨基酸则以各种含氮物的形式排泄。由于集约化饲养和管理方式，动物饲养所产生的粪尿氮富集度较高，在微生物及各种代谢酶的作用下，加速了动物排泄物中氨气的产生与挥发，造成周边环境污染严重。降低氮排放并提高氮利用率，以尽量减少养分浪费，降低养猪业生态环境的破坏是我国养殖业和动物营养今后研究的基本任务和急需解决的重大课题，对蛋白质和氨基酸在猪体内的消化、代谢实施安全有效的调控是目前研究的热点问题。

（一）影响猪氨基酸代谢的因素

1. 猪消化道微生物对肠道氨基酸代谢和氮排放的影响

肠道是日粮氨基酸代谢的主要场所，微生物作为定植在肠道中特殊的群落和肠黏膜细胞一起参与氨基酸的代谢活动，对饲料氨基酸的代谢利用产生重大影响，肠道微生物对肠腔内尿素的水解和对日粮氨基酸的脱氨基作用会导致用于体蛋白质合成和沉积的日粮氨基酸分解和损失，特别是必需氨基酸。但是，当前必需氨基酸在猪肠道内的分解代谢仍缺乏准确的依据，即究竟是肠细胞还是肠道微生物，对日粮必需氨基酸利用起主要作用，仍然还不清楚。因此，Chen 等(2007) 在假设必需氨基酸完全在肠细胞内氧化利用的前提下，探索了必需氨基酸在肠道内的氧化作用，即选择隔离断奶 21 日龄后饲喂了 50d 的仔猪（15kg 左右）空肠细胞作为研究对象，采用同位素示踪（^{14}C）技术，根据 CO_2（^{14}C）的产量，在体外研究了有或无抑制剂存在的情况下，仔猪肠细胞对亮氨酸、赖氨酸、蛋氨酸、苯丙氨酸、苏氨酸的氧化状况。结果表明，所有的必需氨基酸中，仅有支链氨基酸能在猪肠细胞内降解完全，即黏膜细胞的作用，而赖氨酸、蛋氨酸、苏氨酸和色氨酸等必需氨基酸的完全氧化，则更可能是由于肠道微生物的作用。这说明了肠道微生物对氨基酸的代谢存在异质性，选择性氧化代谢某些氨基酸。

肠道微生态平衡对于肠道氨基酸代谢也有重要的影响。微生物的活动会影响肠道结构和功能，从而影响氨基酸的消化和吸收。此外，微生物可以利用肠道提供的碳源和氮源合成自身所需的蛋白质。研究表明，微生物氮是猪回肠食糜与粪中内源性氮的主要组成部分。生长猪回肠末端总氮排放量中内源性氮占 47%～74%，内源性氮排泄量中微生物氮占 30%～50%；粪总氮排放量中内源性氮占 75%～90%，内源性氮排泄量中微生物氮占 70%～90%。因此，微生物氮是造成氨基酸利用率低和养猪业氮污染的重要来源。

2. 肠黏膜代谢对肠道氨基酸利用率的影响

消化道不仅是营养物质消化吸收的主要器官，而且是营养物质代谢的重要器官。近 20 年的研究表明，日粮氨基酸并没有以游离形式完全存在于门静脉血中(Ebne 等，1994)。造成这一现象的原因可能有：①蛋白质经消化酶分解成寡肽进入门脉循环。肠细胞刷状缘存在寡肽转运载体 PePTI 已在大量研究中得以证实。②肠腔日粮氨基酸向门静脉的高效转运。由于消化道氨基酸营养同时来源于日粮蛋白质降解和肠系膜动脉氨基酸，因此门静脉氨基酸净流量低估了实际进入门静脉的氨基酸量。③大量日粮氨基酸在小肠黏膜细胞内参与代谢。一些氨基酸（氨酰胺、谷氨酸和天冬氨酸）经氧化分解，为肠道提供主要能源，一些氨基酸参与肠黏膜及分泌蛋白的合成，并通过脱氨基和转氨基作用转变成其他非必需氨基酸，从而对进入门静脉的氨基酸数量和模式进行有选择的修饰（Schaart 等，2005）。大量研究结果显示，日粮氨基酸约 1/3 在仔猪肠道代谢，进入门脉循环的必需氨基酸占摄入量的 56%，而用于肠黏膜蛋白质合成的氨基酸仅为肠道代谢量的 18%。可见日粮氨基酸在肠道代谢以分解代谢为主，肠道必需氨基酸代谢对外周组织生长的影响主要取决于氨基酸经肠道氧化的程度。相比而言，丙氨酸、酪氨酸、精氨酸的门脉氨基酸净流量分别为相应食入量的 205%、167%和 137%（Stoll 等，1998），由此可见肠黏膜细胞净合成这些氨基酸。若提高日粮蛋白质含量，研究肠道氨基酸代谢的适应性，结果表明苏氨酸经肠道的存留量在高日粮蛋白质下为低日粮蛋白质的 84%，肠道苏氨酸的 80%将被肠道利用（VanGoudoever 等，2000）。由于这部分苏氨酸大部分用于黏膜蛋白质合成，当机体处于吸收后状态时，黏膜蛋白质降解成氨基酸进入门脉供肠外组织利用。

不是所有摄入的氨基酸都能吸收进入血液。有相当部分的日粮氨基酸在小肠黏膜内参与了代谢，一些氨基酸是肠道黏膜的主要能源（Dudley 等，1998；Stoll 等，1998），并参与肠黏膜分泌蛋白的合成及通过脱氨基和转氨基作用转变成其他氨基酸（Bertolo 等，1998；Stoll 等，1998）。体内及体外的研究结果显示猪小肠黏膜细胞可降解多种非必需氨基酸；而在体外条件下，肠细胞对必需氨基酸的氧化分解很有限。正是由于肠黏膜细胞对日粮氨基酸的代谢，不仅影响了门静脉氨基酸的净吸收量，还影响了门静脉氨基酸的组成模式。

3. 猪饲料中非淀粉多糖的淀粉结构对氨基酸代谢的影响

饲料中非淀粉多糖（non-starch polysaccharides，NSP）可分为两类，即水溶性非淀粉多糖（SNSP）和不溶性非淀粉多糖（INSP）。一般认为饲料中的非淀粉多糖（NSP）都是抗营养因子，降低氮和氨基酸的吸收。印遇龙等（2001）的研究发现，饲料中的 SNSP 虽然不影响饲料氮和氨基酸本身的消化过程（即真消化率），但其含量与猪肠道微生物发酵以及内源性氮（氨基酸）排泄量呈线性递增关系，这意味着饲料中的 SNSP 含量越高，饲料中氨基酸表观消化率越低，并导致内源氮损失以及总氮的排泄量增加，日粮中 SNSP（x）与回肠末端 N 的排泄（y）间存在如下关系：$y=1.7832x-8.2074$（$R^2=0.99$）。将日粮 β-葡聚糖从 29.0g/kg 增加到 31.8g/kg 时，生长猪粗蛋白和大多数氨基酸的回肠表观消化率降低了 3%～5%（Yin 等，2001a）；当日粮总 NSP 从 83g/kg 增加到 193g/kg 时，粗蛋白和氨基酸的回肠表观消化率分别降低了 12%和 6%（Yin 等，2001a）。

此外，还有研究发现，饲喂含有抗性淀粉的日粮可使猪营养物质的消化率明显降低。原因在于高含量的抗性淀粉抑制了葡萄糖吸收，葡萄糖供能下降，动物机体通过代谢补偿使部分氨基酸在小肠黏膜参与氧化供能，从而降低了可消化氨基酸的利用率，从而导致肝脏的蛋白质合成率下降，且氨基酸回肠末端表观消化率和真消化率及门静脉氨基酸净吸收量均明显降低。不同饲料原料抗性淀粉含量有所不同，可引起猪胃肠道内源性氮与氨基酸不同程度的损失。抗性淀粉在动物体内消化较慢，进而增加了内源性氮和氨基酸的分泌以及食糜中微生物氮和氨基酸含量，进而降低日粮氨基酸回肠消化率，说明日粮淀粉组成不同特别是抗性淀粉的含量不同会显著影响日粮氨基酸吸收后的利用效率以及猪氨基酸的需要量。

（二）猪氨基酸代谢调控的营养手段

1. 平衡日粮氨基酸种类

日粮供给种类齐全、充足且平衡的氨基酸能够促进蛋白质代谢，此时，蛋白质合成的增加占优势。在生长猪日粮中添加 Trp，可提高肝脏和整体蛋白质合成率。Leu 能够促进不同营养生理条件下大鼠肌肉蛋白质合成，此外，以 Leu 为主的支链氨基酸（branch chain amino acid，BCAA）能够有效地抑制骨骼肌和心肌蛋白质的降解过程。在无氮日粮中添加 Met，能增加多聚染色体数量，改善肝脏及增加整体蛋白质合成，提高蛋白质的绝对合成量。

氨基酸平衡状态的改变将影响机体蛋白质周转代谢，氨基酸平衡促进蛋白质合成和蛋白质降解，蛋白质合成的增加更显优势。日粮中缺乏某种必需氨基酸（essential amino acid，EAA）或几种 EAA 时，动物蛋白质合成和降解速度降低，而补充这些 EAA 后，蛋白质合成和降解加快。日粮氨基酸平衡状态改变对蛋白质周转的影响研究报道不多，但存在两种观点：其一是氨基酸的平衡促进蛋白质合成和降解，蛋白质合成的增加更占优势；其二是日粮氨基酸平衡，体蛋白合成和降解减少，降解的减少更占优势。补充 Lys 和 Met 提高日粮氨基酸平衡后，蛋白质合成和降解都增加。在 Lys 缺乏的生长猪饲粮中添加 Lys 时，随 Lys 含量的提高，氮沉积增加，且整体蛋白质合成量和整体蛋白质降解量也随之增加，且推测导致氮沉积增加的原因是由于降解增加的幅度远小于合成增加的幅度。

2. 饲料中功能性碳水化合物对氨基酸代谢的调控

过去一直认为，碳水化合物的作用只是作为结构材料和储能物质，并不参与生命活动的调控。但是近年来研究发现，生物体内的糖基化几乎参与所有的蛋白质合成以及各种生命过程。许多天然的多糖、寡糖能够在多方面影响机体的机能，特别是寡糖类物质在调节动物生长代谢、增强动物免疫机能和维持肠道健康等方面的作用，越来越受到科研工作者的关注。

研究发现，在饲料中添加适量的寡糖可减少猪肠道黏膜的脱落，对猪肠道具有保护作用，并可以降低回肠末端内源性氨基酸的分泌量。与添加抗生素的日粮相比，猪日粮中添加寡糖可促进肠道健康，后期生产性能和肉品质量也有所提高。王彬等（2005）通过在饲粮中添加半乳甘露寡糖发现，与对照组相比，半乳甘露寡糖可显著降低试验猪食后门静脉的平均血浆流率和血液流率，显著提高食后 8h 内门静脉对氨基酸和葡萄糖的净吸收量，显著降低采食后 8h 内门静脉的耗氧量。也就是说，半乳甘露寡糖可通过减少生长猪小肠黏膜对氨基酸和葡萄糖的氧化而增加肠外组织对其的吸收，从而提高氨基酸和葡萄糖的机体利用率。此外，饲料中的一些 NSP 和抗性淀粉虽然不能被猪消化，但是可被肠道微生物发酵利用。而且有些 NSP 能选择性地促进有益菌生长，具有与寡糖同样的功能。

3. 酶制剂对氨基酸代谢的影响

酶制剂的主要作用是破坏饲料中的抗营养因子，降低肠道内容物黏稠度，提高饲料中养分利用率。碳水化合物中可溶性 NSP 造成肠道内源性氮分泌从而降低氨基酸的利用率。猪消化道内缺乏能降解 NSP 的内源性酶，需要额外添加酶制剂来消除 NSP 的抗营养作用。日粮尤其是 NSP 含量高的日粮中添加 NSP 酶能够提高氨基酸的消化率，促进动物生长。Diebold 等（2004）研究表明，在断奶仔猪上应用小麦型日粮，添加使用阿拉伯木聚糖酶后，显著地提高了蛋氨酸、苏氨酸等氨基酸的回肠表观消化率。Yin 等（2000）报道，在生长猪小麦型日粮中添加阿拉伯木聚糖酶后，小幅度地提高了氨基酸的回肠表观消化率。

此外，在猪饲料中添加植酸酶能够提高氮、磷的利用率。植酸存在于植物性饲料中，可导致磷蛋白质和氨基酸等养分利用率降低，Fan 等（2005）研究发现，植酸酶能够打破饲料中植酸与氨基酸的结合，从而提高蛋白质氨基酸的利用率。生长猪日粮中添加植酸酶，能明显提高粗蛋白和有机物的表观消化率，同时能够有效提高回肠末端七种必需氨基酸（精氨酸、赖氨酸、组氨酸、苯丙氨酸、亮氨酸、蛋氨酸和异亮氨酸）和七种非必需氨基酸（甘氨酸、脯氨酸、天冬氨酸、谷氨酸、丙氨酸、酪氨酸和苏氨酸）的真消化率。与不添加植酸酶的对照组比较，氮沉积量、氮沉积率与氮净沉积率分别提高 2.8g/d、8.81%和 11.02%。另外，日粮中氨基酸种类、蛋白质的来源及是否缺乏会影响植酸酶的作用效果。植酸与蛋白质结合的可能性大小也因日粮配方原料不同而会有所差异，从而导致植酸酶的作用效果不同。

五、激素对蛋白质氨基酸代谢的调控

激素是由内分泌腺体或器官合成并释放进入血液或淋巴，同时在其他特定部位调节细胞的生理活动的特殊蛋白质或者类固醇。少量激素即可引发机体产生非常大的效果。近年来，激素在实践生产中的研究应用日益广泛，其中研究较多的有生长激素、胰岛素、类胰岛素生长因子等。下面就这些激素在机体中蛋白质氨基酸代谢控制中的作用做简略介绍。

(一) 胰岛素

胰岛素是由胰岛 B 细胞分泌的一种小分子蛋白质激素，相对分子质量为 6000。血浆胰岛素水平是维持蛋白质和氨基酸代谢以及氮平衡的重要因素之一，参与蛋白质合成中肽链的延长，且可能影响肽链延长速度，具有促进组织蛋白质合成，抑制蛋白质分解的作用（Grizard 等，1995）。胰岛素水平升高，基因复制、转录加快，DNA、RNA 合成量增加，并且胰岛素可直接作用于核糖体，加速翻译过程；此外胰岛素促进氨基酸跨膜活化，进一步与 tRNA 结合（Teresa 等，1999）。18～40 岁健康男性口服 24g 氨基酸溶液（Val，Leu，Xle，Phe，Tyr，Lys，Met，Cys，Thr，His）（0.35gAA/kg 体重），口服后 30～60min，血清氨基酸水平显著升高：Ile、Val、Met、Leu、Try、Lys、Thr 和 Phe 分别达到 0min 时的 353％、301％、294％、361％、262％、274％、225％、221％。相应地，在 30min 时血清胰岛素水平达到最大值（Groschl 等，2003）。Davis（2002）对老鼠和新生仔猪的试验发现把胰岛素和葡萄糖控制在禁食水平的情况下，提高氨基酸能显著提高骨骼肌蛋白质合成。此外在限制氨基酸和葡萄糖水平的情况下，将胰岛素从禁食水平提高到饲喂水平同样能提高肌蛋白合成。

(二) 类胰岛素生长因子

类胰岛素生长因子（insulin-like growth factor，IGF）是一类多功能细胞增殖因子，主要有 IGF-Ⅰ和 IGF-Ⅱ。IGF-Ⅰ和 IGF-Ⅱ之间的结构和功能非常相似，同源性高达 25％。二者的大多数作用均需要 IGF-Ⅰ受体的参与。但是报道较多的是 IGF-Ⅰ而不是 IGF-Ⅱ具有促进蛋白质合成的作用。因此 IGF-Ⅱ在蛋白质代谢中的作用有待进一步研究。

IGF-Ⅰ是由 70 个氨基酸组成的具有内分泌、自分泌及旁分泌特性的单链多肽，分子质量约为 7.5kDa，主要由人肝细胞合成和分泌，是一类促进细胞生长、具有胰岛素样代谢效应的因子。现在被广泛认为是调控机体蛋白质代谢的一个重要参数。IGF-Ⅰ诱导细胞分化，促进 DNA 合成和细胞分裂，从而导致蛋白质合成增加（Brameld 等，1995）。IGF-Ⅰ能够促进除肝脏以外的其他组织蛋白质的合成，最主要的是肌肉组织。Bark 等（1998）在短期内对实验小鼠注射 IGF-Ⅰ，与注射胰岛素结果相似：跖肌、腓肠肌蛋白质合成增加 65％，比目鱼肌和心肌增加 25％，但是肝、脾、肾、近端小肠、结肠、肺和脑组织蛋白质合成无显著变化。

研究表明，当可利用氨基酸增加时主要通过促进 IGF-Ⅰ自分泌和旁分泌来实现蛋白质合成与沉积的增加（Moloney 等，1998）。Brameld 等（1999）在猪肝细胞培养介质中分别扣除不同氨基酸，发现在 Arg、Thr、Trp、Val 必需氨基酸及 Asp、Glu、Pro 非必需氨基酸缺乏情况下，细胞 IGF-Ⅰ表达量显著低于对照组，同时生长激素受体表达量也相应有所下降。细胞 IGF-Ⅰ表达与培养介质氨基酸添加量的关系表明，Arg、Thr、Trp、Pro与细胞IGF-Ⅰ表达呈现较强的剂量效应关系，即随培养介质氨基酸浓度升高，IGF-Ⅰ表达增强。Takenaka等（2000）供给大鼠相当于对照组水平的75%的氨基酸（Lys，Met，Leu，Thr）日粮，与对照组相比，日增重和血浆IGF-I水平显著下降，不同氨基酸缺乏组之间血浆IGF-Ⅰ水平差异未达到显著水平，而当日粮中四种氨基酸同时减少时，虽然血浆IGF-Ⅰ水平与其余试验组相当，但日增重却显著下降。经测定，与对照组相比，单一氨基酸缺乏组肝脏胰岛素样因子结合蛋白Ⅰ（insulin-like growth factor binding protein Ⅰ，IGFBP-Ⅰ）mRNA表达水平无显著差异，而四种氨基酸同时缺乏时，肝脏IGFBP-Ⅰ mRNA表达量显著增加。血浆IGFBP-Ⅰ浓度也表现出类似的规律。表明除IGF-I以外，IGFBP-Ⅰ可能更能够作为反映机体氨基酸状况影响动物生长的敏感指标。

（三）生长激素

生长激素（growth hormone，GH）是调节动物生长和蛋白质代谢的最重要激素之一，是由动物的脑垂体产生并分泌的一种单链蛋白质类激素，大约由190个氨基酸组成，分子质量约21000～22000Da。多种动物实验表明，生长激素能够显著促进幼龄动物机体蛋白质的合成，提高氨基酸利用率，提高肌肉重量和蛋白质沉积（Bush等，2002；Davis等，2004）。

生长激素增加蛋白质合成速率是通过促进氨基酸和葡萄糖向细胞转移来促进蛋白质合成，同时也提高氨基酸的利用率。用缺乏必需氨基酸（Lys，Met，His）的日粮饲喂断奶大鼠后，血浆GH浓度及活性都显著下降（Bolze等，1985）。此外，Seve等（1993）用缬氨酸大剂量前体池灌注法研究注射GH对生长猪不同组织蛋白质合成速率的影响，结果表明GH处理使猪肝脏蛋白质合成速率增加16%，背最长肌蛋白合成速率由3.2%/d升至3.7%/d，同时降低肠道蛋白质合成速率。由此可以看出不同器官或组织对GH的反应可能不同，因而单个组织或器官不能代表整个机体对GH的反应。

GH处理可使蛋白质沉积效率增加近100%。外源GH处理后，其总N或蛋白质沉积的增加可能在于其使动物对饲粮氨基酸表观利用率增加（Caperna等，1995）。Etherton（1998）指出猪外源注射GH后使其生长速度增加，可能原因是GH提高了吸收氨基酸的利用效率同时伴随血液循环尿素N浓度的降低以及尿中N排泄的减少。此外，还证实外源GH处理可使氨基酸利用的部分效率增加25%～50%。GH既增加了蛋白质沉积的能力，又增加了氨基酸用于蛋白质合成的效率。

六、氨基酸对基因表达的调节及机制

氨基酸的主要功能是参与蛋白质合成，但是随着营养研究的深入和分子生物学的发展，人们从分子水平即基因表达方面对氨基酸的生理作用有了进一步的了解和认识，例如氨基酸可作为生糖物质、氮载体、蛋白质周转的调节、神经传递介质和信号传感器的前体物等。所谓基因表达是指按基因组中特定的结构基因上所携带的遗传信息，经转录、翻译等步骤指导合成具有特定氨基酸顺序的蛋白质的过程。基因表达的调控是一个多水平调控的复杂过程，包括转录、mRNA 加工、mRNA 稳定性、翻译及翻译后调控。每一个控制点都以某种方式对营养素有反应。营养与基因表达的关系是营养素摄入影响 DNA 复制、调控基因表达、决定基因产物及维持细胞分化、适应与生长。氨基酸参与基因表达的研究已成为当前营养研究中的重要内容，而蛋白质在特殊基因表达调节中起着营养信号的作用，主要表现在对 mRNA 翻译以及对两种基因 IGFBP-Ⅰ和 CHOP 的调控。

（一）氨基酸 mRNA 翻译的调控

除作为蛋白质合成的底物外，氨基酸通过许多信号通路和机制在 mRNA 翻译水平调控基因表达，氨基酸在调控 mRNA 翻译的初始阶段具有重要的调节作用。此外，氨基酸还能独自修正靶基因的表达。

mRNA 翻译起始阶段是一个复杂的过程，有多种蛋白质复合物参与。蛋白质翻译的起始首先是生成 43S 前起始复合物，包括蛋氨酰-tRNA、eIF2、GTP 和 40S 核糖体亚基。起始阶段由 eIF2 激活，即 eIF2 结合 GTP。然后，蛋氨酰-tRNA 和 eIF2-GTP 与 40S 核糖体亚基结合。在起始阶段的后期，GTP 水解，eIF2 从核糖体释放出来，形成一个未激活的 eIF2-GTP 复合物。eIF2 在激活形式 eIF2-GTP 的再循环由鸟嘌呤-核苷酸交换因子 eIF2B 来介导，这是翻译起始阶段的第 1 个调节过程。eIF2B 活性的调节机制有两种形式即 eIF2 亚基的磷酸化和 eIF2B ε 亚基的磷酸化。若这些因子被磷酸化，则翻译效率降低。翻译起始阶段的第 2 个调节过程是 mRNA 和 43S 前起始复合物的结合，由 eIF4 介导这个步骤。eIF4E 与 mRNA 的帽子结构结合，联合手脚架蛋白 eIF4G，也结合解旋酶 eIF4A 和 43S 核糖体前起始复合物。

这一阶段的调节包括：eIF4E 的磷酸化和 eIF4E 的可供性。当 eIF4E 磷酸化时，eIF4E 对帽子结构的亲和力增强；当 eIF4E 和 4E-BP1 结合时，eIF4E 的可供性发生变化，与 4E-BP1 结合后，eIF4E 蛋白不能结合 eIF4G 和 mRNA 的帽子结构。eIF4E 和 4E-BP1 的结合通过 4E-BP1 的磷酸化来调节。当 4E-BP1 磷酸化，这种复合物分离。蛋白质合成的第 3 个调节过程可能在核糖体蛋白 S6 和 eEF-2 水平，主要是通过磷酸化反应来实现的。虽然有关 eEF-2 磷酸化在翻译的生理调控仍然不清楚，但 S6 蛋白磷酸化可能参与 5′端含寡嘧啶通道 mRNAs（TOPsmRNAs）编码的蛋白质的翻译调控（Jefferies 等，1997）。

氨基酸调节蛋白质翻译是通过 eIF2B 活性、4E-BP1 磷酸化和 S6 蛋白磷酸化来介导。氨基酸缺乏引起 eIF2B 活性的明显下降，eIF2B 活性的变化可能是由于

eIF2B 磷酸化或 eIF2B 磷酸化。除了介导 eIF2B 活性外，氨基酸还可以通过 4E-BP1 磷酸化的变化引起非活化的 eIF4E-BP1 复合物中 eIF4E 的再分配。氨基酸缺乏诱导 4E-BP1 的去磷酸化，导致 eIF4E 的分离，重新快速供应氨基酸可以逆转这些效应。此外，氨基酸还可介导 S6 蛋白磷酸化调节蛋白质的合成。研究表明从营养介质中去除氨基酸，导致 p70 蛋白 S6 激酶的快速去活性，重新供应氨基酸快速逆转这种效应，导致核糖体蛋白 S6 磷酸化增加（Wang 等，1998）。在猪及其他哺乳动物中，氨基酸可以通过 mTOR 信号通路传导途径来调节 mRNA 的翻译从而促进或抑制蛋白质的合成。充足的氨基酸可以通过 mTOR 信号传导途径促进 4E-BP1 的磷酸化，释放更多的 eIF4E 与 eIF4G 形成 eIF4F 复合体参与蛋白质翻译。

（二）氨基酸对基因表达的调控

氨基酸作为蛋白质合成的前体物质，不仅影响蛋白质代谢，而且氨基酸还参与整个机体的内稳态平衡。缺少任一种必需氨基酸均会导致负氮平衡，体重下降，生长受阻。超生理剂量的氨基酸可以促进某些基因表达，如高浓度的色氨酸能够增加胶原酶和金属蛋白酶组织抑制因子的表达。相反，某些氨基酸的缺乏会上调基因表达的增加。细胞可以根据氨基酸浓度的变化做出相应的反应，如：调节基因的转录、mRNA 的稳定性，或是上调/下调 mRNA 的翻译等。

IGFBP-Ⅰ是体内唯一可迅速调节的，其血浆浓度可在进食前后变化 10 倍。IGFBP-Ⅰ主要在肝脏合成，其表达受胰岛素、生长激素和血糖调节。据报道，限制蛋白质的大鼠比饥饿大鼠的 IGFBP-Ⅰ的表达高，这一差异不能用血浆葡萄糖、胰岛素和生长激素的变化来解释，因此认为可能存在另外的代谢因子调节 IGFBP-Ⅰ的表达，而氨基酸就是一个重要的代谢调节因子。IGFBP-Ⅰ mRNA 和蛋白质在细胞中的基础水平很低，而当培养基中亮氨酸浓度下降时，其浓度迅速上升。用分离的大鼠肝细胞培养也得到了类似结果（Jousse，1998）。氨基酸调控 IGFBP-Ⅰ的表达不限于肝原细胞，对已分化的肝细胞也适用。对其他氨基酸的研究表明，缺失精氨酸、胱氨酸及其他必需氨基酸都对人肝原细胞系 HepG2 的 IGFBP-Ⅰ的 mRNA 水平产生显著影响。

目前对氨基酸调控基因表达的分子机制所知甚少，现在研究较多的是亮氨酸对 CHOP 基因的调控。CHOP 基因能抑制成纤维细胞生长、抑制脂肪细胞分化、诱导细胞凋零；而且与促进生长转录因子家族成员互作，并活化生长抑制因子和胶原酶基因启动因子。近来已经证明亮氨酸限制可诱导所有受试细胞 CHOP 基因的表达。亮氨酸限制既可以增加 CHOP mRNA 的转录，又可以增加转录产物的稳定性。同位素原位杂交试验证明了这一点：在亮氨酸限制 4h 后，CHOP 基因的转录速率大大增加，而核糖体 S26 基因的转录速率保持不变。为了研究亮氨酸限制是否影响 CHOP mRNA 的半衰期，细胞在无亮氨酸缺失的培养液中培养 16h，然后加放线菌素 D（4μg/mg）及 0mol 或 420mol 亮氨酸，在不同时间收集细胞并提取 mRNA。实验结果表明，加入亮氨酸使 CHOP mRNA 浓度急剧下降，亮氨酸限制细胞的 CHOP mRNA 的半衰期比对照细胞增加了 3 倍。这些实验表明亮氨酸限制所引起的 CHOP mRNA 浓度升高是由于转录速率增加及 CHOP mRNA 稳定性增加（Bruhat 等，1997）。

七、功能性氨基酸研究进展

传统营养学主要是把氨基酸作为合成蛋白质的前体去研究蛋白质和氨基酸的需要量。近年来，人们对氨基酸在物质代谢和免疫功能调控中所起的作用越来越感兴趣，并提出了功能性氨基酸的概念。功能性氨基酸是指除了合成蛋白质外还具有其他特殊功能的氨基酸，其不仅对动物的正常生长和维持是必需的，而且对多种生物活性物质的合成也是必需的，这类氨基酸主要包括谷氨酸、谷氨酰胺、半胱氨酸、亮氨酸、脯氨酸、色氨酸及精氨酸等。

（一）功能性氨基酸与胎儿和新生动物生长

1. 精氨酸家族氨基酸可增加母猪产仔率

在大多数哺乳动物体内，精氨酸、谷氨酰胺、瓜氨酸和脯氨酸之间可通过复杂的器官内代谢作用相互转化，因此又被称为精氨酸家族（arginine family of AA，AFAA）。研究表明，精氨酸、鸟氨酸和谷氨酰胺对胚胎、胎盘和胎儿的发育有重要作用（Kim 等，2005）。妊娠 30～40d 期间，猪尿囊液中精氨酸、鸟氨酸和谷氨酰胺的浓度分别增加 23 倍、18 倍和 4 倍，其含氮量占所有 α-氨基酸含氮量的 67%（Mateo 等，2008）。胎儿尿囊液中 AFAA 的含量增高，与妊娠前期胎盘合成的 NO 和多胺量增加有关，这时的胎盘生长也最快，表明以精氨酸为主的代谢途径在孕体生长发育过程中至关重要。这些营养物质可通过调节细胞内蛋白质周转和细胞增殖对胚胎发生和着床、血管生成、胎盘生长和发育以及胎儿生长发挥作用。有研究证实补充 1%精氨酸于妊娠 14～28d 及 30～114d 的怀孕母猪日粮中可分别提高出生活仔数 1 头和 2 头（Ramaekers 等，2006；Mateo 等，2007），同时能够增加血清中精氨酸、鸟氨酸和脯氨酸浓度。

2. 精氨酸家族氨基酸可促进仔猪生长

研究报道，在 7～21 日龄仔猪人工乳中补充 0.2%和 0.4%的 L-精氨酸，可剂量依赖性地增加血浆中精氨酸的浓度，降低血浆中氨的水平，增加体重（Yao 等，2008）。同样的，通过人工乳形式补充 0.2%及 0.4%精氨酸饲喂 3～4 日龄断奶仔猪 1 周后，体重可分别增加 42%和 93%（Wu 等，2007）。这些研究表明精氨酸缺乏可能是限制新生仔猪达到最快生长的一个主要因素。由于母猪泌乳时乳腺组织可大量分解精氨酸，因此，在泌乳母猪日粮中添加精氨酸以提高乳中的精氨酸浓度不是一个有效的方法。但是，给 2～3 周龄哺乳仔猪肠道补充 *N*-氨甲酰谷氨酸（NCG）可有效提高仔猪生长。给 4 日龄哺乳仔猪口服 NCG 直到 14 日龄，可提高血浆精氨酸浓度 68%，阻止出生后血浆精氨酸浓度的显著下降，仔猪体增重增加 61%。口服 NCG 可分别增加仔猪背最长肌和腓肠肌中绝对蛋白质合成 30%和 21%（Frank 等，2007）。有趣的是骨骼肌蛋白质合成的增加并不能完全解释 NCG 对仔猪的增重效应，表明精氨酸不仅能够增加蛋白质合成，而且能抑制骨骼肌中蛋白质的降解。

（二）功能性氨基酸与细胞内蛋白质周转

1. 亮氨酸促进蛋白质合成并抑制蛋白质降解

亮氨酸是机体蛋白质周转的重要氨基酸，可参与骨骼肌蛋白质合成并抑制其降解，可提高蛋白质合成 50%，抑制分降解率仅为 25%（Garlick，2005）。研究发现在正常生理条件下，在日粮中补充亮氨酸有利于提高新生小猪血液中亮氨酸水平，从而增加机体蛋白质合成（Escobar 等，2005，2006）。这是因为提高亮氨酸水平使 mTOR 磷酸化促进 p70S6 激酶及起始因子 4E-BP1 磷酸化，从而促进多肽及蛋白质合成且抑制胞内蛋白水解（Li 等，2011）。除骨骼肌外，亮氨酸还能减少肝脏蛋白质降解，可能是 mTOR 介导的自吞噬作用受到抑制。此外，亮氨酸还能够激活肠上皮细胞 mTOR 信号途径（Ban 等，2004）。进一步研究发现日粮中添加亮氨酸可显著提高 28 日龄断奶仔猪心脏、小肠后段、肾、肝脏、胰、脾和胃中的蛋白质合成速率。而在特殊生理时期如饥饿、泌乳等亮氨酸也可作为能量来源。有报道仔猪饥饿时其脑与肌肉中亮氨酸氧化量增加。

2. 谷氨酰胺可提高骨骼肌和小肠黏膜蛋白质的合成

谷氨酰胺可通过促进骨骼肌及小肠黏膜蛋白质合成来参与机体蛋白周转。在分解代谢状态下，肌肉中谷氨酰胺水平显著降低，并出现蛋白质代谢负平衡。研究发现，灌注谷氨酰胺于老鼠骨骼肌中可促进蛋白质合成且抑制其降解，其相关机理可能与 mTOR 信号通路有关（Fumarola 等，2005）。谷氨酰胺还可通过激活 mTOR 信号通路来促进肠细胞蛋白质合成。谷氨酰胺的重要中间代谢产物 α-酮戊二酸可通过促进 mTOR 及其下游靶标核糖体 S6 激酶 1（S6K1）和真核细胞翻译起始因子 4E-BP1 的磷酸化来促进小肠上皮细胞蛋白质的合成（Yao 等，2012）。紧密连接蛋白是肠细胞紧密连接的主要功能性调节蛋白，缺乏谷氨酰胺时，紧密连接蛋白呈团块状分布于肠上皮细胞胞质内，不能定位在紧密连接处发挥功能；补充谷氨酰胺后，紧密连接蛋白逐渐向细胞膜上转移，定位于膜尖端的紧密连接处形成完整的紧密连接。由于亮氨酸、异亮氨酸和缬氨酸是动物组织尤其是骨骼肌中合成谷氨酰胺的底物，谷氨酰胺可部分介导动物体内支链氨基酸的合成效应，故这种作用可能对泌乳乳腺组织相当重要。

3. 精氨酸能促进仔猪骨骼肌和整个机体的蛋白质沉积

越来越多的证据表明，精氨酸可增加病毒感染和营养不良条件下处于分解代谢状态的猪小肠中蛋白质的合成。然而，在培养液中添加精氨酸对哺乳动物肝细胞中 mTOR 的磷酸化却没有影响；给人工乳喂养的新生仔猪补充精氨酸也不能增加肝脏组织中 mTOR 信号通路的活性（Wu 等，2004）。可能的原因是肝脏中存在高活性的精氨酸酶，可迅速水解精氨酸，使得肝细胞中精氨酸的浓度很低。但是，在哺乳仔猪的肠上皮细胞中缺乏精氨酸酶活性或精氨酸分解代谢，因此，提高细胞外精氨酸浓度对提高细胞内精氨酸浓度是非常有效的。最近的研究表明，精氨酸可激活小肠上皮细胞和肌肉组织中 mTOR 和其他激酶介导的信号通路，从而刺激蛋白质的合成，增强细胞的移行，并促进受损肠道上皮细胞的修复（Wu 等，2004）。其机理是通过激活动物肠上皮细胞及肌肉组织中 mTOR 和其他相关激酶介导的信号通路，促进蛋白质合成和受损肠上皮细胞修复。这可能是精氨酸防止新生仔猪肠道萎缩和功能紊乱的一种机制。在 7 日龄断奶仔猪日粮中补充 0.6%精氨酸，肌肉中 mTOR 磷酸化水平显著提高，从而通过调控蛋白起始翻译因子来提高动物机体的蛋白质合成（Yao 等，2008）。通过在日粮中添加精氨酸或通过代谢途径激活内源性精氨酸合成来提高哺乳仔猪的血浆精氨酸水平，能促进仔猪骨骼肌和整个机体的蛋白质沉积。

（三）功能性氨基酸参与中间代谢调节

功能性氨基酸可直接参与中间代谢的调节。如精氨酸是 *N*-乙酰谷氨酸合成酶的变构激活因子，因此精氨酸和谷氨酸使尿素循环维持在一个活跃的状态。丙氨酸抑制丙酮酸激酶，从而调节糖异生和糖酵解过程。天冬氨酸和谷氨酸可介导还原当量通过线粒体膜的转移，从而调节细胞的糖酵解和氧化还原状态。精氨酸或其代谢产物可上调与线粒体生物合成和底物氧化有关的关键蛋白质和酶的表达，从而减少动物体脂的储积。亮氨酸在参与糖代谢、免疫功能调节蛋白质合成和分解等多方面发挥重要调控作用。蛋氨酸、甘氨酸和丝氨酸在一碳基团代谢、蛋白质和 DNA 甲基化过程中起着重要作用，从而调节基因表达和蛋白质活性。半胱氨酸通过其代谢产物牛磺酸、硫化氢（H_2S）、谷胱甘肽（GSH）等参与代谢调控：牛磺酸调控细胞氧化还原状态以及渗透平衡等，H_2S 作为信号分子参与体内代谢，GSH 可清除自由基和其他活性氧分子。谷氨酰胺在谷氨酰胺酶的作用下水解成谷氨酸和氨，氨结合 H^+ 来促进 H^+ 从尿中排出，从而降低 H^+ 浓度，维持机体酸碱平衡。

（四）功能性氨基酸与免疫功能

1. 谷氨酰胺

谷氨酰胺在机体免疫反应中起到重要作用，这是因为谷氨酰胺作为淋巴细胞的主要底物能源物质参与淋巴细胞的增殖和功能（Field 等，2002），同时谷氨酰胺还能增强巨噬细胞活性促进细胞因子 T 淋巴细胞、B 淋巴细胞以及抗体产生。动物试验表明，通过日粮添加或肠外营养补充谷氨酰胺可增强宿主的免疫功能。在早期断奶仔猪日粮中补充谷氨酰胺，能够保持体内毒素感染仔猪的肌肉中谷氨酰胺浓度在一个正常生理水平（Yoo 等，1997）。同时在日粮中添加谷氨酰胺也可以改变断奶仔猪肠道中细胞因子基因表达水平。

2. 精氨酸

精氨酸可促进胰岛素、生长激素、泌乳素和胰岛素样生长因子的分泌，参与机体免疫功能调节。大量体外研究表明，诱导型一氧化氮合成酶（induciblenitricoxidesynthetase，iNOS）在先天性免疫和获得性免疫中均起着重要作用，巨噬细胞和中性粒细胞合成的 NO 是机体抗微生物和抗有害细胞的必需机制。因此，由 iNOS 催化合成的 NO 与免疫反应关系最为密切。因为精氨酸是精氨酸酶和 iNOS 的共同底物，二者竞争催化精氨酸，所以调节精氨酸酶的表达和活性在细胞产生 NO 过程中起着关键作用。此外，精氨酸可调节 T 细胞受体 ε 链（CD3ε）的表达，CD3ε 对 T 细胞受体的完整性是必需的。日粮补充精氨酸能增强妊娠母猪和新生仔猪的免疫状态，从而减少病原感染引起的发病率和死亡率（Tan 等，2009）。

3. 含硫氨基酸

蛋氨酸和半胱氨酸是蛋白质合成需要的 2 种含硫氨基酸，其中半胱氨酸是谷胱甘肽（glutathiose，GSH）和 H_2S 的重要前体物质，在动物机体内 GSH 与各种亲和电子和外源性化学物质形成共轭化合物可消除体内自由基和其他的活性氧分子，从而减少机体有毒物质。而 GSH 的合成受日粮中含硫氨基酸摄入的影响，所以充足的含硫氨基酸摄入对免疫系统蛋白质合成是很重要的。研究发现，一旦动物出现病毒感染，机体内半胱氨酸代谢会发生显著变化，细胞外半胱氨酸的减少会降低 CD4 和 γ-干扰素产生，通过抑制淋巴细胞增殖且降低细胞毒 T 淋巴细胞活性，从而影响机体免疫功能。

4. 色氨酸

色氨酸通过四氢生物喋呤依赖的色氨酸羟化酶途径分解产生 5-羟色胺、*N*-乙酰血清素、褪黑色素和维生素 L，这些物质可抑制超氧化物和肿瘤坏死因子-α 产生及清除自由基而增强机体免疫功能。在炎性反应或存在内毒素（LPS）、细胞因子刺激时，色氨酸在吲哚胺 2，3-双加氧酶催化下能促进维生素 L 的分解代谢，且抑制自身免疫性神经炎症。另外，通过调节诱导型 NO 以及 *N*-乙酰血清素的生成来影响免疫系统，尤其是巨噬细胞和淋巴细胞。可见，色氨酸的分解代谢对巨噬细胞和淋巴细胞的功能有重要作用。

5. 脯氨酸

在新生哺乳动物体内，脯氨酸是合成精氨酸的重要底物。所以，在日粮中就必须提供足够的脯氨酸以满足其代谢需要。吡咯琳-5-羧酸（PSC）可在 PSC 还原酶催化下被还原成脯氨酸。脯氨酸-P5C 的循环功能也可调节细胞的氧化还原状态和淋巴细胞增殖活性，这可为脯氨酸阻止淋巴细胞凋亡、刺激细胞生长及促进抗体产生等作用提供一种细胞学机制。此外，在猪小肠中存在较高的脯氨酸氧化酶活性。Ha 等（2005）发现脯氨酸氧化酶对机体免疫功能具有极其重要的作用，这是因为肠道中脯氨酸氧化酶不足导致脯氨酸分解代谢缺乏，从而降低肠道免疫功能。因此，在胚胎猪和新生仔猪生长发育关键时期，高活性的脯氨酸氧化酶在维持胎盘和仔猪肠道等器官的免疫功能中起着关键作用。研究发现摄入非母乳日粮的仔猪比哺乳仔猪易发生肠道功能障碍，这也与母乳中存在脯氨酸氧化酶有关（Wu 等，2008）。

6. 亮氨酸

当有丝裂原刺激时，淋巴细胞中亮氨酸的转运和利用显著增加。亮氨酸是 mTOR 信号通路的激活剂，而 mTOR 信号通路可调节细胞中蛋白质的合成和降解。BCAA 摄入不足可导致免疫抑制。亮氨酸对免疫功能的影响比异亮氨酸和缬氨酸更大。亮氨酸及其代谢产物 β-羟基-β-甲基丁酸可通过提高血清中 IgG、IgM 的含量，降低血清中可溶 CD4 和 CD8 的含量来增强机体特异性免疫机能。在日粮中添加 β-羟基-β-甲基丁酸可增强受感染猪的免疫功能，降低死亡率。

第二节 猪碳水化合物的代谢与调控

碳水化合物是谷物饲料中主要的能量物质，是动物机体能量的主要来源，具有多种生理功能，对机体的生长发育有着重要的作用。淀粉是饲料碳水化合物的主要组成成分，不同碳水化合物因其淀粉和非淀粉多糖等的组成和含量的不同在动物体内的代谢表现也不同，主要是由于肠道各段对不同碳水化合物的消化吸收不同，本节就对碳水化合物的分类、代谢、生理功能以及调控进行简介，以促进其进一步研究应用。

一、碳水化合物的分类

碳水化合物是多羟基醛或多羟基酮及其缩聚物和某些衍生物的总称，由绿色植物所含叶绿素经过光合作用形成，是自然界分布很广的一类有机化合物，可以分为单糖、寡糖和多糖 3 大类。单糖（monosaccharide）是组成碳水化合物的基本单位。其中最常见的是葡萄糖，其次是果糖和半乳糖。寡糖（oligosacchar ide）又名低聚糖，是由 2～10 个分子的单糖通过糖苷键连接起来的，是多糖的组成成分，包括二糖（双糖）、三糖、四糖、五糖、六糖、七糖和八糖等。其中常见的为双糖，包括蔗糖、麦芽糖和乳糖。多糖（polysaccharide）是自然界中分子结构复杂且庞大的糖类物质，它是由多个（10个以上到上万个）单糖分子或单糖衍生物缩合、失水，通过糖苷键连接而成的高分子聚合物，包括淀粉、糖原、纤维素、半纤维素、果胶、甲壳素等。淀粉是多糖的重要组成部分，谷物类淀粉可细分为快速消化淀粉、慢速消化淀粉和抗性淀粉（resistant starch，RS）。研究表明，由于淀粉来源、组成及结构不同，在动物和人体内消化的速度和位点存在差异，快速消化淀粉在小肠前段即迅速降解，慢速消化淀粉在小肠后段降解，降解速度较慢，而抗性淀粉在小肠内几乎不降解，主要在消化道后段依靠微生物发酵产生挥发性脂肪酸，因而它们在能量供应效率及对动物生产性能的影响方面存在明显差异。

二、碳水化合物的代谢途径

日粮中的碳水化合物进入动物机体消化道后，在消化酶的作用下水解成葡萄糖和少量的果糖及半乳糖，果糖在肠黏膜细胞内可以转化成葡萄糖，葡萄糖再通过肠壁吸收进入血液后参与体内代谢。葡萄糖是生命活动的重要能源物质，在机体物质代谢过程中具有重要地位。

葡萄糖在体内代谢主要有以下几条途径：首先，在无氧情况下葡萄糖经糖酵解途径降解为丙酮酸，丙酮酸在胞浆内还原为乳酸，这一过程称为碳水化合物的无氧氧化。由于缺氧时葡萄糖降解为乳酸的情况与酵母菌内葡萄糖“发酵”生成乙酸的过程相似，因而碳水化合物的无氧分解也称为“糖酵解”。在有氧的情况下，丙酮酸进入线粒体，氧化脱羧后进入三羧酸循环，最终被彻底氧化成二氧化碳及水，这个过程称为碳水化合物的有氧氧化。此外，吸收进入机体的葡萄糖可以转变成糖原储存在体内，调节机体血糖平衡。

（一）葡萄糖无氧酵解

在无氧情况下，葡萄糖生成乳酸的过程称为无氧酵解，主要包括两个阶段：葡萄糖分解成丙酮酸，丙酮酸转变成乳酸。

（1）葡萄糖磷酸化为6-磷酸葡萄糖　葡萄糖进入细胞后，首先是磷酸化，生成6-磷酸葡萄糖（G-6-P），催化此反应的酶是已糖激酶，需要ATP提供磷酸基团，Mg^{2+}作为激活剂。这是糖酵解途径中的第一个限速反应。G-6-P是一个重要的中间代谢产物，是许多糖代谢途径（无氧酵解、有氧氧化、磷酸戊糖途径、糖原合成、糖原分解）的连接点。葡萄糖进入细胞后进行了一系列的磷酸化，其目的在于：磷酸化后的化合物极性增高，不能自由进出细胞膜，因而葡萄糖磷酸化后不易逸出胞外，反应限制在细胞质中进行；同时从ATP中释放出的能量储存到了6-磷酸葡萄糖中；另外结合了磷酸基团的化合物不仅能降低酶促反应的活化能，同时也能提高酶促反应的特异性。

（2）6-磷酸葡萄糖生成6-磷酸果糖（F-6-P） 此反应在磷酸己糖异构酶催化下进行，是一个醛-酮异构变化，需要 Mg^{2+} 的参与。

（3）6-磷酸果糖生成1,6-二磷酸果糖（F-1,6-BP） 催化此反应的酶是6-磷酸果糖激酶1，这是糖酵解途径的第二次磷酸化反应，需要ATP与 Mg^{2+} 参与，反应不可逆，是糖酵解的第二个限速反应。至此，糖酵解完成了代谢的第一个阶段，这一阶段的主要特点是葡萄糖的磷酸化，并伴随着能量的消耗，糖酵解若从葡萄糖开始磷酸解，则每生成1分子F-1,6-BP消耗了2分子ATP。

（4）1,6-二磷酸果糖裂解成2分子磷酸丙糖 此反应由醛缩酶催化，反应可逆。3-磷酸甘油醛和磷酸二羟丙酮，两者互为异构体，在磷酸丙糖异构酶催化下可互相转变，当3-磷酸甘油醛在继续进行反应时，磷酸二羟丙酮可不断转变为3-磷酸甘油醛，这样1分子F-1,6-BP生成2分子3-磷酸甘油醛。

（5）3-磷酸甘油醛脱氢氧化成1,3-二磷酸甘油 此反应由3-磷酸甘油醛脱氢酶催化脱氢、加磷酸，其辅酶为 NAD^+，反应脱下的氢交给 NAD^+ 成为 $NADH^+$；反应时释放的能量储存在所生成的1,3-二磷酸甘油酸1位羧酸与磷酸构成的混合酸酐内，此高能磷酸基团可将能量转移给ADP形成ATP。

（6）1,3-二磷酸甘油酸转变3-磷酸甘油酸 此反应由3-磷酸甘油酸激酶催化，需要 Mg^{2+}，产生1分子ATP，这是无氧酵解过程中第一次生成ATP。由于是1分子葡萄糖产生2分子1，3-二磷酸甘油酸，所以在这一过程中，1分子葡萄糖可产生2分子ATP。ATP的产生方式是底物水平磷酸化，能量是由底物中的高能磷酸基团直接转移给ADP形成ATP。

（7）3-磷酸甘油酸转变为2-磷酸甘油酸 此反应由磷酸甘油酸变位酶催化，磷酸基团由3位转至2位，反应可逆，在催化反应中 Mg^{2+} 是必需的。

（8）2-磷酸甘油酸脱水生成磷酸烯醇式丙酮酸 此脱水反应由烯醇化酶所催化，Mg^{2+} 作为激活剂。反应过程中，分子内部能量重新分配，形成含有高能磷酸基团的磷酸烯醇式丙酮酸。

（9）磷酸烯醇式丙酮酸转变为丙酮酸 此反应由丙酮酸激酶（pyruvate kinase，PK）催化，Mg^{2+} 作为激活剂，产生1分子ATP，在生理条件下，此反应不可逆。PK也是无氧酵解过程中的关键酶及调节点。这是无氧酵解过程第二次生成ATP，产生方式也是底物水平磷酸化。由于是1分子葡萄糖产生2分子丙酮酸，所以在这一过程中，1分子葡萄糖可产生2分子ATP。这一阶段中PK是糖酵解过程的另一个关键酶和调节点。

（10）丙酮酸还原成乳酸 在无氧条件下，丙酮酸被还原为乳酸。此反应由乳酸脱氢酶（lactate dehydrogenase，LDH）催化，乳酸脱氢酶有多种同工酶，骨骼肌中主要含有LDH5，它和丙酮酸亲和力较高，有利于丙酮酸还原为乳酸，乳酸脱氢酶的辅酶是 NAD^+。还原反应所需的 $NADH+H^+$ 是3-磷酸甘油醛脱氢时产生，作为供氢体脱氢后成为 NAD^+，再作为3-磷酸甘油醛脱氢酶的辅酶。因此，NAD^+ 来回穿梭，起着递氢作用，使无氧酵解过程持续进行。

糖酵解过程中1分子葡萄糖转变为2分子乳酸，同时伴随着能量的产生，能量产生主要在3-磷酸甘油醛脱氢成为1,3-二磷酸甘油酸及磷酸烯醇式丙酮酸转变为丙酮酸过程中，共产生4分子ATP，产生方式都是底物水平磷酸化，由于葡萄糖和6-磷酸果糖的磷酸化需要2分子ATP，所以净产生2分子ATP。

（二）葡萄糖有氧分解

葡萄糖在有氧条件下彻底氧化成水和二氧化碳的反应称为有氧分解或有氧氧化。有氧分解是葡萄糖分解的主要方式，绝大多数细胞通过此途径获得能量。有氧分解过程分为3个阶段：第一阶段是糖转变成丙酮酸，此阶段与糖的无氧分解途径完全相同，在细胞液中进行。第二阶段是丙酮酸进入线粒体，在其中氧化脱羧成乙酰CoA。第三阶段是乙酰CoA进入三羧酸循环彻底氧化。第一阶段的反应如前所述，在此主要介绍丙酮酸氧化脱羧和三羧酸循环过程。

第二阶段：丙酮酸氧化脱羧。丙酮酸进入线粒体后，在丙酮酸脱氢酶复合体催化下生成乙酰CoA。该复合体由丙酮酸脱氢酶、二氢硫辛酸转乙酰基酶和二氢硫辛酸脱氢酶组成。这三种酶在结构上形成一个有序的整体，使得丙酮酸氧化脱羧这一复杂反应得以相互协调依次有序进行。参加此酶复合体的辅酶有硫胺素焦磷酸、硫辛酸、FAD、NAD^+ 及CoA。

第三阶段：三羧酸循环。三羧酸循环是以乙酰CoA与草酰乙酸缩合成含有3个羧基的柠檬酸开始，故称为三羧循环。因循环的第一个产物是柠檬酸，故也称为柠檬酸循环。由一连串的反应组成，乙酰CoA进入三羧酸循环被完全氧化成二氧化碳释放出来，同时释放能量。主要反应包括：①草酰乙酸与乙酰CoA在柠檬酸合酶的作用下生成柠檬酸，由于乙酰CoA高能硫酯键的水解使反应不可逆。②柠檬酸异构化形成异柠檬酸，柠檬酸的叔醇基不易氧化，转变成异柠檬酸而使叔醇变成仲醇，就易于氧化，此反应由顺乌头酸酶催化，为一可逆反应。③异柠檬酸氧化脱羧形成 α-酮戊二酸，在异柠檬酸脱氢酶的作用下，异柠檬酸的仲醇氧化成羰基，生成草酰琥珀酸的中间产物，后者在同一酶表面，快速脱羧生成 α-酮戊二酸，脱下来的氢由 NAD^+ 接受，生成 $NADH+H^+$。此反应是不可逆的，是三羧酸循环中的限速步骤。④α-酮戊二酸氧化脱羧生成琥珀酰CoA，此反应是三羧酸循环的第二次氧化脱羧也是最后一次，由 α-酮戊二酸脱氢酶复合体催化完成，反应不可逆。该复合体也是由三个酶（α-酮戊二酸脱羧酶、硫辛酸琥珀酰基转移酶、二氢硫辛酸脱氢酶）及五种辅酶（硫胺素焦磷酸、硫辛酸、HSCoA、FAD及 NAD^+）组成。⑤琥珀酰CoA转化成琥珀酸，在琥珀酸酰CoA合成酶的催化下，琥珀酰CoA的高能硫酯键水解与GDP的磷酸化偶联，生成的GTP在核苷二磷酸激酶的催化下，迅速转给ADP生成ATP，这也是三羧酸循环中唯一直接生成高能磷酸键的反应，也是底物水平磷酸化反应的一个例子。⑥琥珀酸脱氢生成延胡索酸，在琥珀酸脱氢酶的作用下，琥珀酸脱氢氧化生成延胡索酸，其辅酶是 FAD。⑦延胡索酸加水生成苹果酸，延胡索酸酶催化这一水合反应，该反应可逆。⑧苹果酸脱氢生成草酰乙酸，在苹果酸脱氢酶作用下，苹果酸仲醇基脱氢氧化成羰基，生成草酰乙酸，NAD^+ 是脱氢酶的辅酶，接受氢成为 $NADH+H^+$。虽然此反应可逆，但是由于细胞内草酰乙酸不断地被用于合成柠檬酸，故可逆反应向生成草酰乙酸的方向进行。

在三羧酸循环中，有两次脱羧基反应生成 CO_2，还有四次脱氢其中三次脱氢是由 NAD^+ 接受，一次是 FAD 为受体，分别生成 $NADH+H^+$ 和 $FADH_2$，只有将电子传给分子态氧时才能生成 ATP。循环中消耗了 2 分子的水，1 分子用于柠檬酰 CoA 的水解作用，另一分子用于延胡索酸的水合作用。三羧酸循环本身每循环一次只能以底物水平磷酸化方式直接生成 1 分子 ATP。

糖的有氧分解是动物机体葡萄糖有氧分解过程中产生生理活动所需能量的主要来源，线粒体内 1mol $NADH+H^+$ 产生 2.5mol ATP，1mol $FADH_2$ 产生 1.5mol ATP，根据不同组织细胞液中 $NADH+H^+$ 的穿梭作用不同则可产生 1.5mol 或 2.5mol ATP。因此，1mol 葡萄糖彻底氧化为二氧化碳和水可得到 30mol 或 32mol ATP。

（三）糖原合成

由葡萄糖（包括少量果糖和半乳糖）合成糖原的过程称为糖原合成，反应在细胞质中进行，需要消耗 ATP 和 UTP，主要包括以下几个步骤。

（1）葡萄糖转变成 6-磷酸葡萄糖　在己糖激酶或葡萄糖激酶的催化下，ATP 中的磷酸基团转移到葡萄糖分子上，这是一个磷酸基团转移反应，必须有 Mg^{2+} 的存在。

（2）6-磷酸葡萄糖转化为 1-磷酸葡萄糖　6-磷酸葡萄糖在磷酸葡萄糖变位酶的作用下转变成 1-磷酸葡萄糖。

（3）UDP-葡萄糖的生成　1-磷酸葡萄糖在 UDP-葡萄糖焦磷酸化酶的催化下与尿苷三磷酸（UTP）作用，生成鸟苷二磷酸葡萄糖，简称 UDP-葡萄糖（UDPG），同时释放焦磷酸（PPi）。PPi 迅速被无机焦磷酸酶水解为无机磷酸分子，整个反应是不可逆的。形成的 UDP-葡萄糖在体内作为糖原合成的葡萄糖供体。

（4）糖原生成　在糖原合酶的作用下，UDPG 上的葡萄糖基转移给糖原引物的糖链非还原性末端 C_4 的羟基上，形成 α-1,4-糖苷键，使糖原延长了一个葡萄糖残基。上述反应重复进行，糖链不断延长。糖原合酶只能催化将葡萄糖残基加到已经具有 4 个以上葡萄糖残基的糖原分子上，而不能从零开始将两个葡萄糖连在一起。

糖原合酶只能催化 1,4-糖苷键的形成，形成的产物也是直链的形式，使直链形成多分支的多聚糖必须有糖原分支酶的协同作用。糖原分支酶的作用是断开 α-1,4-糖苷键并形成 α-1,6-糖苷键。糖原分支酶将糖原分子中处于直链状态的葡萄糖残基，从非还原性末端约 7 个葡萄糖残基的片段在 1,4-糖苷键处切断，然后转移到同一个或其他糖原分子比较靠内部的某个葡萄糖残基的第 6 位碳原子的羟基上形成 1,6-糖苷键，形成新的分支。糖原高度分支一方面可增加分支的溶解度，另一方面形成更多的非还原性末端，它们是糖原磷酸化酶和糖原合酶的作用位点。所以分支大大提高了糖原的分解与合成效率。

(四) 糖异生

糖异生是指非糖物质转变为葡萄糖或糖原的过程。糖异生的主要前体物质是乳酸、丙酮酸、生糖氨基酸以及三羧酸循环中各种羧酸及甘油等。肝脏是糖异生的主要器官，肾脏也具有糖异生的能力。糖异生过程保证在饥饿情况下，血糖浓度的相对恒定，对于维持血糖平衡具有重要的意义。

糖异生作用并不是完全按照糖酵解过程进行逆转。糖酵解是一个放能过程，有三步反应过程自由能下降较多，是不可逆的。虽然由丙酮酸开始的糖异生利用了糖酵解中的七步平衡反应的逆反应，但还必须利用另外四步酵解中不曾出现的酶促反应，绕过酵解过程中不可逆的三个反应。

首先是丙酮酸在丙酮酸羧化酶作用下，以生物素为辅酶，利用二氧化碳同时消耗 1 分子 ATP 转变为草酰乙酸；紧接着草酰乙酸在磷酸烯醇式丙酮酸羧激酶的催化下，消耗 1 分子 GTP 形成磷酸烯醇式丙酮酸，释放二氧化碳。其次第二个逆反应过程是：1,6-二磷酸果糖在 1,6-二磷酸-果糖酶的催化下，生成 6-磷酸果糖。最后的一个逆反应是 6-磷酸葡萄糖在 6-磷酸葡萄糖酶的催化下水解为葡萄糖。

由于丙酮酸羧化酶仅存在于线粒体内，故胞液中的丙酮酸必须进入线粒体，才能羧化生成草酰乙酸。而磷酸烯醇式丙酮酸羧激酶在线粒体和胞液中都存在，因此草酰乙酸可在线粒体中直接转变为磷酸烯醇式丙酮酸再进入胞液，也可在胞液中被转变成磷酸烯醇式丙酮酸。但是，草酰乙酸不能直接通过线粒体，需借助两种方式将其转运入胞液：一种是经苹果酸脱氢酶作用，将其还原成苹果酸，然后再通过线粒体膜进入胞液，再由胞液中苹果酸脱氢酶将苹果酸脱氢氧化为草酰乙酸而进入糖异生反应途径；另一种方式是经谷草转氨酶作用，生成天冬氨酸后再逸出线粒体，进入胞液的天冬氨酸再经胞液中谷草转氨酶的催化而恢复生成草酰乙酸。有实验表明，以丙酮酸或能转变成丙酮酸的某些生糖氨基酸作为原料异生成糖时，以苹果酸通过线粒体方式进行糖异生；而乳酸进行糖异生反应时，常在线粒体生成草酰乙酸后，再转变成天冬氨酸而进入胞液。糖异生全过程见图 3.1。

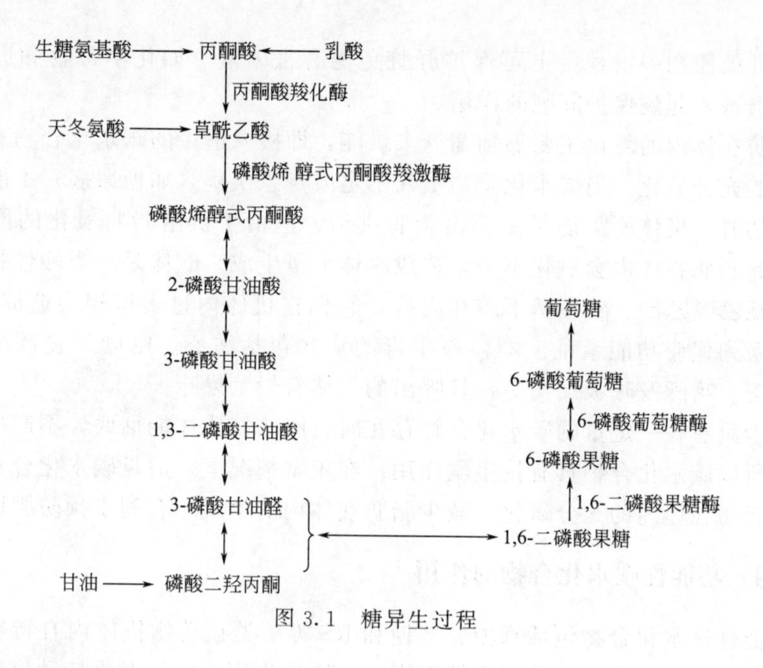

图 3.1 糖异生过程

三、碳水化合物的营养生理作用

（一）提供能量

碳水化合物的主要功能是为机体提供生理活动及机体活动所需要的能量，是最主要、最经济的能量来源，每克糖在体内可产生 4kcal 的能量。碳水化合物在动物体内消化后，以葡萄糖的形式吸收并氧化供能，能及时满足机体需要。食物中糖类供给充足时，可避免过多蛋白质作为机体的能量来源而消耗，从而有利于蛋白质发挥其特殊的生理作用，如构成和修补组织、调节功能等，对蛋白质具有节约和保护作用。

（二）构成机体的重要物质

碳水化合物主要以糖脂和糖蛋白的形式参与机体构成。糖脂是细胞膜和神经组织的成分，维持神经系统的活动。糖蛋白是一些抗体、酶、激素等重要生理功能物质的成分。肝脏、肌肉中含有肝糖原和肌糖原，体黏液中含有糖蛋白，细胞核中含有核糖，软骨、骨骼、角膜、玻璃体中均有糖蛋白参与构成。

（三）保护肝脏、解毒及抗生酮作用

肝脏为人体最大的代谢器官和解毒器官，进入机体的毒物主要通过肝脏代谢而降解失活。糖类的保护肝脏和解毒作用表现为两个方面：一是当肝糖原贮备较为充足时，肝脏对某些化学毒物（如四氯化碳、酒精）有较强的解毒作用；二是

丰富的肝糖原在一定程度上可保护肝脏免受有害因素（如化学毒物和肝炎病毒等）的损害，起到保护肝脏的作用。

脂肪在体内的氧化主要靠葡萄糖来供能，即摄入适量的碳水化合物有助于体内脂肪的充分氧化。当碳水化合物摄入不足或身患疾病（如糖尿病）不能利用碳水化合物时，机体所需能量主要由脂肪供给，但由于供给脂肪氧化的能量不充分，因此脂肪在体内会氧化不全，造成酮体大量生成。酮体是一类酸性物质的总称，包括乙酰乙酸、β-羟基丁酸和丙酮，它们在机体内过多蓄积会造成酸中毒，导致一系列代谢功能紊乱。酮体酸中毒的症状包括恶心、呕吐、食欲减退、腹痛、疲乏、嗜睡及呼吸加快等，且呼出的气体有烂苹果味。

由于只有在一定量的碳水化合物存在时，脂肪氧化才能彻底，不产生过量的酮体，所以碳水化合物具有抗生酮作用。在正常情况下，适量碳水化合物的摄入有助于脂肪在体内的充分氧化，减少脂肪在体内的生成，有利于预防肥胖。

（四）功能性碳水化合物的作用

功能性碳水化合物包括寡糖、多糖和 RS 等一类在动物机体内有特殊功能的物质。现已发现，许多寡糖和多糖能影响动物的生理功能，对维持动物肠道正常微生态平衡、调节蛋白质合成、免疫调节反应均有积极的作用。甘露寡糖和果寡糖等各种寡糖是公认的双歧因子，可促进双歧杆菌增殖，从而抑制有害菌产气荚膜梭状芽孢杆菌的生长，从根本上增强机体免疫力。通常肠道病原菌必须首先与肠黏膜黏接才能在胃肠道定植和繁殖而致病，当寡糖进入动物体内后，胃肠道中的致病菌就会与之结合，从而不能在肠壁表面定植，通过这种途径，寡糖可阻止病原菌定植。寡糖还能与一定的毒素和病毒等表面结合而作为这些外源抗原的佐剂，减缓抗原的吸收时间，增加抗原效价。同时寡糖本身也具有抗原特性，能产生特异性的免疫应答，从而增强机体免疫力。饲料中添加适量寡糖可改善仔猪机体的健康状态，增强机体潜在的抗病力，从而达到提高动物生产性能的目的。研究发现，与添加抗生素日粮相比，添加寡糖的日粮可改善猪的生产性能，提高机体免疫能力。血清免疫球蛋白和相关细胞因子的水平以及血液单核细胞、肠黏膜细胞和肠淋巴结细胞中白细胞介素 1β 基因表达水平高于抗生素添加组，血清 IGF-Ⅰ和 GH 浓度及肌肉组织中 IGF-Ⅰ的基因表达水平明显高于抗生素添加组。

四、碳水化合物对猪营养代谢调控

（一）碳水化合物对氮代谢的影响

饲料中碳水化合物与蛋白质在体内的消化代谢存在紧密联系，淀粉的来源、组成和特性直接影响蛋白质、氨基酸的消化和吸收，淀粉消化释放葡萄糖的速度能够调节氨基酸的吸收和氨基酸在 PDV 组织中的代谢程度，从而影响门静脉氨基酸吸收的量和组成模式，进而影响PDV组织和整体蛋白质的周转。

研究发现玉米、籼稻米、麦麸、糯米和抗性淀粉在门静脉中对葡萄糖、挥发性脂肪酸的净吸收量存在差异，同时还影响血液中胰岛素的浓度（Yin等，2003；黄瑞林等，2006）。正是这种差异，显著地影响回肠末端几种必需氨基酸真消化率以及PDV组织的利用效率。采食抗性淀粉日粮，氨基酸回肠末端表观消化率和真消化率及门静脉氨基酸净吸收量均明显较低。同时，还发现采食玉米日粮的试验猪，其PDV组织和肝脏的蛋白质合成率最高。采用高精氨酸法和肽营养日粮技术，发现不同饲料原料都有其独特的结构和其他功能性成分，可引起猪胃肠道内源性氮与氨基酸不同程度的损失；抗性淀粉在体内消化较慢，增加了内源性氮和氨基酸的分泌以及食糜中微生物氮和氨基酸含量，从而降低日粮氨基酸回肠消化率；糯米淀粉在体内消化较快，加剧了葡萄糖吸收对氨基酸吸收的抑制，也使日粮氨基酸的消化率降低（黄瑞林等，2006）。

（二）碳水化合物对脂肪代谢的影响

有研究表明，高碳水化合物和高纤维对脂肪代谢和动脉硬化症能产生一些有益的影响。主要原因是由于这类碳水化合物难以被小肠的酶消化，随食糜进入肠道后进行发酵产生乙酸、丙酸、丁酸等中短链脂肪酸（short-chain fatty acids，SCFA），随血液循环吸收后进入肝脏代谢，SCFA可能抑制肝脏胆固醇的合成，并降低所有存在于脂蛋白中的胆固醇的浓度（García等，1999；Younes等，1995）。丁酸可在肠中转化为酮体和其他代谢物，可以调节脂类的代谢（Jenkins等，1991）。研究表明，丁酸可能通过Caco-2细胞，调节肠脂肪的吸收及脂蛋白的循环浓度，影响脂肪代谢，从而减少脂肪的吸收、降低胆固醇的合成（Marcil等，2002）。而碳水化合物的结构和成分不同，其产生的SCFA也不同，对脂类代谢的影响也不尽相同。

第三节 脂肪组织与脂肪代谢

一、脂肪组织的分类

脂肪组织是一类主要由脂肪细胞构成并广泛分布于动物体内的能量储存组织，脂肪细胞聚集成团在疏松结缔组织的分隔下形成小叶结构，用来储存脂肪。按生物学功能的不同可将脂肪组织分为白色脂肪组织和棕色脂肪组织。白色脂肪和棕色脂肪均由间充质干细胞分化而来。

白色脂肪组织是一种含有大型脂肪滴的细胞。在这种细胞内，细胞核和细胞器都被细胞内的脂肪滴压迫到细胞的边缘，是一种储藏型的细胞。当机体需要热量时，在脂肪酶的催化下甘油三酯分解为甘油和游离脂肪酸，运输到其他组织中在线粒体内氧化产生能量。棕色脂肪组织是一种主要储存中、小型脂肪滴的细胞，含有丰富的线粒体，主要存在于动物的头、颈部位，是一种代谢型的细胞。棕色脂肪细胞可以进行非颤抖性产热，这个过程中的热量来自于脂肪酸氧化过程中的线粒体解偶联过程。白色脂肪与棕色脂肪的量主要受动物所处的环境、营养、性别和遗传背景影响。研究发现在人类的婴幼儿时期具有大量的棕色脂肪，成年后这些脂肪消失；而在小型哺乳动物体内成年后也会存在棕色脂肪用以抵抗寒冷。成年人体内的棕色脂肪也可以通过寒冷的诱导再次产生。

根据脂肪组织在机体的分布位置，又可将其分为两大类，其中分布在腹腔和胸腔内的脂肪组织被称为内脏脂肪，在解剖学结构、功能和代谢机理上都和分布在外周的皮下脂肪有很大差异。内脏脂肪与肥胖引起的相关疾病具有更加密切的关系，腹部肥胖比外周肥胖和臀部肥胖更容易引起患糖尿病和心血管疾病的增加（Sam 等，2008）。两者在解剖学结构、细胞类型、分子信号、生理结构、临床手术后的预后差异等方面都有显著差异。解剖学上，内脏脂肪主要在肠系膜和网膜上分布，分泌的细胞因子可以直接通过肝脏门静脉进入血液循环。

二、脂肪代谢

动物机体摄入的日粮脂肪主要在小肠上段经各种酶及胆汁酸盐的作用，水解为甘油、脂肪酸等。由于脂类是极性的、不能与水混溶，所以必须先使其形成一种能溶于水的乳糜微粒，才能通过小肠微绒毛将其吸收。上述过程可以概括为：脂类在消化道内的水解产物形成可溶的微粒，小肠黏膜摄取这些微粒，在小肠黏膜细胞中重新合成甘油三酯。机体吸收的甘油三酯随血液运送到脂肪组织储存。当动物机体需要能量的时候，脂肪组织动员脂肪的氧化分解供能，以满足机体对能量的需求。

（一）甘油三酯合成代谢

甘油三酯是机体储存能量及氧化供能的重要形式，其合成的部位主要是脂肪组织、肝脏、小肠。合成甘油三酯所需的甘油及脂肪酸主要由葡萄糖代谢提供。其中甘油由糖酵解生成的磷酸二羟丙酮转化而成，脂肪酸由糖氧化分解生成的乙酰 CoA 合成。甘油三酯的合成有两个途径：甘油一酯途径和甘油二酯途径。

1. 甘油一酯途径

这是小肠黏膜细胞合成脂肪的途径。在小肠黏膜上皮细胞内，消化吸收的甘油一酯可作为合成甘油三酯的前体，与 2mol 的脂酰 CoA 经转酰基酶催化生成甘油三酯。

2. 甘油二酯途径

肝脏和脂肪组织主要以此途径进行合成甘油三酯。脂肪细胞缺乏甘油激酶因而不能利用游离甘油，只能利用葡萄糖代谢提供的 α-磷酸甘油。在肝脏、肾等组织中 α-磷酸甘油可由甘油激酶催化甘油磷酸化产生。在转酰基酶的作用下，α-磷酸甘油依次加上 2mol 脂酰 CoA 转变成磷脂酸，即二酯酰甘油磷酸，后者在磷脂酸磷酸酶作用下，水解脱去磷酸生成 1,2-甘油二酯，然后在转酰基酶催化下，再加上 1mol 脂酰基即生成甘油三酯。

（二）脂肪酸的氧化分解代谢

脂肪酸的氧化分解可以在动物体内的各种组织细胞中进行，是细胞获得能量的重要来源之一。组织细胞既可以从血液中摄取，也可以通过自身水解脂肪而得到脂肪酸。脂肪酸在体内的氧化分解是从羧基端 β-碳原子开始的，碳链逐次断裂，每次产生一个二碳单位，即乙酰 CoA，这就是 β 氧化学说。下面是饱和长链脂肪酸的 β-氧化过程。

（1）脂肪酸的活化　脂肪酸在氧化分解之前，必须在胞液中活化为脂酰 CoA，在 ATP、CoA、Mg^{2+} 存在下，由位于内质网及线粒体外膜的脂酰 CoA 合成酶催化生成。活化的脂肪酸不仅是一种高能化合物，而且水溶性增强，因此提高了代谢活性。在体内生成的焦磷酸很快被焦磷酸酶水解成无机磷酸，以保证反应的顺利进行。

（2）脂酰 CoA 的转移　脂肪酸活化是在胞液中进行的，而催化脂肪酸 β-氧化的酶系又存在于线粒体基质内，故活化的脂酰 CoA 必须先进入线粒体才能氧化，但长链脂酰 CoA 是不能直接透过线粒体内膜的，因此活化的脂酰 CoA 要借助一种载体肉碱（即 L-β-羟基-γ-三甲氨基丁酸），才能被转运到线粒体内。在线粒体内膜的外侧及内侧分别有肉碱脂酰转移酶Ⅰ和酶Ⅱ，两者为同工酶。位于内膜外侧的酶Ⅰ，促进脂酰 CoA 转化为脂酰肉碱，后者可借助线粒体内膜上的转位酶（或载体），转运到内膜内侧；然后，在酶Ⅱ催化下脂酰肉碱释放肉碱，后又转变为脂酰 CoA。这样原本位于胞液的脂酰 CoA 穿过线粒体内膜进入基质而被氧化分解。一般 10 个碳原子以下的活化脂肪酸不需经此途径转运，而直接通过线粒体内膜进行氧化。脂酰 CoA 转入线粒体是脂肪酸 β-氧化的主要限速步骤，肉碱脂酰转移酶Ⅰ是其限速酶。当脂肪动员作用加强时，机体需要脂肪酸功能，此时肉碱脂酰转移酶Ⅰ的活性增加，脂肪酸的氧化增强。

（3）脱氢　转入线粒体内的脂酰 CoA 在脂酰 CoA 脱氢酶的催化下，其烃链的 α、β 位碳上各脱去一个氢原子，生成 α、β 烯脂酰 CoA，脱下的两个氢原子由该酶的辅酶 FAD 接受生成 $FADH_2$。

（4）加水　上述 α、β 烯脂酰 CoA 在烯酰 CoA 水合酶的催化下，加水生成 β-羟脂酰 CoA。

(5) 脱氢　β-羟脂酰 CoA 在 β-羟脂酰 CoA 脱氢酶催化下，脱去 β 碳上的 2 个氢原子生成 β-酮脂酰 CoA，脱下的氢由该酶的辅酶 NAD^+ 接受，生成 $NADH+H^+$。

(6) 硫解　β-酮脂酰 CoA 在硫解酶催化下，加一分子 CoA 使碳链断裂，产生乙酰 CoA 和一个比原来少两个碳原子的脂酰 CoA。

在脂肪酸 β-氧化酶系催化下，脂酰 CoA 进行脱氢、加水、再脱氢及硫解 4 步连续反应，最后使脂酰基断裂生成 1 分子乙酰 CoA 和 1 分子比原来少两个碳原子的脂酰 CoA 的过程，称为一次 β-氧化。长链脂酰 CoA 经上面一次循环，碳链减少两个碳原子，生成 1 分子乙酰 CoA，多次重复上面的循环，就会逐步生成乙酰 CoA。对于一个偶数碳原子的饱和脂肪酸而言，经过 β-氧化，最终全部分解为乙酰 CoA，进入三羧酸循环。

从上述可以看出脂肪酸的 β-氧化过程具有以下特点。首先要将脂肪酸活化生成脂酰 CoA，这是一个耗能过程。中、短链脂肪酸不需载体可直拉进入线粒体，而长链脂酰 CoA 需要肉毒碱转运。β-氧化反应在线粒体内进行，因此没有线粒体的红细胞不能氧化脂肪酸供能。β-氧化过程中生成的 $FADH_2$ 和 $NADH+H^+$，这些氢要经呼吸链传递给氧生成水，需要氧参加，乙酰 CoA 的氧化也需要氧。因此，β-氧化是绝对需氧的过程。

脂肪酸 β-氧化是体内脂肪酸分解的主要途径，脂肪酸氧化可以供应机体所需要的大量能量，以 16 个碳原子的饱和脂肪酸硬脂酸为例，其 β-氧化的总反应为：$CH_3(CH_2)_{14}COSCoA+7NAD+7FAD+HSCoA+7H_2O \rightarrow 8CH_3COSCoA+7FADH_2+7NADH+7H^+$。7 分子 $FADH_2$ 提供 $7\times1.5=10.5$ 分子 ATP，7 分子 $NADH+H^+$ 提供 $7\times2.5=17.5$ 分子 ATP，每分子的乙酰 CoA 经三羧酸循环氧化生成二氧化碳和水可提供 10 分子 ATP，8 分子乙酰 CoA 完全氧化提供 $8\times10=80$ 分子 ATP，因此 1 分子软脂酸完全氧化生成 CO_2 和 H_2O，共提供 108 分子 ATP。软脂酸的活化过程消耗 2 分子 ATP，所以一分子软脂酸完全氧化可净生成 106 分子 ATP。脂肪酸氧化时释放出来的能量约有 40%为机体利用合成高能化合物，其余 60%以热的形式释出，热效率为 40%，说明机体能很有效地利用脂肪酸氧化所提供的能量。脂肪酸 β-氧化也是脂肪酸的改造过程，机体所需要的脂肪酸链的长短不同，通过 β-氧化可将长链脂肪酸改造成长度适宜的脂肪酸，供机体代谢所需。脂肪酸 β-氧化过程中生成的乙酰 CoA 是一种十分重要的中间化合物，乙酰 CoA 除能进入三羧酸循环氧化供能外，还是许多重要化合物合成的原料，如酮体、胆固醇和类固醇化合物。

三、激素对脂肪代谢的调控

激素对脂肪代谢的调节是，一方面通过自身的受体介导，另一方面又通过干扰其他激素的信号传导通路的某个环节来发挥作用。其作用既可从DNA水平上调节相关基因的表达和mRNA水平上调节转录物的稳定性，也可从蛋白质水平上通过磷酸化来调节酶及相关蛋白质的活性。如雌激素、胰岛素促进脂肪的合成，而雄激素、生长激素却有抑制作用。

（一）生长激素

大量的研究表明，生长激素（growth hormone，GH）能够显著影响动物的脂类代谢（Oscarsson等，1998）。GH对脂肪代谢的调节主要是促进脂肪组织中脂肪的分解，使储存的甘油三酯分解为脂肪酸，血浆游离脂肪酸含量增加，机体利用脂肪酸增多，脂肪沉积减少。用重组生长激素处理生长育肥猪，可以降低其脂肪沉积，其机理是通过增强脂解作用和降低脂肪形成而实现的。GH可以作用于脂肪细胞膜上的受体，使细胞膜上的腺苷酸环化酶激活，脂肪细胞内环腺苷酸（cAMP）的浓度升高，通过cAMP-蛋白激酶系统使脂肪酶的活性增强，从而使脂肪组织分解加强。有研究表明，给猪注射外源重组生长激素，组织中脂肪酸合成酶活性显著降低，脂肪合成和脂化减少（Donkin等，1996）。重组生长激素对猪脂肪酸合成酶的活性有一定的影响，猪重组生长激素显著降低组织中脂肪酸合成酶的活性。生长激素对脂肪组织的影响是直接降低脂肪细胞对胰岛素的敏感性，降低脂肪酸合成酶和乙酰辅酶A羧化酶的活性，减少脂肪组织对葡萄糖的利用，从而抑制脂肪的合成。此外，生长激素还具有促进脂肪组织分解的作用，使脂肪细胞体积变小和体脂含量减少。体内外试验表明，生长激素调控生长动物的脂肪沉积是通过降低脂肪酸从头合成实现的。对于生长阶段的猪，生长激素能够抑制葡萄糖转化为脂肪酸，从而降低了体脂的沉积。同时生长激素也可降低脂肪组织中脂蛋白脂酶（lipoprteinlipase，LPL）活性，通过影响外源脂类的吸收来调节脂肪沉积。LPL的主要作用是将血液中的乳糜微粒和极低密度脂蛋白所携带的甘油三酯水解成甘油和脂肪酸，以供各种组织储存和利用。

（二）类胰岛素样生长因子-Ⅰ

类胰岛素样生长因子-I（IGF-I）表现出GH依赖。在肝脏，由GH以内分泌的形式控制着IGF-I的生成，肝脏GH受体数量是实现GH对IGF-I调控的保证，且生长激素结合位点的数量对血浆中IGF-I的浓度有调节作用。GH的生理作用是通过IGF-I来介导的，因此IGF-I具有与GH相同的生理作用，对脂肪代谢的调节主要是促进脂肪的分解，减少脂肪沉积。有研究显示，IGF-I对猪的脂肪前体细胞的增值和分化有明显的促进作用（Entingh-pearsall和Kahn，2004）。IGF-I对汇合前的前脂肪细胞表现为强烈的促进增殖作用，用IGF-I处理鼠棕色脂肪细胞24h后，S+G_2/M期细胞数量、细胞增殖、细胞核抗原水平和24h

DNA 合成、胸腺嘧啶核苷结合都显著增加，标志细胞增殖的加强，其对脂肪细胞的作用主要通过 IGF-I 受体实现。IGF-I 可以诱发前脂肪细胞的酶分化，使脂类蓄积与酶活性变化相一致，提高了磷酸甘油脱氧酶和可溶性蛋白水平，促进前脂肪细胞的分化。IGF-I 对脂肪组织有类似胰岛素的作用，提高机体脂肪组织摄取葡萄糖并转化为甘油三酯的能力。IGF-I 能对胰岛素的靶器官起经典的胰岛素效应，促进脂肪组织的糖代谢和糖运转，进而促进脂肪和糖原的合成。此外，IGF-I 还是一类多功能细胞增殖调控因子，通过自分泌和旁分泌对肝外组织细胞的增长起调节作用。同时它还参与脂肪组织的糖代谢和糖转运，促进脂肪、糖原的合成和细胞对葡萄糖的利用。

（三）胰岛素

胰岛素是胰腺 B 细胞分泌的一种多功能蛋白质激素，是促进动物脂肪沉积的主要激素，能促进脂肪合成和抑制脂肪水解。其作用机理主要是通过细胞表面丰富的胰岛素受体诱导细胞 DNA 合成以引起细胞分裂增殖，它促进合成代谢的作用以对脂肪组织的效应最强。它对脂肪代谢的调节作用主要表现在 6 个方面：①胰岛素能诱导乙酰辅酶 A 羧化酶、脂肪酸合成酶及 ATP-柠檬酸裂解酶的合成，这 3 个酶是脂肪酸合成的关键酶，其活性的提高可促进脂肪酸的合成，从而促进脂肪的合成。②胰岛素可增加肝脏和脂肪细胞中 6-磷酸葡萄糖脱氢酶和苹果酸脱氢酶的活性，从而加强由葡萄糖转变为脂肪的代谢过程，使体内多余的能量用于脂肪沉积。③胰岛素能加强脂肪组织中脂蛋白脂酶的活性，使脂肪组织摄取非酯化脂肪酸加速，增加脂肪的合成和储存。④胰岛素可抑制激素敏感脂酶的活性，该酶主要促进甘油三酯的水解，其活性的降低使甘油三酯水解减弱，并能促进脂肪酸重新合成脂肪。⑤胰岛素可增强乙酰 CoA 羧化酶的活性，增加丙二酸单酰 CoA 的浓度。后者可抑制肉毒碱脂酰辅酶 A 转移酶Ⅱ的作用，使脂肪酸进入线粒体减少，从而降低脂肪酸在线粒体内的 β-氧化分解，进而降低了脂肪的分解。⑥胰岛素还可通过增加磷酸甘油转移酶的活性，使磷脂酸和脂肪合成增加。

动物脂肪组织是葡萄糖利用的重要组织，猪体内的大多数脂肪来源于脂肪酸的从头合成，而葡萄糖是脂肪合成的主要前体，在葡萄糖的周转代谢中，有超过40%的葡萄糖参与了脂肪组织中脂肪的合成。而葡萄糖运输受激素调节，胰岛素作为一种重要的合成代谢调节激素，可改变质膜与胞内运输蛋白的分布，刺激葡萄糖被脂肪细胞吸收利用，在调节营养分配方面也起着重要的作用。胰岛素对葡萄糖运输的调节作用是通过葡萄糖运输蛋白（glucose transport4，GLUT4）来完成的。近年来的研究结果表明，胰岛素可增加 GLUT4mRNA 的含量，促进含 GLUT4 的胞内小泡从胞内移到质膜，刺激葡萄糖被脂肪细胞吸收，从而促进脂肪合成。另外，胰岛素及其从肝细胞膜诱导的胰岛素介体均明显抑制脂解激素和 Forskolin（一种特异的腺苷酸环化酶 Ac 激动剂）对脂肪细胞 cAMP 含量升高的促进作用和游离脂肪酸的释放作用，并认为该作用是由于胰岛素与质膜上的受体结合后诱导质膜释放胰岛素化学介质，该介质抑制 Ac 或激活 cAMP 依赖性磷酸二酯酶，使细胞内 cAMP 含量降低，从而抑制依赖 cAMP 的蛋白激酶和甘油三酯酶的活性，而最终抑制脂解作用。

（四）甲状腺激素

甲状腺激素包括三碘甲腺原氨酸（T3）和四碘甲腺原氨酸（T4）。可以促进肠道对葡萄糖的吸收，刺激糖原合成，促进肌肉和脂肪组织对葡萄糖的摄取和利用；维持血浆脂蛋白正常水平，促进胆固醇合成和脂肪分解。甲状腺激素具有刺激脂肪合成和促进脂肪分解的双重功能，但总的作用是减少脂肪的储存，降低血脂浓度。然而，甲状腺素浓度的不同对脂肪沉积的调节作用影响也很大，低浓度的甲状腺素可促进脂肪的合成，而高浓度的甲状腺素使脂肪合成减少。这是由于甲状腺素对能量代谢的作用，高浓度甲状腺素可使 ATP 的生成减少，从而影响脂肪的合成。此外，甲状腺激素能够增加脂肪组织对儿茶酚胺和胰高血糖素的敏感性，增加脂肪组织中腺苷酸环化酶的活性，使 ATP 转化为 cAMP，cAMP 作为第二信使激活 cAMP-依赖性蛋白激酶，使无活性的激素敏感脂肪酶（HSL）转变为有活性的 HSL，促进脂肪组织脂解过程加快，从而提高了血液游离脂肪酸水平。有资料研究表明，甲状腺激素参与生长轴激素的调节，可以调节垂体 GH 的合成，从而影响脂肪分解代谢（Zogopoulos 等，1996）。

（五）*β*-肾上腺素

β-肾上腺素（*β*-AA）简称 *β*-兴奋剂，是一类儿茶酚激素的衍生物，有改善胴体组成的效用，它和胰岛素互为拮抗物。*β*-兴奋剂主要位于脂肪细胞，对脂肪细胞的代谢起负反馈调节作用。*β*-兴奋剂具有显著提高畜禽胴体瘦肉率，降低体脂沉积的作用，可以明显促进脂肪细胞内三酯酰甘油的分解，抑制脂肪酸和三酯酰甘油的合成。其作用机制是 *β*-肾上腺素能受体（*β*-AR）和细胞膜受体结合后，活化与受体偶联的腺苷酸环化酶，使细胞内 cAMP 水平升高，cAMP 可通过活化蛋白激酶而最终活化 HSL，而使体脂分解。短时的 *β*-AA 处理，可使胰岛素受体的 Ser-GLUT4 及乙酰辅酶 A 羧化酶（ACC）磷酸化，从而干扰胰岛素信号通路，影响葡萄糖运输及脂肪酸合成；长时间 *β*-AA 处理可抑制脂肪合成关键调控基因如 GLUT4、苹果酸酶及 ACC 的表达。畜牧生产上的研究工作也已表明，*β*-肾上腺素可能是通过胰岛 *α* 细胞的 *β*-AR 促进胰高血糖素的分泌，刺激肝糖原和肌糖原分解和抑制葡萄糖向细胞内转移，诱导血糖升高。此外，还可激动脂肪组织的 *β*-AR，使脂肪激酶活化，促进甘油三酯分解成游离脂肪酸和甘油，同时伴有机体耗氧量增加，降低了脂肪的沉积。

（六）肿瘤坏死因子

肿瘤坏死因子-α（TNF-α）是人们发现的一种能够调控脂肪代谢的活性蛋白质。可以刺激白介素-1（IL-l）的释放，IL-1 和下丘脑相互作用，从而抑制食物吸收。TNF-α 和 IL-1 均会抑制胃肠的排空，从而使动物有饱感。TNF-α 能够通过促进 IL-1 的释放来影响血液中某些与摄食和营养吸收有关的激素，如胰高血糖素、胰岛素的浓度，从而对机体的摄食和吸收产生影响；还可以调节交感神经活性，参与食欲抑制。与此同时，TNF-α 可将甘油三酯分解成甘油及脂肪酸，供脂肪合成。脂肪组织释放的 TNF-α 通过降低动物的摄食量和营养物质的吸收率，提高动物体的产热量；同时降低脂蛋白脂酶（LPL）活性，刺激脂解作用。TNF-α 处理完全分化的脂肪细胞会导致 GLUT4 基因转录的下调，使 GLUT4 在细胞中的含量下降（Hottamisligil，1994）。而 GLUT4 的作用在于将血液中的葡萄糖转运到脂肪组织并以脂肪的形式沉积。因此 TNF-α 浓度升高时，GLUT4 基因的表达量下调，葡萄糖的吸收减少，脂肪沉积量也降低。

TNF-α 可以通过降低 LPL 活性、降低脂肪酸合成的关键酶 mRNA 水平来促进脂肪分解和抑制脂肪合成。Greenberg 等（2001）给小鼠的脂肪组织及脂肪细胞注射 IL-1 及 TNF-α，发现 LPL 活性下降。Enerback 等（1998）研究发现，TNF-α 可以抑制脂肪细胞内 LPL mRNA 水平。此外，TNF-α 主要通过影响 IR 和 IRS 基因的表达，降低 IR 和 IRS 数量导致胰岛素抗性，从而引起脂肪沉积的变化，并且 TNF-α 作用时间不同对基因表达的影响也不同。Stephens（1997）等研究指出用 TNF-α 处理 96h 后，3T3-L1 脂肪细胞的胰岛素受体含量降低 30%；72h 后，胰岛素受体底物水平下降 50%～70%。而长期使用 INF-α 处理的 3T3-L1 脂肪细胞 IRmRNA 水平降低 50%。

（七）瘦素

瘦素（leptin）是由肥胖基因编码的，机体白色脂肪细胞分泌的一种蛋白质。当摄入能量较高时，分泌的瘦素较多，反之，当摄入能量较低时，分泌的瘦素较少。脂肪细胞可通过瘦素抑制食欲，减少能量摄取而使体重和脂肪量明显降低。脂肪细胞分泌的瘦素进入血液，与大脑脉络膜瘦素受体结合而被转运至脑脊液中，通过下丘脑瘦素受体的信号传导作用引起下丘脑与能量代谢相关的一系列变化，如神经肽 Y 的变化，导致食物摄入减少，能量消耗增加。神经肽 Y 由下丘脑弓状核神经元产生，是目前所知的最强食物摄入诱导剂之一，具有刺激食物摄入、增加能量消耗的作用。瘦素可以减少神经肽 Y 的表达，并使其分泌减少。此外，瘦素也可以直接通过提高脂肪代谢率而消耗脂肪。当血液瘦素浓度处于生理水平时，主要通过下丘脑抑制摄食，而当血液瘦素浓度处于超生理水平时，可以同时作用于下丘脑和脂肪组织。瘦素可以使糖类氧化减少，脂类氧化增多。瘦素的功能性受体主要在下丘脑表达，但在外周系统，如脂肪组织中也有少量表达，由于瘦素受体也存在于脂肪组织中，因此瘦素还可以直接抑制脂肪组织中脂类的合成。这是通过增加脂酶的表达并减少 FAS 和细胞色素 C 氧化酶的表达来实现的。用瘦素处理猪脂肪细胞可以提高脂肪分解率。瘦素可以通过自分泌或旁分泌途径作用于脂肪细胞，促进脂肪组织内甘油三酯的分解，抑制脂肪合成。

（八）胰高血糖素

胰高血糖素（glucagen）的作用与胰岛素的作用正好相反。胰高血糖素是一种潜在的促进脂肪分解代谢的激素。胰高血糖素可以激活脂肪分解酶激素敏感脂酶的活性，促进脂肪分解，同时还能加强脂肪酸氧化，使酮体的生成增多。

四、脂肪代谢的营养调控

（一）饲料添加剂对机体脂肪代谢的调控

1. 甜菜碱

甜菜碱（又名甘氨酸甜菜碱或三甲基甘氨酸）是一种天然化合物，无毒无害，广泛存在于动植物之中，可作为活性甲基供体，通过甲基受体 S-腺苷蛋氨酸、维生素 B_{12} 和叶酸等参与核酸、肉碱、肌酸、肾上腺素等的合成，并且为机体甲基化反应提供甲基和作为维持机体渗透压平稳的保护剂，增强线粒体中游离脂肪酸的氧化，进而起到降低或重分配体脂的作用。甜菜碱能显著提高猪的生长性能，降低育肥猪背膘厚和胴体脂肪率，增加眼肌面积。Cadogan 等（1993）研究表明，在屠宰前 35d 小母猪饲料中添加 0.125% 甜菜碱，猪背膘厚减少 14.80%，并可显著增加眼肌面积。在日粮中添加 5 种浓度（0、1000mg/kg、1250mg/kg、1500mg/kg 和 1750mg/kg）的甜菜碱饲喂育肥猪 40d，其中 1000mg/kg 组胴体改善效果最佳，而 1750mg/Kg 组则显著提高了肝脏和背最长肌中肌酸和总酸不溶肉碱的含量，血清尿素氮下降 40%。汪以真等（1998）报道，在 65kg 阉公猪和母猪日粮中添加 1500mg/kg 甜菜碱时，胴体瘦肉率分别提高了 3.01% 和 8.20%，背膘厚则分别降低了 18.12% 和 10.83%；此外，甜菜碱显著提高了阉公猪和母猪血清中 GH、IGF-I 的含量。但是很多研究还证实了不同性别的猪对添加甜菜碱的反应不一致，如在降低背膘方面阉猪要好于母猪。

2. 有机铬

铬是葡萄糖耐受因子（glucosetolerancefactor，GTF）的主要组成部分，如果缺乏足够的 GTF，胰岛素的作用就会受到抑制，从而影响葡萄糖和重要氨基酸的运输以及血糖的正常水平。此外，铬还参与碳水化合物以及脂肪的代谢等。铬的来源主要包括有机铬和无机铬，后者的生物利用率远高于前者，所以作为饲料添加剂使用的是有机铬，主要有吡啶甲酸铬、吡啶羧酸铬、烟酸铬、氨基酸铬和蛋白质铬等。目前有机铬主要应用在育肥猪中改善胴体品质和提高瘦肉率方面。Lien 等（2001）的研究结果表明，在整个生长肥育期饲粮中添加有机铬可显著提高猪的眼肌面积和瘦肉率。在生长育肥猪日粮中添加了 0.2mg/kg 的吡啶羧酸铬，结果胴体瘦肉率和眼肌面积都显著提高，同时第十肋骨背膘厚度和血清胆固醇明显下降。余东游等（2001）研究发现，日粮中添加 200μg/kg 吡啶羧酸铬可以使育肥猪的瘦肉率、眼肌面积分别提高了 4.98%和 15.60%；脂肪率和背膘厚分别降低了 15.13%和 19%。日粮中添加 400μg/kg 吡啶羧酸铬使猪的瘦肉率和眼肌面积比对照组分别提高了 4.01%和 13.30%，背膘厚下降了 8.10%；同时，脂肪组织中的苹果酸脱氢酶、异柠檬酸脱氢酶活性显著下降，激素敏感脂肪酶的活性明显升高，下丘脑、腺垂体和脂肪组织中 cAMP 含量显著增加。在育肥猪日粮中添加相同剂量的吡啶羧酸铬能够提高眼肌面积和瘦肉率，降低皮下脂肪率。

然而，综合相关的报道来看，猪对铬的反应并不恒定。有研究提出吡啶羧酸铬只对育肥猪有效，对生长猪无效。但是有报道指出，必须在生长和育肥全期添加有机铬才能增加眼肌面积、提高瘦肉率和降低背膘厚度；而吡啶羧酸铬对阉猪有效，对母猪无效。不同的结果可能是由于不同实验条件和不同的饲养背景造成的。目前公认的生长育肥猪日粮有机铬的添加水平以 0.2mg/kg 为宜，这样既可取得满意的胴体改善效果，又不影响生长性能。

3. L-肉碱

L-肉碱是将脂肪酸转运进入线粒体的载体，并使其在线粒体基质中氧化，从而加快机体脂肪 β-氧化的速度，并最终降低血清胆固醇及甘油三酯的浓度。90%的肉碱分布于动物的肌肉中，肉碱可以降低大鼠血清中游离脂肪酸和血清甘油三酯的含量。在 23～104kg 体重阶段向猪饲料中添加 25mg/kg L-肉碱，结果与未添加组相比，猪背最长肌面积明显提高，脂肪沉积速率显著降低（Owen 等，1993)。Smith 等（1994）在 34～102kg 体重阶段向猪饲料中添加 50mg/kg 的 L-肉碱，较未添加组明显降低猪的平均背膘厚，提高背最长肌面积与胴体瘦肉率。Owen 等（1994）以不同剂量肉碱（1mg/kg、25mg/kg、50mg/kg、75mg/kg、100mg/kg、125mg/kg）饲喂生长和育肥猪，结果眼肌面积显著增加，背膘厚度明显下降，其中以 50mg/kg 的添加量效果最显著。此外，也有报道 L-肉碱可以降低育肥母猪和阉猪的背膘厚度。

还有研究表明，L-肉碱具有调节体内脂肪重分配的作用，能减少脂肪酸在腹脂中的沉积同时又增加了胸肌中肌内脂肪的沉积。L-肉碱是通过抑制脂肪的合成和加速脂肪分解，从而降低了体脂的沉积。肉碱可以降低胸肌中肉碱软脂酰转移酶（CPT-I）活性，CPT-I 催化长链脂肪酸与游离肉碱结合形成长链脂酰肉碱，在丙二酰 CoA 的影响下，调节脂肪酸在肌肉中沉积或分解。肌肉和肝脏组织中乙酰 CoA 含量与丙二酰 CoA 形成密切相关。饲料中添中 L-肉碱，可以使肌肉和肝脏组织中肉碱含量增多，提高了肉碱转移酶活性，促使线粒体内乙酰 CoA 转移到细胞液中，升高了细胞液中乙酰 CoA 浓度，因此，丙二酰 CoA 的合成增加，降低了肝脏和肌肉中 CPT-I 活性。此外，肉碱能降低线粒体内 ADP/ATP 的比例，从而导致细胞中 AMP/ATP 比例降低，诱发 5-AMP 激酶（AMPK）去磷酸化失活进而调控脂肪代谢，使细胞内丙二酸 CoA 含量升高而抑制 CPT-I 活性。组织中 CPT-I 活性降低，降低了肌肉和肝脏组织中脂肪酸氧化，使大量脂肪酸转化为中性类脂，增加肌肉脂肪酸含量（Kudo，1995）。

4. 壳聚糖

壳聚糖（chitosan）是甲壳素的衍生物，又称可溶性甲壳素。外观呈白色或淡黄色半透明状固体，略有珍珠光泽，可溶于大多数稀酸如盐酸、醋酸、苯甲酸等溶液。其分子结构与纤维素相似，分子呈直链状，极性强，易结晶。壳聚糖具有降低动物体脂的功能。添加壳聚糖能减少脂肪的吸收而降低腹脂量，但不影响动物生长。低黏度壳聚糖可降低小肠脂肪酶活性和脂肪吸收，减少体脂沉积。添加壳聚糖可降低猪的背脂厚、体脂沉积，提高眼肌面积和瘦肉率。此外日粮中添加壳聚糖也可降低日粮脂肪的表观消化率。其原因可能是壳聚糖不被胃酸溶解，与日粮脂肪混合形成壳聚糖-脂肪复合物，进入小肠后形成胶体，吸附脂肪随粪便排出体外，从而降低了机体对脂肪的利用。壳聚糖可与胃中盐酸和食物中脂肪分解的脂肪酸以离子键的方式结合，形成带正电的胶体物质，刚进入肠道时，壳聚糖还未完全沉淀下来时也通过离子键与其中带负电的胆汁酸结合，从而阻断了胆汁酸的肠肝循环，促进了肝脏中的胆固醇合成胆汁酸，减少了血液中的胆固醇含量。同时，小肠中结合胆汁酸能破坏胶束的形成，导致溶解脂肪能力下降，从而减少脂肪的吸收。

此外，近来有关调节体脂肪代谢的饲料添加剂又有新的报道，大豆活性成分(大豆异黄酮、大豆低聚糖、大豆皂苷和大豆磷脂等)、植物活性成分（大蒜素、山楂黄酮以及多酚类黄酮儿茶酚等）、牛磺酸、多不饱和脂肪酸、寡果糖以及三氯生等均具有调节脂肪代谢的作用。

（二）日粮中碳水化合物对机体脂肪代谢的调控

当采食量超过机体维持和生长需要时，动物就会把多余的能量以脂肪形式储存起来，所以能量对动物胴体脂肪和腹脂的影响很大。日粮中碳水化合物对动物脂肪代谢的调控主要是通过影响脂肪代谢相关基因的表达实现的，主要表现在碳水化合物在胃肠道被消化成葡萄糖及吸收入血以后，葡萄糖能刺激脂肪组织、肝脏和胰岛 B 细胞中脂肪合成酶系基因的转录。碳水化合物可以提高 ACC mRNA 的表达和肝脏脂肪酸合成酶（fatty acids synthetase，FAS）的合成，从而促进脂肪酸的合成。黄英等（2012）就日粮水平对乌金猪肝脏组织中 FAS 基因表达水平的影响进行了研究，结果表明，乌金猪肝脏组织中 FAS 基因表达水平随能量水平的升高而升高。这种作用可能涉及基因的转录和 mRNA 加工。而脂肪酸合成酶 mRNA 水平与 6-磷酸葡萄糖的含量有强烈的正相关关系，这表明 6-磷酸葡萄糖可能是启动脂肪酸合成酶等基因表达的直接诱导因子（Doiron 等，1996）。但是有研究者认为葡萄糖是脂肪合成的主要碳来源，是直接调控脂肪代谢的关键，胰岛素对脂肪沉积基因的调节是通过葡萄糖实现的。研究表明，在 80kg 猪体内有超过 40%的机体葡萄糖可以在脂肪组织中通过脂肪酸从头合成形成脂肪，储存在体内（Dunshea 等，1992）。刘作华等（2007）以葡萄糖作为能量来源，通过猪前体脂肪细胞的体外培养，研究能量水平对脂肪细胞 HSL 基因表达的直接作用，结果表明：随着葡萄糖浓度的增加，前体脂肪细胞中 HSL mRNA 表达量均明显提高；在相同葡萄糖浓度下，随着培养时间的增加前体脂肪细胞中 HSL mRNA 的表达量略有降低；在研究长白×荣昌杂交猪日粮能量水平、肌内脂肪含量与 HSL mRNA 丰度三者之间的关系中发现，HSL mRNA 在背最长肌的表达量与能量水平呈极显著负相关，与肌内脂肪含量呈显著负相关。此外，日粮营养水平也对机体脂肪代谢有一定的影响。陈代文等（2002）研究了高低营养水平的饲粮（消化能分别 14.2MJ/kg 和 12.0MJ/kg）对生长育肥猪肉质的影响，结果显示，与高营养水平相比，低营养水平饲粮明显降低了背膘厚、肌内脂肪含量。

日粮中高碳水化合物和高纤维也影响着脂肪代谢，其主要是通过肝脏中短链脂肪酸的代谢来实现的。淀粉在小肠中发酵产生短链脂肪酸可能抑制肝脏胆固醇的合成，并降低所有存在于脂肪蛋白中的胆固醇的浓度。日粮碳水化合物在肠道发酵产生的丁酸会转化为酮体和其他代谢物，可以调节脂类的代谢。研究表明，丁酸可能通过 Caco-2 细胞调节肠脂肪的吸收及脂蛋白的循环浓度，影响脂肪代谢，从而减少脂肪的吸收（Marcil 等，2002）。

（三）日粮中蛋白质对机体脂肪代谢的调控

日粮中蛋白质影响动物脂肪代谢的试验研究比较少，但也有试验证明饲粮中蛋白质水平的提高可以降低动物体脂肪的含量。猪饲粮蛋白质水平升高会降低脂肪组织中 FAS mRNA 的表达量（Mildner 等，1991）。Coma 等（1995）在对猪营养的研究中发现，随着饲粮蛋白质水平的提高，生长育肥猪胴体背膘厚下降、胴体瘦肉率增加。同样的研究也发现，日粮能量和蛋白质水平能够影响肉鸡腹脂，日粮代谢能和粗蛋白水平对腹脂有明显影响，腹脂随日粮代谢能水平的升高而升高，随粗蛋白水平的升高而降低。日粮中氨基酸的不足，特别是日粮中限制性氨基酸的不足，可以使动物的体蛋白含量降低，而脂肪含量升高。其作用机理可能是日粮中蛋白质含量的增加，能抑制动物脂肪酸合成酶基因的表达，但蛋白质对脂肪组织代谢调控的机制还不清楚（Wolverton 等，1992）。

（四）日粮中脂肪对机体脂肪代谢的调控

饲料中的脂肪对脂肪酸合成酶的活性和基因表达有抑制作用，这种作用和日粮中脂肪的含量、脂肪酸的饱和程度、链的长短、双键位置等因素有关。大量的研究结果表明，日粮中脂肪酸对脂肪代谢的影响主要通过影响 FAS、ACC、LPL 和脂酰 CoA 羧化酶的活性起作用。日粮脂肪酸可以抑制肝脏脂肪的合成，可能是由于饲粮中脂肪抑制了 FAS 基因的转录，从而导致此酶转录减少，最后降低了脂肪的合成（Clarke，1993）。Clarke 等（1990）用饱和脂肪酸（软脂酰甘油酸）、单不饱和脂肪酸（3-油酸甘油酯 *n*-9）、双不饱和脂肪酸（红花油 *n*-6）和多不饱和脂肪酸（鱼油 *n*-3）饲喂大鼠，测定其肝脏中 FAS 基因的表达。研究结果表明，饲粮中多不饱和脂肪酸（polyunsaturated fatty acid，PUFA）使大鼠肝脏中的 FAS mRNA 水平降低了 75%～90%，鱼油比红花油更有效，而软脂酰甘油酸和 3-油酸甘油酯无影响。说明饲粮中 PUFA 是肝脏脂肪酸和甘油三酯合成的强抑制剂，饱和与单不饱和脂肪酸很少或没有这种抑制作用。

多不饱和脂肪酸及其代谢物能在细胞水平上通过与核受体和转录因子结合来对不同基因的表达进行调控。Sampath 等（2005）总结了多不饱和脂肪酸对脂肪代谢相关基因表达的影响，饲粮中多不饱和脂肪酸的存在能够提高脂酰 CoA 脱氢酶的表达。

五、猪脂肪代谢相关酶的调控

动物脂肪的生物合成与分解过程是一个有许多酶参与的复杂的化学反应过程，任何影响酶促反应的因素，如酶的活性和酶的含量等，都会影响脂肪合成的强弱。其中影响脂肪代谢的关键酶有脂肪酸合成酶、乙酰辅酶 A 羧化酶、脂蛋白脂酶、激素敏感脂肪酶。

（一）脂肪酸合成酶

脂肪酸合成酶（FAS）是脂肪酸从头合成的主要限速酶，存在于脂肪、肝脏及肺等组织中，在动物体内催化丙二酰辅酶 A 连续缩合成长链脂肪酸的反应。脂肪酸合成酶的表达调控主要为转录水平的调控。在脂肪组织中，FAS 基因的转录速度和 mRNA 的稳定性共同影响着 FAS mRNA 的水平；在肝脏中，FAS mRNA 含量主要由基因的转录速度决定。动物体脂肪沉积所需要的脂肪酸大多来自体内合成，即由脂肪酸合成酶催化乙酰辅酶 A 和丙二酸单酰辅酶 A 合成脂肪酸。因此，脂肪酸合成酶蛋白的多少、活性的高低将直接决定着体内脂肪合成的强弱，从而影响整个机体脂肪的含量。熊文中等（2001）研究发现，猪脂肪组织中 FAS 活性与胴体脂肪量、胴体脂肪率呈极显著的正相关。因此，FAS 活性高低对于控制动物体脂沉积具有重要作用。FAS基因表达水平的升高能够显著增加甘油三酯在体内的沉积而导致肥胖的发生（Yang等，2010），其基因的表达直接影响脂肪酸合成酶的多寡。

FAS活性及其表达受激素的调控，脂肪和肝脏是主要的调控组织。激素对FAS的影响主要集中在对其基因表达及调控的影响，对其酶活的研究则较少。胰岛素能诱导FAS的合成，从而促进FA的合成；生长激素可以抑制FAS的活性，从而降低FA的合成。在前体脂肪细胞分化过程中，FAS不仅为甘油三酯的合成提供底物，同时这些产物也可作为细胞分化过程中的信号分子。FAS基因的表达受到日粮因素的影响。已有研究发现，猪脂肪组织的FAS mRNA表达量随日粮蛋白质含量的升高而降低。给猪饲喂粗蛋白为24%的日粮，其FAS mRNA表达量只有饲料粗蛋白为14%时的一半。Kim（1996）研究发现，高碳水化合物食物能够提高大鼠肝中FAS mRNA的丰度，而饥饿状态下的大鼠，脂肪酸合成酶的丰度显著降低，禁食后再饲喂高碳水化合物，FAS mRNA的丰度则是显著升高。这些结果表明，碳水化合物可能在转录水平提高FAS mRNA的丰度。因此，可以通过控制（FAS）基因转录，细胞RNA的处理、RNA稳定性及其翻译水平调节基因表达，有效地控制脂肪在机体内的合成、沉积，生产能满足人们消费需求的高瘦肉率、低脂肪的肉质。

（二）乙酰辅酶A羧化酶

乙酰辅酶A羧化酶（ACC）是催化脂肪酸合成过程中第一步反应的关键酶，主要实现对脂肪酸合成的快速调节，即乙酰CoA羧合成丙二酰CoA，然后丙二酰CoA在脂肪酸碳链延长酶系作用下进一步合成长链脂肪酸。ACC有两种同型物，即ACC1和ACC2，分布在细胞的不同位置。ACC1位于细胞液内，主要存在于脂肪组织、肝脏和乳腺中，催化产生的丙二酰CoA是脂肪酸合成的活化二碳单位；而ACC2位于线粒体外膜上，主要分布于肌肉、肝脏和心脏中，主要作用是产生的丙二酰CoA是调节肉碱棕榈酸穿梭体。因脂肪酸合成部位在线粒体外的胞液内，合成的原料主要是乙酰CoA（主要来自葡萄糖），其产生于线粒体，不能通过线粒体膜，所以进入胞液需要进行柠檬酸-丙酮酸循环。

ACC在脂肪合成组织（肝脏和脂肪组织）及非脂肪合成组织（心脏和肌肉）能量代谢中的作用已成为研究的热点。其活性的高低直接影响脂肪沉积量的多少。而ACC mRNA水平与ACC酶的活性密切相关，转录水平的增加会直接导致ACC mRNA水平和含量的增加。营养物质和激素对ACC的转录及转录后调节有重要作用。摄取高碳水化合物的食物，可以增加ACC的活性，而饥饿或者糖尿病则可以降低ACC的活性，表明ACC的活性变化与葡萄糖转变成脂肪的代谢率紧密相关。在所有生长阶段，ACC在脂肪型猪体内的活性是瘦肉型猪的3倍。柠檬酸盐是ACC的变构激活剂，长链乙酰辅酶A和丙二酸单酰辅酶A反馈抑制ACC活性，ACC的共价修饰调控表现为可逆性磷酸化。胰岛素通过对ACC不同位点的磷酸化（无活性）/脱磷酸化（激活）来调节ACC的活性。将脂肪细胞与胰岛素共同培养，结果发现ACC的活性随胰岛素浓度的升高而升高，二者呈线性正相关（Green等，2006）。胰岛素对ACC的影响主要是在肝脏和白色脂肪组织中起作用，而对棕色脂肪组织和其他组织则无明显作用；同时在白色脂肪组织中ACC的活性随着瘦素浓度的升高而降低。此外，胰高血糖素和肾上腺素通过磷酸化和解聚作用降低ACC的活性；也有研究发现生长激素会降低猪ACC mRNA的表达量（Liu等，1994），三碘甲状腺原氨酸会增加ACC mRNA的表达量（Iritani等，1980）。ACC是腺苷酸活化蛋白激酶（AMPK）的下游靶点，AMPK通过磷酸化作用抑制ACC的活性，从而进一步抑制脂肪合成并促进脂肪氧化。因此，AMPK-ACC体系已经成为治疗脂肪代谢综合征的新靶点。

（三）激素敏感脂肪酶

激素敏感脂肪酶（HSL）是最初动员脂肪组织中甘油三酯分解的关键酶和限速酶。当动物机体需要能量时，HSL将脂肪组织中的甘油三酯分解成游离脂肪酸和甘油，是调控脂肪组织分解最关键的因素，在调控脂肪分解、脂肪沉积以及能量平衡中起着重要的作用。由于催化甘油三酯水解的限速酶活性受到激素的控制，故此酶称为激素敏感脂肪酶。HSL在动物体内以活性和无活性两种形式存在，其活性受到磷酸化和去磷酸化作用调节。当无活性的HSL受到cAMP-依赖性蛋白激酶的催化而被ATP磷酸化后即具有活性，活化的HSL向储存在脂滴内的脂质底物移位，催化甘油三酯水解为甘油二酯和脂肪酸；活化的HSL通过作用于脂肪酶的磷酸酯酶去磷酸化而失去活性。HSL的活性受复杂的级联反应机制调控，HSL的含量和活性受到促脂解类激素和抗脂解类激素的双向调控。促脂解类激素（肾上腺素、去甲肾上腺素和胰高血糖素）与脂肪细胞膜表面的受体特异性结合，激活腺苷酸环化酶，使脂肪细胞内的ATP转化为cAMP，cAMP作为第二信使使细胞内cAMP-依赖性蛋白激酶激活，导致胞内无活性的HSL磷酸化，活化的HSL从胞质溶胶中易位至细胞内脂肪滴的表面，并启动脂解作用（Kraemer和Shen，2002）。抗脂解类激素如胰岛素一方面通过抑制腺苷酸环化酶，减少cAMP的合成；另一方面激活cAMP磷酸二酯酶破坏cAMP。此外，胰岛素还可以通过促进甘油三酯合成以抑制脂解。

除了受激素调节外，能量水平、脂肪类型及禁食等均可影响HSL的基因表达量和活性。刘作华等（2007）在生长育肥猪中发现，低能量日粮或含多不饱和脂肪酸高的日粮增强HSL的活性，随着饲粮中能量水平的升高，HSL mRNA的表达量明显降低，HSL与FAS mRNA表达量的比值降低。因此，能量可能是通过调控HSL和FAS两种或者更多种基因表达影响脂肪代谢。此外，动物的品种也会影响 HSL 的活性和脂肪的沉积。

（四）脂蛋白脂酶

脂蛋白脂酶（LPL）是脂质代谢过程中的关键酶，由脂肪细胞、骨骼肌细胞、乳腺细胞等合成，广泛存在于动物肝外组织如心肌、肾脏、脑、骨骼肌、脂肪组织等的毛细血管内皮中，尤以脂肪组织和肾上腺中含量最高。LPL 能催化与蛋白质相连的甘油三酯（主要是血液中的乳糜微粒和极低密度脂蛋白）分解成甘油和游离脂肪酸，以供机体利用。

饲粮中的营养和体内激素都会影响 LPL 的活性和表达水平。饲粮营养水平对猪 LPL mRNA 表达量有重要的影响，猪背最长肌肌间脂肪含量及 LPL mRNA 的表达量随体重增加均呈上升趋势，表明饲粮代谢能水平显著影响 LPL mRNA 的表达，进而影响体脂沉积状况。胰岛素可促进脂肪组织中 LPL 的活性，而肿瘤坏死因子-α 的表达量则与 LPL 的活性呈负相关。LPL 的基因表达存在组织特异性，在白色脂肪组织、棕色脂肪组织、骨骼肌及心肌中的代谢作用不同。生长激素可增加骨骼肌 LPL 活性，儿茶酚胺在抑制白色脂肪的 LPL 活性的同时可提高骨骼肌心肌及棕色脂肪的 LPL 活性。此外，肝素、极低密度脂蛋白和高密度脂蛋白中的载脂蛋白与磷脂也可影响 LPL 活性。当静脉注射肝素时，对食物性脂血症有清除作用，所以又被称作肝素后酯酶现象，这是由于肝素能使 LPL 迅速进入血液，并与载脂蛋白Ⅱ结合发挥其解脂作用。

LPL 在脂肪代谢中发挥着重要作用，调节各种脂蛋白在不同组织内沉积，进而影响肉品质。许多研究者认为，LPL 基因与胴体品质有密切的联系，是脂肪代谢、沉积相关性状以及影响肉质的候选基因。因此，通过生物技术或营养手段等调控 LPL 活性及其基因表达，将对改善胴体品质提高畜禽的瘦肉率等具有重大意义。

参考文献

[1] 陈代文，李学伟. 有机铬添加剂对猪生产性能和肉质的影响. 四川农业大学学报，2002，20 (1)：49-52.

[2] 黄瑞林，印遇龙，戴求仲等. 采食不同来源淀粉对生长猪门静脉养分吸收和增重的影响. 畜牧兽医学报，2006，37 (3)：262-269.

[3] 黄英，李永能，杨明华等. 日粮能量水平对乌金猪肝脏组织脂类代谢相关基因表达的影响. 云南农业大学学报（自然科学），2012，6：011.

[4] 刘作华，杨飞云，孔路军等. 日粮能量水平对生长育肥猪肌内脂肪含量以及脂肪酸合成酶和激素敏感脂酶 mRNA 表达的影响. 畜牧兽医学报，2007，38 (9)：934-941.

[5] 汪以真，冯杰. 甜菜碱对杜长大肥育猪生长性能，胴体组成和肉质的影响. 动物营养学报，1998，10 (3)：21-28.

[6] 王彬，李长明，张军等. 半乳甘露寡糖和金霉素在育肥猪日粮中的效果对比试验. 饲料工业，2005，26 (13)：40-41.

[7] 余东游，许梓荣. 吡啶羧酸铬对猪胴体品质的影响及其作用机理. 中国兽医学报，2001，21（5）：522-525.

[8] Anthony JC，Yoshizawa F，Anthony TG，et al. Leucine stimulates translation initiation in skeletal muscle of postabsorptive rats via a rapamycin-sensitive pathway. The Journal of Nutrition，2000，130：2413-2419.

[9] Bark TH，McNurlan MA，Lang CH，et al. Increased protein synthesis after acute IGF-I or insulin infusion is localized to muscle in mice. American Journal of Physiology Endocrinology And Metabolism，1998，275：E118-E123.

[10] Ban H，Shigemitsu K，Yamatsuji T，et al. Arginine and leucine regulate p70S6 kinase and 4E-BP1 in intestinal epithelial cells. International Journal of Molecular Medicine，2004，13：537-543.

[11] Bertolo RFP，Chen CZL，Law G，et al. Threonine requirement of neonatal piglets receiving total parenteral nutrition is considerably lower than that of piglets receiving an identical diet intragastrically. The Journal of Nutrition，1998，128：1752-1759.

[12] Bolze MS，Reeves RD，Lindbeck FE，et al. Influence of selected amino acid deficiencies on somatomedin，growth and glycosaminoglycan metabolism in weanling rats. The Journal of Nutrition，1985，115：782-787.

[13] Brameld JM，Gilmour RS，Buttery PJ. Glucose and amino acids interact with hormones to control expression of insulin-like growth factor-I and growth hormone receptor mRNA in cultured pig hepatocytes. The Journal of Nutrition，1999，129：1298-1306.

[14] Brameld JM，Weller PA，Saunders JC，et al. Hormonal control of insulin-like growth factor-I and growth hormone receptor mRNA expression by porcine hepatocytes in culture. Journal of Endocrinology，1995，146：239-245.

[15] Bruhat A，Jousse C，Wang XZ，et al. Amino acid limitation induces expression of CHOP，a CCAAT/enhancer binding protein-related gene at both transcriptional and post-transcriptional levels. Journal of Biological Chemistry，1997，272：17588-17593.

[16] Bush JA，Wu G，Suryawan A，et al. Somatotropin-induced amino acid conservation in pigs involves differential regulation of liver and gut urea cycle enzyme activity. The Journal of Nutrition，2002，13259-67.

[17] Cadogan DJ，Campbell RG，Harrison D，et al. The effects of betaine on the growth performance and carcass characteristics of female pigs. Manipulating Pig Production. Australasian Pig Science Association，Attwood，Victoria，Australia，1993：219.

[18] Caperna TJ，Campbell RG，Ballard MRM，et al. Somatotropin enhances the rate of amino acid deposition but has minimal impact on amino acid balance in growing pigs. The Journal of Nutrition，1995，125：2104.

[19] Chen L，Yin YL，Jobgen WS，et al. In vitro oxidation of essential amino acids by jejunal mucosal cells of growing pigs. Livestock Science，2007，109：19-23.

[20] Clarke SD，Armstrong MK，Jump DB. Dietary polyunsaturated fats uniquely suppress rat liver fatty acid synthase and S14 mRNA content. The Journal of Nutrition，1990，120：225-231.

[21] Coma J，Carrion D，Zimmerman DR. Use of plasma urea nitrogen as a rapid response criterion to determine the lysine requirement of pigs. Journal of Animal Science，1995，73：472-481.

[22] Davis TA，Bush JA，Vann RC，et al. Somatotropin regulation of protein metabolism in pigs. Journal of Animal Science，2004，82：E207-E213.

[23] Davis TA，Fiorotto ML，Burrin DG，et al. Acute IGF-Ⅰ infusion stimulates protein synthesis in

skeletal muscle and other tissues of neonatal pigs. American Journal of Physiology Endocrinology and Metabolism, 2002, 283: E638-E647.

[24] Fert A, et al. Role of metal-oxide interface in determining the spin polarization of magnetic tunnel junctions. Science, 1999, 286: 507-509.

[25] Diebold G, Mosenthin R, Piepho HP, et al. Effect of supplementation of xylanase and phospholipase to a wheat-based diet for weanling pigs on nutrient digestibility and concentrations of microbial metabolites in ileal digesta and feces. Journal of Animal Science, 2004, 82: 2647-2656.

[26] Doiron B, Cuif MH, Chen R, et al. Transcriptional glucose signaling through the glucose response element is mediated by the pentose phosphate pathway. Journal of Biological Chemistry, 1996, 271: 5321-5324.

[27] Donkin SS, Chiu PY, Yin D, et al. Porcine somatotropin differentially down-regulates expression of the GLUT4 and fatty acid synthase genes in pig adipose tissue. The Journal of Nutrition, 1996, 126: 2568.

[28] Dudley MA, Wykes LJ, Dudley AW, et al. Parenteral nutrition selectively decreases protein synthesis in the small intestine. American Journal of Physiology-Gastrointestinal and Liver Physiology, 1998, 274: G131-G137.

[29] Dunshea FR, Harris DM, Bauman DE, et al. Effect of porcine somatotropin on in vivo glucose kinetics and lipogenesis in growing pigs. Journal of Animal Science, 1992, 70: 141-151.

[30] Ebner S, Schoknecht P, Reeds P, et al. Growth and metabolism of gastrointestinal and skeletal muscle tissues in protein-malnourished neonatal pigs. American Journal of Physiology-Regulatory, Integrative and Comparative Physiology, 1994, 266: R1736-R1743.

[31] Eckel RH, Jensen DR, Schlaepfer IR, et al. Tissue-specific regulation of lipoprotein lipase by isoproterenol in normal-weight humans. American Journal of Physiology-Regulatory, Integrative and Comparative Physiology, 1996, 271: R1280-R1286.

[32] Enerbä ck S, Semb H, Bjursell G, et al. Tissue-specific regulation of guinea pig lipoprotein lipase; effects of nutritional state and of tumor necrosis factor on mRNA levels in adipose tissue, heart and liver. Gene, 1988, 64: 97-106.

[33] Entingh-Pearsall A, Kahn CR. Differential roles of the insulin and insulin-like growth factor-I (IGF-I) receptors in response to insulin and IGF-I. Journal of Biological Chemistry, 2004, 279: 38016-38024.

[34] Escobar J, Frank JW, Suryawan A, et al. Physiological rise in plasma leucine stimulates muscle protein synthesis in neonatal pigs by enhancing translation initiation factor activation. American Journal of Physiology-Endocrinology and Metabolism, 2005, 288: E914-E921.

[35] Etherton TD, Bauman DE. Biology of somatotropin in growth and lactation of domestic animals. Physiological reviews, 1998, 78: 745-761.

[36] Fan MZ, Li TJ, Yin YL, et al. Effect of phytase supplementation with two levels of phosphorus diets on ileal and faecal digestibilities of nutrients and phosphorus, calcium, nitrogen and energy balances in growing pigs. Animal Science, 2005, 81: 67-75.

[37] Field CJ, Johnson IR, Schley PD. Nutrients and their role in host resistance to infection. Journal of Leukocyte Biology, 2002, 71: 16-32.

[38] Flint DJ. Immunomodulatory approaches for regulation of growth and body composition. Animal Science, 1994, 58: 301-312.

[39] Frank JW, Escobar J, Nguyen HV, et al. Oral N-carbamylglutamate supplementation increases

protein synthesis in skeletal muscle of piglets. The Journal of Nutrition, 2007, 137: 315-319.

[40] Fredrich RC, Lollmann B, Hamann A, et al. Expression of ob mRNA and its encoded protein in rodents. Journal of Clinical Investigation, 1995, 96: 1658-1663.

[41] Fumarola C, Monica SL, Guidotti GG. Amino acid signaling through the mammalian target of rapamycin (mTOR) pathway: Role of glutamine and of cell shrinkage. Journal of Cellular Physiology, 2005, 204: 155-165.

[42] García PP, Camblor AM. Dietary fiber: concept, classification and current indications. Nutricion Hospitalaria, 1999, 14: 22S-31S.

[43] Garlick PJ. The role of leucine in the regulation of protein metabolism. The Journal of Nutrition, 2005, 135: 1553S-1556S.

[44] Green A, Basile R, Rumberger JM. Transferrin and iron induce insulin resistance of glucose transport in adipocytes. Metabolism, 2006, 55: 1042-1045.

[45] Greenberg AS, Shen WJ, Muliro K, et al. Stimulation of lipolysis and hormone-sensitive lipase via the extracellular signal-regulated kinase pathway. Journal of Biological Chemistry, 2001, 276: 45456-45461.

[46] Grizard J, Dardevet D, Papet I, et al. Nutrient regulation of skeletal muscle protein metabolism in animals. The involvement of hormones and substrates, Nutrition research reviews, 1995, 8: 67-91.

[47] Groschl M, Knerr I, Topf HG, et al. Endocrine responses to the oral ingestion of a physiological dose of essential amino acids in humans. Journal of Endocrinology, 2003, 179: 237-244.

[48] Ha EM, Oh CT, Bae YS, et al. A direct role for dual oxidase in Drosophila gut immunity. Science, 2005, 310: 847-850.

[49] Hotamisligil GS, Spiegelman BM. Tumor necrosis factor-α: a key component of the obesity-diabetes link. Diabetes, 1994, 43: 1271-1278.

[50] IRITANI N, FUKUDA E, INOGUCHI K. A possible role of Z protein in dietary control of hepatic triacylglycerol synthesis. Journal of Nutritional Science and Vitaminology, 1980, 26: 271-277.

[51] Jefferson LS, Kimball SR. Amino acids as regulators of gene expression at the level of mRNA translation. The Journal of Nutrition, 2003, 133: 2046S-2051S.

[52] Jenkins DJ, Wolever TM, Jenkins A, et al. Specific types of colonic fermentation may raise low-density-lipoprotein-cholesterol concentrations. The American Journal of Clinical Nutrition, 1991, 54: 141-147.

[53] Jousse C, Bruhat A, Ferrara M, et al. Physiological concentration of amino acids regulates insulin-like-growth-factor-binding protein 1 expression. Biochemical Journal, 1998, 334: 147-153.

[54] Katsurad A, Iritanti N, Fukuda H, et al. Effects of nutrients and hormones on transcriptional and post-transcriptional regulation of fatty acid synthase in rat liver. European Journal of Biochemistry, 1990, 190: 427-433.

[55] Kim SW, Wu G, Baker DH. Amino acid nutrition of breeding sows during gestation and lactation. Pig News Information, CABI, 2005, 26: 89N-99N.

[56] Kim TS, Freake HC. High carbohydrate diet and starvation regulate lipogenic mRNA in rats in a tissue-specific manner. The Journal of Nutrition, 1996, 126: 611.

[57] Kornegay ET, Wang Z, Wood CM, et al. Supplemental chromium picolinate influences nitrogen balance, dry matter digestibility, and carcass traits in growing-finishing pigs. Journal of Animal Science, 1997, 75: 1319-1323.

[58] Kraemer FB, Shen WJ. Hormone-sensitive lipase control of intracellular tri- (di-) acylglycerol and

cholesteryl ester hydrolysis. Journal of Lipid Research, 2002, 43: 1585-1594.

[59] Kudo N, Barr AJ, Barr RL, et al. High rates of fatty acid oxidation during reperfusion of ischemic hearts are associated with a decrease in malonyl-CoA levels due to an increase in 5′-AMP-activated protein kinase inhibition of acetyl-CoA carboxylase. Journal of Biological Chemistry, 1995, 270: 17513-17520.

[60] Le Rudulier D, Strom AR, Dandekar AM, et al. Molecular biology of osmoregulation. Science, 1984, 224: 1064-1068.

[61] Li F, Yin Y, Tan B, et al. Leucine nutrition in animals and humans: mTOR signaling and beyond. Amino Acids, 2011, 41: 1185-1193.

[62] Lien TF, Wu CP, Wang BJ, et al. Effects of supplemental levels of chromium picolinate on the growth performance, serum traits, carcass characteristics and lipid metabolism of growing-finishing pigs. Animal Science, 2001: 72.

[63] Liu CY, Grant AL, Kim KH, et al. Porcine somatotropin decreases acetyl-CoA carboxylase gene expression in porcine adipose tissue. Domestic Animal Endocrinology, 1994, 11: 125-132.

[64] Marcil V, Delvin E, Seidman E, et al. Modulation of lipid synthesis, apolipoprotein biogenesis, and lipoprotein assembly by butyrate. American Journal of Physiology-Gastrointestinal and Liver Physiology, 2002, 283: G340-G346.

[65] Marcil V, Delvin E, Seidman E, et al. Modulation of lipid synthesis, apolipoprotein biogenesis, and lipoprotein assembly by butyrate. American Journal of Physiology-Gastrointestinal and Liver Physiology, 2002, 283: G340-G346.

[66] Mateo RD, Wu G, Bazer FW, et al. Dietary L-arginine supplementation enhances the reproductive performance of gilts. The Journal of Nutrition, 2007, 137: 652-656.

[67] Mateo RD, Wu G, Moon HK, et al. Effects of dietary arginine supplementation during gestation and lactation on the performance of lactating primiparous sows and nursing piglets. Journal of Animal Science, 2008, 86: 827-835.

[68] Mildner AM, Clarke SD. Porcine fatty acid synthase: cloning of a complementary DNA, tissue distribution of its mRNA and suppression of expression by somatotropin and dietary protein. The Journal of Nutrition, 1991, 121: 900-907.

[69] Moloney AP, Beermann DH, Gerrard D, et al. Temporal change in skeletal muscle IGF-I mRNA abundance and nitrogen metabolism responses to abomasal casein infusion in steers. Journal of Animal Science, 1998, 76: 1380-1388.

[70] Oscarsson J, Ottosson M, Eden S. Effects of growth hormone on lipoprotein lipase and hepatic lipase. Journal of Endocrinological investigation, 1998, 22: 2-9.

[71] Owen KQ, Smith JW, Friesen KG, et al. The effect of L-carnitine on growth performance and carcass characteristics of growing-finishing pigs. 1994.

[72] Owen KQ, Weeden TL, Nelssen JL, et al. The effect of L-carnitine additions on performance and carcass characteristics of growing-finishing swine [C]//Kansas State University Swine Day 1992. Report of Progress 667. Kansas State University, 1992: 122-126.

[73] Ramaekers P, Kemp B, Van der Lende T. Progenos in sowsTM increases number of piglets born. 2006 Annual Meeting, Minneapolis, Minnesota, USA, 9-13 July 2006.

[74] Sam S, Haffner S, Davidson MH, et al. Relationship of abdominal visceral and subcutaneous adipose tissue with lipoprotein particle number and size in type 2 diabetes. Diabetes, 2008, 57: 2022-2027.

[75] Sampath H, Ntambi JM. Polyunsaturated fatty acid regulation of genes of lipid metabolism. Annual Review of Nutrition 2005, 25: 317-340.

[76] Schaart MW, Schierbeek H, van der Schoor S R D, et al. Threonine utilization is high in the intestine of piglets. The Journal of Nutrition, 2005, 135: 765-770.

[77] Seve B, Ballevre O, Ganier P, et al. Recombinant Porcine Somatotropin and Dietary Protein Enhance Protein Synthesis in Growing Pigs. The Journal of Nutrition, 1993, 123: 529-540

[78] Smith JW, Owen KQ, Nelssen JL, et al. The effects of dietary carnitine, betaine, and chromium nicotinate supplementation on growth and carcass characteristics in growing-finishing pigs. Journal of Animal Science, 1994, 72: 274.

[79] Stephens JM, Lee J, Pilch PF. Tumor necrosis factor-α-induced insulin resistance in 3T3-L1 adipocytes is accompanied by a loss of insulin receptor substrate-1 and GLUT4 expression without a loss of insulin receptor-mediated signal transduction. Journal of Biological Chemistry, 1997, 272: 971-976.

[80] Stoll B, Henry J, Reeds P J, et al. Catabolism dominates the first-pass intestinal metabolism of dietary essential amino acids in milk protein-fed piglets. The Journal of Nutrition, 1998, 128: 606-614.

[81] Takenaka A, Oki N, Takahashi SI, et al. Dietary restriction of single essential amino acids reduces plasma insulin-like growth factor-I (IGF-I) but does not affect plasma IGF-binding protein-1 in rats. The Journal of nutrition, 2000, 130: 2910-2914.

[82] Tan B, Li XG, Kong X, et al. Dietary L-arginine supplementation enhances the immune status in early-weaned piglets. Amino acids, 2009, 37: 323-331.

[83] van der Schoor SRD, Reeds PJ, Stoll B, et al. The high metabolic cost of a functional gut. Gastroenterology, 2002, 123: 1931-1940.

[84] Van Goudoever JB, Stoll B, Henry JF, et al. Adaptive regulation of intestinal lysine metabolism. Proceedings of the National Academy of Sciences, 2000, 97: 11620-11625.

[85] Wang X, Campbell L, Miller C, et al. Amino acid availability regulates p70 S6 kinase and multiple translation factors. Biochemical Journal, 1998, 334: 261-267.

[86] Wolverton CK, Azain MJ, Duffy JY, et al. Influence of somatotropin on lipid metabolism and IGF gene expression in porcine adipose tissue. American Journal of Physiology-Endocrinology and Metabolism, 1992, 263: E637-E645.

[87] Wu G, Bazer FW, Davis TA, et al. Arginine metabolism and nutrition in growth, health and disease. Amino acids, 2009, 37: 153-168.

[88] Wu G, Bazer FW, Davis TA, et al. Important roles for the arginine family of amino acids in swine nutrition and production. Livestock Science, 2007, 112: 8-22.

[89] Wu G, Knabe DA, Kim SW. Arginine nutrition in neonatal pigs. The Journal of Nutrition, 2004, 134: 2783S-2790S.

[90] Wu G. Amino acids: metabolism, functions, and nutrition. Amino acids, 2009, 37: 1-17.

[91] Yang H, Zhou Z, Zhang H, et al. Shotgun proteomic analysis of the fat body during metamorphosis of domesticated silkworm (Bombyx mori). Amino acids, 2010, 38: 1333-1342.

[92] Yao K, Yin Y, Li X, et al. Alpha-ketoglutarate inhibits glutamine degradation and enhances protein synthesis in intestinal porcine epithelial cells. Amino acids, 2012, 42: 2491-2500.

[93] Yao K, Yin YL, Chu W, et al. Dietary arginine supplementation increases mTOR signaling activity in skeletal muscle of neonatal pigs. The Journal of Nutrition, 2008, 138: 867-872.

[94] Yin YL, Baidoo SK, Jin LZ, et al. The effect of different carbohydrase and protease

supplementation on apparent (ileal and overall) digestibility of nutrients of five hulless barley varieties in young pigs. Livestock Production Science, 2001, 71: 109-120.

[95] Yin YL, Huang RL, Yen JT, et al. Net portal appearance of amino acids and glucose, and energy expenditure by portal vein-drained organs in growing pigs fed a casein based diet or a wheat shorts based diet. 9th Symposium on Digestive Physiology inPigs. Alberta, Canada, 2003: 340-342.

[96] Yin YL, McEvoy JDG, Schulze H, et al. Apparent digestibility (ileal and overall) of nutrients and endogenous nitrogen losses in growing pigs fed wheat (var. Soissons) or its by-products without or with xylanase supplementation. Livestock production science, 2000, 62: 119-132.

[97] Yoo SS, Field CJ, McBurney M I. Glutamine supplementation maintains intramuscular glutamine concentrations and normalizes lymphocyte function in infected early weaned pigs. The Journal of Nutrition, 1997, 127: 2253-2259.

[98] Younes H, Levrat MA, Demigné C, et al. Resistant starch is more effective than cholestyramine as a lipid-lowering agent in the rat. Lipids, 1995, 30: 847-853.

[99] Zogopoulos G, Figueiredo R, Jenab A, et al. Expression of exon 3-retaining and-deleted human growth hormone receptor messenger ribonucleic acid isoforms during development. The Journal of Clinical Endocrinology & Metabolism, 1996, 81: 775-782.

第四章

猪肠道脂肪酸转运与乙酰化修饰

日粮中添加不同水平不同来源的脂肪对动物生长及生产性能有显著影响，小肠作为日粮脂肪吸收的重要器官，其对脂肪酸的吸收代谢可能是日粮脂肪组成引发性能差异的一个原因，因为动物对膳食脂肪的消化吸收不仅左右能量供给，还极大程度上影响了动物性产品中的脂肪酸组成。肠上皮细胞组装和分泌的乳糜微粒（chylomicron，CM）是外源脂肪酸在机体亲水环境下运输的重要载体，日粮LCFA吸收进入肠上皮细胞后需要重新合成甘油三酯（triglyceride，TG），与载脂蛋白结合并经过修饰形成CM，最终以脂蛋白的形式分泌进入循环系统。并且不同脂肪酸（碳链长度不同或者饱和度的差异）在吸收及CM组装和分泌过程中表现出特异性，越来越多的研究也发现表观遗传学修饰在肠道脂肪酸代、营养调控及转运过程中发挥着越来越重要的作用。

第一节 猪肠道生理与代谢特点

一、肠道结构与代谢特点

肠道是日粮消化吸收的主要场所。肠道食糜中的各种营养物质在消化酶的作用下被分解成各种小分子物质，经肠道绒毛吸收进入血液和淋巴液，供机体各部分利用。此外，在机体的防御过程中，肠道也起着重要的作用。

（一）肠道的形态结构

猪消化道各段虽然粗细、厚薄不同，形态各异，但其基本的结构大致相同。

肠壁由内向外可分为4层，即黏膜层、黏膜下层、肌层和浆膜层。成年猪的小肠长度为15～20m，为体长的11～12倍。黏膜层由上皮、固有膜和黏膜肌层结构组成，黏膜层表面存在大量的褶皱、绒毛和微绒毛等结构。肠黏膜主要由上皮细胞和分散其间的杯状细胞组成，是动物吸收营养物质的主要部位。肠黏膜表面存在大量的皱褶、无数绒毛，绒毛的外层为柱状上皮细胞，在上皮细胞的肠腔边缘排列着数百条微绒毛，进一步增加了肠道的吸收面积。肠道内的总表面积随着黏膜褶皱、绒毛、微绒毛的增加而增加。一个10日龄的仔猪小肠肠道总的吸收面积为114m^2，成年猪肠内总表面积约为1000m^2。肠内总表面积的增加可极大地促进各种营养物质的消化和吸收。

（二）肠道代谢特点

肠道是日粮消化吸收的主要场所，同时也是一个具有高分泌性和高增殖能力的组织。大量的研究表明，尽管猪肠道仅占机体重量的3%～6%，但是其所消耗的营养大约占动物采食养分的40%～60%，其氧气消耗占机体消耗量的20%～35%，能量消耗约占机体消耗量的25%。然而，肠道组织利用营养物质的模式不一致，有些营养物质会被作为肠道的能量来源优先代谢。比如氨基酸就是肠道优先利用的重要营养物质。日粮中90%谷氨酸、谷氨酰胺和天冬氨酸被肠道组织利用，其中大部分用于氧化功能；同时日粮中的部分必需氨基酸也有不同程度地被肠道所利用。此外，葡萄糖是肠道的另一种重要的氧化功能物质。Stoll等（1999）研究表明，仔猪肠道中用于氧化供能的葡萄糖占机体的15%，而这些葡萄糖分别来自于肠道的动脉血液和日粮，且动脉血液来源的葡萄糖氧化高于日粮比例。肠道组织的蛋白质周转率约占全身周转率的20%～35%，远远高于肠外组织。Burrin等（1992）研究发现，生长动物肠黏膜蛋白质周转能力是肌肉组织的10倍，而成年动物达到30倍。

二、肠道微生物及微生态环境

动物肠道作为最大的细菌库，栖居的微生物种类繁多，数量庞大。Mackie等（1999）研究发现，猪肠道内大约有14个属的400～600种微生物，数量达10^{14}个微生物，是体细胞数量的10倍。微生物在消化道内的定植顺序，首先是需氧菌，然后是兼性厌氧菌，最后是专性厌氧菌；随着微生物的定植最后厌氧菌的数量占据绝对优势，并且广泛分布于消化道中，其中以盲肠和结肠中微生物数量最多。肠道菌群是微生物与宿主之间共同进化过程中形成的生态系统，对动物是有益的、必不可少的。在正常情况下，肠道内微生物数量、分布相对恒定，形成一个微生物与肠上皮相互依赖、相互作用的微生态系统，对肠道屏障起着重要的保护作用。由于消化道各部位组织结构和生理特性所组成的微生态环境不同，从而导致栖息在各部位的微生物菌群数量、组成也不尽相同。有研究表明小肠不同部位优势菌群存在一定的差异性，十二指肠中双歧杆菌最多，其次是肠杆菌和乳酸杆菌，回肠优势菌群是双歧杆菌，其次是肠球菌、小梭菌和肠杆菌。

正常情况下，肠道微生物区系会随着外界环境和日粮的变化而在一定的生理范围内变化。大量研究指出，日粮形态和组成的改变对消化道内微生物区系产生较大的影响，从而引起动物肠道适应性变化。但是在某种条件下如应激，肠道微生物的波动超过正常生理范围，机体这种动态平衡遭到破坏就会引起微生态失调，致使机体产生疾病。哺乳仔猪以乳酸杆菌为优势菌群，pH 维持较低水平。而断奶后由于仔猪胃酸、消化酶分泌不足和肠黏膜损伤等原因，导致肠道大肠杆菌、链球菌、肠杆菌等有害菌大量繁殖，甚至成为优势菌，造成肠道微生态系统失调，引起断奶后仔猪腹泻。因此，维持肠道微生态的动态平衡对于猪的消化、免疫和物质能量代谢等均具有十分重要的作用。

三、肠道屏障与免疫功能

肠道的功能不仅在于消化吸收营养物质，它还可将肠道内的物质与机体内环境分隔开，防止肠道内致病性抗原和有毒物质的入侵，起到预防的作用，即肠道的屏障功能。肠道的屏障功能的维持与肠黏膜上皮屏障、肠黏液层肠道免疫系统以及肠道内正常微生物区系分布有关。

（一）肠道黏膜上皮屏障

肠道黏膜是动物机体最大的保护屏障，能够阻止肠道内有害病原和抗原物质的入侵，保护动物的健康。肠道黏膜屏障功能紊乱，会引起机体营养物质的消化吸收障碍、机体抵抗力降低，同时易引发各种疾病。肠黏膜上皮屏障通常分为物理屏障和化学屏障。

1. 肠道黏膜物理屏障

肠道的物理性屏障主要是指肠细胞屏障，包括健康、完整的肠道上皮细胞，细胞间的紧密连接、正常的细胞周转能力和活动能力。肠道上皮细胞形成的物理屏障将调控机体稳态的物质从肠腔的不良环境中分隔开来，对大多数亲水溶质不可渗透。肠黏膜表面的肠绒毛上的细胞主要有柱状细胞和杯状细胞。柱状细胞是构成小肠上皮的主要细胞。柱状细胞之间形成的紧密连接作为连接相邻上皮细胞的基础，主要包括黏附连接、桥粒和间隙连接。紧密连接的主要功能是封闭细胞间隙，选择性地阻止管腔物质的自由进出，有效地防止肠腔内的物质经过细胞间隙穿过上皮细胞以维持肠道的正常功能，此外还能够限制脂类和蛋白质在质膜顶端和底部的扩散。

肠上皮细胞及细胞间的紧密连接是物理屏障的主要决定因素（Turner，

2009；Marchiando 等，2010），而紧密连接可以用来评价肠道上皮的屏障功能。紧密连接主要由跨膜蛋白和胞质蛋白组成。肠道内的致病菌及其毒素主要通过破坏柱状细胞之间的紧密连接来损害肠道上皮屏障，如产气荚膜杆菌、肠出血性大肠杆菌、霍乱弧菌等可直接破坏紧密连接蛋白，从而导致肠黏膜上皮抵抗力下降；肠致病性大肠杆菌破坏紧密连接蛋白的磷酸化和去磷酸化过程，间接造成破坏紧密连接蛋白。

2. 肠道黏膜化学屏障

肠道黏膜化学屏障由肠道黏膜上皮细胞分泌的黏液、消化液及肠腔内正常微生物产生的抑菌物质构成，主要包括胃肠道分泌的胃酸、溶菌酶、各种消化酶、胆汁、肠道黏液蛋白和其他抗菌肽，能够裂解和杀灭细菌、防止毒素及有害物质的吸收，从而保护胃肠道正常的生理学功能。黏液层主要是由杯状细胞分泌的，连续分布于整个肠道黏膜表面呈半透明状。黏液是由蛋白质、脂肪、糖和水等多种物质构成的，能够清除多种进入肠腔的抗原物质，其中黏液蛋白在其中起着主要作用。黏液的糖蛋白主要包括通过 *O*-糖苷键连接的寡糖多聚体和一个糖基化或非糖基化的肽骨架，对肠壁具有重要的保护作用，避免肠道黏膜受到机械损伤，阻止酸和蛋白酶对肠道黏膜的侵蚀，为肠道正常菌群提供适宜的环境。黏液蛋白分为中性黏液和酸性黏液（包括硫黏蛋白和唾液黏蛋白）。胃主要产生和分泌中性黏液，而酸性黏液在肠道中分泌较多，且对肠道内的细菌糖苷酶和宿主蛋白酶的降解有很强的耐受能力（主要是含硫黏蛋白）。研究表明，当饲粮中营养物质不平衡时，仔猪可通过调节酸性黏液蛋白的比例调节肠道的 pH 环境来降低有害物质对肠道造成的损害，因此，小肠内不同黏液蛋白亚型的转变可以作为仔猪免受肠道病原侵害的一种保护机制（Wang 等，2010）。

（二）肠道黏膜免疫功能

除了消化和吸收营养物质外，肠道是动物机体最大的免疫器官之一，是阻止有害细菌病毒入侵的第一道防线。肠道黏膜含有一种与其他组织不同的高度特异性的免疫系统，主要由弥散分布在肠道黏膜上皮和固有层的免疫细胞、免疫分子以及派伊尔结、M 细胞等肠相关淋巴组织组成。研究表明，动物机体内 60%以上的免疫细胞和 70%～80%的免疫球蛋白（尤其是 IgA）合成细胞聚集在肠道内（Magalhaes 等，2007）。肠黏膜免疫分为系统免疫和局部免疫。系统免疫主要指血液循环中的淋巴细胞和肝脏 Kupffer 细胞。局部免疫系统是指存在于肠壁中的肠相关淋巴组织及其分泌的免疫球蛋白。肠壁中肠相关淋巴组织主要包括派伊尔淋巴结、M 细胞、肠系膜淋巴和孤立的淋巴滤泡。它们是肠黏膜免疫系统的诱导位点和活化位点，主要作用是摄取和转运抗原。其中派伊尔淋巴结由以 B 细胞和 T 细胞为主的滤泡区组成，是肠道免疫的主要诱导部位，具有摄取抗原、启动免疫应答的作用（Mantis 等，2002）。另一种是呈弥散分布的淋巴组织，主要指肠道黏膜固有层淋巴细胞和上皮内淋巴细胞。它们是肠黏膜免疫系统的效应分子，摄取和转运来的抗原在此被激活而产生抗体和各种免疫因子。黏膜固有层淋巴细胞是位于上皮固有层内的混合细胞，免疫应答以Th2型和IgA为主（Husband等，1996），而上皮内淋巴细胞主要以辅助性T细胞和IgG为主（Inagaki-Ohara等，2006）。高度完整和调节完善的肠道黏膜免疫屏障对大量无害抗原下调免疫反应或产生免疫耐受，对有害抗原和病原体产生体液和细胞免疫，进行有效免疫排斥或清除。

四、肠道营养与肠道健康

肠道是营养物质消化吸收的主要场所，同时肠道结构完整和功能正常发挥需要肠道营养的维持。研究表明，饲料中蛋白质消化率以及抗营养因子的含量对仔猪肠道结构、功能均有不同程度的影响；谷氨酰胺、谷氨酸和精氨酸对猪肠道结构的完整和功能发挥有重要的作用。日粮中营养成分和抗生素的使用通过改变肠道菌群数量和种类，进而影响肠道微生态环境。此外，日粮中的各种营养成分的摄入量也会影响肠道健康。研究表明，日粮中缺乏谷氨酸、苏氨酸或进食不足均可导致仔猪小肠和黏膜重量降低，绒毛高度下降，隐窝加深，蛋白质和DNA合成能力降低（Wang等，2010）。在营养缺乏、病理等状态下，肠道黏膜的结构和功能可能受到损伤，使肠道通透性增强，外源性抗原物质侵入体内，如肠道内有害菌群导致肠道屏障功能障碍。因此，肠道营养对于正常黏膜的生长、损伤后再生和修复、维持肠道屏障功能以及肠道健康都发挥着重要的作用。

（一）蛋白质与肠道健康

不同蛋白质营养素水平能够调节肠道屏障功能。与母乳饲喂的新生仔猪相比，高蛋白和适宜蛋白代乳料饲喂的仔猪肠绒毛显著增加。对于新生仔猪而言，不同蛋白质水平的代乳料虽然不能影响肠道结构和功能，但是却能显著改善低体重仔猪的肠道屏障功能。然而当日粮高蛋白水平过高时，主要通过乙酰胆碱和血管活性肠肽等物质干扰空肠和回肠通透性，因此适当降低蛋白质水平能够缓解高蛋白引起的肠道屏障功能紊乱（Boudry等，2011）。此外，相同的蛋白质水平、不同的蛋白质来源也会影响肠道健康。研究表明，与玉米醇溶蛋白和大豆蛋白日粮相比，酪蛋白日粮显著增加了仔猪胃蛋白酶和胰蛋白酶的活性，并显著提高了盲肠和结肠挥发性脂肪酸的含量，提高了盲肠和结肠食糜的总细菌、盲肠和结肠乳酸杆菌的数量及其占总细菌的比值。日粮添加血浆蛋白粉能够有效降低回肠细胞通透性，增大跨膜电阻，提高紧密连接蛋白的表达，缓解应激引起的肠道屏障功能紊乱（Peace等，2011）。

（二）氨基酸与肠道健康

氨基酸是动物机体最主要的氮营养素。近年来的研究表明，除了作为机体蛋白质合成和其他含氮化合物的重要底物外，日粮氨基酸及其代谢产物还可以作为重要的信号分子，参与机体内一系列信号通路相关蛋白如肠屏障功能相关蛋白的调节，这是氨基酸营养调控肠道健康的理论基础。研究表明谷氨酰胺、精氨酸与肠道屏障功能密切相关。当动物机体谷氨酰胺不足时，肠道通透性增加，日粮中添加谷氨酰胺可以缓解这一变化，同时还可以提高肠道细胞增殖和抗氧化功能，恢复受损的肠道上皮细胞功能，降低细菌易位和肠道通透性（Klimberg 和 Souba，1999）。而精氨酸主要是通过激活肠道细胞内 mTOR 信号途径，从而调节蛋白质合成，促进肠道的屏障功能。但是研究表明日粮中添加高水平的精氨酸（1.2%）会导致负面影响，加剧断奶仔猪应激和肠道功能紊乱（Zhan 等，2008）。因此，只有在日粮中保持精氨酸与其他氨基酸之间的平衡，才能够发挥精氨酸对肠道健康的有利作用。除此之外，含硫氨基酸及其代谢产物也可以通过提高肠道谷胱甘肽含量，增强肠道抗氧化能力，保护肠道健康。

（三）碳水化合物与肠道健康

日粮淀粉消化的部位决定葡萄糖的利用部位，不同的淀粉来源在小肠不同部位的消化量差异导致小肠不同部位葡萄糖供给量存在较大差异，从而影响着小肠的发育。研究表明豌豆淀粉显著影响盲肠和结肠食糜的总细菌数量，增加了仔猪肠道双歧杆菌、乳酸杆菌等有益微生物数量，并且显著降低仔猪肠道大肠杆菌等有害菌的数量；而木薯淀粉日粮则与豌豆淀粉日粮作用相反，玉米和小麦淀粉对肠道微生物数量的影响较小，差异不显著。造成这种差异的原因可能是不同来源的淀粉原料中所含的直链淀粉和支链淀粉不同。此外，日粮纤维对肠黏膜有营养和保护作用，在维持肠道蠕动和黏膜结构中起着重要作用。日粮纤维在小肠不被消化，进入肠道后在微生物的作用下发酵产生大量的挥发性脂肪酸，改善黏膜形态，促进肠道绒毛结构的修复和生长；刺激肠道蠕动，增强排便，调节肠道菌群，防止细菌在肠道附着和移位，维护肠道生态系统。断奶仔猪日粮中添加高水平的乳糖可以维持肠黏膜结构的完整性，并提高仔猪生长速率。主要是由于部分乳糖进入大肠内发酵产生大量短链脂肪酸，引起肠道 pH 值的降低，促进肠道内共生菌，如双歧杆菌和乳酸杆菌生长，一定程度上抑制了有害微生物的生长，有利于改善肠道菌群结构和肠道屏障功能。

（四）脂肪酸与肠道健康

脂肪来源不同会影响仔猪的生长性能，然而这种作用与脂肪调节肠道微生态环境有关。研究表明在养分摄入量相等的条件下，玉米油和椰子油的促生长效果优于牛脂和棕榈油，然而乳酸杆菌的数量玉米油和椰子油组显著高于牛脂和棕榈油组，并且玉米油和椰子油组显著抑制大肠杆菌的数量（邹芳，2009）。说明不同来源的脂肪通过调控肠道微生态环境来影响肠道健康，进而调节动物的生产性能。

（五）添加剂与肠道健康

肠道宿主与微生物之间的动态平衡是维持动物健康的关键因素。日粮添加剂通过影响肠道菌群的结构，改善肠道健康促进动物的生长。许多添加剂如低聚糖、酸化剂、酶制剂等均可改善肠道菌群结构，提高乳酸杆菌的数量，抑制大肠杆菌的生长。恩拉霉素则通过抑制乳酸杆菌和大肠杆菌的繁殖来影响肠道健康。有机酸添加剂丁酸钠能够刺激断奶仔猪黏膜生长，维护肠黏膜结构完整，提高肠绒毛消化吸收营养物质的能力；另外日粮中添加有机酸可以降低饲料 pH 值，维持肠道酸性环境，选择性屏障肠道微生物，促进乳酸杆菌的生长，抑制病原性微生物的生长繁殖，促进肠道健康（Manzanilla 等，2006）。高剂量的铜具有促进断奶仔猪生长、降低腹泻的作用，主要原因在于其可增加小肠绒毛高度，降低隐窝深度，抑制有害微生物的繁殖。

此外，益生菌对肠道健康具有积极作用，主要在于维持优势菌群在整个肠道微生态系统中的决定性作用，阻止侵入肠道中的病原微生物定植。当动物机体遭受疾病或应激时，正常的微生态平衡遭到破坏，病原菌迅速生长，导致优势菌群发生变化，引起肠道机能紊乱。但是当饲喂乳酸杆菌等益生菌时可重新建立起正常的微生态菌群，抑制有害菌生长繁殖（如大肠杆菌、沙门菌、梭状菌等），促进有益菌增殖（如乳酸杆菌、双歧杆菌等），保持健康肠道菌群平衡，维持动物肠道健康。益生菌主要是通过三个方面来实现其积极作用。①生物夺氧：一些需氧型益生菌如芽孢杆菌在肠道生长繁殖，消耗肠道内大量氧气，使局部环境的氧分子浓度降低，形成厌氧环境，厌氧菌大量繁殖占据主导地位，需氧型致病菌因得不到足够氧气而被大幅抑制，达到维持肠道健康的作用；②竞争营养物质：在营养物质有限的情况下，益生菌优先吸收利用肠道食糜内的营养物质进行生存和繁殖，竞争性消耗潜在致病菌的营养素，减少其他菌群所需要的营养基质，抑制有害菌在消化道的增殖；③代谢产物的作用：益生菌进入动物消化道，可以代谢产生各种代谢物，包括能够抑制病原菌生长繁殖的有机酸、溶菌酶、细菌素过氧化氢、乙醛等物质来抑制病原菌的生长。

第二节 *n*-3PUFA与肠上皮细胞脂肪酸转运的关系

小肠有吸收日粮营养的重要功能，其上皮细胞在脂肪吸收的复杂过程中发挥重要作用。脂肪酸在小肠上皮细胞中被吸收。然而，脂肪酸必须通过细胞膜，穿过细胞质，到达内质网，从而参与乳糜微粒的合成，事实上，脂类需与脂蛋白结合、酯化并组装成载脂蛋白才能进入淋巴循环通路。脂肪酸在细胞表面分化因子36（cluster of differentiation 36，CD36）作用下进入细胞质中，进而随脂肪酸结合蛋白（fatty acid binding proteins，FABP）转运到靶细胞器，从而参与细胞内代谢过程。近年来，虽然对脂肪酸从吸收到最终合成乳糜微粒过程进行了很多研究，然而对于不同脂肪酸（饱和或者不饱和）在这一过程中的功能差异及引起这种差异的原因还报道得较少。

一、脂肪酸的概念与分类

脂肪酸是由C、H、O三种元素组成的一类有机物，它是脂类水解的主要产物。脂肪酸根据其饱和度可分为饱和脂肪酸（saturated fatty acids，SFA）和不饱和脂肪酸（unsaturated fatty acids，UFA），其中不饱和脂肪酸包括多不饱和脂肪酸（poly unsaturated fatty acids，PUFA）和单不饱和脂肪酸（mono-unsaturated fatty acids，MUFA）；根据其碳链长度又分为短链脂肪酸、中链脂肪酸和长链脂肪酸，一般食物中含有的脂肪酸是长链脂肪酸。

多不饱和脂肪酸根据甲基端第一个不饱和键的位置分为*n*-3、*n*-6、*n*-7和*n*-9四种多不饱和脂肪酸。众所周知，动物可以在体内从头合成棕榈酸（palmitinic acid，PLA），并通过延长碳链合成其他脂肪酸，然而动物体内缺乏与合成Δ9以上不饱和脂肪酸相关的脱饱和酶，因此，这类不饱和脂肪酸必须从食物中获得。当今饮食条件下，*n*-6 PUFA摄入一般是过量的，而*n*-3 PUFA摄入则严重不足，因此研究*n*-3 PUFA吸收具有重要意义。

n-3 PUFA主要包括十八碳三烯酸（亚麻酸，ALA）、二十碳五烯酸（EPA）和二十二碳六烯酸（DHA）。膳食中亚麻酸主要来源于具有丰富含量的植物油，然而，陆地动植物中EPA、DHA含量很少。20世纪80年代，科学家发现，爱斯基摩人的心血管发病率与周边国家居民相比明显偏低，这可能与其饮食中丰富的*n*-3 PUFA含量有关。并且EPA、DHA对抑制肥胖等相关代谢疾病均有良好效果。所以，膳食脂肪组成与人类肥胖等代谢疾病有密切关系，长期以来，SFA摄入被认为是肥胖的主要因素，然而，EPA、DHA对这类代谢疾病的抑制有良好效果，因此，研究脂肪酸吸收和形成脂蛋白过程中SFA与UFA的代谢差异具有一定意义。

二、小肠中脂肪酸转运相关蛋白

（一）小肠中脂肪酸跨膜转运蛋白

脂肪酸转运蛋白（fatty acid transport proteins，FATP）在吸收长链脂肪酸

（LCFA）的3T3-L1前脂肪细胞中被首次发现表达，是一种63kDa的蛋白质，分别在啮齿类动物和人类中发现5种和6种不同FATP亚型，每种FATP都有不同的表达区域。例如FATP5和FATP2在肝脏中大量表达，然而FATP1在脂肪组织中表达，FATP4在小肠中的表达。有趣的是，FATP4在小肠中的表达位置与脂肪酸吸收呈现相关性，事实上，它在空肠中大量表达，而在十二指肠中少量表达，在结肠中几乎不表达。此外，FATP4在小肠绒毛顶端刷状缘上表达，并且在未分化细胞中表达量很低或者几乎不表达。FATP4参与LCFA的吸收，在抑制FATP4表达分化的小肠细胞中LCFA吸收显著减少。

CD36是一种88kDa跨膜转运蛋白，它首先在大鼠身上被发现（Abumrad等，1993）。它是一种与B族清道夫受体SR-B1同源的多功能蛋白质。根据氨基酸序列，CD36可能具有类受体功能，在其位于的*N*-/*C*-羧基端形成了一个胞外疏水区域的发夹结构。CD36表现结合LCFA的亲和性，同时每1mol蛋白可结合3mol FA（Baillie等，1996）。在十二指肠-空肠区域，CD36显著表达（mRNA和蛋白质），这个区域同时是脂肪酸吸收的主要区域，大鼠和人的免疫细胞化学表明，CD36严格分布于充分分化的小肠细胞刷状缘上。小肠CD36基因的表达量同日粮脂肪成分正相关，事实上，若大鼠长期饲喂高脂肪日粮，则其空肠CD36 mRNA表达量显著上调，而饲喂低脂肪日粮时则显著下调（Sukhotnik等，2001）。

（二）脂肪酸结合蛋白种类与作用

脂肪酸结合蛋白（fatty acid binding proteins，FABP）是一种广泛表达的蛋白质，它们具有相似的三级结构，并且能以高亲和性结合LCFA以及某些亲脂配体。长链脂肪酸细胞内转运的这种关键功能可能与FABP家族成员有关。迄今为止，在哺乳动物内已确定9种组织特异性的细胞质FABP，并且，它们在LCFA的结合和转运中的作用已经开始被研究（Storch和Thumser，2000）。另外，某些FABP家族成员已经被证实同细胞生长与增殖有关，并且发现其与特异性核转录因子，PPAR家族有协同作用。

20世纪70年代，美国加州大学的Ockner课题组在研究大鼠的小肠脂肪酸吸收的调节机制时，在小肠上皮细胞的胞液中发现了FABP（Ockner等，1972）。FABP对长链脂肪酸具有高度的亲和力，长链脂肪酸被吸收进入小肠上皮细胞后，FABP负责把大部分长链脂肪酸从细胞膜转运到氧化或合成的部位。FABP是一族分子质量为14～16kDa的蛋白质，参与细胞内长链脂肪酸的转运和代谢，广泛存在于哺乳动物的小肠、肝、心、脑和骨骼肌的多种细胞内，FABP一般含有126～137个氨基酸，同时表现出38%～70%氨基酸序列的同源性。

目前，已发现的9种组织特异性的细胞质FABP，分别是肝脏型脂肪酸结合蛋白（LiverFABP，L-FABP 或 FABP1）、肠型脂肪酸结合蛋白（Intestinal FABP，I-FABP 或 FABP2）、肌肉和心脏型脂肪酸结合蛋白（Muscle 和 heart FABP，H-FABP 或 FABP3）、脂肪细胞型脂肪酸结合蛋白（Adipocyte FABP，A-FABP 或 FABP4）、表皮型脂肪酸结合蛋白（Epidermal FABP，E-FABP 或 FABP5）、回肠型脂肪酸结合蛋白（Ileal FABP，Il-FABP 或 FABP6）、脑型脂肪酸结合蛋白（BrainFABP，B-FABP 或 FABP7）、髓磷脂型脂肪酸结合蛋白（Myelin FABP，M-FABP 或 FABP8）和睾丸型脂肪酸结合蛋白（Testis FABP，T-FABP 或 FABP9）。

在各种 FABP 中，一些类型只存在于一种组织中，如 I、A、My、B、睾丸型；H 型则存在于许多组织器官中，如心脏、骨骼肌、平滑肌、主动脉、肾脏、脑等；一些组织器官如肾、胃、卵巢含多种类型 FABP，而在小肠上皮细胞内表达两种不同类型的 FABP，即肠型脂肪酸结合蛋白（Intestinal fatty acid binding proteins，I-FABP）和肝脏型脂肪酸结合蛋白（Liver fatty acid binding proteins，L-FABP）（Gordon 等，1985）。另外，在小肠远端也表达另一种 FABP-回肠脂类结合蛋白（ILBP），一般认为这种 FABP 的功能为结合一级胆酸。值得注意的是，I/L-FABP 在小肠中显著表达，约占胞液总蛋白含量的 1%～2%，并且这两种蛋白在小肠近端（十二指肠和空肠）上皮细胞内含量丰富，占细胞内可溶性蛋白总量的 3%～8%（Ockner 等，1972）。这表明 I-FABP 和 L-FABP 是长链脂肪酸在小肠上皮细胞内转运的重要载体。

在胞液中，大部分脂肪酸必须由 FABP 结合和转运，才能穿过胞液到达细胞器（Ockner 等，1974）。值得注意的是，在消化阶段，小肠细胞必须消化大量脂肪酸，其大量且等量表达这两种 FABP：FABP1（肝 FABP，L-FABP）和 FABP2（肠 FABP，I-FABP），其中 FABP1 也在肝脏中表达，在其他组织中表达较少，而 FABP2 只在完全分化的近端肠道吸收细胞中表达（Besnard 等，2002）。然而，尽管有假说认为，这两种 FABP 在细胞内脂肪酸转运中有重要作用，但是它们的具体功能以及在近段小肠的单个细胞内为什么表达一种以上的 FABP，人们并不清楚（Neeli 等，2007）。因此，I-FABP 和 L-FABP 在肠上皮细胞内是协同还是独立作用，引起了很多学者的兴趣。

近年来，很多学者开始研究 FABP 在体内的表达规律，试图找出它们的分布差异，并借此来分析其功能作用。Agellon 等（2002）研究各个肠段 FABP 分布后指出，小肠内可能表达三种蛋白质：L-FABP、I-FABP 和 ILBP。L-FABP 的 mRNA 主要分布在近段小肠 2/3 内，I-FABP 的 mRNA 在整个小肠均有分布，而 ILBP 的 mRNA 只分布在远段小肠 1/3 内，其中 ILBP 一般被认为结合一级胆酸。

由于肠型脂肪酸结合蛋白（I-FABP）只在动物肠道组织特异性表达，假设 I-FABP 可能涉及调控肠上皮细胞内脂肪的转运，然而发现日粮中脂肪酸并不能影响动物小肠 I-FABP 基因和蛋白表达，表明动物小肠上皮细胞在转运日粮脂肪过程中 I-FABP 可能并不涉及调控日粮脂肪的转运。I-FABP 在小肠上皮细胞内的作用可能只是负责把日粮长链脂肪酸从细胞膜上转运到细胞的滑面内质网。最近的研究同样报道，分别在人正常肠上皮细胞系 HIEC-6 和培养的肠上皮细胞系 Caco-2（来源于人结肠腺癌细胞）中超表达 I-FABP 基因，但并没有提高甘油三酯和 apoB-48 的合成，同时也没有促进乳糜的组装和分泌，表明 I-FABP 并没有涉及调控肠上皮细胞内脂肪转运（Montoudis 等，2006）。

随着个体发育，FABP 在各个肠段隐窝绒毛轴和细胞内的分布并没有特别联系，同时 I-FABP 的表达损伤 apo 合成，尤其是损伤 apoB 蛋白的合成，说明 L-FABP 可能参与脂肪酸转运到内质网稳定 apo B 和促进其折叠，从而抑制 apo B 降解的过程，而 I-FABP 可能在这个过程中并不重要（Levy 等，2009）。此外，Karsenty 等（2009）在亚细胞水平研究了 I-FABP 的分布规律，通过超表达和免疫荧光实验发现，虽然 I-FABP 可能分布于核周区域，但是在细胞核内检测不到 I-FABP 的定位，表明 I-FABP 蛋白可能并不能进入细胞核内参与基因表达的调控，所以，小肠上皮细胞内表达的另一种 FABP-L-FABP 可能进入细胞核，从而参与调控基因表达。

三、*n*-3 PUFA 调控小肠上皮细胞脂肪酸转运相关基因表达

黄飞若等（2014）分别用 100μmol/L、200μmol/L 和 400μmol/L 的长链脂肪酸 PLA、EPA 和 DHA 处理细胞培养 21d 后的 Caco-2 细胞 24h，采用定量 PCR 方法测定细胞内脂肪酸转运相关基因（PPARa、CD36、L-FABP、DGAT1、和 MTP）mRNA 的表达量发现：随着脂肪酸浓度升高，PLA、EPA 和 DHA 均显著上调了 PPARα、L-FABP、DGAT1 和 MTP mRNA 的表达量；在 200μmol/L 和 400μmol/L 时，EPA 和 DHA 处理组 PPARα、L-FABP、DGAT1 mRNA 的表达量显著高于 PLA 处理组；在 100μmol/L 和 400μmol/L 脂肪酸处理时，EPA 和 DHA 处理组 MTPmRNA 表达量显著高于 PLA 处理组。这些结果表明，随脂肪酸浓度增加，基因表达量以剂量依赖效应增加；值得注意的是，EPA 和 DHA 对 PPARα、L-FABP、DGAT1 和 MTP 基因的调控作用强于 PLA。

四、*n*-3 PUFA 对小肠上皮细胞甘油三酯合成的抑制作用

黄飞若等（2014）分别用 100μmol/L、200μmol/L 和 400μmol/L 的长链脂肪酸 [1-^{14}C] PLA、[1-^{14}C] EPA 和 [1-^{14}C] DHA 处理培养 21d 的 Caco-2 细胞 24h，采用超速离心法测定细胞培养液中乳糜微粒（chylomicron，CM）含量

后发现：与对照组相比，各处理组随着脂肪酸浓度升高，肠道上皮细胞乳糜微粒分泌量极显著增加；100μmol/L、200μmol/L 和 400μmol/L PLA 处理组乳糜微粒分泌量均显著高于 EPA 组和 DHA 组；在 100μmol/L 时，EPA 处理组和 DHA 处理组 CM 分泌量无显著差异，在 200μmol/L 和 400μmol/L 时，DHA 处理组 CM 分泌量显著低于 EPA 处理组。这些结果表明，与饱和脂肪酸 PLA 相比，长链 *n*-3 多不饱和脂肪酸 EPA 和 DHA 能有效降低肠道上皮细胞乳糜微粒的分泌；200μmol/L 和 400μmol/L 浓度下，更长链的 DHA 的抑制作用比 EPA 更强。

为进一步研究不同长链脂肪酸对肠道上皮细胞甘油三酯重新合成和分泌的影响。黄飞若等（2014）分别用 100μmol/L、200μmol/L 和 400μmol/L 的长链脂肪酸 PLA、EPA 和 DHA 处理细胞培养 21d 后的 Caco-2 细胞 24h，收集细胞和培养液，收集前 4h，向培养液中加入 139μL [1,2,3-^{3}H] 甘油，检测细胞内甘油三酯（triglyceride，TG）重新合成量和培养液中的分泌量发现：与对照组相比，各处理组随着脂肪酸浓度升高（100μmol/L、200μmol/L、400μmol/L），肠道上皮细胞甘油三酯重新合成和分泌量极显著升高；在 100μmol/L、200μmol/L 和 400μmol/L PLA 处理组甘油三酯重新合成和分泌量均显著高于 EPA 组和 DHA 组；在 100μmol/L 时，EPA 处理组和 DHA 处理组甘油三酯重新合成和分泌量无显著差异，在 200μmol/L 和 400μmol/L 时，DHA 处理组甘油三酯重新合成和分泌量显著低于 EPA 处理组。这些结果表明，与饱和脂肪酸 PLA 相比，长链 *n*-3 多不饱和脂肪酸 EPA 和 DHA 能有效降低肠道上皮细胞甘油三酯重新合成和分泌量；200μmol/L 和 400μmol/L 浓度下，更长链的 DHA 抑制甘油三酯重新合成和分泌量的作用比 EPA 更强。

所以，随脂肪酸浓度增加，肠道上皮细胞脂肪酸转运相关基因表达量上调，甘油三酯重新合成和分泌量提高，乳糜微粒分泌量增加；与饱和脂肪酸棕榈酸相比，EPA 和 DHA 能有效抑制甘油三酯重新合成和分泌，降低细胞乳糜微粒的分泌；在 200～400μmol/L 时，DHA 对脂肪转运的抑制作用强于 EPA。

第三节 *n*-3PUFA调控肠上皮细胞乳糜微粒组装

乳糜微粒（chylomicron，CM）组装及分泌的过程依赖许多脂质代谢相关蛋白的表达，脂肪酸可以通过多种途径调控基因表达，且不同脂肪酸调控基因表达的能力不同，不同脂肪酸在肠上皮细胞内的代谢也出现差异。肠上皮细胞内存在两种 FABP 亚型——肝型（L-FABP）和肠型（I-FABP），对于肠上皮细胞内共表达两种 FABP 的原因至今还未阐明，但是有研究推测 L-FABP 才是影响脂肪酸吸收及乳糜微粒合成的关键要素（Montoudis 等，2006）。目前 L-FABP 的功能注释多基于肝脏脂质代谢，L-FABP参与脂肪酸胞内转运，入核调控基因表达的相关研究都是以肝脏细胞为模型（Atshaves等，2010），鲜见有针对肠道方面的报道，仅仅有研究表明L-FABP触发了乳糜微粒前体（pre-chylomicron，Pre-CM）在内质网（endoplasmic reticulum，ER）的出芽过程（Neeli等，2007）。如果L-FABP在肝脏脂质代谢中发挥的功能可以外推到肠上皮细胞，那么摄入的脂肪酸有可能部分依赖L-FABP发挥其对CM合成分泌的调控作用。

Caco-2细胞已证明是研究肠道脂质代谢的经典细胞模型，传统培养方式下，细胞分化后期的部分标志物，例如载脂蛋白和脂质代谢相关蛋白的表达量不稳定，所以采用transwell嵌入式培养皿培养的Caco-2细胞更接近于生理状态下的肠上皮细胞。在此基础上，研究LCFA的碳链长度、不饱和度等对乳糜微粒合成及分泌的影响非常重要。

一、脂肪酸在消化吸收过程中的特异性

中短链脂肪酸（short/medium chain fatty acid，S/MCFA）与LCFA的吸收机制存在本质上的不同，MCFA在消化道内迅速水解后以非酯化脂肪酸（non-esterified fatty acid，NEFA）的形式直接汇入门静脉血液，被肝脏利用。MCFA这种快速高效的吸收方式依赖于MCFA本身的几个特性：①不论MCFA结合在甘油的哪个位点，都能被肠腔内的胰脂肪酶快速水解；②MCFA在水中的溶解度很高，可以很快被小肠黏膜层摄取；③与肠道内FABP及脂酰CoA合成酶的亲和度很低，限制了MCFA在肠上皮细胞内酯化的过程，不能酯化意味着不能整合进入CM。LCFA的吸收摄取则是一个复杂的多步骤过程，进入肠上皮细胞的LCFA必须重新酯化形成TG之后，组装进入CM才能通过肠道被机体吸收，但是不同的LCFA在肠道中的消化吸收及最终在体内的代谢途径也存在差异。

（一）肠道对不同脂肪酸的吸收存在差异

动物对日粮中的脂肪具备强大的吸收消化能力，猪和家禽能消化日粮中80%的脂肪，而瘤胃功能还没有完善的小牛对脂肪的消化率能达到90%，大鼠每小时可以吸收至少450μmol油酸（oleic acid，OA），短短30s内吸收的脂肪酸约有80%转化为了TG（Mansbach和Dowell，2000）。但是不同脂肪酸的消化率并不一样，特别是在猪和家禽类动物上表现得更明显，饱和脂肪酸（saturated fatty acid，SFA）的碳链长度由14个增加到18个碳原子时，脂肪酸的消化率随着碳链的增加而降低（Doreau和Chilliard，1997）。双键数量对脂肪酸消化率的影响同样显著，家禽对18个碳原子的不饱和脂肪酸（unsaturated fatty acid，UFA）的消化率随着双键数量的增加从60%上升到86%，日粮中USFA与SFA

的比例高于1.5时，脂肪酸消化率的增加进入平台期（Lessire等，1982）。

利用同位素标记技术，在大鼠试验中再次验证了不同脂肪酸在肠道的吸收效率不同，亚油酸在肠道前段的吸收比棕榈酸更快速完全，吸收量相同的前提下，棕榈酸需要更大的小肠吸收面积。即使在吸收速率相同的情况下，亚油酸的酯化速率也是棕榈酸的两倍（Ockner等，1972）。即使是同种脂肪酸，脂肪酸结合甘油的位置不同也会导致脂肪酸消化率的差异，以酯化交换法合成的TG能很好地控制分子内部的结构，避免了天然脂肪中存在的结构多样复杂的问题，体外胰酶水解试验证明LCFA结合于sn-2位置的TG比LCFA结合于sn-1,3位置的TG，水解速率提高了2～3倍（Nagata等，2003）。

（二）不同脂肪酸对脂蛋白合成的影响

肠上皮细胞对脂肪酸摄取的增加并不意味着淋巴液中脂肪酸的检出量也相应增加，普遍认为鱼油中二十碳五烯酸（eicosapentaenoic acid，EPA）和二十二碳六烯酸（docosahexaenoic acid，DHA）的消化率很高，但是利用大鼠模型对肠道吸收转运日粮中不同来源脂肪的能力进行了比较，结果表明摄入等量的脂肪，淋巴循环系统中转运的脂肪总量及瞬时TG的含量都存在很大的差异。参考不同脂肪中脂肪酸的组成可以看出，富含饱和LCFA的可可油以及富含长链*n*-3PUFA的鲱鱼油通过小肠被吸收的量和吸收的速率最小，而小肠吸收转运能力最强的是橄榄油和玉米油（Porsgaard和Høy，2000）。消化率高但是被肠道吸收进入循环系统的量少的原因在于，淋巴液中检出的脂肪酸吸收速率及含量依赖于CM的合成分泌，所以最终进入循环系统的脂肪酸不仅取决于吸收细胞的吸收效率，还受胞内酯化速率及CM合成分泌多方面因素的影响。

关于人类肠道对膳食脂肪吸收代谢的差异也有相关报道，相比SFA，PUFA可以降低餐后富含甘油三酯的脂蛋白（TG-rich lipoprotein，TRL）水平，而单不饱和脂肪酸（monounsaturated fatty acid，MUFA）却相反增加了CM的分泌量。日粮脂肪酸种类不仅左右脂蛋白的分泌，还影响分泌的CM颗粒的性质，与摄食SFA日粮相比，富含MUFA的日粮形成的CM颗粒更大（Jackson等，2000）。在体外细胞水平，针对脂肪酸对脂蛋白合成的影响也做了很多研究，多数基于人肝脏细胞模型HepG2和人肠上皮细胞模型Caco-2，因为肝脏和小肠是体内两个最主要的脂蛋白合成器官，但是也有利用兔子肠上皮细胞模型研究不同脂肪酸处理下CM合成和分泌速率的变化（Cartwright和Higgins1999）。总体来说脂肪酸对这两类细胞脂蛋白合成的影响具有相似性，不管是哪种脂肪酸都能增加脂蛋白的合成分泌量（Van Greevenbroek等，1996），脂肪酸的特异性则表现在，相比SFA，OA作为MUFA的代表可以最有效地刺激脂蛋白的合成分泌，而PUFA对CM合成分泌的刺激效果明显不及MUFA，脂蛋白分泌量与SFA相近（Ranheim等，1992）。

二、肝型脂肪酸结合蛋白及乳糜微粒组装与分泌

（一）肝型脂肪酸结合蛋白及其生理功能

1. 小肠内共表达的两种脂肪酸结合蛋白亚型

两种 FABP 都主要在脂类营养物质吸收的主要场所——小肠表达。FABP 的表达模式显示，绒毛处 FABP 的含量高于隐窝，空肠 FABP 的含量高于回肠，同时高脂日粮饲喂的动物肠黏膜处 FABP 的表达量也高于低脂日粮饲喂的动物，这些证据都表明 FABP 对肠上皮细胞内脂肪酸的转运有重要意义。两种 FABP 具有 29%的同源性，但是在底物特异性、脂肪酸结合位点以及蛋白二级结构等多个属性上存在明显差异，诸多不同从侧面暗示两者在肠道脂肪酸吸收转运等代谢过程中发挥的作用并不相同。目前还没有研究能解释为何肠上皮细胞中要共表达这两种 FABP，想弄清楚这两种 FABP 特异的生理功能缺乏令人信服的体内研究试验。

研究基因功能最常用的方法是敲除所感兴趣的 FABP 基因，但是这种方法没有产生预期的结果，因为某一特定种类的 FABP 缺失功能常常激发另一种 FABP 的代偿作用。L-FABP 基因被敲除，则明显表现出表型分离的现象。有关于 FABP 的综述认为在小肠上皮细胞内，I-FABP 的作用可能仅仅是负责把日粮中的 LCFA 从细胞膜上解离下来，转运到滑面内质网（Storch 和 Corsico，2008）。离体细胞试验表明，Caco-2 细胞在只表达 L-FABP 的情况下，仍然可以完成 FA 的胞内转运，并将 NEFA 酯化合成 TG，说明 I-FABP 并不是 LCFA 吸收代谢所必需的功能蛋白（Levy 等，1995），但是与转染 L-FABP 表达质粒的成纤维细胞相比，转染 I-FABP 表达质粒可以加快脂肪酸的酯化过程（Prows 等，1996）。

与 Caco-2 细胞试验的结果相一致，在人小肠上皮细胞（human intestinal epithelial，HIEC-6）中过表达 I-FABP 基因，结果并未影响肠上皮细胞内脂质的酯化、载脂蛋白的合成和脂蛋白的组装，因此 I-FABP 可能不在小肠脂肪转运代谢过程中发挥重要作用。采用荧光免疫技术研究亚细胞器定位，没有检测到 I-FABP 在细胞核核质区的分布，表明 I-FABP 蛋白不能进入细胞核内调控基因表达（Karsenty 等，2009），这可能解释了为什么 I-FABP 不能调控肠上皮细胞内 LCFA 转运和代谢的原因。综合各方面来看，动物小肠上皮细胞在转运日粮脂肪过程中 I-FABP 的意义可能不及 L-FABP 深远。

2. 肝型脂肪酸结合蛋白的生理功能

作为肠上皮细胞和肝脏细胞胞质中重要的脂肪酸转运载体，L-FABP 促进了肝脏细胞对脂肪酸的摄取及脂肪酸在细胞内的代谢，在将脂肪酸运输至不同细胞

器的过程中实际上决定了脂肪酸的代谢命运，或被氧化（线粒体及过氧化物酶体）或被酯化储存（内质网及胞内脂滴）或入核调控基因表达（细胞核）。而在肠上皮细胞中，L-FABP 被证明参与了乳糜微粒前体转运囊泡在内质网的出芽过程。

L-FABP 除了上面提到的在肠道中表达之外，在肝脏及肾脏中也都有表达，L-FABP 结合 NEFA 的能力很强，与其他 FABP 不同，L-FABP 可以结合两分子 NEFA，作为胞内转运蛋白，L-FABP 可以靶向转运脂肪酸到不同的细胞器，从某种程度上来讲 L-FABP 决定了细胞内脂肪酸的代谢命运，确有研究表明 L-FABP 可以促进 OA 酯化并增加特定种类的酯化终产物（Murphy 等，1996）。鉴于 L-FABP 与 *n*-3PUFA 强的亲和力，L-FABP 也参与主导了 *n*-3PUFA 在细胞内的代谢途径。目前 L-FABP 的功能注释多基于肝脏脂质代谢，鲜见有针对肠道方面的报道。

（1）促进细胞对脂肪酸的摄取　不管是在成纤维细胞、肝癌细胞还是原代肝细胞中过表达 L-FABP 都可以显著促进细胞对 LCFA 的摄取。相反敲除 L-FABP 则会抑制培养的原代肝细胞对 LCFA 的摄取（Atshaves 等，2004），促进的机制是加速了 LCFA 从质膜上解离的过程，还是增加了膜上移位酶的活性，亦或是简单的作为 LCFA 在胞质中的接纳容器，还有待深入研究。虽然细胞膜对 LCFA 表现出很强的亲和力，但是如果与细胞膜结合的 LCFA 浓度过高会抑制很多与膜结合的参与脂质代谢相关酶/信号分子的活性（Atshaves 等，2010），L-FABP 依靠自身对 LCFA 更强的结合力将 LCFA 从细胞膜上解离下来进入细胞质中，达到缓解甚至解除 LCFA 的溶剂效应及其对膜上功能性分子的抑制效果，加速 LCFA 在细胞内的利用。

（2）促进脂肪酸在胞内的转运　L-FABP 可以促进 LCFA 在胞质中的扩散，在小鼠成纤维细胞中过表达 L-FABP 也观察到了相同的促进效果（Murphy，1998）。L-FABP 不仅能增强胞质容纳 LCFA 的能力，还可以促进携带的 LCFA 从质膜或是某一膜性结构转移到另一细胞器膜上（ER 膜），胞质内聚集大量 NEFA 对细胞来说存在潜在的危险，FABP 通过将它们运送至不同的细胞器进行合成或者分解代谢，以降低胞质内 NEFA 的水平。L-FABP 的表达升高可以促进 LCFA 的酯化，并且 L-FABP 更倾向于利用 LCFA 合成磷脂，而非作为中性脂质的合成底物（Prows 等，1995）。L-FABP 不仅影响脂肪酸的合成代谢，还可以引导脂肪酸进入氧化途径，L-FABP 表达量升高促进了直链 LCFA 的氧化（线粒体 β-氧化），而 L-FABP 基因缺失抑制了直链 LCFA 的线粒体氧化（Erol 等，2004）及支链 LCFA 的过氧化物酶体的氧化（Atshaves 等，2004）。所以，L-FABP 是转运脂肪酸至 ER 促进脂质合成还是转运至过氧化物酶体和线粒体处进行分解代谢与脂肪酸种类和细胞类型有关。

（3）入核调控基因表达　目前对于日粮脂肪酸的认识已经不再停留于能量代

谢的重要底物、细胞结构的重要组成以及信号分子的前体这几个方面。日粮脂肪酸可以进入细胞核结合核受体和转录因子来影响一系列与脂质代谢相关基因的表达，但是对于转运脂肪酸入核的载体和过程一直不清楚，L-FABP 因为相似的配基特异性成为这个过程可能的执行者。细胞内 L-FABP 的含量与过氧化物酶体增殖物激活受体 α（peroxisome proliferator activated receptor alpha，PPARα）及 PPARγ 反式激活呈现强烈的正相关性。L-FABP 水平的提高使得大量的 LCFA 聚集在核质中。相反，L-FABP 的缺失改变了脂肪酸的分布特点，减少了核质中脂肪酸的含量。L-FABP 并非结合 LCFA 后将 LCFA 滞留在细胞质中，而是 L-FABP 作为载体与 LCFA 共转运进入细胞核，通过增加可供 PPARα 结合的脂肪酸的含量，促进了依赖配体激活的 PPARα 的转录活性，诱导对 PPARα 敏感的下游基因的表达。反式激活和基因敲除试验也得到相同的结论，L-FABP 过表达和敲除分别促进和抑制了 PPARα 下游与 LCFA 氧化相关的酶类的表达。L-FABP 与 PPARα 的结合具有很强的亲和力，两者即使没有结合相关配体也能发生直接相互作用（Hostetler 等，2009）。L-FABP 不仅可以间接通过转运脂类配基入核，影响脂肪酸驱动的受 PPARα 调控的基因的转录，还能通过与 PPARα 的直接作用启动核受体的转录活性，使得脂类营养物质作为信号分子调控下游基因的转录翻译成为可能（Schroeder 等，2008）。

3. 触发了前乳糜微粒转运囊泡在内质网的出芽过程

吸收进入肠上皮细胞内的膳食脂肪酸在 ER 重新合成 TG，TG 从 ER 释放到胞质的这一步骤是脂肪酸经过肠道吸收细胞摄取、转运、分泌进入体内的限速步骤，而 Pre-CM 从 ER 分离出来并与高尔基体融合这个过程需要借助一种特殊的转运囊泡 PCTV。利用串联质谱技术分析 PCTV 出芽活性揭示了 L-FABP 在囊泡出芽过程中发挥的重要生理作用，基于 L-FABP 基因敲除的大鼠试验表明，L-FABP 的缺失导致大鼠肠上皮细胞中 PCTV 在 ER 的出芽过程受到抑制，在分析 PCTV 出芽活性时共筛选出了六个候选蛋白，L-FABP 和 I-FABP 两种重组蛋白都具备诱发 PCTV 出芽的活性，但是作为肠上皮细胞内存在的另外一种重要 FABP，I-FABP 促进 PCTV 在 ER 出芽的活性只有 L-FABP 活性的 23%（Neeli 等，2007）。

（二）乳糜微粒组装及分泌过程

脂蛋白是疏水性脂质分子与蛋白质结合形成的大分子复合物。唯有依赖蛋白质的携带，不溶或者微溶于水的脂质，才可以在机体内通过血液循环进行运输。脂蛋白含有一个以 TG 和胆固醇为主要成分构成的疏水性内核，外面包裹着由磷脂、未酯化的胆固醇以及载脂蛋白组成的单分子层。乳糜微粒，又被称为 TRL，作为膳食中 LCFA 吸收进入淋巴循环进而进入血液循环的唯一方式，其组装和分泌仅限于小肠上皮细胞内。很多文献都对 CM 的组装过程有非常详细的描述

(Kindel 等，2010)，CM 的组装和分泌分为三个关键步骤：脂肪酸吸收进入细胞，胞内加工处理，胞吐作用分泌进入肠系膜淋巴循环。虽然已经知道分泌的 CM 的直径大小和组成取决于脂肪吸收的速率及种类，但是不同脂肪运输整合进入 CM 的具体机制及产生差异的原因仍然不清楚。

1. 乳糜微粒的组装及分泌过程

(1) 脂质水解产物的摄取　首先膳食中的脂肪经过胃中乳化之后，在肠腔内进一步被胰腺脂肪酶水解，胰脂肪酶主要水解位于 TG 分子 sn-1 和 sn-3 位置上的脂肪酸，释放两分子 NEFA 和 2-单酰甘油（monoacylglycerol，MG)，2-MG 可以通过异构作用形成 1-MG，1-MG 或者 2-MG 还能在管腔进一步被胰脂肪酶水解形成甘油和一份子 NEFA，但是 2-MG 仍然是 MG 吸收的主要形式，因为 1-MG 的形成以及小肠对其他两种异形体的降解速度都比小肠直接摄取水解的 2-MG 要慢。因为肠上皮细胞刷状缘的质膜在肠腔中通过不流动的水层与水相分离，水相中溶解的分子只有通过扩散作用跨过不流动的水层之后，才能被肠上皮细胞吸收，因此 NEFA 和 2-MG 的胶束增溶作用极大地增加了可供肠上皮细胞吸收的分子数量，有助于肠上皮细胞对它们的摄取。多数研究认为脂肪酸摄取吸收的机制是通过浓度依赖的二重机制。在低浓度的亚油酸盐条件下，脂肪酸的吸收摄取通过的是一个载体依赖的过程，然而当亚油酸盐浓度比较高时，脂肪酸的吸收摄取更多的是通过自由扩散。肠腔内必需脂肪酸含量低的时候，这种二重机制对保证动物充分吸收重要的必需脂肪酸有重要的生理学意义。

(2) 重新酯化合成甘油三酯　进入细胞后，疏水性的 NEFA 和 2-MG 立即与特定的结合蛋白结合，结合过程如果发生的不及时或者不完全会导致胞内 NEFA 含量上升，脂质毒性会干扰细胞膜系统的正常生理功能，甚至导致细胞的死亡。在载体的协助下 NEFA 和 2-MG 被运送至粗面 ER，靶向 ER 的运输机制可能是依赖于肠上皮细胞内表达的两种 FABP——肠型脂肪酸结合蛋白（intestinal fatty acid binding protein，I-FABP）和 L-FABP。在单酰甘油酰基转移酶（monoacylglycerol acyltransferase，MGAT）和二酰甘油酰基转移酶（diacylglycerol acyltransferase，DGAT）两种酶的参与下，2-MG 和 NEFA 在 ER 的质膜表面重新合成 TG。在肠上皮细胞内还有另外一条 TG 合成途径——α-磷酸甘油途径，甘油-3-磷酸逐步酰化形成磷脂酸，在磷脂酸水解酶的作用下，磷脂酸水解得到 MG，为 TG 的合成提供底物。代谢途径的选择取决于底物，正常脂质吸收的情况下，MG 途径是合成 TG 的主要途径，而在禁食状态下，TG 的合成主要依赖 α-磷酸甘油途径（Wang 等，2013)。脂肪酶对 TG 非常敏感，ER 腔内如果含有大量的 TG，ER 很容易受到脂解作用的攻击，所以 TG 的合成发生在 ER 膜的细胞质一侧，新合成的 TG 并不会富集在 ER 膜上，因为 TG 在磷脂双分子层中的溶解度很低，TG 分子在磷脂双分子层中饱和并超过 TG 的溶解度，TG 会使双分子层裂开并形成小的晶体，当晶体逐渐变大，它会凸向胞质一侧或者ER管腔一侧。

（3）乳糜微粒前体的形成　最终，凸出物会跟膜脱离，与新合成的apoB48结合，在细胞质内形成脂滴进入TG储存库储存起来，或是在ER腔内参与形成Pre-CM。重新酯化合成的TG，进入滑面内质网（smooth endoplasmic reticulum，SER）内，在微粒体甘油三酯转运蛋白（microsomal triglyceride transport protein，MTP）的协助下聚集成大的包含有TG和胆固醇酯的中性脂质颗粒，与apoA-Ⅳ结合形成密度较轻的颗粒（light particle，LP）。同时，在粗面内质网（rough endoplasmic reticulum，RER）内由磷脂、胆固醇和少量TG组成的密度较重的颗粒（dense particles，DP）与apoB48及MTP结合形成稳定复合物，没有结合脂质的apoB48很快被降解。LP和DP两者最终在SER融合成为单层磷脂膜包裹的镶嵌有apoB48及apoA-Ⅳ两种载脂蛋白的中性脂质颗粒，又被称为Pre-CM。

（4）乳糜微粒的成熟　Pre-CM离开ER后借助前乳糜微粒转运囊泡（pre-chylomicron transport vesicles，PCTV）再运输至高尔基体，L-FABP触发了PCTV在内质网的出芽过程，而非大家所熟知的Coatomer Ⅱ protein。PCTV在内质网的出芽过程被认为是CM形成分泌的限速步骤，PCTV有别于普通的蛋白质转运囊泡及后面提到的转运成熟CM的转运系统，至今还未有研究表明PCTV如何实现高尔基体的定向运输，可能是囊泡从ER出芽时本身携带的表面信息元帮助PCTV定位高尔基体并与之融合。Pre-CM在高尔基体内再与apoA-Ⅰ结合最终成为成熟的CM。apoA-Ⅰ虽然也是在ER腔内合成，但它并不是与PCTV一起从ER腔中释放出来，而是两个相互独立的转运过程。若干个CM包裹在一个巨大的转运囊泡中，最终从肠上皮细胞的基底侧通过胞吐作用分泌进入淋巴循环。

2. 参与CM组装的关键蛋白

日粮中的脂类具有水溶性低这一生理生化特性，机体试图通过一系列受蛋白质控制的生理过程来更好地控制脂类营养物质在体内的运输代谢，需要注意的是，至今没有报道称其中任意一种基因的缺失会导致肠道对脂肪酸吸收的完全废除，推测肠道脂肪酸吸收过程中的每个步骤都可能受两个甚至多个基因的调控，一个基因的失活只会导致吸收速率的下降或者途径的改变，而其他基因可以部分替代失活基因的功能。

（1）FATP4　脂肪酸转运蛋白4（fatty acid transport protein，FATP4）是协助脂肪酸跨过肠上皮细胞顶端质膜吸收进入胞内最重要的运输载体。在293细胞和肠上皮细胞内过表达FATP4可以显著促进LCFA的摄取，相反原代肠上皮细胞内干扰FATP4的表达，脂肪酸的摄取降低了50%（Stahl等，1999）。最初的报道称FATP4在成熟的小肠上皮细胞顶端一侧的表达量很高，但近期的研究发现不仅是在脂肪酸实现跨膜转运的顶端侧，在ER膜表面也聚集了大量的

FATP4，因此有猜测 FATP4 不仅涉及肠上皮细胞顶端绒毛对肠腔内脂肪酸的摄取过程，还可能发挥了脂肪酸辅酶 A 合成酶的作用（Milger 等，2006）。吸收进来的脂肪酸转运至 ER 的机制可能也在于 FATP4 对脂肪酸的酰化作用，在 ER 水平，FATP4 将吸收进来的 NEFA 激活形成 FA-CoA 衍生物，因为 FA-CoA 不能穿过细胞膜，这样吸收进来的脂肪酸就被控制在细胞内参与随后的代谢过程。

（2）apoB　载脂蛋白在肝脏和小肠中的表达量非常高，包括主要在小肠合成的 apoA-Ⅳ，主要在肝脏合成的 apoC-Ⅲ，在肝脏和小肠中表达水平相似的 apoA-Ⅰ以及 apoB。apoB48 作为 CM 的一个重要组分，是成年人和大鼠肠道中唯一表达的 apoB，其对脂质代谢及 CM 合成的重要性不言而喻。完整的 apoB 基因（编码 apoB100）的 mRNA 的一个密码子突变成了 UAA（终止密码子），所以 apoB48 是翻译进行到 48%时提前终止的产物。apoB48 翻译过程中合适的脂质底物对脂质颗粒的募集至关重要，如果在 apoB48 翻译结束之后再加入脂质底物，离心之后蛋白质都还在密度大的成分里，说明没有与密度小的脂质结合形成脂蛋白（Jiang 等，2008），因此 apoB48 募集脂质的过程几乎是与 apoB48 的翻译过程同时进行，如果脂质的出现是在 apoB48 折叠的时候或者甚至在蛋白质折叠之后，则不足以有效地形成脂质-蛋白复合物，不仅是合适的脂质底物，apoB48 指导的脂质募集的过程还依赖 apoB48 蛋白的正确折叠。新合成的 apoB48 需要进入 ER 腔才能参与合成 CM，与其他分泌性蛋白不一样，apoB48 只有在与脂质颗粒结合后才能参与随后的代谢活动，否则会被泛素蛋白酶体系降解，所以虽然 apoB48 的合成并不直接受脂肪酸处理的影响，但是脂肪酸还是可以通过影响 apoB48 的降解调控细胞内有功能活性的 apoB48 的量。

（3）MGAT　目前已知有三种 MGAT 亚型参与 MG 的酯化，具备将 MG 转化为 TG 的能力，其中只有 MGAT2 和 MGAT3 在肠道表达，且以 MGAT2 与脂肪吸收的关系最大。日粮脂肪可以诱导 MGAT2 表达量和活性的升高，虽然 MGAT2 缺失的动物对脂肪的吸收相比野生型是一样的，但是 MGAT2 缺失导致肠道对脂肪的吸收显著延迟。MGAT2 缺失也并不会对脂质总的吸收造成影响，但对脂质转运时间的延迟导致肠道末端更多地参与到日粮脂质的吸收还有转运中，而这可能具有代谢的重要意义，因为小肠前段与小肠末端相比对吸收脂质的组装转运效率更高，所以，小肠前段与小肠末端产生的 CM 在大小和组成上可能存在差异。MGAT2 发挥调控能量代谢的作用。MGAT3 主要表达于肠道后端，其表达并不受日粮脂肪的调控（Cheng 等，2003），当提供 MG 时，MGAT3 可以催化 TG 的形成。

（4）DGAT　细胞内由 2-MG 合成 TG 的过程还依赖 DGAT 的催化作用。目前已知的 DGAT 有两种：DGAT1 和 DGAT2，虽然它们催化相同的生化反应，但是两者并不具有序列同源性，目前对于它们各自具有的功能并不明确。DGAT 广泛表达于 TG 合成活跃的器官组织（Cases 等，2001），在小肠的各个肠段区域都有表达，且以前段表达量最高，远端表达量逐渐降低（Buhman 等，2002）。DGAT1 对脂肪酸的吸收和 CM 的分泌并不是必须的，DGAT2 和 MGAT3 可以部分代偿 DGAT1 的功能，参与到二酰甘油向 TG 的转变中。DGAT1 更多是参与调控能量代谢，DGAT2 在 TG 合成过程中扮演重要作用，且 DGAT1 的表达不能代偿 DGAT2 的生理功能。MGAT 和 DGAT 之所以存在多种多样的形式是为了保证被吸收的脂质快速包装形成 CM，然后通过胞吐作用转运出肠上皮细胞。如果一种酶的活性降低或者缺失，可能不会影响整个膳食脂肪的吸收，但是会影响膳食脂肪的代谢过程，因为小肠的不同部位（例如回肠）都可能涉及脂质的吸收转运。

（5）MTP　MTP 在 CM 合成的初始阶段扮演了非常重要的角色，其实不止 CM 的合成，凡是携带有 apoB48 的脂蛋白的形成都是由 MTP 介导。MTP 还是影响 apoB48 成熟的关键因素，遗传上的缺陷或是药物抑制造成的 MTP 活性降低都会导致 apoB 的错误折叠继而间接导致 apoB 被泛素蛋白酶降解。在细胞水平，apoB 与脂质的结合以及最后的分泌都需要 MTP，但是对 MTP 表达量的具体要求可以降至很低，MTP 失活也能分泌携带 apoB 的脂蛋白，只是产量极低（Aguie 等，1995）。

三、Caco-2 细胞肠道脂质代谢模型

Caco-2 细胞是来源于人结肠腺癌细胞的肠道细胞系，在普通培养条件下可以自行分化成上皮细胞，并且具备类似肠道的高效营养物质转运系统，使之成为研究肠道的经典体外细胞模型。培养于滤膜上的 Caco-2 细胞不论是结构还是功能都类似于小肠上皮细胞：①Caco-2 细胞组装和分泌 CM 的方式类似于生理环境下小肠上皮细胞；②培养于滤膜上的 Caco-2 细胞可以表达 I-FABP，刺激 apoA-Ⅰ、apoC-Ⅲ和 apoA-Ⅳ基因的表达；③表现出极性生长，形成紧密连接，并分化形成微绒毛，刷状缘膜包含一套完整的功能蛋白，分泌刷状缘水解酶并建立了营养物质转运系统。

（一）Caco-2 细胞肠道脂质代谢模型的特点

1. 培养条件的重要性

培养于普通塑料支持物上的 Caco-2 细胞，也可以进行极性分化，形成紧密连接并表现出上皮细胞的特性，利用微穿刺测定培养于普通塑料支持物上的 Caco-2 细胞的电学特性发现，很多参数都与培养于滤膜上的 Caco-2 细胞差别不大，即使是培养于普通平皿中，Caco-2 细胞也表现出分化的不对称性，76％的跨膜电阻都集中在黏膜一侧。不仅如此，培养于普通塑料支持物上的 Caco-2 细胞也成功分化出微绒毛结构，刷状缘膜包含一套完整的功能蛋白和相关酶系，合

成并分泌载脂蛋白。但是深入研究之后却发现，普通的培养方式下，Caco-2 细胞内若干脂质代谢相关基因的表达受到了抑制，特别是分化后期的部分标志物的表达量不稳定，载脂蛋白的表达模式也与体内不同，限制了脂蛋白的分泌能力。免疫荧光试验发现，对于脂蛋白和蔗糖酶-异麦芽糖酶的表达，塑料平皿培养的 Caco-2 细胞表现出短暂性的镶嵌模式，这种镶嵌模式实际上说明细胞只有部分完成了分化过程，虽然延长培养时间可以减少镶嵌模式，但是仍然说明传统的塑料支持物不利于 Caco-2 细胞分化成为肠上皮样细胞。

培养于滤膜上的 Caco-2 细胞尽可能地从形式上模拟了生理状态下的肠上皮细胞，图 4.1 展现了培养装置的构造，通过在上下室中添加不同的培养基，实现了顶端侧和基底侧的功能区分，再现了体内肠上皮细胞顶端微绒毛接触肠腔内膳食中营养物质的情景，利用这个装置检测到上下室培养基中添加的脂肪酸最终进入了不同的代谢通路。

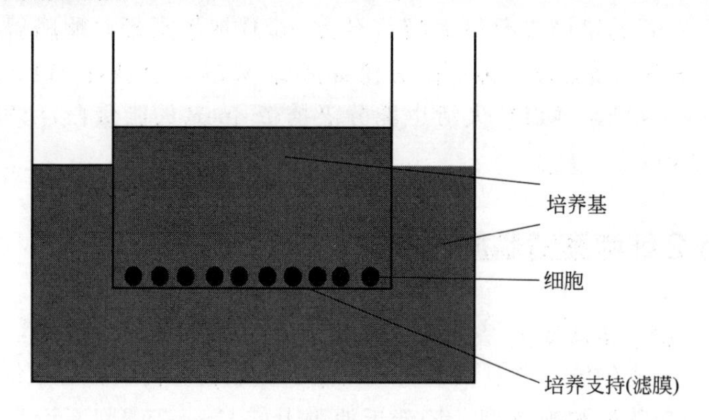

图 4.1　transwell 嵌入式培养皿示意

滤膜上培养的 Caco-2 细胞特异性地从底端分泌 apoB 进入下室培养基，启动了塑料平皿培养条件下不会表达的 I-FABP 的表达，极大地促进了 APOBEC-1、apoA-Ⅰ和 apoC-Ⅲ基因的表达。apoB48 的编辑依赖于 APOBEC-1 基因的表达，而 APOBEC-1 基因的表达又受到细胞分化状态的影响，这一结论得到 Caco-2 细胞试验很好的验证，被认为有利于 Caco-2 细胞分化的滤膜培养载物，相比普通塑料培养支持物，显著提高了 APOBEC-1 基因 mRNA 的表达丰度（Giannoni 等，1995），而培养于塑料支持物上的 Caco-2 细胞只有在融合后分化完成时才能检测到 APOBEC-1 基因的表达（Giannoni 等，1995），说明培养方式决定了部分基因的表达时间。可以预期的是，培养条件在影响 APOBEC-1 基因表达的同时，也间接改变了 apoB48 在细胞内的表达量。

2. 形态结构及功能

极化的肠上皮细胞成熟的标志之一是分化形成刷状缘微绒毛，而这一水平的成熟还伴随着摄取消化腔内营养物质所必需的相关酶系的表达和转运系统的建立，Caco-2 细胞可以合成包括蔗糖酶-异麦芽糖酶、乳糖酶、氨肽酶 N、碱性磷酸酶、二肽基肽酶、谷氨酰胺转肽酶等在内的多种水解酶，虽然葡萄糖摄取的速率比正常肠上皮细胞低，但是氨基酸、二肽、维生素、脂类及离子等多种主动转运系统与小肠上皮细胞相似，顶端绒毛膜和基底膜上分布有极化的生长因子膜受体。功能极化的另外一个重要特征是“dome”结构的形成，“dome”结构被认为是离子和水分单向运输的结果。

作为目前研究肠上皮细胞脂蛋白分泌的最佳体外模型之一，Caco-2 细胞表达绝大多数的载脂蛋白，其中 apoB、apoA-Ⅰ和 apoA-Ⅳ在 Caco-2 细胞内的表达量比较高，apoC-Ⅱ、apoC-Ⅲ及 apoE 的表达量相对较低，载脂蛋白在 Caco-2 细胞内的相对含量与体内监测的水平存在差异。Caco-2 细胞具备编辑剪切 apoB mRNA 的能力，所以在 Caco-2 细胞内存在 apoB48 和 apoB100 两种脂蛋白结构蛋白。在没有外源脂肪酸添加的情况下，Caco-2 细胞分泌的含有 apoB 的脂蛋白与血浆中低密度脂蛋白的悬浮特性相似，但是额外在培养基中添加 OA 处理后，Caco-2 细胞分泌的脂蛋白中 VLDL 含量上升，同时低密度脂蛋白的合成量减少（Levy 等，1995），在 Caco-2 细胞模型上观测到的脂肪酸对 CM 合成的刺激效果并没有生理条件下明显，原因并非由于 Caco-2 细胞内存在的 apoB 的主要形式为 apoB100 而非 apoB48，因为即使过表达 apoB48 也不能改善 Caco-2 细胞对 CM 合成和分泌的能力。

3. 模型的局限性

生理条件下，肠道对营养物质的吸收代谢受很多因素的控制，生物体在长期演化过程中进化出了一整套包括神经、体液调节在内的复杂调控网络，这是体外细胞模型永远无法重现的，此外：①Caco-2 细胞本身因为单酰甘油转移酶活性很低，所以单酰甘油途径受到了影响，但是在肠道中存在的两条 TG 合成的途径——单酰甘油途径和 α-磷酸甘油途径，前者才是摄食后状态下 TG 合成的主要途径，后者则主要发生在禁食状态；②Caco-2 细胞主要合成 apoB100，而生理条件下肠上皮细胞主要合成的是 apoB48；③Caco-2 细胞内会聚集大量糖原，糖原含量甚至高于正常生理条件下的肝脏细胞；④Caco-2 细胞具备一些胚胎细胞和结肠隐窝细胞的特性；⑤Caco-2 细胞胞内 I-FABP 蛋白含量仅为大鼠肠上皮细胞内 I-FABP 蛋白量的 10%；⑥Caco-2 细胞来源于结肠，具有部分结肠的特征，分泌的蔗糖酶-异麦芽糖酶的分子构造与正常小肠分泌的不同，更类似于结肠分泌的消化酶；⑦Caco-2 细胞合成和分泌 CM 的能力比生理条件下的肠上皮细胞弱。但是即便如此，Caco-2 细胞还是目前为止研究脂肪酸吸收和 CM 分泌最佳的肠上皮细胞模型之一。

（二）Caco-2 细胞 transwells 模型的建立与验证

Caco-2 细胞目前已经被证明是一种很好的模拟小肠上皮细胞，进行营养物质吸收及代谢相关研究的体外细胞模型，并且被广泛应用于科研领域以获取体外试验的数据，但是据相关文献报道，Caco-2 细胞在不同的培养条件下，形态结构可能存在差异，分化后期的部分标志物，例如载脂蛋白和脂质代谢相关蛋白的表达量不稳定（Sambuy 等，2005）。可能导致 Caco-2 细胞形态及代谢差异的“培养条件”范围非常广，涵盖了接种密度、分化时间、培养基成分、培养载物等多个方面。为了验证分化成熟的 Caco-2 细胞可以作为模拟小肠上皮细胞对脂肪酸吸收代谢过程的体外模型，并且在不同批次的试验条件下对细胞状态进行监控，应从单层细胞膜结构的完整性以及酶/功能性蛋白表达两个方面对细胞模型的有效性进行评价。黄飞若等（2015）成功进行了 Caco-2 细胞 transwells 模型的建立与验证，并对建立与验证方法进行了总结。

Caco-2 细胞因为表现出成熟肠上皮细胞所特有的形态和功能特性，而作为肠道吸收转运的体外模型广泛应用于科研领域，但是在 Caco-2 细胞的培养过程中，特有的功能性标志物的表达出现暂时性的镶嵌模式，有关分化和增殖相关基因表达量的报道也不一致，而培养条件和试验用细胞代数及来源被认为是造成同质性和稳定性不好的主要原因。随着 Caco-2 细胞传代次数的增加，增殖速率变快，TEER 值升高，水解酶的表达及膜转运体的表达发生改变，由此可见细胞代数会对细胞代谢产生很大的影响。

为了使试验结果更具参考性和可比性，通常采用早中期（35～55 代）细胞进行相关试验。第二个影响分化性状表达的重要参数是接种密度和分化时间，因为细胞只有融合之后才会启动分化程序，所以单凭其中任意一个参数都无法确定细胞的分化程度。文献报道中使用的接种密度跨度很大，细胞数从 3.5×10^3～4×10^5 个/cm^2 都有使用（Sambuy 等，2005），高的接种密度可以保证单层膜结构的各个区域在同一时间达到融合，但是很容易出现细胞叠层生长并影响载体介导的转运系统的建立，选择一中间密度进行接种较好。

功能性结构的形成通过透射电镜进行确认，分化后的 Caco-2 细胞具有微绒毛及紧密连接这两个很具有代表性的肠上皮细胞特有的超微结构。TEER 值可以反应是否形成了保证极性分泌的紧密连接，TEER 值大于 $250\Omega\cdot cm^2$ 即可用于细胞通透性试验，说明细胞间的紧密连接形成，单层细胞膜结构具有良好的紧密性。不同于蔗糖酶-异麦芽糖酶，ALP 酶活在不同细胞株之间比较保守差异不大，ALP 在细胞内合成后，会从顶端膜分泌进入培养基，多数试验都选择裂解细胞之后测定胞内 ALP 的活性，根据已发表的文献，Caco-2 细胞融合后 3d 就已经具备合成 ALP 的能力，整个培养过程中细胞内 ALP 酶活一直处于平稳上升阶段，一般不会出现平台期；L-FABP 在 Caco-2 细胞中的表达比较稳定，受培养载物等外界因素的影响较小，L-FABP 在分化 Caco-2 细胞中的表达量可以占到胞质蛋白总量的 1.8%（Darimont 等，1998）。随着分化的进行，L-FABP 表达量逐渐增加，在分化成熟的 Caco-2 细胞中 L-FABP 表达量很高，证明了分化后期的 Caco-2 细胞脂质代谢等生理功能都趋于完善。

黄飞若等（2015）在进行 transwells 模型的建立与验证的过程中，综合 TEER 值及 L-FABP 表达量的变化趋势时发现，TEER 值和 L-FABP 表达量都在培养中期增加最快，培养后期变化不大。根据培养经验，细胞接种一周内隔天换液，细胞培养基颜色变化不明显，此时细胞以增殖为主，一周后细胞代谢明显增快，培养基需要每天换液，即使这样培养基的颜色变化也很快，此时因为生长空间的限制，细胞数量的增加已经不明显，融合后的细胞基本停止增殖开始分化，但是两周后细胞培养基的颜色变化再度放缓，代谢等各项生理活动趋于平稳，培养过程中观察到的现象正好对应了检测指标的变化趋势。

所以，结合微观形态结构、跨膜电阻值、ALP 分泌情况和 L-FABP 表达量四个衡量指标，从单层细胞膜结构的完整性以及酶/功能性蛋白表达两个方面可以验证分化成熟的 Caco-2 细胞是否可以作为模拟小肠上皮细胞对脂肪酸吸收代谢过程的体外模型。

四、*n*-3 PUFA 对肠上皮细胞 CM 合成和分泌的调控

脂肪酸影响脂蛋白合成和分泌的研究主要集中在肝脏脂质代谢领域，而对肠上皮细胞内脂蛋白合成和分泌的关注较少，并且由于试验设计的不同，试验结果缺乏一致性。人群试验证明长期摄入 *n*-3PUFA 可以抑制肠道 CM 的合成和分泌。所以，通过体外试验揭示不同脂肪酸对 CM 合成和分泌的影响非常重要，而利用培养于 transwell 嵌入式培养皿中的 Caco-2 细胞作为脂蛋白合成分泌模型，关注 CM 组装过程中最重要的两个底物 TG 和 apoB 的变化情况，解释 CM 合成过程中脂肪酸的特异性是一关键途径。

黄飞若等（2015）探究了 DHA（docosahexaenoic acid，22∶6）及 EPA（eicosapentaenoic acid，20∶5）对 Caco-2 细胞 CM 组装分泌的影响后发现：600μmol/L 浓度 OA（oleic acid，18∶1）处理下细胞的存活力仍然可以达到 95%；往上室培养基中加入［1,2,3-^{3}H］甘油研究 TG 合成情况发现，400μmol/L 浓度的脂肪酸处理可以显著增加胞内聚集的及培养基中分泌的［^{3}H］甘油三酯的量，由于标记的 TG 的量随着孵育时间的延长而增加，直到 36h 时，脂肪酸对 TG 合成的差异性才显现出来，相比 OA 处理组，EPA 处理组细胞内聚集的以及培养基中分泌的［^{3}H］甘油三酯的量分别降低了 16.5% 和 21%，DHA 处理组则分别降低了 23.2% 和 28%；向上室培养基中加入［1-^{14}C］脂肪酸检测细胞对不同脂肪酸的摄取效率发现，上室培养基中放射性元素的消失率及摄取进入细胞的放射性元素的强度都相同，在处理 12～24h 间约有 50%～80% 的脂肪酸进入细胞内，下室培养基中放射性元素的强度在三种脂肪酸处理间也没有差异；向上室培养基中加入［^{35}S］甲硫氨酸检测载脂蛋白 B（apolipoprotein

B，apoB）的合成情况，三种脂肪酸处理下，不管是胞内聚集的还是培养基中分泌的被标记的 apoB48 及 apoB100 的量都显著增加，EPA 和 DHA 处理组显著低于 OA 处理组，而 EPA 和 DHA 处理组之间差异不显著；利用密度梯度离心分离测定脂蛋白发现，相比相同浓度的 OA，400μmol/L 的 EPA 和 DHA 可以显著降低 Caco-2 细胞 CM 的分泌量。

黄飞若等（2015）在对 n-3PUFA 对肠上皮细胞 CM 合成和分泌的调控的研究过程中，成功利用 transwell 嵌入式培养皿建立了 Caco-2 单层细胞模型，证实极性分化完全的 Caco-2 细胞可以作为研究小肠营养物质吸收代谢的体外模型，为用于后续脂质代谢的相关试验奠定了技术平台；确定了 400μmol/L 浓度的 LCFA 处理不会对 Caco-2 细胞产生毒性，只有当处理时间达到 36h 时，不同脂肪酸对脂质代谢影响的差异性才显现出来；相比 OA，EPA 和 DHA 能够显著降低 CM 的分泌量，这种抑制 CM 分泌的效果并非由于 Caco-2 细胞对不同脂肪酸的吸收效率不同造成，而是部分缘于 TG 合成量的降低和可供合成 CM 的 apoB 量的减少；同时发现，相比对照组 BSA，脂肪酸处理可以显著上调 Caco-2 细胞 L-FABP 基因的表达，L-FABP 可以携带脂肪酸入核调控脂质代谢相关基因的表达，所以，L-FABP 可能参与了脂肪酸驱动的受 PPARα 控制的下游基因表达的调控过程。

第四节 猪肠道脂肪酸代谢与乙酰化修饰

猪肠道脂肪酸的吸收、转运及代谢在肠道脂肪酸营养与机体脂质代谢中发挥着至关重要的作用。近年来，针对表观遗传学对肠道健康及相关基因表达调控的影响，多集中于短链脂肪酸对组蛋白乙酰化的修饰。短链脂肪酸的产生与日粮种类、水平以及动物肠道微生物的种类密切相关。表观遗传学修饰广泛地参与到肠道脂肪酸的吸收、转运及代谢的过程中，并且对肠道健康和功能有重要的影响。

一、短链脂肪酸与肠道组蛋白乙酰化修饰

短链脂肪酸（SCFA）主要由膳食纤维、抗性淀粉、低聚糖等不易消化的糖类在结肠受乳酸菌、双歧杆菌等有益菌群酵解产生，包括乙酸、丙酸和丁酸等。在对肠道功效方面，短链脂肪酸不仅具有氧化供能的作用，而且还有维持水电解质平衡、抗病原微生物及抗炎、调节肠道菌群平衡、改善肠道功能、调节免疫、抗肿瘤和调控基因表达等重要作用（刘小华等，2012）。近年来发现，短链脂肪酸在染色质重塑和组蛋白乙酰化修饰等方面发挥越来越重要的作用。

大量的研究表明，环境因素能够影响肠道健康，刺激肠道疾病的发生。日粮因素比如摄入过多的脂肪和机体产生过多的胆汁酸都可以作为疾病发生的启动因

子，然而，纤维却被报道具有抗肿瘤的作用（Weisburger，1991；McIntyre 等，1993）。肠道纤维发酵可以产生一种非常重要的副产品短链脂肪酸（乙酸、丙酸和丁酸），有研究报道表明，丁酸在结肠癌细胞系中可以诱导生长抑制（Augeron 等，1984；Whitehead 等，1986）。体内的研究结果也同样表明，丁酸的水平与结肠癌的发病率紧密相关，丁酸灌注到结肠腔中，可以显著降低结肠癌的发生率（Medina 等，1998），然而，此过程涉及的精确的机制还有待于进一步的研究。丁酸可以抑制组蛋白去乙酰化酶（HDAC）的活性，该酶活性的抑制导致了一个相对较高的核心组蛋白 H3 和 H4 高乙酰化的状态（Sealy 和 Chalkley，1978）。组蛋白的高度乙酰化扰乱离子与相邻的 DNA 骨架的相互作用，打破了染色质或常染色质紧密排列的状态，并允许或抑制转录因子对特定的基因的激活（Grunstein，1997）。丁酸的这种作用，更倾向于在体内的状态下发生，因为饲喂高纤维含量饲粮的老鼠，表现出了肠道内高的丁酸含量，同时引起了结肠上皮细胞较高的乙酰化水平和细胞的生长抑制（Boffa 等，1992）。所以，短链脂肪酸可以影响肠上皮细胞组蛋白的乙酰化水平并调控相应基因的表达，在肠道健康方面发挥了重要的作用。

二、乙酰化与去乙酰化修饰对肠上皮基因表达的调控

丁酸和丙酸在肠道内达到一定浓度后，能够抑制表观遗传学修饰的一重要蛋白家族的活性，其中最重要的是组蛋白去乙酰化酶（HDAC）。在哺乳动物细胞中，大约包含 18 种不同的 HDAC，主要分为四类（Yang 等，2008）。组蛋白赖氨酸残基的乙酰化和去乙酰化是翻译后修饰的一种重要方式，主要发生在组蛋白的尾巴，同样该修饰也包括非组蛋白的底物。乙酰化，尤其是组蛋白 H3 和 H4 乙酰化状态，总是和染色质的结构的排列紧密程度和基因的转录激活密切相关。然而，组蛋白的高度乙酰化，常常会导致染色质结构更加紧密的排列和转录的抑制。在这一过程中，组蛋白乙酰基转移酶（HAT）发挥了主要作用，通过促进乙酰基添加到组蛋白以及其他蛋白质上，使其产生高度的乙酰化状态。所以，组蛋白乙酰基转移酶与组蛋白去乙酰化酶的功能相反。值得注意的是，乙酰化的功能同样发生在非组蛋白底物上，如一些重要转录因子和信号通路关键蛋白 STAT、p53、NF-κB 等（Glozak 等，2005）。Schilderink 等（2013）也对短链脂肪酸在各种肠上皮细胞系中对组蛋白去乙酰化酶的活性的影响做了详细的总结。所以，短链脂肪酸通过组蛋白乙酰化与去乙酰化修饰在肠道上皮细胞基因表达调控方面发挥了重要作用，并成为人们研究和关注的热点。

三、表观遗传学修饰对脂肪酸转运关键蛋白的调控

肠道脂肪酸结合蛋白是一类分子量较小、对脂肪酸有高亲和力的可溶性蛋白

质。它是细胞内重要的脂肪酸载体蛋白，并广泛参与和影响脂肪酸的吸收、转运和代谢过程。脂肪酸结合蛋白的主要功能是与脂肪酸特异性结合，并将脂肪酸从细胞膜运送到甘油三酯和磷脂合成或分解的位点，起到对脂肪酸运输的作用。近几年的研究发现，脂肪酸结合蛋白对细胞内脂质代谢有重要调节作用。此外，脂肪酸结合蛋白在其分子中心有高亲和力的结合位点，可以与长链脂肪酸以非共价结合，它还能结合长链酯酰 CoA、胆固醇、胆固醇酯及花生四烯酸等（蒋金津等，2009）。然而，长链脂肪酸在表观遗传学修饰方面的研究很少。

黄飞若等（2014）的研究也阐明了不同浓度的长链脂肪酸对肠道上皮细胞脂肪酸转运相关基因表达的影响，分别用不同浓度的长链脂肪酸棕榈酸（PLA）、二十碳五烯酸（EPA）和二十二碳六烯酸（DHA）处理肠上皮发现，随着脂肪酸浓度升高，PLA、EPA 和 DHA 均显著上调了 PPARα、CD36、L-FABP、DGAT1 和 MTPmRNA 的表达量；PLA 处理组 CD36mRNA 表达量显著高于 EPA 处理组和 DHA 处理组；而 EPA 和 DHA 处理组 PPARα、L-FABP、DGAT1mRNA 表达量显著高于 PLA 处理组。这些结果表明，随脂肪酸浓度增加，基因表达量以剂量依赖效应增加；值得注意的是，不同浓度、不同种类、不同时间处理的长链脂肪酸对肠道脂肪酸转运相关基因的表达产生了复杂的影响。脂肪酸调控肠道脂肪酸转运相关基因的表达，不仅仅是一种简单的底物驱动，而是一种基因表达调控。表观遗传学就是在不改变遗传物质本身的基础上，改变基因的转录、翻译和翻译后修饰，它受环境和营养物质水平的影响。那么长链脂肪酸对脂肪酸转运蛋白基因表达的调控，必然涉及表观遗传学的修饰，值得进一步进行深入的研究。

参考文献

[1] 蒋金津，陈立祥，邹增丁. 脂肪酸结合蛋白的研究进展. 畜牧与饲料科学，2009，(2)：6-8.

[2] 刘小华，李舒梅，熊跃玲. 短链脂肪酸对肠道功效及其机制的研究进展. 肠外与肠内营养，2012，19 (1)：56-58.

[3] 王悦. EPA 和 DHA 调控 Caco-2 细胞乳糜微粒组装的机制研究. 武汉：华中农业大学硕士学位论文，2015.

[4] 徐俊科. 不同长链脂肪酸影响肠道上皮细胞脂肪酸转运机制研究. 武汉：华中农业大学硕士学位论文，2014.

[5] 郑培培，徐俊科，王悦等. 长链 *n*-3 多不饱和脂肪酸 EPA 和 DHA 对肠道上皮细胞脂肪酸转运相关基因的影响 [EB/OL]. 北京：中国科技论文在线 [2014-11-12].

[6] 郑培培，徐俊科，王悦等. 长链 *n*-3 多不饱和脂肪酸 EPA 和 DHA 对肠道上皮细胞乳糜微粒及甘油三脂的影响 [EB/OL]. 北京：中国科技论文在线 [2014-11-12].

[7] 邹芳. 不同种类脂肪对大鼠生长性能及微生态效应的影响研究. 雅安：四川农业大学硕士学位论文，2009.

[8] Abumrad NA，el-Maghrabi MR，Amri EZ，et al. Cloning of a rat adipocyte membrane protein implicated in binding or transport of long-chain fatty acids that is induced during preadipocyte differentiation.

Homology with human CD36. Journal of Biological Chemistry, 1993, 268: 17665-17668.

[9] Aguie GA, Rader DJ, Clavey V, et al. Lipoproteins containing apolipoprotein B isolated from patients with abetalipoproteinemia and homozygous hypobetalipoproteinemia: identification and characterization. Atherosclerosis, 1995, 118: 183-191.

[10] Atshaves BP, Martin GG, Hostetler HA, et al. Liver fatty acid-binding protein and obesity. The Journal of Nutritional Biochemistry, 2010, 21: 1015-1032.

[11] Atshaves BP, McIntosh AM, Lyuksyutova OI, et al. Liver fatty acid-binding protein gene ablation inhibits branched-chain fatty acid metabolism in cultured primary hepatocytes. Journal of Biological Chemistry, 2004, 279: 30954-30965.

[12] Augeron C, Laboisse C L. Emergence of permanently differentiated cell clones in a human colonic cancer cell line in culture after treatment with sodium butyrate. Cancer Research, 1984, 44: 3961-3969.

[13] Baillie RA, Jump DB, Clarke SD. Specific effects of polyunsaturated fatty acids on gene expression. Current Opinion in Lipidology, 1996, 7: 53-55.

[14] Boffa L C, Lupton J R, Mariani M R, et al. Modulation of colonic epithelial cell proliferation, histone acetylation, and luminal short chain fatty acids by variation of dietary fiber (wheat bran) in rats. Cancer Research, 1992, 52: 5906-5912.

[15] Boudry G, Morise A, Seve B, et al. Effect of milk formula protein content on intestinal barrier function in a porcine model of LBW neonates. Pediatric research, 2011, 69: 4-9.

[16] Buhman KK, Smith SJ, Stone SJ, et al. DGAT1 is not essential for intestinal triacylglycerol absorption or chylomicron synthesis. Journal of Biological Chemistry, 2002, 277: 25474-25479.

[17] Burrin DG, Shulman RJ, Reeds PJ, et al. Porcine Colostrum and Milk Stimulate Visceral Organ and Skeletal Muscle Protein Synthesis in Neonatal Piglets1. 1992, 122: 1205-1213.

[18] Cases S, Stone SJ, Zhou P, et al. Cloning of DGAT2, a Second Mammalian Diacylglycerol Acyltransferase, and Related Family Members. Journal of Biological Chemistry, 2001, 276: 38870-38876.

[19] Cheng D, Nelson TC, Chen J, et al. Identification of acyl coenzyme A: monoacylglycerol acyltransferase 3, an intestinal specific enzyme implicated in dietary fat absorption. Journal of Biological Chemistry, 2003, 278: 13611-13614.

[20] Darimont C, Gradoux N, Cumin F, et al. Differential regulation of intestinal and liver fatty acid-binding proteins in human intestinal cell line (Caco-2): role of collagen. Experimental Cell Research, 1998, 244: 441-447.

[21] Erol E, Kumar LS, Cline GW, et al. Liver fatty acid binding protein is required for high rates of hepatic fatty acid oxidation but not for the action of PPARα in fasting mice. The FASEB Journal, 2004, 18: 347-349.

[22] Giannoni F, Chou SC, Skarosi SF, et al. Developmental regulation of the catalytic subunit of the apolipoprotein B mRNA editing enzyme (APOBEC-1) in human small intestine. Journal of Lipid Research, 1995, 36: 1664-1675.

[23] Glozak MA, Sengupta N, Zhang X, et al. Acetylation and deacetylation of non-histone proteins. Gene, 2005, 363: 15-23.

[24] Grunstein M. Histone acetylation in chromatin structure and transcription. Nature, 1997, 389: 349-352.

[25] Hostetler HA, McIntosh AL, Atshaves BP, et al. L-FABP directly interacts with PPARα in cul-

tured primary hepatocytes. Journal of Lipid Research, 2009, 50: 1663-1675.

[26] Husband AJ, Kramer DR, Bao S, et al. Regulation of mucosal IgA responses in vivo: cytokines and adjuvants. Veterinary immunology and immunopathology, 1996, 54: 179-186.

[27] Inagaki-Ohara K, Dewi FN, Hisaeda H, et al. Intestinal intraepithelial lymphocytes sustain the epithelial barrier function against Eimeria vermiformis infection. Infection and immunity, 2006, 74: 5292-5301.

[28] Jiang ZG, Liu Y, Hussain MM, et al. Reconstituting Initial Events during the Assembly of Apolipoprotein B-Containing Lipoproteins in a Cell-Free System. Journal of Molecular Biology, 2008, 383: 1181-1194.

[29] Klimberg VS, Souba WW. The importance of intestinal glutamine metabolism in maintaining a healthy gastrointestinal tract and supporting the body's response to injury and illness. Surgery annual, 1989, 22: 61-76.

[30] Mackie RI, Sghir A, Gaskins HR. Developmental microbial ecology of the neonatal gastrointestinal tract. The American journal of clinical nutrition, 1999, 69: 1035s-1045s.

[31] Magalhaes JG, Tattoli I, Girardin SE. The intestinal epithelial barrier: how to distinguish between the microbial flora and pathogens. Seminars in immunology. Academic Press, 2007, 19: 106-115.

[32] Mantis NJ, Cheung MC, Chintalacharuvu KR, et al. Selective adherence of IgA to murine Peyer's patch M cells: evidence for a novel IgA receptor. The Journal of Immunology, 2002, 169: 1844-1851.

[33] Manzanilla EG, Nofrarias M, Anguita M, et al. Effects of butyrate, avilamycin, and a plant extract combination on the intestinal equilibrium of early-weaned pigs. Journal of animal science, 2006, 84: 2743-2751.

[34] Marchiando AM, Graham WV, Turner JR. Epithelial barriers in homeostasis and disease. Annual Review of Pathological Mechanical Disease, 2010, 5: 119-144.

[35] Medina V, Afonso JJ, Alvarez-Arguelles H, et al. Sodium butyrate inhibits carcinoma development in a 1,2-dimethylhydrazine-induced rat colon cancer. Journal of Parenteral and Enteral Nutrition, 1998, 22: 14-17.

[36] Milger K, Herrmann T, Becker C, et al. Cellular uptake of fatty acids driven by the ER-localized acyl-CoA synthetase FATP4. Journal of Cell Science, 2006, 119: 4678-4688.

[37] Murphy EJ. L-FABP and I-FABP expression increase NBD-stearate uptake and cytoplasmic diffusion in L cells. American Journal of Physiology-Gastrointestinal and Liver Physiology, 1998, 275: G244-G249.

[38] Murphy EJ, Prows DR, Jefferson JR, et al. Liver fatty acid-binding protein expression in transfected fibroblasts stimulates fatty acid uptake and metabolism. Biochimica et Biophysica Acta-Lipids and Lipid Metabolism, 1996, 1301: 191-198.

[39] Neeli I, Siddiqi SA, Siddiqi S, et al. Liver fatty acid binding protein initiates budding of pre-chylomicron transport vesicles from intestinal endoplasmic reticulum. Journal of Biological Chemistry, 2007, 282: 17974-17984.

[40] Ockner RK, Manning JA, Poppenhausen RB, et al. A binding protein for fatty acids in cytosol of intestinal mucosa, liver, myocardium, and other tissues. Science, 1972, 177: 56-58.

[41] Peace RM, Campbell J, Polo J, et al. Spray-dried porcine plasma influences intestinal barrier function, inflammation, and diarrhea in weaned pigs. The Journal of nutrition, 2011, 141: 1312-1317.

[42] Prows D, Murphy E, Schroeder F. Intestinal and liver fatty acid binding proteins differentially affect

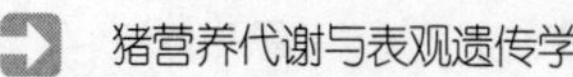

fatty acid uptake and esterification in L-cells. Lipids，1995，30：907-910.

[43] Ranheim T，Gedde-Dahl A，Rustan AC，et al. Influence of eicosapentaenoic acid（20：5，*n*-3）on secretion of lipoproteins in CaCo-2 cells. Journal of Lipid Research，1992，33：1281-1293.

[44] Sambuy Y，De Angelis I，Ranaldi G，et al. The Caco-2 cell line as a model of the intestinal barrier：influence of cell and culture-related factors on Caco-2 cell functional characteristics. Cell Biology and Toxicology，2005，21：1-26.

[45] Schilderink R，Verseijden C，de Jonge W J. Dietary inhibitors of histone deacetylases in intestinal immunity and homeostasis. Frontiers in Immunology，2013，4.

[46] Schroeder F，Petrescu AD，Huang H，et al. Role of fatty acid binding proteins and long chain fatty acids in modulating nuclear receptors and gene transcription. Lipids，2008，43：1-17.

[47] Sealy L，Chalkley R. The effect of sodium butyrate on histone modification. Cell，1978，14：115-121.

[48] Stahl A，Hirsch DJ，Gimeno RE，et al. Identification of the major intestinal fatty acid transport protein. Molecular Cell，1999，4：299-308.

[49] Stoll B，Burrin DG，Henry J，et al. Substrate oxidation by the portal drained viscera of fed piglets. American Journal of Physiology-Endocrinology And Metabolism，1999，277：E168-E175.

[50] Sukhotnik I，Gork AS，Chen M，et al. Effect of low fat diet on lipid absorption and fatty-acid transport following bowel resection. Pediatric Surgery International，2001，17：259-264.

[51] Trotter PJ，Storch J. Fatty acid uptake and metabolism in a human intestinal cell line（Caco-2）：comparison of apical and basolateral incubation. Journal of Lipid Research，1991，32：293-304.

[52] Turner JR. Intestinal mucosal barrier function in health and disease. Nature Reviews Immunology，2009，9：799-809.

[53] van Greevenbroek MMJ，van Meer G，Erkelens DW，et al. Effects of saturated，mono-，and polyunsaturated fatty acids on the secretion of apo B containing lipoproteins by Caco-2 cells. Atherosclerosis，1996，121：139-150.

[54] Wang TY，Liu M，Portincasa P，et al. New insights into the molecular mechanism of intestinal fatty acid absorption. European Journal of Clinical Investigation，2013，43：1203-1223.

[55] Wang W，Zeng X，Mao X，et al. Optimal dietary true ileal digestible threonine for supporting the mucosal barrier in small intestine of weanling pigs. The Journal of nutrition，2010，140：981-986.

[56] Wang Y，Lin Q，Zheng P，et al. Effects of Eicosapentaenoic Acid and Docosahexaenoic Acid on Chylomicron and VLDL Synthesis and Secretion in Caco-2 Cells. Biomed Res Int，2014.

[57] Weisburger JH. Causes，relevant mechanisms，and prevention of large bowel cancer，Seminars in oncology. Elsevier，1991，18：316-336.

[58] Whitehead RH，Young GP，Bhathal PS. Effects of short chain fatty acids on a new human colon carcinoma cell line（LIM1215）. Gut，1986，27：1457-1463.

[59] Yang XJ，Seto E. The Rpd3/Hda1 family of lysine deacetylases：from bacteria and yeast to mice and men. Nature Reviews Molecular Cell Biology，2008，9：206-218.

[60] Zhan Z，Ou D，Piao X，et al. Dietary arginine supplementation affects microvascular development in the small intestine of early-weaned pigs. The Journal of nutrition，2008，138：1304-1309.

第五章 低蛋白日粮下猪肝脏氨基酸的代谢及甲基化修饰

肝脏是氨基酸合成、转化、分解和蛋白质合成的重要器官，大量研究发现日粮氨基酸约有一半以上没有被肠道代谢，而是从门静脉进入肝脏。进入肝脏的氨基酸用于分解代谢及蛋白质合成等，相比于整体蛋白质合成，肝脏和肠道合成蛋白质的比例达到25%。所以，肝脏对氨基酸的代谢和重分配改变了肝静脉中氨基酸模式及对外周组织的供应量。因此，当猪采食不同粗蛋白（crude protein，CP）水平的日粮时，会影响动物机体氨基酸代谢相关的生化反应，所以，很有必要对不同日粮对肝脏代谢和功能的影响给予关注。此外，日粮蛋白质水平与甲基化修饰密切相关。

第一节 猪肠道与肝脏氨基酸代谢特点

日粮来源的大量氨基酸会被猪的肠黏膜吸收，在PDV组织经过消化吸收，剩余部分从门静脉血液流出，进入肝脏，因此，肠道对进入肝脏氨基酸的量起着决定性作用。日粮中大约有30%～50%的氨基酸在肠道进行首过代谢（Shoveller等，2005），在机体肠道的首过代谢中，几乎所有的氨基酸都会被动物PDV组织不同程度地消化吸收，而这部分氨基酸很大程度地被肠道组织吸收利用（Stoll等，1998），由此可见动物小肠在日粮氨基酸代谢过程中起着重要作用。而且小肠黏膜优先代谢日粮来源的氨基酸，对动脉来源的氨基酸［谷氨酰胺（glutamine，Gln）除外］则很少代谢。

日粮来源的各种氨基酸在机体小肠内都有其独特的代谢途径，根据其在小肠不同的代谢命运，将氨基酸分为四类：①在小肠中不能合成又不会降解的氨基

酸，如天冬酰胺（asparagine，Asn）、半胱氨酸（cysteine，Cys）、色氨酸（tryptophan，Trp）和组氨酸（histidine，His）；②在小肠中合成但不降解的氨基酸，如酪氨酸（tyrosine，Tyr）和丙氨酸（alanine，Ala）；③在小肠中降解但不合成的氨基酸，如支链氨基酸（branched chain amino acids，BCAA）、赖氨酸（lysine，Lys）、蛋氨酸（methionine，Met）、苏氨酸（threonine，Thr）；④在小肠中既可以合成又可降解的氨基酸，如谷氨酸（glutamate，Glu）、谷氨酰胺（glutamine，Gln）、天冬氨酸（aspartate，Asp）、苯丙氨酸（phenylalanine，Phe）、精氨酸（arginine，Arg）、脯氨酸（proline，Pro）、丝氨酸（serine，Ser）和甘氨酸（glycine，Gly）（Wu 等，2005）。

肝脏内既可以进行蛋白质合成，又可以发生氨基酸脱氨基和转氨基反应，日粮蛋白质经过消化道大量蛋白酶催化后，最后以游离氨基酸和寡肽的形式被空肠和十二指肠的毛细血管吸收，随门静脉血流进入肝脏，大部分在肝脏内发生转化。肝脏对氨基酸的代谢包括合成和分解两种代谢方式：合成代谢即从肝脏输出蛋白质供外周利用的过程；分解代谢即氨基酸在肝脏氧化供能、同时参与糖异生作用和尿素合成。日粮 50%～70%的氨基酸出现在门静脉血液中（Shoveller 等，2005），之后进入肝脏；氨基酸在肝脏经过 4 条潜在途径代谢：①转化为特殊的含氮代谢物；②以游离的形式留在血管内；③氧化提供能量和非氮中产物；④合成外运蛋白入肝脏。当猪采食蛋白质的量降低，减少了与蛋白质消化相关的腺体（如胰腺、肝脏）的活动，即导致动物产热量减少，进而影响与氨基酸代谢相关的生化反应（如脱氨基反应）。

一、必需氨基酸

（一）赖氨酸

在谷实类及其加工副产品的基础日粮中，赖氨酸（lysine，Lys）是猪的第一限制性氨基酸，清楚 Lys 的代谢命运对动物氨基酸的利用及提高合成蛋白质的效率有很大益处。Lys 依赖于酵母氨酸的分解途径是大多数动物体内 Lys 分解的主要途径，该过程包括赖氨酸 α-酮戊二酸还原酶（lysine α-ketoglutarate reductase，LKR）和酵母氨酸脱氢酶（saccharopine dehydrogenase，SDH），此外赖氨酰化酶（lysyl oxidase，LOX）也是 Lys 分解的关键酶之一。LKR 不仅在肝脏内，在肝外组织中同样存在，所以，Lys 同样可以在肝外组织分解代谢。在肠道上皮细胞中也可检测到 LKR，即肠道内有催化 Lys 代谢的第一个酶，也可以分解代谢 Lys。LKR 和 SDH 在猪的肝脏中表达活性最高，依次是肠道和肾脏，而 LOX 在肌肉中表达量最高，这一结果表明 Lys 主要是在肝脏、肠道、肾脏发生降解，在肌肉发生氧化。

在肠道组织，Lys 可以用于黏膜蛋白的合成及分解代谢，仔猪肠道大约截留了 35%的日粮 Lys，其中合成黏膜蛋白的大约占 18%。在仔猪肠道中，氧化的日粮 Lys 占到 5%，占据全身总 Lys 氧化量的 30%；动脉血来源的 Lys 占到 PDV 组织摄取的 10%，肠道并不氧化动脉来源的 Lys，而是优先摄取日粮来源的 Lys。并且 PDV 组织对 Lys 的摄入量受到肠道内 Lys 可利用量的影响，肠内 Lys 可利用量越多，肠道对 Lys 的摄入量也就越高，此外，Lys 的门静脉净吸收率与猪的品种无关，而与日粮 CP 含量有关，二者呈正相关关系。肝脏是 Lys 氧化的主要器官，在鸡的肝脏，LKR 和 SDH 活性约为 LOX 活性的 18～31 倍，然而 LKR 主要是定位在猪肝脏的线粒体，因此赖氨酸必须首先穿过线粒体内膜才能发生代谢，所以，ORC 转运蛋白在 Lys 的转运过程中起着重要作用，并且 ORC 在肝脏有大量表达，从而加速了肝脏 Lys 的代谢。肝脏内 LKR 活性受到日粮 CP 水平的影响，CP 水平越高，LKR 活性越高，饲喂高蛋白水平日粮的小鼠其肝脏内 LKR、LOX 和 SDH 活性可显著提高，也使仔猪肝脏 LKR 和 LOX 活性显著提高，因此日粮 CP 水平和 Lys 在肝脏代谢利用中有重要的关系。

（二）蛋氨酸

Met 和 Cys 都属于含硫氨基酸，Met 可以用于体内蛋白质合成及作为转甲基反应中的甲基提供者。Cys 是含硫氨基酸的重要组成部分，然而，国内外对 Cys 的营养作用及生物学功能研究较少，所以对含硫氨基酸的研究主要还是集中在 Met 上。从门静脉净吸收的氨基酸组成来看，Met 是猪的一种限制性氨基酸。在动物体内，Met 的代谢一般由三个 Met-高半胱氨酸循环的通路组成（Finkelstein，1990）：首先 Met 和蛋白质之间发生可逆性地转换，然后 Met 被蛋氨酸腺苷转移酶（methionine adenosyltransferase，MAT）甲基化生成 *S*-腺苷蛋氨酸（*S*-adenosylmethionine，SAM），SAM 再转甲基生成 *S*-腺苷高半胱氨酸（*S*-adenosylhomocysteine，SAH），后者可进一步水解为高半胱氨酸。再甲基化途径是在甜菜碱高半胱氨酸甲基转移酶（betaine-homocysteine methyltransferase，BHMT）的作用下，或在 N_5-甲基四氢叶酸高半胱氨酸甲基转移酶（methyltetrahydrofolate-homocysteine methyltransferase，MS）的作用下，高半胱氨酸均可生成 Met，或者发生通路转硫基反应，即不可逆生成胱硫醚，进一步生成 Cys。其中转甲基和再甲基通路是体内绝大多数组织器官 Met 循环的关键步骤，而转硫基通路仅分布于肝脏、肾脏、肠道和胰腺等部位，主要由 β-胱硫醚合酶和胱硫醚裂解酶催化，由此可见动物机体内 Met 的代谢受到多种酶的参与，过程相当复杂。

肠道是日粮 Met 代谢的关键部位，大约 30%～44%的日粮 Met 和 Cys 在成人的内脏组织被代谢利用。仔猪胃肠道具有两条 Met 代谢途径，即转甲基反应和转硫基反应，且 Met 发生转甲基反应和转硫基反应的主要场所也是小肠（Burrin 等，2005），肠道组织中存在 Met 生成 Cys 的酶，通过转硫基和转甲基作用，肠道可以把 Met 降解为 Cys 和高半胱氨酸。日粮中约有 20%的 Met 在仔猪肠道代谢，其中转化为高半胱氨酸占据31%，转化为CO_2占到40%，用于合成组织蛋白有29%，而高半胱氨酸进入门脉循环系统，参与体内高半胱氨酸的循环，而且肠道内的转甲基作用和转硫基作用占据整个机体的25%，这都表明肠道在Met的代谢中起着不容忽视的作用。

此外，大约一半以上的日粮Met在肝脏代谢，肝脏利用来自于门静脉循环的含硫氨基酸进行蛋白质和谷胱甘肽的合成等（Stipanuk 1999），MAT1只存在于肝脏中，而且提高MAT2基因表达，肝脏生长加快，可见MAT影响着肝脏的健康生长。肝脏有三条代谢高半胱氨酸的途径，其中一条是通过转硫基作用将高半胱氨酸转换成Cys，这个途径被β-胱硫醚合酶和胱硫醚裂解酶催化，且只存在于肝脏。另外两条途径是分别在MS和BHMT的催化下，高半胱氨酸合成Met。在肝脏内，日粮缺乏Met会导致断奶仔猪肝脏中BHTM活性显著升高，mRNA表达水平也显著升高，暗示了日粮Met不足时，BHTMmRNA的表达调控着BHTM活性，而BHTM活性增加可以促进高半胱氨酸转变为Met。日粮中缺乏或过量Met可以引发肝脏细胞内CO代谢途径部分改变，引发非酒精性脂肪肝病，因此Met及其代谢产物可以保护肝脏。

（三）苏氨酸

苏氨酸（threonine，Thr）是一种羟基氨基酸，以许多植物性饲料（大麦、高粱、小麦、玉米）为基础原料时，为动物的第二或第三限制性氨基酸，降低日粮中Thr含量，同时补加Lys或Met等EAA，也不能改善动物的生长性能，因此在猪日粮中，添加适量Thr是很有必要的。不需要经过脱氨基和转氨基作用的唯一一个氨基酸就是Thr，但是Thr在苏氨酸脱氢酶、苏氨酸醛羧酶及苏氨酸脱水酶的催化下变成其他物质。仔猪饲料中Thr含量影响着肠道黏膜蛋白的合成和分泌（Wang等，2007）。

日粮中大约40%～60%的Thr被PDV（主要是肠道）首过代谢，且Thr在肠道的代谢比例高于其他必需氨基酸（EAA）。日粮中60%～80%的Thr在仔猪第一次代谢过程中应用于PDV组织。此外肠道炎症促进了肠道Thr的吸收（Rémond等，2009），而且日粮Thr缺乏导致肠道杯状细胞和黏蛋白数量下降，由此可见肠道从日粮内而不是从动脉内大量吸收日粮Thr。仔猪Thr在肠道氧化的量只有整个肠道利用量的2%～9%，但是进入肠黏膜蛋白的数量占据整个肠道Thr利用量的71%（Schaart等，2005），因此在肠道，Thr主要是用于肠黏膜蛋白的合成。

在动物肝脏中，Thr有三种代谢途径：①在L-Thr-3-脱氢酶的催化下，转化为氨基丙酮、Gly和CoA；②在苏氨酸脱水酶的催化下，转化为2-酮丁酸和NH_3；③在苏氨酸醛羧酶的催化下，分解为Gly和乙酰CoA。然而在Thr代谢过程中起着重要作用的是苏氨酸醛缩酶和L-苏氨酸-3-脱氢酶。日粮Ser和Thr

水平不能影响苏氨酸脱水酶的活性，苏氨酸脱氢酶和醛羧酶活性随着日粮 Ser 和 Thr 的添加而提高。对于猪，正常饲喂时 Thr 在肝脏主要是被 L-苏氨酸-3-脱氢酶催化的，而在禁食和采食无氮的日粮时，Thr 降解的主要途径是通过苏氨酸脱水酶催化的（Ballevre 等，1991），降低仔猪日粮 Thr 含量影响了肝脏蛋白质的沉积，可见日粮 Thr 的含量对肝脏十分重要。此外仔猪肝脏内苏氨酸脱氢酶活性也受到日粮 Thr 含量的影响。

（四）支链氨基酸

亮氨酸（leucine，Leu）、异亮氨酸（isoleucine，Ile）和缬氨酸（valine，Val）是三个 EAA，具有相似的化学结构，它们共用膜上载体及起氧化脱羧作用的酶，支链氨基酸（branched-chain amino acids，BCAA）约占机体 CP 组成中 EAA 的 35%～40%。BCAA 在动物组织内首先在支链氨基酸氨基转移酶（branched-chain amino acid aminotransferase，BCAT）的催化下可逆地产生支链酮酸，BCAT 有两个亚型：一个定位在线粒体（BCATm），广泛存在于整个机体；另一个定位于细胞质（BCATc），大量出现在大脑。支链酮酸脱氢酶（branch chain keto acid dehydrogenase，BCKD）催化 BCAA 代谢的第二步，且此步不可逆。有趣的是，BCKD 存在活化（去磷酸化）和非活化（磷酸化）两种形式，而抑制其活化的酶是支链酮酸脱氢酶激酶（branch chain keto acid dehydrogenase kinase，BCKDK），大量研究表明 BCKDK 在调节 BCKD 复合物过程中起着重要作用，BCKDK 调节了 BCAA 的代谢。大量研究发现动物生长性能和血清 Ile、Val、Lys 和 Thr 的浓度受到日粮 Leu 含量的抑制，相反日粮 Val 含量增加，则促进仔猪 ADG、G/F 及血清中 Val、Lys、Arg 浓度的上升，由此可见 Val 可以改善 Leu 过量代谢的某些负面影响。

哺乳动物肠道大约利用日粮 Leu、Ile 和 Val 的比例分别为 40%、30% 和 40%，其中用于黏膜蛋白合成的占 20%。在仔猪小肠，BCAA 可以被肠细胞和肠微生物降解。部分 BCAA 可以用于蛋白质合成，此外大部分主要是通过转氨基和脱羧途径发生了分解代谢，主要是由于肠黏膜存在催化 BCAA 代谢的 BCAT 和 BCKD。在人类和单胃动物体内，BCAT 在小肠黏膜细胞被激活，从而使得部分 BCAA 在小肠细胞很快发生转氨基，产生支链 α-酮酸，然而支链 α-酮酸氧化量在肠上皮细胞是很低的，因此 BCAA 并不是小肠的主要能量物质（Wu 等，2005）。肠道组织中高 BCAT 活性和低氧化酶活性特点暗示了 BCAA 在肠道进行转氨基作用形成 Gln 和相应的 α-酮酸，进入血液再形成 BCAA，从而保证血库中 BCAA 的水平。

BCAT 有两个亚型，其中 BCATm 在哺乳动物组织内普遍存在，然而在心脏和肾脏中相对较高，在肝脏中由于此酶表达量少，因此活性较低，因此 BCAA 主要是在肝外组织发生，从而也说明了肝脏利用 BCAA 用于蛋白质合成，但是并不能直接降解它们。研究发现骨骼肌和脂肪组织代谢 BCAA 的能力是肝脏的 6～7 倍。研究日粮 BCAA 对仔猪组织蛋白质合成有着重要作用，日粮 BCAA 缺乏损伤了仔猪组织蛋白质合成，可能是因为从肠道吸收的 BCAA 到达肝脏，在肝脏几乎不代谢，从而 BCAA 直接进入不同组织用于组织蛋白质合成。肝脏 BCKD 可以代谢肝外组织合成的支链酮酸，可以为肌肉蛋白质合成提供 BCAA。

（五）芳香族氨基酸

色氨酸（tryptophan，Trp）、酪氨酸（tyrosine，Tyr）和苯丙氨酸（phenylalanine，Phe）同属于芳香族氨基酸（aromatic amino acid，AAA），其中 Trp 是猪日粮的必需氨基酸之一，是猪以玉米-豆粕型为基础日粮的第四限制性氨基酸，具有代谢活性。日粮中补充 Trp 可以提高仔猪的采食量，然而，只有当 Trp 明显缺乏时，日粮的采食量才呈现严重下降趋势，说明仔猪的采食量受到日粮 Trp 水平的影响。然而由于 Trp 自身含有一个特殊的吲哚基团，从而导致其代谢途径比其他必需氨基酸复杂很多，研究报道也较少。

Tyr 是一个半必需氨基酸，在此归入芳香族氨基酸阐述其代谢特点。Tyr 既可以从食物中获取又可以在体内由 Phe 羟基化合成，Tyr 有多条代谢途径，在酪氨酸酶作用下可以参与黑色素途径；或被特定酶催化为乙酰乙酸和延胡索酸。Tyr 代谢的限速酶是酪氨酸氨基转移酶，后者可以催化 Tyr 可逆地形成 *p*-羟基苯丙酮酸，且这个酶数量多、活性大，此后 *p*-羟基苯丙酮酸在 *p*-羟基苯丙酮酸加氧酶的催化下形成尿黑酸盐。然而有报道指出 AAA 代谢的主要途径是羟基化反应，而酪氨酸羟基化酶（tyrosine hydroxylase，TyrOH）和色氨酸羟基化酶（tryptophan hydroxylase，TrpOH）存在于神经系统的各个组织，TyrOH 定位在肾上腺髓质和中枢或外周神经系统，而 TrpOH 活性在大脑、松果体和肠道肠溶神经元中被发现，因此 TyrOH 和 TrpOH 在仔猪肠道和肝脏代谢中发挥的作用较少。

苯丙氨酸羟基化酶（phenylalanine hydroxylase，PheOH）是芳香族氨基酸羟基化酶家族的一员，且主要位于肝脏内，催化 Phe 代谢过程中的关键酶和限速酶。在肝脏中 Phe 可以经过 PheOH 的催化转化为 Tyr，可以提供内源合成的 Tyr，PheOH 活性受到多种复杂的调节，如 Phe 对 PheOH 具有激活作用，Phe 与底物活性位点结合，形成协同效应激活 PheOH 酶；此外四氢生物蝶呤（tetrahydrobiopterin，BH_4）对 PheOH 活性有抑制作用。日粮中约有 45%Phe 在经过仔猪 PDV 时，被首过代谢，其中 18%用于肠道黏膜蛋白的合成，虽然猪小肠黏膜细胞可以分解代谢部分 Phe，但是代谢量极少，且 PheOH 活性在小肠上皮细胞内也没被检测到。日粮采食的 Phe 出现在门静脉的比例大约为 50%，而通过胃灌注的 Phe 出现在门静脉的比例大约为 66%，说明了即使在饲喂状态下，PDV 组织也在利用动脉血液中的 Phe（Stoll 等，1997）。肝脏是 Phe 和 Tyr 代谢的重要器官，在肝脏内，Phe通过不可逆的羟基化作用可以转换成Tyr，然而等量的Phe转换成Tyr却不能维持仔猪最佳的生长速度，可能是因为Phe合成的Tyr在体内很快被氧化，因此动物对Tyr的需要不能由日粮Phe供给，需要由日粮提供来满足。同样，肝脏可以清除采食后体内循环中的Tyr，肝脏内由Phe合成的Tyr大部分很快降解，不能用于机体蛋白质的合成。同样谷氨酰胺脱氢酶也可以催化Gln产生Tyr，值得注意的是，肝脏内Phe代谢紊乱，在体内堆积，会引起苯丙酮尿症（Kalhan和Bier，2008），日粮Phe不足对仔猪生长性能有一定的负面影响，然而Tyr缺乏对生长性能的影响几乎不存在。

二、非必需氨基酸

（一）谷氨酸和天冬氨酸

Glu在肠细胞代谢的主要步骤是转氨基作用，胃内、小肠和结肠存在有大量Glu代谢酶，如谷氨酸脱氢酶转氨基酶、天冬氨酸氨基转移酶、丙氨酸氨基转移酶、支链氨基转移酶等，肠道上皮细胞可以用这些酶催化Glu，且这些代谢主要发生在细胞质和线粒体。有趣的是，在断奶仔猪小肠内发现谷氨酸脱氢酶活性大大提高，Glu被支链氨基转移酶和谷氨酸脱氢酶催化可以产生α-酮戊二酸，后者可以进入三羧酸循环，被代谢成CO_2。小肠利用动脉循环和小肠腔内的Gln，而只从小肠腔内吸收Glu和Asp，CO_2都是它们代谢的最终产物（Windmueller和Spaeth，1980）。Glu和Gln的氧化过程类似，然而Gln需要首先进入线粒体才能被磷酸依赖的谷氨酰胺酶降解为血氨和Glu，因此当它们同时存在于肠细胞时，Glu可以抑制Gln的氧化和利用（Blachier等，2009）。

Glu和Asp在日粮中大量存在，但只有少量出现在门静脉中，主要是因为Glu在从胃到血液的跨细胞过程中及在从血液吸收后的过程中在小肠上皮细胞被大量氧化，是肠道主要的氧化燃料，在小肠黏膜细胞，大部分Gln转化成Glu进行吸收和代谢，其中98%和99%的肠腔Glu和Asp被空肠分解，未被肠道氧化的Glu、Gln和Asp转化成乳酸盐、Ala、Pro和Arg等，进入到门静脉循环。日粮Glu主要是在肠道被大量氧化代谢，主要用于氧化成CO_2。大量的Glu和Asp也在小肠黏膜氧化产能（Stoll等，1999）。所以，日粮Gln、Glu和Asp都是肠道主要的氧化燃料。

Glu在肝脏氨基酸转氨基的过程中起着作用，不仅每天可以促使80～100g蛋白质水解，而且也可以转换肌肉水解的大多数氨基酸形成饥饿状态下利用的葡萄糖，因此Glu是连接肝脏氨基酸分解和糖异生作用的一个重要氨基酸（Brosnan，2000）。由于肝脏内不仅含有分解Glu代谢的*N*-乙酰谷氨酸合成酶、谷氨酰胺合成酶等，还含有合成氨基酸的谷氨酰胺酶、5-羟脯氨酸酶等，同时还有可逆地催化Glu代谢的丙氨酸氨基转移酶和谷氨酸脱氢酶，所以肝脏既可以合成

Glu也可以代谢Glu。哺乳动物肝脏谷氨酸脱氢酶活性是其他器官的几倍，这与Glu是其他氨基酸转氨基作用的中间产物有关，Glu来源的部分氮出现在肝脏血氨池中，然而大量Glu氮用于转氨基作用，合成Asp、Ala及Gln（Cooper等，1988）。

（二）精氨酸

对于幼年动物和成年动物来说，精氨酸（arigine，Arg）分别是必需氨基酸和条件性必需氨基酸。在蛋白质的合成代谢及NO的合成过程中Arg起着重要作用（印遇龙，2008），在动物体内，Arg在精氨酸酶1的作用下脱胍基生成尿素和鸟氨酸，尿素进入血液循环，鸟氨酸在肝脏、肾脏或肠黏膜细胞中生成瓜氨酸被转运到胞液，参与鸟氨酸循环；在NO合成酶催化催化下，Arg可以合成具有生物活性的NO；此外Arg可以被Gly转脒基酶分解为鸟氨酸和肌酐酸，进而降解为鸟氨酸和尿素。

Arg代谢对人类和动物的健康有着重要作用，尤其是哺乳仔猪，母乳提供的Arg不能满足仔猪的生长需要，因此需要仔猪内源合成部分Arg来维持其健康快速生长。*N*-乙酰谷氨酸合成酶在Arg内源合成过程中起着关键作用，它可以催化Gln用于合成Arg，主要在小肠黏膜和肝脏分布。NO是机体各种生理和病理过程中关键的活性分子，由Arg经NO合成酶催化生成，且Arg是内生性NO的唯一前体。Arg含量与NO合成酶活性决定血清NO的水平，Arg不足或代谢异常均可影响NO的生成，从而影响机体的营养物质利用和免疫功能。此外，Arg参与多个器官代谢，由于断奶前仔猪肠细胞缺乏精氨酸酶，从而使得肠道内大量的Arg进入门静脉循环，并不能被肠道组织利用。断奶仔猪采食后的肠细胞内，在精氨酸酶的催化下，Arg降解为尿素、鸟氨酸和Pro。Arg合成所需的脯氨酸氧化酶、鸟氨酸甲酰转移酶、精氨酸琥珀酸合成酶和氨基甲酰磷酸合成酶在肝脏都有存在，为肝脏Arg代谢提供基础。研究发现Arg在肝脏通过尿素循环合成，但是没有净产生，因为细胞质基质精氨酸激酶的极速高效性，使得Arg迅速水解。有研究表明门静脉中Arg的10%被肝脏代谢利用，关于猪采食CP日粮后肝脏Arg代谢利用的研究非常重要。

（三）脯氨酸

根据NRC（1998）的标准，脯氨酸（proline，Pro）对猪来说是非必需氨基酸，Pro的代谢较难检测，所以Pro的生物化学特性及营养性质很少受到关注，直到研究发现Pro及其代谢产物有许多调节功能，从此Pro的代谢和功能才逐渐受到人们关注，Pro与Glu和Arg可以互相转换，在这些转换过程中，中间产物是吡咯啉-5-羧酸（pyrroline-5-carboxylic acid，P5C）或谷氨酸-*γ*-半醛（glutamic-*γ*-semialdehyde，GSA），P5C可以经过氧化还原反应重新形成Pro或继续代谢转换成 Glu 和 α-酮戊二酸。P5C 合成酶催化 Glu 到 GSA 的反应过程，而 P5C 合成酶有两个亚型——长形式和简易形式，简易形式主要定位在小肠，而长形式普遍存在，通常把它看做是产生 Pro 的一个关键酶。脯氨酸氧化酶是催化 Pro 代谢的第一个酶，可以催化 Pro 的电离子转移，产生活性氧。P5C 还原酶催化 P5C 转换成 Pro，P5C 脱氢酶或 GSA 脱氢酶转换 GSA 形成 Glu，而且这些酶在线粒体大量存在，因此 Pro 的合成与降解受到自身家族多个酶的调节，且其代谢与氧化应激、癌症、脂质代谢及自噬等密切相关。

Pro 是小肠内多胺合成的关键氨基酸，并且是仔猪及受伤的动物和人类的必需氨基酸。Wu 等（1997）研究发现大量线粒体脯氨酸氧化酶存在于仔猪肠细胞内，通过 Pro 氧化途径把 Pro 降解为鸟氨酸、Glu 和 Arg 等，在肠道被氧化的日粮 Pro 比例约为 38%，同样肠细胞和腔微生物可以降解大量 Pro。肽结合的 Pro 被胃和小肠内的蛋白酶水解，小肠黏膜分泌 Pro 肽酶专门催化包含 Pro 的肽类。同时，小肠由于有 P5C 的存在，在小肠 Gln 和 Glu 可以合成 Pro。在纯化 300 倍的牛肝脏中，研究发现以 NAD 或 NADP 作辅酶，P5C 可以被 P5C 脱氢酶催化生成 Glu，反应不可逆。

（四）丙氨酸

Ala 在机体内含量较多，在人体内的含量仅次于 Lys。从 Ala 的代谢产物来看，Ala 可以为机体提供碳骨架、氮源及能量等，新出生仔猪需要分解日粮中的必需氨基酸来满足肠外组织 Ala 的合成。Ala 是肠道 Glu、Gln、Asp 分解的重要内源产物，在吸收状态时，小肠实质上利用大部分动脉血液中的 Gln 释放大量 Ala 和血氨，因此 Ala 可以将一些日粮氨基酸转运产物转移到肠道组织外。此外，Ala 可以用于组织和肝脏间的葡萄糖-Ala 循环中，通过转氨基作用将氨基基团以 Gln 的形式储存起来，随后在丙氨酸氨基转移酶（alanine aminotransferase，ALT）催化下，氨基基团被 Gln 转移给丙酮酸，形成 Ala 和 α-酮戊二酸。Ala 随着血液进入肝脏，在 ALT 作用下，发生与上述反应相反的过程，生成丙酮酸参与糖异生作用，由此可见 Ala 是糖异生与氨基酸转换的关键因子，ALT 是葡萄糖和糖异生过程中的一个关键调节剂。ALT 有两个具有 80%同源性、很难分辨的亚型，ALT1 主要在小肠、肝脏、脂肪组织和结肠表达，而 ALT2 主要在肌肉、大脑、肝脏和前列腺组织表达，通常把 ALT 作为肝脏损伤的一个指标，如 ALT 血清浓度上升通常认为是肝细胞疾病和药物导致的肝损伤。

（五）组氨酸、丝氨酸和甘氨酸

组氨酸（histidine，His）含有异吡唑环，在机体代谢过程中发挥着重要作用。His 短期缺乏，机体不会受到影响，但是时间过长导致 His 缺乏严重，会使得血浆蛋白质降低，血浆铜、锌等明显低于正常水平。断奶仔猪肠细胞内没有His等三酰甘油循环中间产物，此外与代谢数据一致的是肠细胞内也没有检测到组氨酸脱羧酶等多个氨基酸代谢酶的活性（Chen等，2009），因此一般认为肠黏膜细胞不能显著降解His。日粮中40%Ser和50%Gly在仔猪PDV组织被首过代谢。His在大脑、骨骼肌和肝脏中可以合成肽，采食His或肌肽可以提高肝细胞酒精中毒引起的抗氧化和抗炎症活性，因此His是保护肝脏的因子之一。日粮中过多的His可能引起各种各样的代谢疾病，如肝脏高胆固醇、糖原储存和肝脏肥大等，然而不同CP水平日粮对仔猪肝脏His代谢的影响目前还不清楚。日粮EAA不足，会导致动物血液丝氨酸（serine，Ser）浓度增加，在肝脏内3-磷酸甘油酸盐脱氢酶参与Ser从头合成，是Ser合成过程中磷酸化途径中的限速酶；Ser可以被丝氨酸脱水酶催化成为丙酮酸盐，日粮Lys或Val缺乏导致肝脏Ser水平及3-磷酸甘油酸盐脱氢酶基因表达上升、丝氨酸脱水酶基因表达下降，从而使得机体血浆Ser水平提高，可见Ser水平受到日粮氨基酸平衡的影响。Gly对肝脏有保护作用，它可以显著减少肝细胞的死亡、减轻缺血再灌注等对肝细胞的损伤及死亡。

第二节　低蛋白水平日粮在仔猪日粮中的应用

蛋白质的品质是由氨基酸的种类、配比和数量决定的，因此一般认为动物对蛋白质的需求问题实际上是动物所采食的蛋白质含有的氨基酸数量和配比恰当与否的问题，动物所采食的低CP日粮中，限制动物生长的氨基酸与高CP日粮相比种类较多，限制比例程度也较大，因此低CP日粮氨基酸平衡与否是决定日粮CP水平的关键因素。

一、猪蛋白质营养的研究进展

动物的组织、器官在不断生长和更新的过程中，必须从食物中摄取含氮化合物，而蛋白质是动物体所有生命活动顺利开展的物质基础，由于饲料CP营养价值评定过程中，基本没有考虑仔猪不同生产类型、不同生理阶段及不同产品质量等对饲料蛋白质价值的影响，因此日粮CP含量往往与猪的实际需要量不相符，不仅蛋白质资源得不到合理的利用、造成污染环境（印遇龙等，2007），同时也不能满足动物的生长性能等的营养需要。而且近年来不断上涨的蛋白质饲料价格，导致养猪成本升高，对此人们开始寻找可以使日粮CP水平含量降低，但又不影响动物生长的饲料配方。

蛋白质的品质是由氨基酸的种类、配比和数量决定的，因此一般认为动物对蛋白质的需求问题实际上是动物所采食的蛋白质含有的氨基酸数量和配比恰当与否的问题，即通常所认为的蛋白质营养即氨基酸营养。根据动物生长或氮平衡需要，一般将氨基酸分为必需氨基酸（essential amino acids，EAA）和非必需氨基酸（non-essential amino acids，NEAA），动物所采食的氨基酸，特别是动物体不能合成的EAA的平衡对动物机体本身的健康相当重要。目前许多大小型的饲料企业或各地养殖户为了降低猪的养殖成本，一度过度重视饲料CP水平，而对氨基酸平衡的问题视而不见，氨基酸平衡是指动物采食的日粮中各种EAA无论是在数量还是在比例上都与动物某阶段情况下的需要量相符合，即日粮供给氨基酸和动物机体的特殊需求之间是平衡一致的。降低日粮CP水平虽然可以有效地提高饲料在动物机体的转化率，节约蛋白质饲料及降低动物的养殖成本，但是也会引起氨基酸不平衡，从而引起生长性能受阻，因此在配制饲料时需要考虑日粮氨基酸是否平衡的问题。

LeBellego等（2001）和Kerr等（2003）提出低CP日粮的概念，即根据NRC（1998）推荐标准，通过日粮中添加适量相应的氨基酸，从而把日粮CP水平降低2%～4%，既满足动物对采食日粮氨基酸的需求，又为节约蛋白质饲料原料、减少养猪生产过程中的成本及降低机体氮排放量提供了可能。改善饲粮氨基酸平衡能够使部分氨基酸的消化率得到提高。此外，2012年版NRC对猪的氨基酸比例需求做出了巨大改进，相对于1998年版NRC，新版NRC对20～50kg阶段生长猪的Lys需要量降低3%，并且说明Lys的需要量随着体重增加而增加，同样对于Met、Arg和His等的需要量增加，而Ile和Trp的需求量减少。日粮添加EAA不仅可以保证血浆供应肌肉生长所需的氨基酸，而且可以减少氮排泄过量对环境造成的污染，近年来，通过日粮添加合成EAA提高仔猪饲料在机体内转化率的研究越来越受到营养学者的关注，然而不同CP水平日粮同时平衡氨基酸对仔猪组织内氨基酸代谢影响的研究报道较少。

二、低蛋白水平日粮对仔猪生长性能的影响

日粮CP水平对断奶后仔猪的健康快速生长起着至关重要的作用，然而Le Bellego和Noblet（2002）研究添加合成氨基酸、降低日粮CP水平对仔猪生长性能的影响，22.4%CP组的饲料日采食量（average daily feed intake，ADFI）最低，而其他日粮组的ADFI基本相似，这也说明仔猪日粮的CP水平并非越高越好。日粮CP水平比NRC（1998）推荐水平降低2%，添加Lys或添加Lys、Met、Thr和Trp对仔猪生长性能没有产生影响。当把日粮CP水平从20.9%降低到17.1%，限制了仔猪生长性能，当补充BCAA后生长性能得到改善。同样，Figueroa等（2002）发现日粮CP水平分别降低1%、2%、3%、4%、5%，同时添加Lys、Met、Thr和Trp饲喂19.5kg的仔猪，CP水平降低大于4%生长

性能几乎无差异，但是当日粮 CP 降低 5%时，生长性能则表现显著差异。而把仔猪日粮 CP 水平依次降低 2%、4%、6%，发现降低 2%CP 水平对仔猪的平均日增重（average daily gain，ADF）、ADFI 和饲料转化率（feed efficiency，G/F）影响不大，而蛋白质水平降低 4%、6%组仔猪的 ADFI、ADF 显著下降。Kerr 等（2003）用 16%、12%、12%＋AA（Lys＋Trp＋Thr）三种不同 CP 水平的日粮饲喂动物，发现 16%和 12%＋AA（Lys＋Trp＋Thr）CP 组没有影响仔猪的生长性能，然而 12%CP 组却大大降低了仔猪的生长性能。Heo 等（2008）使用饲喂断奶仔猪添加 Lys、Met、Thr、Trp、Ile 和 Val 的低 CP 水平日粮，发现饲喂低 CP 日粮 5d、7d、10d 和 14d，不影响仔猪的生长性能。由此可见，适当添加适量氨基酸、降低动物体日粮 CP 水平，对动物生长性能起着至关重要的作用。

猪采食添加合成氨基酸的低 CP 日粮，会引起其背膘增厚，瘦肉率下降。将日粮 CP 水平分别降低 3.1%、3.5%或 3.8%，几乎不会影响仔猪的第 10 肋脂肪、背最长肌面积和瘦肉率。同样把日粮 CP 水平降低 4%，猪的胴体品质与对照组相比也没什么差异，而日粮 CP 水平降低 4%，添加 Lys、Thr 和 Trp 三种 EAA，可以维持猪的生长性能，对猪的胴体性状也没有显著影响（王荣发等，2010）。Kerr 等（2005）降低 35kg 生长猪日粮的 CP 水平，同时补加 Lys、Thr 和 Trp，结果猪的生长性能和胴体品质得到了提高和改善。综上，日粮 CP 水平降低不大于 4%，同时补充合成氨基酸，不会影响仔猪的生长性能和胴体性状。

三、低蛋白水平日粮对仔猪氮利用率的影响

Donkoh（1994）研究发现一种蛋白质原料以不同剂量添加到日粮中，并不能影响回肠末端氨基酸的真消化率。而用 CP 水平为 15%＋酪蛋白、15%、12%、9%、6%和 0 的日粮分别饲喂生长猪，在 12%、9%和 6%CP 组补充合成氨基酸，发现所有 EAA 和大部分的 NEAA 在仔猪回肠的消化率随着日粮 CP 水平的降低而相应提高。日粮 CP 水平影响着仔猪对含氮化合物的消化吸收量和采食量，如仔猪日粮中 CP 含量由 10%增至 22%，日粮 Lys 的消化量则从 0.6%升到 1.2%。Gonzalez-Valero 等（2012）通过用 13%和 16%两种不同 CP 水平的日粮饲喂伊比利亚和长白两种猪，发现 Lys 和 Met 在门静脉的净吸收量随着日粮 CP 水平降低而呈现增加的趋势，且不受猪品种的影响。类似地，降低日粮 CP 水平同时补充添加合成的 EAA，发现随着日粮 CP 水平降低，几乎所有氨基酸尤其是 Lys、Met、Thr、Val 和 Pro 的表观回肠消耗率相应提高。邓敦（2007）研究发现随着日粮 CP 水平的降低，仔猪血浆游离 Ile、His、Val、Arg、Phe、Leu 等 EAA 及 Ser、Tyr、Pro 等 NEAA 的浓度也随之下降，但是有趣的是提高了仔猪能量的表观消化率。

表 5.1 不同 CP 水平日粮添加合成氨基酸对仔猪生长性能、胴体性状及氮排泄的影响

饲料类型	CP 降低水平/%	体重范围/kg	氨基酸添加种类									ADG	ADFI	G/F	尿氮粪氮	资料来源
			Lys	Met	Thr	Trp	Ile	Val	Leu	His	Phe					
玉米豆粕型	1.3(16.3～15.0)	20～50	+	+	+	+	+	—	—	—	—	NS	NS	NS	↓ —	Figueroa 等(2002)
	4.1(16.3～12.2)		+	+	+	+	+	—	—	—	—	↓	↓	↓	↓ —	
	6.2(16.3～10.1)		+	+	+	+	+	—	—	—	—	NS	NS	NS	↓ —	
玉米豆粕型	3.9(20.1～16.2)	27～64	+	+	+	+	+	+	+	—	—	NS	NS	NS	↓ —	Le Bellego 等(2002)
	4.5(20.1～15.6)		+	+	+	+	+	+	+	—	—	↓	↓	↓	↓ —	
玉米豆粕型	4.88(18.19～13.31)	21～41	—	+	+	+	—	—	—	—	—	↓	NS	↓	↓ —	Powell 等(2011)
	4.75(18.19～13.44)		—	+	+	+	+	+	—	—	—	NS	NS	NS	↓ —	
玉米豆粕型	3(20～17)	20～50	+	+	+	+	+	—	—	—	—	↓	↓	↓	↓ ↓	Lordelo 等(2008)
			+	+	+	+	—	+	—	—	—	NS	NS	NS	↓ ↓	
			+	+	+	+	+	+	—	—	—	NS	NS	NS	↓ ↓	
玉米豆粕型	1.7(18.2～16.5)	16～50	+	—	—	—	—	—	—	—	—	NS	NS	NS	↓ ↓	邓尊等(2007)
	2.7(18.2～15.5)		+	+	+	—	—	—	—	—	—	NS	NS	NS	↓ ↓	
	3.7(18.2～14.5)		+	+	+	—	—	—	—	—	—	NS	NS	NS	↓ ↓	
	4.6(18.2～13.6)		+	+	+	—	—	—	—	—	—	↓	↓	↑	↓ ↓	
玉米小麦豆粕型	2.9(19.7～16.8)	10～20	+	+	+	+	+	—	—	—	—	NS	NS	NS	N 排放↓	Gloaguen 等(2014)
	5.7(19.7～14.0)		+	+	+	+	+	+	+	+	+	↓	NS	↓	N 排放↓	
	7.0(19.7～12.7)		+	+	+	+	+	+	+	+	+	↓	NS	↓	N 排放↓	
	4.1(17.6～13.5)		+	+	+	—	+	+	+	+	+	NS	NS	NS	— —	
	5.8(17.6～11.8)		+	+	+	—	+	+	+	+	+	↓	NS	↓	— —	
玉米豆粕型	5.91(23.16～17.25)	10～20	—	—	—	—	—	—	—	—	—	↓	↓	↓	— —	Ren 等(2014)
	5.84(23.16～17.32)		+	+	+	+	+	+	—	—	+	NS	NS	NS	— —	
玉米豆粕型	3.8(20.9～17.1)	10～20	+	+	+	+	—	—	—	—	—	↓	↓	↓	— —	Zhang 等(2014)
	3(20.9～17.9)		+	+	+	+	+	+	+	—	—	NS	NS	NS	— —	

注：↑表示提高，↓表示降低，NS 表示没有差异。

四、低蛋白水平日粮对仔猪氮排泄的影响

日粮 CP 水平影响着血浆尿素氮的浓度，二者呈正相关关系，即 CP 水平降低，血浆尿素浓度也随之下调。用 CP 水平降低 3%的日粮饲喂仔猪，同时给日粮补充添加合成氨基酸，发现动物排出的尿氮和粪氮量远远降低，而生长性能没有受到什么影响。通过使用两种高低不同 CP 水平的日粮饲喂 29.9kg 的仔猪发现，高 CP 组中仔猪氮的排放较低 CP 组高很多，由此可见降低动物采食日粮的 CP 水平可以降低仔猪氮的排泄。Canh 等（1998）研究发现当日粮 CP 水平从 16.5%降到 12.5%，生长猪尿氮排出量从 29.3g/d 降到 4.79g/d，氨释放量从 9.44g/d 减少到 4.79g/d。日粮 CP 水平降低 1%，动物尿素和氨气的排放量大约就可以降低 10%（Knowles 等，1998)。降低日粮 CP 水平，可以降低猪氮的排泄量，进而有助于减缓蛋白质饲料原料紧缺及降低环境污染。

不同 CP 水平日粮添加合成氨基酸对仔猪生长性能、胴体性状及氮排泄的影响见表 5.1。

第三节 不同蛋白水平日粮对仔猪肝脏氨基酸代谢的影响

一、血管插管技术在动物营养物质代谢研究中的应用

在不同机体组织，氨基酸的代谢动力学不仅代表着日粮蛋白本身的营养价值特性，而且也反映了蛋白质原料对动物机体产生的局部的生物效应。由于氨基酸的生物学机制涉及细胞内蛋白质的生物合成及机体氮营养素的代谢等效应，因此研究方法的正确选取直接影响着测定结果的准确性。

（一）血管插管技术的概述

血管瘘管技术是指在动物机体内某个特定的或某些特定的部位的血管内安置永久性血管插管，能够方便地连续从动物体采取血液或向动物体输入代谢干预物，从而为研究动物机体营养物质代谢的动态过程提供技术方面的支持。根据导管插入部位不同，可以将血管瘘管分为以下几种：肝静脉瘘管、股静脉瘘管、门静脉瘘管和肠系膜静脉瘘管、股动脉瘘管、颈动脉瘘管等。血管插管技术，尤其是多层次的血管插管技术在动物自我营养调控的研究动态过程中具有强于传统方法的优势。

动脉静脉营养物质浓度差法是指在一个器官的动脉和静脉分别安置血管插管系统，通过动静脉中养分的浓度差异来研究此器官对特定养分的利用情况。此方

法原理是根据血液流经某个器官时流入和流出时营养物质浓度之差，再乘以流经该器官的血流速度来测算营养物质的净吸收。血流速度是测定营养物质在特定器官吸收利用的关键因素，其测定方法有许多，如直接法（超声波血流量仪）或间接法［对氨基马尿酸（para aminohippuric acid），PAH 指示剂］等，然而指示剂法是目前采用较多的研究方法。Anderson（1974）最早提出将 PAH 稀释，研究猪门静脉血流速度的方法，进而 Yen 和 Killefer（1987）通过选取不为动物体所吸收的 PAH 作为指示剂检测血流速度，证明此方法是很可靠的，且一直得到广泛应用。

（二）仔猪营养物质代谢的肝-门静脉血管插管技术建立方法

肝脏不仅可以参与机体营养物质代谢、生物合成和解毒，而且还可以储存体内的血液，血液是肝脏的基础通道，而门静脉和肝静脉分别是营养物质进出肝脏的血管，而且在新陈代谢中肝脏起着至关重要的角色。Lapierre 等（2000）研究表明来自于牛门静脉释放的总氨基酸，在肝脏代谢的比例占到 34%，而对于仔猪肝脏营养物质代谢的研究却很少见报道。Huntington（1989）和赵胜军等（2010）分别成功地在牛和羊体上安装了肝静脉血管插管。但是与牛和羊相比，可能是由于仔猪其抗应激能力较差，血管比较细，术后恢复能力比较弱，加上动物的组织结构差异，仔猪的肝静脉较其他动物深，从而限制血管的暴露等等原因，从而使得对于仔猪肝静脉血管插管安装至今未见到报道。另外，先前使用的导管材料是聚氯乙烯材质，这种材料比较柔软不易安装，此外经过组装安装的血管，组装接头部位易脱落，从而影响了导管在动物体上的利用时间。黄飞若等（2014）在导管材料上进行了改进，采用聚氨酯材质的成品导管包，它具有穿入血管后导管变软、减少血管内膜损伤及连接技术专业、防脱落等优点，在仔猪身上建立了门-肝-肠系膜-颈动脉血管插管系统，并检测了在保证血管导管疏通性良好的情况下，新型导管包的可利用时间，为营养物质在仔猪肝脏的代谢研究提供了技术支持。现将研究方法进行如下介绍。

1. 动-静脉血管插管的安装

试验猪手术前 8h 打抗生素，手术前 20min 注射镇定剂硫酸阿托品，5min 后注射止血敏。之后通过耳静脉注射含戊巴比妥钠 2%的生理盐水，以诱导仔猪麻醉。试验猪左侧位卧于可调手术台，并将其调整至腹部稍向上倾，用麻绳保定四肢。肥皂水润洗手术部位，刮毛，待毛刮净后用清水清洗术部，络合碘消毒，75%酒精脱碘，盖好创布。麻醉诱导成功后给仔猪安装上呼吸面罩，进一步采用异氟烷气体呼吸麻醉。手术切口于左侧最后肋骨 2cm 处与肋骨平行切开，距腰椎横突 2cm 处。切开皮肤约 15cm，按肌纤维走向钝性剥离腹外斜肌、腹内斜肌、腹直肌，分离肌肉、腹膜。用肝脏拉钩提拉腹壁，增大手术空间，暴露术部。按照黄瑞林等（2003）的方法分别在肠系膜静脉、肝门静脉和颈动脉安装插管。肝静脉插管的安装操作为：用纱布和拉钩提起上腹壁，将肝脏往下压，充分暴露肝的膈面。在肝与膈肌结合顶端有一悬韧带，其下为肝静脉窦，是几个较大肝静脉在后腔静脉的出口处。剪断悬韧带，用医用无损伤缝合线预做一荷包缝合。将导管逆肝静脉血流方向插入，然后把插管缝合在膈肌上。导管在整个手术过程中要尽量使其充满肝素钠生理盐水溶液，末端安上肝素帽。尽量在保证血管插管顺畅的前提下，将其固定在尽可能高的背部，严禁180°弯曲血管。每两根插管间距1cm左右，注意给插管做标记，以方便分辨。在导管引出体表后，依次连续缝合关闭腹膜、结节缝合各层肌肉、外翻结节缝合皮肤。创口处涂抹消炎粉（灭菌结晶磺胺）以防感染。

2. PAH的灌注及采样的方法

正常采食第7d早上7点开始灌注灌注，前禁食16h。配制好PAH溶液，通过肠系膜静脉连续9h灌注1%PAH。灌注方法如下：首先将注满1% PAH的50mL注射器安装在注射泵上，注射器针头连接约2m长的硅胶管（内外径为0.6mm/1.2mm），再将硅胶管通过注射头与回肠肠系膜插管针头连接。灌注开始5min内，以3.820mL/min的速度进行注射，然后则以0.788mL/min的速度连续注射9h。待动物恢复正常采食后第5d开始采样。具体操作如下：试验猪在采样前1d晚上停喂饲料，采集采食前0.5h和采食后0.5h、1.5h、3h、5h、7.5h门静脉、肝静脉及颈动脉血液。每次采集用10mL注射器缓慢均匀地从颈动脉、门静脉、肝静脉插管抽取血液用于检测。

3. PAH浓度的测定

按照李铁军等（2003）的方法测定。具体方法为：分别移取0、0.1mL、0.2mL、0.3mL、0.4mL、0.5mL、0.6mL、0.7mL、0.8mL、0.9mL 和1.0mL PAH标准液，按顺序分别加入2mL的$NaNO_2$溶液、氨基磺酸铵溶液和*N*-1萘乙二胺盐酸盐溶液，用双蒸水定容至50mL，其PAH浓度则分别为0、0.2mg/L、0.4mg/L、0.6mg/L、0.8mg/L、1.0mg/L、1.2mg/L、1.4mg/L、1.6mg/L、1.8mg/L和2.0mg/L，然后用722E型分光光度计于波长550nm处测吸光度，计算出标准浓度方程CPAH=aAPAH+b。分别取动、静脉血浆样品0.1mL，置于5mL容量瓶中，按顺序依次加入0.2mL的$NaNO_2$溶液、氨基磺酸铵溶液和*N*-1萘乙二胺盐酸盐溶液，用双蒸水定容至5mL，摇匀后室温下静置30min，然后用722E型分光光度计于波长550nm处测定吸光度，根据标准浓度方程CPAH=aAPAH+b，计算样品的PAH浓度。

4. 门静脉和肝静脉血流速度的测定

门静脉血浆流速：

$$PVPF=c_i \times IR \times (PAH_{pv}-PAH_a)^{-1} \times BW^{-1}$$

式中，PVPF为门静脉血浆流速，L/(kg・h)；c_i为PAH灌注液浓度，g/

L；IR 为 PAH 灌注流速，L/h；PAH_{pv} 为门静脉血浆中 PAH 浓度，g/L；PAH_a 为颈动脉血浆中 PAH 浓度，g/L；BW 为灌注时试验猪的体重，kg。

肝静脉血浆流速：

$$HVPF = c_i \times IR \times (PAH_{hv} - PAH_a)^{-1} \times BW^{-1}$$

式中，HVPF 为肝静脉血浆流速，L/(kg・h)；c_i 为 PAH 灌注液浓度，g/L；IR 为 PAH 灌注流速，L/h；PAH_{hv} 为肝静脉血浆中 PAH 浓度，g/L；PAH_a 为颈动脉血浆中 PAH 浓度，g/L；BW 为灌注时试验猪的体重，kg。

5. 血管插管建立的注意事项

血流量的测定技术影响着营养物质吸收的测定，用 PAH 染料稀释剂的方法可以测定动物门静脉的血流速度，进而 Yen 和 Killefer（1987）通过选取不为动物体所吸收的 PAH 作为指示剂检测血流速度，证明此方法是很可靠的，且一直得到广泛应用。氧气供应不足和消耗过量对肝脏起着重要作用，肝脏血流速度和肝脏氧气平衡受二异丙酚的影响，门静脉加肝动脉血流之和约等于肝脏内的血流速度，而肝静脉是血液流出肝脏的血管，其流出量约和肝脏内血流速度值相等，即流出肝脏的肝静脉血流速度等于肝动脉加上门静脉血流速度。血压、CO_2 水平、姿势改变等因素也影响着肝脏内血流速度，而猪门静脉血流速度所受日粮的影响差异不显著。

为了提高手术的成功率、材料的可利用性及增加血管系统模型的应用比例，许多实验也在手术过程中进行了修改。在手术过程中，黄飞若等（2014）同样进行了改进：①在容易弯曲的地方加 3～5cm 聚丙烯管固定导管。②将导管改为多口，即在相距单腔口 1～2cm 处，相对左右剪开两个小孔，增加导管与血管腔错位后血管流通的可能性。③导管材料上将聚氯乙烯改为聚氨酯，聚氯乙烯硬度大对动物机体血管内膜损伤较严重，导致血管在动物机体脱落概率高，限制了导管的可利用时间。聚氨酯质轻、柔软度较好、对动物刺激也较小，可利用时间较长。此外由需要组装的导管改进为成品导管包，增强了导管的稳定性。④在血管安装过程中将导管逆仔猪肝静脉血流方向插入，然后把插管缝合在膈肌上，以固定导管，且在手术完成后缝合时，对腹膜进行了单独缝合，从而提高了手术的成功率。

成功安装影响着手术的可利用性，同样手术后的正确护理也影响着导管插管后期的成功。类似于外科手术的所有学者，黄飞若等（2014）在术后后期护理中同样关注了温度和术后试验猪体质较差等问题，采取的措施如将抗生素［160 万单位青霉素＋100 万单位链霉素/(次・只)］每天注射 2 次，连续注射 3 天；术后即刻将 5%葡萄糖通过门静脉血管插管注射给试验猪，状态不是太好的试验猪，可连续多天输液；利用保温灯和空调将术后温度维持在 30℃；尽可能饲喂些适口性好、营养价值高的食物，保证饮水充足；每天给试验猪测量体温，及时清理食槽；对手术间严格灭蚊蝇。另外，为了避免试验猪因伤口瘙痒磨蹭血管导管，时刻注意伤口的愈合情况，发现红肿和试验猪磨蹭现象可往伤口上洒消炎粉灭菌磺胺。为了维持导管的疏通性，术后冲洗用 100IU/mL 肝素钠溶液 2 次/d，对于容易堵塞的血导管可选择多冲洗几次，肝素帽每 2～4d 更换一次；术后给试验猪穿宽松适当的衣服，以防被试验猪蹭掉；手术过程中切记要细心，对每一步都要尽可能做到良好；选择地板缝隙较小的代谢笼，避免导管被缝隙卡住。

（三）血管插管技术在仔猪营养物质代谢研究中的应用

1. 血管插管技术在仔猪肠道营养物质首过代谢研究中的应用

PDV 组织是由小肠、大肠、胃、脾脏、胰脏以及消化道的脂肪组织等组成的，相对于整体而言，其重量仅占据 4%～6%，但是其对蛋白质周转和能量消耗却占据 20%～35%。肠道可以从日粮中摄取新的含氮营养物质及其他营养物质，而且肠道对氨基酸的利用可以通过门静脉中氨基酸平衡状况反映出来。随着血管插管技术、稳定同位素标记物技术、血流速度测定技术的应用和发展，对研究肠道组织的氨基酸流量起了很大的促进作用。

门静脉和颈动脉血管插管技术可以用于研究动物机体肠道营养物质代谢，而且在门静脉和颈动脉血管插管安装技术上，人们进行了长期的艰苦探索。这个技术的成功应用需要精湛的手术操作、精心的术后护理及血流量的精确测定等。王彬等（2006）和黄瑞林等（2006）分别借助门静脉-肠系膜静脉-颈动脉多层次血管插管技术，研究了不同饲料原料对猪门静脉某种营养物质净吸收量及其生长性能的影响。Yen 等（2004）采用交叉设计实验，结合门静脉、主动脉和回肠静脉血管插管系统，研究了 16%和 12%两种不同 CP 水平日粮对餐后 6h 内的门静脉氨基酸净吸收量的影响。这些成功都来自于血管插管技术的应用。

进出肝脏的血流速度的测定是研究肝脏营养物质代谢的前体条件。PAH 指示剂法即在采样当天将一定浓度的 PAH 连续从肠系膜静脉血管插管内以固定的速度连续灌注，然后动态地分别从门静脉、肝静脉和动脉血管插管内采集动静脉血液，并测定不同血管血浆或血清中 PAH 的浓度，从而计算门静脉和肝静脉等的血流速度，进一步推算某种物质在肠道和内脏组织的代谢利用情况（Yen 和 Killefer，1987）。利用血插管技术结合 PAH 连续灌注的方法来研究动物肠道物质代谢的方法目前已经相当成熟。

2. 血管插管技术在动物肝脏营养物质代谢研究中的应用

与整个机体相比，肝脏重量占到 2.5%，却储存了 25%的心脏输出血量，由此可知血液是肝脏代谢的基础通道，根据机体结构方面的特征，肝脏是由门静脉和肝动脉双重供血的器官，此特点区别于所有实质器官，而流出肝脏血液的血管是肝静脉。外周组织氮营养素代谢可以为肝脏内糖异生作用提供碳骨架，手术后氨基酸从外周组织流向内脏组织的量增加，改变了氮营养素的代谢去向。近年来大量学者在动物体上借助肠系膜静脉-门静脉-颈动脉系统的血管插管安装技术，分析了营养物质在肠道内的代谢规律，然而对于流出肝脏的通道即肝静脉的血管插管技术一直未见到报道，从而限制了肝脏营养物质的分析研究。

二、不同蛋白水平日粮对仔猪肝脏氨基酸代谢的影响

肝脏中不仅含有大量的转氨基酶和脱氨基酶如 Glu 脱氢酶等，而且含有门静脉吸收的几乎所有必需氨基酸的分解酶，大约 34% 牛门静脉释放的氨基酸在肝脏被代谢（Lapierre 等，2000），因此肝脏对氨基酸代谢起着关键作用。氨基酸在肝脏经过 4 条潜在途径进行代谢：①转化为特殊的含氮代谢物；②以游离的形式留在血管内；③氧化提供能量和非氮中产物；④合成外运蛋白入肝脏。然而关于仔猪肝脏氨基酸代谢的规律目前还不清楚。研究肝脏营养物质吸收和代谢特点，先进的外科手术是较理想的技术，黄飞若等（2015）结合门-肝-肠系膜-颈动脉血管插管技术，平衡日粮中 Lys、Thr、Met 和 Tyr，研究仔猪饲喂 14%、17% 和 20% 三种不同 CP 水平日粮后，进出仔猪肝脏的氨基酸代谢规律，为配制合理的 CP 水平日粮提供了理论依据。

（一）不同蛋白水平日粮对仔猪门静脉氨基酸净吸收的影响

黄飞若等（2015）探究了不同蛋白水平日粮对仔猪门静脉氨基酸净吸收的影响，研究结果表明：门静脉净吸收三种不同 CP 水平日粮（14%、17%、20%）的 TAA 比例分别为 47.20%、57.32% 和 64.69%，游离 TEAA 的比例分别为 38.15%、51.17% 和 60.77%，20%CP 组的 TAA 和 TEAA 出现在门静脉的量显著高于 14%CP 组，然而与 17%CP 组相比，14%CP 组出现在门静脉的 TAA 和 TEAA 比例差异不显著；14% CP 组 Lys（30.02% vs. 56.36%）、Thr（42.43% vs. 64.37%）、Val（41.84% vs. 61.39%）、Leu（26.59% vs. 53.67%）、Arg（27.28% vs. 58.99%）等门静脉氨基酸净吸收显著低于 20%CP 组；有趣的是，在三个 CP 组（14%、17%、20%），Glu（−7.92%，−0.09%，4.36%）是唯一一个在门静脉有负平衡的氨基酸，表明日粮 Glu 全部被仔猪 PDV 组织吸收；Ala（146.22%、123.36%、138.12%）、Tyr（109.86%、145.16%、163%）在 20%、17%、14% 三个不同 CP 水平日粮中门静脉净积累较高，表明 Ala 和 Tyr 在 PDV 组织有净产生（表 5.2）。

（二）不同蛋白水平日粮对仔猪肝静脉氨基酸净吸收的影响

黄飞若等（2015）研究了不同蛋白水平日粮对仔猪肝静脉氨基酸净吸收的影响，研究结果表明：肝静脉净吸收三种不同 CP 水平日粮（14%、17%、20%）的 TAA 比例分别为 27.47%、37.98% 和 47.29%，TEAA 比例分别为 25.44%、38.55% 和 48.24%，其中 20%CP 组仔猪肝静脉 TEAA 的净吸收量显著高于

14% CP 组；20% 蛋白水平组 Thr（44.92% vs. 23.63%）、Val（58.89% vs. 37.86%）、Phe（25.43% vs. 8.01%）、Ala（41.24% vs. 24.03%）等均显著低于 14%CP 组，与 17%CP 组差异不显著；而肝静脉净吸收的 Lys、Leu、Ile、Arg、Tyr 等在 17%CP 组也是显著高于 14%CP 组；值得注意的是与门静脉相比，Glu（49.40%、44.68%、48.79%）、Asp（40.64%、51.68%、52.93%）出现在肝静脉的比例较高，而 Tyr（8.46%、18.38%、36.83%）、Ala（24.03%、27.21%、41.24%）、Phe（8.01%、12.97%、25.43%）则较低，而门静脉和肝静脉净吸收的 BCAA（Val、Leu、Ile）几乎没有差异，说明肝静脉净吸收氨基酸不仅受到日粮 CP 水平的影响，同时也受到氨基酸种类的影响（表 5.2）。

（三）不同蛋白水平日粮对仔猪肝脏氨基酸代谢的影响

肝脏作为仔猪氨基酸代谢的重要器官，黄飞若等（2015）探究了不同蛋白水平日粮对仔猪肝脏氨基酸代谢的影响，研究结果表明：三种不同 CP 组（14%、17%、20%）分别有大约 41.80%、33.74% 和 26.89% 的 TAA 及 33.32%、24.65%和 20.61%的 TEAA 被肝脏代谢，其中肝脏代谢利用的 20%CP 组 TAA（41.80%vs. 26.89%）和 TEAA（33.32% vs. 20.61%）显著高于 14%CP 组；肝脏对 20%CP 组 Lys、Val、Phe、Gly、Ser 及 17%CP 组 Thr、Leu、Ile 的代谢利用比例显著低于 14%CP 组；值得注意的是肝脏代谢三种不同 CP 水平日粮（14%、17%、20%）的 Phe 分别达到 79.39%、74.13%、63.00%，Tyr 分别为 92.30%、87.34%、77.41%，而 Glu 和 Asp 在肝脏有大量净产生，仔猪采食三种不同 CP 水平（14%、17%、20%）日粮后 BCAA 在肝脏的代谢利用效率分别为 Val（4.07%、8.95%、9.52%）、Ile（3.49%、3.61%、7.92%）、Leu（4.34%、5.40%、13.39%），代谢量极少，由此可见肝脏对氨基酸的代谢利用随着日粮 CP 水平和氨基酸种类不同而异（表 5.2）。

表 5.2 仔猪饲喂 14%、17%和 20%CP 水平日粮氨基酸在门静脉、肝静脉的净吸收及在肝脏的利用率 单位：%

日粮	氨基酸	门静脉净吸收	肝静脉净吸收	肝脏代谢	氨基酸	门静脉净吸收	肝静脉净吸收	肝脏代谢
20%	Lys	56.36[a]	32.13[a]	43.00[a]	Asp	6.93[a]	52.93	664.29[a]
17%		52.57[ab]	25.73[a]	51.05[ab]		5.97[a]	51.68	765.87[a]
14%		30.02[b]	12.16[b]	59.50[b]		1.77[b]	40.64	2197.96[b]
20%	Thr	64.37[a]	44.92[a]	30.22[a]	Tyr	163.00[a]	36.83[a]	77.41
17%		41.58[b]	30.75[ab]	26.04[a]		145.16[a]	18.38[b]	87.34
14%		42.43[b]	23.63[b]	44.30[b]		109.86[b]	8.46[c]	92.30
20%	Val	61.39[a]	58.89	4.07[a]	Ser	67.28	56.53[a]	15.97[a]
17%		49.94[b]	45.47	8.95[b]		66.24	48.69[a]	26.50[ab]
14%		41.84[b]	37.86	9.52[b]		52.20	32.18[b]	38.36[b]

续表

日粮	氨基酸	门静脉净吸收	肝静脉净吸收	肝脏代谢	氨基酸	门静脉净吸收	肝静脉净吸收	肝脏代谢
20%	Ile	71.87	69.36[a]	3.49[a]	Glu	(−7.9)[a]	48.79	715.80
17%		64.57	62.24[a]	3.61[a]		(−0.9)[b]	44.68	857.33
14%		51.70	47.60[b]	7.92[b]		(−4.3)[a]	49.40	1231.97
20%	Leu	53.67[a]	51.34[a]	4.34[a]	Gly	52.14	39.85	23.57[a]
17%		50.05[a]	47.35[a]	5.40[a]		53.30	32.66	38.73[ab]
14%		26.59[b]	23.03[b]	13.39[b]		49.86	26.35	47.15[b]
20%	Phe	57.91	25.43[a]	63.00[a]	Ala	138.12	41.24[a]	70.14
17%		50.11	12.97[b]	74.13[ab]		123.36	27.21[b]	77.94
14%		38.89	8.01[b]	79.39[b]		146.22	24.03[b]	83.57
20%	Arg	58.99[a]	49.21[a]	16.57[a]	His	61.61	58.67	4.77[a]
17%		47.35[a]	34.44[b]	27.27[b]		53.16	49.46	6.96[a]
14%		27.28[b]	11.87[c]	56.48[c]		46.44	39.32	15.33[b]
20%	TAAs	64.69[a]	47.29	26.89[a]	TEAAs	60.77[a]	48.24[a]	20.61[a]
17%		57.32[ab]	37.98	33.74[a]		51.17[ab]	38.55[ab]	24.65[a]
14%		47.20[b]	27.47	41.80[b]		38.15[b]	25.44[b]	33.32[b]

注：表中同行数值肩标无相同字母者表示差异极显著（$P<0.01$）。

（四）不同蛋白水平日粮与仔猪肠道和肝脏氨基酸代谢的关系

肠道和肝脏代谢利用日粮氨基酸的程度将决定外周组织对氨基酸代谢的利用数量，然而对于日粮 CP 水平对仔猪肝脏氨基酸代谢情况研究报道较少。所以用肝-门-肠系膜-颈动脉血管插管技术可为研究氨基酸等营养物质在肝脏代谢提供技术支撑。仔猪饲喂低 CP 水平日粮，可引起采食量下降和代谢紊乱，进而导致体内氨基酸组成不平衡，日粮添加氨基酸可以提高 CP 的转化率（Wang 等，2009）。日粮 CP 缺乏降低了血浆大部分氨基酸尤其是 Arg、Trp、Met 等的可利用性，因此，通过血管插管技术，研究不同 CP 水平日粮平衡 Lys、Met、Thr 和 Trp 对进出仔猪肝脏氨基酸代谢的利用规律，对配制合理的仔猪蛋白质饲料有着重要意义。

采食后不同血管血浆内氨基酸浓度开始上升，所以，随着日粮 CP 水平的降低，生长猪血浆 EAA 浓度显著下降。与低蛋白水平相比，高蛋白水平可提高采食后 TAA、TEAA 在肠道及肝脏代谢比例，这与肠道排空速率及蛋白水解酶的速率有关，在肠道和蛋白水解速率一定的条件下，蛋白质浓度越高，导致肠道排空和水解越慢，从而使得高蛋白水平日粮氨基酸在肠道吸收量较高。此外采食提高了新生仔猪组织内蛋白质的合成，对生长动物，肝脏蛋白质合成速率受到日粮的调节（Burrin 等，1992），暗示了日粮 CP 水平影响着仔猪肠道和肝脏氨基酸的代谢。

与低蛋白水平组相比，仔猪门静脉 Lys 和 Thr 的净吸收随着 CP 水平提高而提高，这是由肠道内源蛋白分泌出大量内源 Lys 引起的，随着日粮 CP 的消化和在回肠末端的吸收，大量内源蛋白被分泌，且这些内源蛋白里含有大量 Lys，从而使得大量日粮 Lys 在门静脉的积累量增加，而动物肠道有优先利用 Thr 的特点，即使在日粮 Thr 不足时，肠道也会优先利用日粮少量的 Thr 来满足其自身需要。低蛋白水平日粮下仔猪肝脏对 Lys 和 Thr 的代谢利用率显著高于高蛋白日粮组，Lys 和 Thr 作为仔猪的第一、第二限制性氨基酸，大量被仔猪肠道代谢，进入肝脏的量减少，从而引起其代谢率增高，此外催化 Thr 代谢的苏氨酸脱水酶和 L-苏氨酸-3-脱氢酶活性随着日粮 CP 水平的改变而发生着相应的变化，因此仔猪对 Lys、Thr 的代谢受到日粮 CP 水平的影响。另外，门静脉 Met 浓度随着日粮 CP 水平升高而升高，Met 的再甲基化反应和转硫基反应受到日粮 Met 含量的调控（Rowling 等，2002），而且 BHMT 活性受到日粮 Met 含量的影响，肝脏内高半胱氨酸代谢途径受损，会引起动物高半胱氨酸血症、肝损伤等（Yamada，2012），因此降低日粮 Met 的水平，Met 在仔猪肠道和肝脏的代谢量也会受到影响。

血浆 BCAA 的浓度在采食缺乏 CP 或 CP 较低的日粮后降低，而在采食高 CP 日粮后血浆和肌肉中的 BCAA 浓度上升，所以，BCAA 在门静脉的浓度及净吸收量受到日粮 CP 水平的影响，即随着日粮 CP 水平的降低，日粮 BCAA 在仔猪肠道内代谢的量相应地提高，可能是由于 BCAA 提高了低 CP 组仔猪的肠道发育及肠道氨基酸转运体的表达（Zhang 等，2013），进而促进了氨基酸在肠道的代谢。此外当机体采食 CP 丰富的日粮后，大量 BCAA 几乎没有被动物的内脏组织代谢，逃逸出内脏组织，仔猪采食同种 CP 日粮后，门静脉和肝静脉净吸收的 BCAA 差异很小，由于肝脏蛋白质合成消耗了大量直接进入肝脏的日粮 EAA 和饲喂状态下门静脉运输到肝脏的 EAA，故肝脏对 BCAA 的吸收率在低蛋白水平下是最高的。在哺乳动物体内，BCAA 通过内脏器官降解，骨骼肌是它们转氨基化最主要的器官，肝脏是它们碳骨架氧化的主要器官（Lei 等，2013）。此外，BCAA 之间存在拮抗作用，过量的 Ile 降低了阳离子氨基酸转运体的表达，从而也影响了高 CP 水平日粮氨基酸的平衡和氮排放，进而影响氨基酸的代谢。

与高蛋白水平相比，低蛋白水平日粮仔猪门静脉和肝静脉 Phe 的净吸收较低，即日粮 CP 水平越低，肠道和肝脏对 Phe 利用率越多。Reverter 等（2000）发现日粮氨基酸的含量影响着仔猪门静脉 Phe 的净吸收，肠道黏膜细胞优先利用低 CP 日粮的 Phe 来满足仔猪自身的需要，从而使得进入门静脉的 Phe 数量减少。PheOH 活性受到 Phe、BH4 等多种底物的调节，低蛋白水平下较低的 Phe 浓度激活了 BH4，从而抑制了 Phe 在仔猪肝脏的代谢，因此，肝脏对 Phe 和 Tyr 代谢利用量较高，且受到日粮 CP 水平的影响，从而导致极少的 Phe 和 Tyr 用于外周组织循环。

饲喂高 CP 水平日粮的仔猪，95%日粮 Glu、Gln 和 Asp 在体内被肠道组织代谢，由于 Glu 和 Asp 在从胃到血液跨细胞及从血液到吸收的过程中大量被肠道氧化，加上在猪胃肠道存在大量 Glu 转氨基作用的酶，如天冬氨酸氨基转移酶、丙氨酸氨基转移酶等，从而加速了日粮 Glu 和 Asp 在仔猪肠道的代谢。同样，不同 CP 水平日粮均有大量 Glu 和 Asp 被仔猪肠道代谢，但是低蛋白水平下 Glu 和 Asp 在肠道的代谢高于高蛋白水平日粮。肝脏对 Glu 和 Asp 的合成则随着日粮 CP 水平的降低而上升，即 Glu 和 Asp 代谢受到日粮 CP 水平的影响。肝脏内 Glu 的代谢决定着 Glu 在外周循环系统的水平，由于大部分氨基酸可以在氨基转移酶作用下转氨基生成 Glu，进而在谷氨酸脱氢酶或天冬氨酸氨基转移酶作用下进行代谢，因此 Glu 是重要的氮营养素清除者，是连接肝脏氨基酸代谢和糖异生作用的关键氨基酸（Brosnan，2000）。

随着 CP 水平降低，Arg 在血浆中的浓度也相应发生下降。而相对于高蛋白日粮，低蛋白日粮组提高了仔猪肠道和肝脏 Arg、His、Gly 和 Ala 的代谢，日粮 Arg 水平调节着仔猪内源性合成 Arg 的数量，Arg 主要通过尿素循环过程进行代谢，肠道和肝脏内存在催化 Arg 合成和降解的多种酶，如精氨琥珀酸合成酶和精氨琥珀酸裂解酶等，而这些酶的活性及尿素循环过程都受到日粮等多种因素的调控，由此可能说明了本试验结果的可靠性。有研究表明 Ala 在内脏组织的净流量为零，且不受日粮的影响（Donald，2003）。然而在食后和采食过程中，小肠利用 Glu、Gln、Asp 及 BCAA 合成大量 Ala 和血氨（Wu 等，1994），从而提高血液中 Ala 的浓度。而日粮中的 His 缺乏或不足，都会导致动物机体血浆铜、锌量不足，因此日粮中 His 的含量对 His 代谢的作用应受到广泛关注。Ser 的浓度受到日粮 EAA 含量的影响，日粮 EAA 缺乏会影响参与 Ser 代谢的相关酶如丝氨酸脱水酶等基因的表达，从而影响 Ser 的代谢。相对于高蛋白水平组，低蛋白日粮提高了肝脏对 His、Ser 及 Gly 的代谢利用效率，这是由于日粮 CP 水平缺乏提高了肝脏对 His、Ser 及 Gly 的利用率，也暗示了这些氨基酸对肝脏有着重要的功能需要。

三、低蛋白水平日粮下肝脏和肠道氨基酸代谢的异同点

虽然大量氨基酸在肠道和肝脏代谢，但是不同氨基酸在仔猪肠道和肝脏的代谢差异较大，黄飞若等（2015）研究表明，TEAA 在肠道和肝脏代谢的比例分别为 49.47%、26.2%，可见 TEAA 在肠道和肝脏都有代谢，且肠道代谢 TEAA 和 TAA 的量显著高于肝脏的代谢量，同样 Lys（53.68% vs. 51.18%）、Thr（50.54% vs. 33.32%）和 Arg（55.46% vs. 33.44%）在肠道和肝脏的代谢，说明肝脏和肠道是 TEAA、Lys 和 Thr 代谢的重要场所；Val、Ile 和 Leu 在肠道和肝脏的代谢比例分别为 48.94% vs. 7.51%、37.29% vs. 5.01%、56.56% vs. 7.71%，仔猪肠道对 BCAA 的代谢比例显著高于肝脏，可见肠道和肝脏对 BCAA 代谢差异较大，肠道是 BCAA 代谢的主要器官，而肝脏对 BCAA

几乎不代谢；Phe 在肠道和肝脏的代谢比例分别为 51.03% vs. 72.17%，可见肠道和肝脏对 Phe 都有代谢，差异极显著，然而 Tyr（139.34%）和 Ala（135.9%）在肠道以合成为主，在肝脏 Tyr 和 Ala 的代谢率分别为 85.68%、77.22%；几乎 100%的 Glu 和 95.11%的 Asp 均在肠道代谢，然而在肝脏则有大量合成；总之，肠道和肝脏对不同氨基酸代谢起着不同影响。

众多研究表明肠道在氨基酸代谢的过程中起着重要角色，Wu（1998）和 Shoveller 等（2005）发现，日粮 TAA 和 TEAA 分别大约有 45%～65%、40%～60%从门静脉进入肝脏。黄飞若等（2015）的研究表明肠道代谢 TAA 和 TEAA 大约分别占据日粮氨基酸的 35%～55%、40%～60%，而肝脏是动物氨基酸代谢的重要器官，日粮氨基酸经过肠道代谢后，未被肠道消化吸收约50%～70%从门静脉进入肝脏，大部分在肝脏发生代谢，大约 25%～40%的 TAA 和 20%～35%的 TEAA 分别在仔猪肝脏被代谢，且氨基酸种类也影响着肝脏对其的代谢比例，不同氨基酸在肝脏的代谢比例是不相同的。

Lys、Thr 是在肠道只分解不合成的两个 EAA，Thr 在肠道既可以用于黏膜蛋白合成又可以被肠腔细菌分解（Van Goudoever 等，2000），然而门静脉血浆内 Lys 和 Thr 的净吸收低估了日粮对外周组织的供应，大约 15%的蛋白质沉积存在于 PDV，而 Lys 和 Thr 在 PDV 的沉积远远高于这个值，有可能是由于日粮 Lys 和 Thr 以肽的形式存在于门静脉，而检测的时候并没有把它们以游离氨基酸的形式检测到。Gatrell 等（2013）报道的 LKR 和 SDH 的活性在猪的肝脏中表达活性最高，肝脏是 Lys 降解的主要场所，因此有大量 Lys（30%～55%）和 Thr（40%～65%）从门静脉流出，被外周组织利用。黄飞若等（2015）研究发现日粮中大约 45%～70% Lys 及 35%～60% Thr 分别在仔猪肠道代谢；大约 43%～60%的门静脉 Lys 在仔猪肝脏发生代谢；日粮 Thr 水平降低，导致仔猪肝脏蛋白质沉积减少，不同动物的肝脏内 Thr 有多条代谢途径，且受到多种不同酶如苏氨酸脱水酶和 L-苏氨酸-3-脱氢酶的调控，有 30%～45%的门静脉 Thr 在肝脏被代谢，且随着日粮 CP 水平的提高，Thr 在肝脏的代谢率增加；肝脏内存在 Met 的转硫基作用及相关酶，促进 Met 在肝脏的代谢，从而也论证了实验结果中仔猪肝静脉内 Met 的浓度远远低于门静脉。

Val 是仔猪以谷实-大豆型日粮为基础日粮的第五限制性氨基酸，而仔猪的第六限制性氨基酸可能是 Ile、Leu 或 His［NRC（1998）］。BCAT 作为 BCAA 代谢的关键酶之一，可以在人类和单胃动物的小肠黏膜细胞活化，从而使得部分 BCAA 在肠道发生降解。日粮中大量 BCAA 在羊的胃肠道发生分解代谢（EI-Kadi 等，2006）。BCAA 在组织内通过一系列酶联反应被分解，其中催化此反应的 BCKD 在不同组织中的数量和活性反映了该组织或器官代谢 BCAA 的能力，BCAT、BCKD 和 BCKDK 主要存在于肌肉、脂肪和 PDV 组织中，机体组织或器官代谢 BCAA 的能力顺序为骨骼肌/脂肪＞脑＞胃肠＞肝脏＞肾脏。黄飞若等

（2015）研究发现日粮中大约25%～55%的Leu、50%～70%的Ile和40%～60%的Val分别在肠道发生降解，即日粮中大约45%～75%的Leu、30%～50%的Ile、40%～60%的Val从门静脉进入肝脏代谢；门静脉Leu的4%～13.5%、Ile的3%～8%和Val的4%～10%在仔猪肝脏发生代谢，由此可见肝脏并不是BCAA的主要代谢器官。

Phe和Tyr虽然同属于AAA，但是在肠道的代谢差异极大，Hoerr等（1993）研究发现大约58%的Phe在成年人的肠道被首过代谢。由于Phe可以经过羟基化酶的催化转化为Tyr，所以可以合理推断Tyr在门静脉净吸收的量超过采食量是由Phe转换而来。Tyr主要是被肝细胞细胞质和肾脏近端小管内的酶催化，表明了小肠并不是Tyr代谢的主要场所。日粮Phe相当部分被内脏组织首过代谢，而且肠黏膜细胞对Phe的代谢远远超过Phe合成黏膜蛋白的数量。由于肝脏内存在Phe代谢的大量酶，因此肝脏也是Phe代谢的主要器官。黄飞若等（2015）研究发现大约40%～60%的日粮Phe在肠道发生代谢，相反Tyr在肠道不但不降解反而合成（110%～130%）；63%～80%的门静脉Phe、77%～93%的门静脉Tyr在肝脏代谢。PheOH是Phe代谢的关键酶和限速酶，且主要存在于哺乳动物的肝脏中。Tyr在肝脏受到尿黑酸1,2-二氧酶、酪氨酸氨基转移酶及延胡索二酰乙酰等多种酶催化（Bateman等，2001），形成延胡索酸和乙酰乙酸盐，延胡索酸是三羧酸循环中间产物，乙酰乙酸盐被肝脏转化运输到全身循环供外周组织利用，由此可知Tyr和Phe在肝脏被代谢的结论是合理的。

大量研究表明Glu和Asp在日粮中大量存在，而出现在门静脉中的极少，尤其是Glu几乎在门静脉内出现负值，即日粮内的Glu（99%～100%）和Asp（93%～98%）几乎全部被肠道组织代谢利用，而进入肝脏组织的日粮Glu（0%～1%）和Asp（2%～7%）几乎为零（Wu1998）。即使仔猪饲喂的日粮Glu含量高于正常水平3～4倍，肠道仍然可以大量氧化Glu（Janeczko等，2007）。进入肝脏的日粮Glu和Asp不到5%，然而这些仅有的氨基酸进入肝脏后发生了怎样的转变，一直以来报道较少。黄飞若等（2015）发现经过肝脏的转氨基、脱氨基等变化，大量Glu和Asp从肝静脉流出，即Glu和Asp在肝脏有净生成。由于肝脏内既含有催化Glu分解的酶，也含有催化Glu合成的酶，因此Glu在肝脏既可以合成又可以降解，谷氨酸合成酶和谷氨酰胺酶在肝脏活性较高，可以转换Glu和Gln（Haüssinger，1990）。Asp在仔猪肝脏主要是被天冬氨酸氨基转移酶催化，将氨基基团转移给Glu，且此反应是可逆的，Asp也可以参与三羧酸循环，且起着关键作用。

随着仔猪断奶，肠道内精氨酸酶也会增加，从而增加了肠道精氨酸的代谢。肠道将日粮中大约30%～50%的Arg进行分解代谢，而未被肠道代谢的日粮Arg（50%～70%）则进入肝脏。Arg代谢的主要场所是肠道，但是Arg在肝脏内可以通过尿素循环合成，值得注意的是，由于精氨酸酶在肝细胞质基质的极速高效性，使得 Arg 快速水解，所以肝脏不能净合成 Arg。Chen 等（2009）认为肠黏膜细胞由于没有发现组氨酸脱羧酶，所以肠黏膜不能代谢 His，因而 His 可能是在除肠黏膜细胞以外的其他 PDV 部位发生代谢。His 在肝脏代谢的比例大约占据门静脉 His 的 5%～15%，采食 His 可以提高肝细胞酒精中毒引起的抗氧化和抗炎症活性（Liu 等，2008），His 代谢对肝脏起着保护作用。黄飞若等（2015）研究发现大约 40%～50%的 Arg 在仔猪肝脏发生代谢，大约 45%～60%的日粮 His 出现在门静脉血液中，从而进入肝脏，即 40%～55%的日粮 His 在 PDV 组织代谢。

丙氨酸氨基转移酶对肠黏膜 Ala 的合成起着重要作用。Ala 不仅在氨基酸和葡萄糖代谢过程中起着重要作用，而且可以同时催化和合成 Gln，维持 Glu 的平衡，并且丙氨酸氨基转移酶是肝脏和机体健康与否的一个重要指标（Liu 等，2014），所以 Ala 在肝脏的分解代谢可能有着重要意义。黄飞若等（2015）的试验结果也显示 PDV 组织对 Ala 有一个净生成，而 70%～84%的门静脉 Ala 被肝脏代谢；同时发现大约 30%～50%日粮 Ser、45%～50%Gly 在肠道被首过代谢，即 50%～70%的 Ser、50%～55%的 Gly 进入了肝脏进行代谢，代谢比率分别为 15%～39%和 23%～48%，这也暗示了 Ser 和 Gly 在肝脏的一个重要功能。

第四节　不同蛋白水平下氨基酸代谢的甲基化修饰

日粮蛋白水平的高低及日粮氨基酸的含量都会影响猪血液的氨基酸水平，日粮氨基酸不平衡、缺乏任何一种必需氨基酸或蛋白质摄入不足，血液氨基酸水平就会显著下降。在此情况下，氨基酸作为信号分子调控与动物生长以及氨基酸蛋白质代谢相关基因的表达，以使动物适应目前的日粮状况或水平，在此过程中，表观遗传学修饰起到了重要的作用。众多的研究也表明，日粮蛋白水平和氨基酸的含量与动物个体甲基化及其子代甲基化水平密切相关。

一、日粮蛋白水平调控氨基酸代谢相关基因表达

日粮蛋白质水平以及氨基酸本身，如同激素一样对基因的表达起着重要的作用，并以此调节动物生长、蛋白质代谢等体内的生理生化过程。氨基酸也可在不同的器官、不同的基因表达过程，如转录、翻译和翻译后修饰等水平调控基因的表达。

黄飞若等（2015）在三种不同蛋白水平在仔猪肝脏代谢的实验研究过程中，同样进行了肝脏氨基酸代谢相关基因检测，并总结了仔猪肝脏氨基酸代谢相关基因的表达情况：与 20%CP 日粮组相比较，14%CP 日粮组仔猪肝脏赖氨酸代谢

酶关键基因 α-氨基己二酸 δ-半醛合成酶（α-aminoadipate δ-semialdehyde synthase，AASS）和 L-苏氨酸-3-脱氢酶（L-threonine-3-dehydrogenase，LDH）显著升高，同样 14%CP 日粮组 AASS 和 LDH 的 mRNA 水平也显著高于 17% CP 日粮组；支链氨基转移酶 2（branched-chain amino-transferase2，BCAT2）和支链 α-酮酸脱氢酶（branched-chain α-ketoacid dehydrogenase，BCKDHA）是肝脏支链氨基酸代谢的关键酶，值得注意的是，两个酶在三种 CP 日粮处理下的基因表达水平均非常的低；相反的是，苯丙氨酸羟化酶（phenylalanine hydroxylase，PAH）和酪氨酸氨基转移酶（tyrosine aminotransferase，TAT）在肝脏有一个较高水平的表达；有趣的是，与 20%CP 日粮组相比，饲喂 14% CP 日粮的仔猪肝脏 BCAT2、BCKDHA、TAT 和 PAH 的表达量均显著提高；此外，低蛋白质水平日粮也促进了肝脏谷氨酸脱氢酶（glutamate dehydrogenase，GDH）的表达。然而，不同蛋白水平调控氨基酸代谢酶基因表达的机制还将有待于进一步的提高，表观遗传学修饰的不断发展和研究的深入将有助于更好地揭示该调控过程。

二、日粮蛋白水平调控甲基化修饰

在营养学领域，表观遗传研究已经变得非常重要，营养物质及一些功能性饲粮或添加剂可以通过抑制或者激活催化 DNA 甲基化酶，或者通过组蛋白修饰等作用，改变相关基因表达，从而改变表观遗传并影响代谢。DNA 甲基化是指在 DNA 甲基转移酶（DNMT）催化作用下，以 S-腺苷-L-甲硫氨酸（SAH）提供甲基供体，将其甲基转移到脱氧胞嘧啶环第 5 位碳原子形成甲基化脱氧胞嘧啶的共价修饰（Davis 和 Uthus，2004）。在哺乳动物中 DNA 甲基化主要发生在 CPG 岛上，通常 CPG 岛在很多重要基因的启动子区。DNA 甲基化作为一种重要的表观遗传学修饰方式，与日粮蛋白水平密切相关。

蛋白质是生物体中最重要的生物大分子之一，分布于细胞的各个部位，占细胞干重的 50%以上，具有广泛的生物学功能。作为生命的物质基础，蛋白质几乎参与生命的每一个过程，如物质代谢、能量加工和信息传递等，是生命的表现形式。任何动物为了维持其正常的生存和生长，都必须从食物中不断地摄入蛋白质（王海超等，2014）。所以日粮蛋白水平的高低会影响动物机体的生理代谢过程。有学者研究发现，在饲喂低蛋白水平饲粮小鼠胎儿的肝脏中出现了 DNA 的甲基化，同样，饲喂低蛋白水平饲粮小鼠的后代基因表达发生了改变，肝脏中脂肪和胆固醇的合成增加（Rees 等，2000；Carone 等，2010）。此外，妊娠期间母体摄入低蛋白水平饲粮能够引起特定位点的基因发生 DNA 甲基化，从而引起相关代谢调控基因表达的改变，如瘦素（Lep）基因、过氧化物酶体增殖物激活受体（PPARα）基因、糖皮质激素受体（GR）基因等（Lillycrop 等，2007，

2008)。日粮营养能够诱导DNA甲基化，从而影响成年动物的代谢机能，比如Lep、PPARα、GR等基因表达的变化会改变脂质代谢和肝性脂肪变性，可能促进机体胰岛素抵抗。现有研究表明，母体蛋白质摄入不足会通过表观遗传修饰的方式永久性地影响子代基因的表达（宋善丹等，2015）。

蛋白质水平的高低将极大地影响着氨基酸的平衡度和含量。氨基酸作为蛋白质的基本构成单位，也将影响到DNA的甲基化。氨基酸的缺乏可能会破坏基因组的完整性并影响DNA甲基化的水平，所以，日粮氨基酸水平与基因表达以及DNA甲基化有非常重要的联系，DNA甲基化在基因与营养的交互作用过程中同样具有十分重要的作用。所以氨基酸通过DNA甲基化调控基因表达的机制也成为研究热点。有学者研究发现，长期给动物饲喂蛋氨酸缺乏的日粮，会导致动物肝脏DNA整体的低甲基化和自发性肿瘤的形成，反之，长期给予动物高蛋氨酸的日粮会导致特定基因区域DNA高度甲基化（Waterland，2006；Liu等，2003）。饲粮中氨基酸水平的高低不仅会影响肉鸡的生长，同时也会影响动物组织基因组DNA甲基化的程度，饲粮中长期缺乏蛋氨酸可能会导致肌肉、肝脏等组织DNA低甲基化，而饲粮中蛋氨酸过量时会导致肌肉、肝脏等组织高DNA甲基化，从而影响动物的生长性能（喻小琼等，2013）。该机制的阐明也为研究不同蛋白质水平下氨基酸分子的调控机理提供了理论基础。

与DNA甲基化一样，组蛋白甲基化模式的调控途径也是通过调节细胞中SAM含量来实现的。组蛋白甲基化作用与组蛋白甲基转移酶（HMT）及去组蛋白甲基化酶（HDM）活性有关，因此，组蛋白甲基化水平可通过调控HMT的活性来实现，另外某些高能营养物质，如蛋白质等代谢产生的代谢辅因子可通过调控HDM来调控组蛋白甲基化。

所以，组蛋白甲基化与DNA甲基化均与日粮蛋白水平及氨基酸含量有密不可分的关系。在动物营养代谢及动物生产过程中，不仅不同蛋白水平及氨基酸含量下对动物生产性能、氮利用率及氮排放污染的研究具有重要意义，甲基化的研究也将更有利于揭示表观遗传学修饰和动物营养代谢的关系。

参考文献

[1] 邓敦. 低蛋白日粮补充必需氨基酸对猪营养生理效应的研究. 湖南：中国科学院亚热带农业生态研究所博士学位论文，2007.

[2] 黄瑞林，印遇龙，李铁军等. 用于营养物质代谢的猪动静脉插管技术的研究. Ⅰ. 插管及血流量计安装手术，中国兽医杂志，2003，39（6）：19-20.

[3] 李铁军，印遇龙，黄瑞林等. 用于营养物质代谢的猪动静脉插管技术的研究. Ⅱ. 门静脉营养物质净流量测定方法，中国畜牧杂志，2003，39（2）：28-29.

[4] 宋善丹，陈光吉，饶开晴等. 营养与表观遗传修饰关系的研究进展. 中国畜牧兽医，2015，42（7）：1755-1762.

[5] 王彬，黄瑞林，李铁军等. 半乳甘露寡糖对猪门静脉血流速率、氨基酸和葡萄糖的净吸收量及耗氧

量的影响. 养猪，2006，(3)：1-4.

[6] 王海超，张乐颖，刁其玉. 营养素对动物表观遗传的影响及其机制. 动物营养学报，2014，26 (9)：2463-2469.

[7] 王荣发. 生长猪低蛋白日粮中含硫氨基酸和色氨酸需要量的研究. 湖南：湖南农业大学硕士学位论文，2010.

[8] 印遇龙，孔祥峰，李铁军. 新世纪我国畜禽养殖业面临的主要问题及应对措施. 饲料工业，2007，28 (14)：1-5.

[9] 印遇龙，李铁军，黄瑞林. 猪氨基酸营养与代谢，北京：科学出版社，2008：72-126.

[10] 喻小琼，赵桂苹，刘冉冉等. 家禽营养与表观遗传学. 动物营养学报，2013，25 (10)：2192-2201.

[11] 赵胜军，王林枫，王玲等. 羊肝、门、肠系膜静脉和颈动脉血管瘘管手术安装及体会. 饲料工业，2010，(S2).

[12] 郑培培. 不同蛋白水平日粮影响仔猪肝脏氨基酸代谢的研究. 武汉：华中农业大学硕士学位论文，2015.

[13] 郑培培，包正喜，李鲁鲁等. 肝脏营养物质代谢的仔猪肝-门静脉血插管技术的建立. 动物营养学报，2014，26 (6)：1624-1631

[14] Anderson DM. The measurement of portal and hepatic blood flow in pigs. The Proceedings of the Nutrition Society，1974，33：30A-31A.

[15] Ballèvre O，Buchan V，Rees WD，et al. Sarcosine kinetics in pigs by infusion of [1-14C] sarcosine：use for refining estimates of glycine and threonine kinetics. American Journal of Physiology-Endocrinology and Metabolism，1991，260：E662- E668.

[16] Bateman RL，Bhanumoorthy P，Witte JF，et al. Mechanistic inferences from the crystal structure of fumarylacetoacetate hydrolase with a bound phosphorus-based inhibitor. Journal of Biological Chemistry，2001，276：15284-15291.

[17] Blachier F，Boutry C，Bos C，et al. Metabolism and functions of L-glutamate in the epithelial cells of the small and large intestines. The American Journal of Clinical Nutrition，2009，90：814S-821S.

[18] Brosnan JT. Glutamate at the interface between amino acid and carbohydrate metabolism. The Journal of Nutrition，2000，130：988S-990S.

[19] Burrin DG，Riedijk MA，Stoll B，et al. Transmethylation and transsulfuration in the piglet gastrointestinal tract. Gastroenterology，2005，128：A-552.

[20] Burrin DG，Shulman RJ，Reeds PJ，et al. Porcine colostrum and milk stimulate visceral organ and skeletal muscle protein synthesis in neonatal piglets. The Journal of Nutrition，1992，122：1205-1213.

[21] Canh TT，Aarnink AJA，Schutte JB，et al. Dietary protein affects nitrogen excretion and ammonia emission from slurry of growing-finishing pigs. Livestock Production Science，1998，56：181-191.

[22] Carone BR，Fauquier L，Habib N，et al. Paternally induced transgenerational environmental reprogramming of metabolic gene expression in mammals. Cell，2010，143：1084-1096.

[23] Chen L，Li P，Wang J，et al. Catabolism of nutritionally essential amino acids in developing porcine enterocytes. Amino Acids，2009，37：143-152.

[24] Cooper AJ，Nieves E，Rosenspire KC，et al. Short-term metabolic fate of 13Nlabeled glutamate，alanine，and glutamine（amide）in rat liver. Journal of Biological Chemistry，1988，263：12268-12273.

[25] Davis CD，Uthus EO. DNA methylation，cancer susceptibility，and nutrient interactions. Experimental Biology and Medicine，2004，229：988-995.

[26] Donald K Layman. The Role of Leucine in Weight Loss Diets and Glucose Homeostasis. The Journal of Nutrition, 2003, 133: 261-267.

[27] Donkoh A, Moughan PJ. The effect of dietary crude protein content on apparent and true ileal nitrogen and amino acid digestibilities. British Journal of Nutrition, 1994, 72: 59-68.

[28] El-Kadi SW, Baldwin RL, Sunny NE, et al. Intestinal protein supply alters amino acid, but not glucose, metabolism by the sheep gastrointestinal tract. The Journal of Nutrition, 2006, 136: 1261-1269.

[29] Figueroa JL, Lewis AJ, Miller PS, et al. Nitrogen metabolism and growth performance of gilts fed standard corn-soybean meal diets or low-crude protein, amino acid-supplemented diets. Journal of Animal Science, 2002. 80: 2911-2919.

[30] Gatrell SK, Berg LE, Barnard JT, et al. Tissue distribution of indices of lysine catabolism in growing swine. Journal of Animal Science, 2013, 91: 238-247.

[31] Gloaguen M, Le Floc'h N, Corrent E, et al. The use of free amino acids allows formulating very low crude protein diets for piglets. Journal of Animal Science, 2014, 92: 637-644.

[32] Gonzalez-Valero L, Rodriguez-Lopez J, Lachica M, et al. Differences in portal appearance of lysine and methionine in Iberian and Landrace pigs. Journal of Animal Science, 2012, 90: 110-112.

[33] Haüssinger D. Nitrogen metabolism in liver: structural and functional organization and physiological relevance. Biochemical Journal, 1990, 267: 281.

[34] Hoerr RA, Matthews DE, Bier DM, et al. Effects of pro tein restriction and acute refeeding on leucine and lysine kinetics in young men. American Journal of Physiology-Endocrinology And Metabolism, 1993, 264: E567- E575.

[35] Huntington GB, Reynolds CK, Stroud BH. Techniques for measuring blood flow in splanchnic tissues of cattle. Journal of Dairy Science, 1989, 72: 1583-1595.

[36] Janeczko MJ, Stoll B, Chang X, et al. Extensive gut metabolism limits the intestinal absorption of excessive supplemental dietary glutamate loads in infant pigs. The Journal of Nutrition, 2007, 137: 2384-2390.

[37] Kalhan SC, Bier DM. Protein and amino acid metabolism in the human newborn. Annual Review of Nutrition, 2008, 28: 389-410.

[38] Kerr BJ, Southern LL, Bidner TD, et al. Influence of dietary protein level, amino acid supplementation, and dietary energy levels on growing-finishing pig performance and carcass composition. Journal of Animal Science, 2003, 81: 3075-3087.

[39] Kerr CA, Giles LR, Jones MR, et al. Effects of grouping unfamiliar cohorts, high ambient temperature and stocking density on live performance of growing pigs. Journal of Animal Science, 2005, 83: 908-915.

[40] Knowles TA, Southern LL, Bidner TD, et al. Effect of dietary fiber or fat in low-crude protein, crystalline amino acid-supplemented diets for finishing pigs. Journal of Animal Science, 1998, 76: 2818-2832.

[41] Lapierre H, Bernier JF, Dubreuil P, et al. The effect of feed intake level on splanchnic metabolism in growing beef steers. Journal of Animal Science, 2000, 78: 1084-1099.

[42] Le Bellego L, Noblet J. Performance and utilization of dietary energy and amino acids in piglets fed low protein diets. Livestock Production Science, 2002, 76: 45-58.

[43] Le Bellego L, van Milgen J, Dubois S, et al. Energy utilization of low-protein diets in growing pigs. Journal of Animal Science, 2001, 79: 1259-1271.

[44] Lei J, Feng D, Zhang Y, et al. Hormonal regulation of leucine catabolism in mammary epithelial cells. Amino Acids, 2013, 45: 531-541.

[45] Li L, Zhang P, Zheng P, et al. Hepatic cumulative net appearance of amino acids and related gene expression response to different protein diets in pigs. Livestock Science, 2015 (accept).

[46] Lillycrop KA, Phillips ES, Torrens C, et al. Feeding pregnant rats a protein-restricted diet persistently alters the methylation of specific cytosines in the hepatic PPARα promoter of the offspring. British Journal of Nutrition, 2008, 100: 278-282.

[47] Lillycrop KA, Slater-Jefferies JL, Hanson MA, et al. Induction of altered epigenetic regulation of the hepatic glucocorticoid receptor in the offspring of rats fed a protein-restricted diet during pregnancy suggests that reduced DNA methyltransferase-1 expression is involved in impaired DNA methylation and changes in histone modifications. British Journal of Nutrition, 2007, 97: 1064-1073.

[48] Liu L, Wylie RC, andrews LG, et al. Aging, cancer and nutrition: the DNA methylation connection. Mechanisms of Ageing and Development, 2003, 124: 989-998.

[49] Liu WH, Liu TC, Yin MC. Beneficial effects of histidine and carnosine on ethanol-induced chronic liver injury. Food and Chemical Toxicology, 2008, 46: 1503-1509.

[50] Liu Z, Que S, Xu J, et al. Alanine aminotransferase-old biomarker and new concept: a review. International Journal of Medical Sciences, 2014, 11: 925-935.

[51] Lordelo MM, Gaspar AM, Le Bellego L, et al. Isoleucine and valine supplementation of a low-protein corn-wheat-soybean meal-based diet for piglets: growth performance and nitrogen balance. Journal of Animal Science, 2008, 86: 2936-2941.

[52] Powell S, Bidner TD, Payne RL, et al. Growth performance of 20- to 50-kilogram pigs fed low-crude-protein diets supplemented with histidine, cystine, glycine, glutamic acid, or arginine. Journal of Animal Science, 2011, 89: 3643-8650.

[53] Rees WD, Hay SM, Brown DS, et al. Maternal protein deficiency causes hypermethylation of DNA in the livers of rat fetuses. The Journal of Nutrition, 2000, 130: 1821-1826.

[54] Rémond D, Buffière C, Godin JP, et al. Intestinal inflammation increases gastrointestinal threonine uptake and mucin synthesis in enterally fed mini-pigs. The Journal of Nutrition, 2009, 139: 720-726.

[55] Ren M, Liu C, Zeng X, et al. Amino acids modulates the intestinal proteome associated with immune and stress response in weaning pig. Molecular Biology Reports, 2014, 41: 3611-3620.

[56] Reverter M, Lundh T, Gonda HL, et al. Portal net appearance of amino acids in growing pigs fed a barley-based diet with inclusion of three different forage meals. British Journal of Nutrition, 2000, 84: 483-94.

[57] Rowling MJ, McMullen MH, Chipma DC, et al. Hepatic glycine N-methyltransferase is upregulated by excess dietary methionine in rats. The Journal of Nutrition, 2002, 132: 2545-2550.

[58] Schaart MW, Schierbeek H, van der Schoor SR, et al. Threonine utilization is high in the intestine of piglets. The Journal of Nutrition, 2005, 135: 765-770.

[59] Shoveller AK, Stoll B, Ball RO, et al. Nutritional and functional importance of intestinal sulfur amino acid metabolism. The Journal of Nutrition, 2005, 135: 1609-1612.

[60] Stipanuk MH. Homocysteine, cysteine, and taurine. 9th ed. In: Modern Nutrition in Health and Disease. ME Shils, JA Olson, M Shike, AC Ross. eds. Baltimore, MD: Williams& Wilkins, 1999: 543-558.

[61] Stoll B, Burrin DG, Yu H, et al. Catabolism dominates the first-pass intestinal metabolism of dieta-

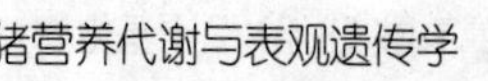

ry essential amino acids in milk protein-fed piglets. The Journal of Nutrition, 1998, 128: 606-614.

[62] Stoll B, Burrin DG, Henry J, et al. Phenylalanine utilization by the gut and liver measured with intravenous and intragastric tracers in pigs. American Journal of Physiology-Gastrointestinal and Liver Physiology, 1997, 273: G1208-G1217.

[63] Stoll B, Burrin DG, Henry JF, et al. Dietary and systemic phenylalanine utilization for mucosal and hepatic constitutive protein synthesis in pigs. American Journal of Physiology-Gastrointestinal and Liver Physiology, 1999, 276: G49-57.

[64] Teperino R, Schoonjans K, Auwerx J. Histone methyl transferases and demethylases; can they link metabolism and transcription? Cell Metabolism, 2010, 12: 321-327.

[65] Van Goudoever JB, Stoll B, Henry JF, et al. Adaptive regulation of intestinal lysine metabolism. Proceedings of the National Academy of Sciences, 2000, 97: 11620-11625.

[66] Waterland RA. Assessing the effects of high methionine intake on DNA methylation. The Journal of Nutrition, 2006, 136: 1706S-1710S.

[67] Wang W, Qiao S, Li D. Amino acids and gut function. Amino Acids, 2009, 37: 105-110.

[68] Wang X, Qiao S, Yin Y, et al. A deficiency or excess of dietary threonine reduces protein synthesis in jejunum and skeletal muscle of young pigs. The Journal of Nutrition, 2007, 137: 1442-1446.

[69] Windmueller HG, Spaeth AE. Respiratory fuels and nitrogen metabolism in vivo in small intestine of fed rats. Quantitative importance of glutamine, glutamate, and aspartate. Journal of Biological Chemistry, 1980, 255: 107-112.

[70] Wu G, Knabe DA, Flynn NE. Amino acid metabolism in the small intestine: biochemical bases and nutritional significance. In: Biology of Metabolism in Growing Animals. Burrin DG, Mersmann HJ eds. London: Elsevier Science, 2005: 107-126.

[71] Wu G, Knabe DA, Flynn NE. Synthesis of citrulline from glutamine in pig enterocytes. Biochemical Journal, 1994, 299: 115-121.

[72] Wu G. Synthesis of citrulline and arginine from proline in enterocytes of postnatal pigs. American Journal of Physiology-Gastrointestinal and Liver Physiology, 1997, 272: G1382- G1390.

[73] Yamada H, Akahoshi N, Kamata S, et al. Methionine excess in diet induces acute lethal hepatitis in mice lacking cystathionine γ-lyase, an animal model of cystathioninuria. Free Radical Biology and Medicine, 2012, 52: 1716-1726.

[74] Yen JT, Killefer J. A method for chronically quantifying net absorption of nutrients and gut metabolites into hepatic portal vein in conscious swine. Journal of Animal Science, 1987, 64: 923-934.

[75] Yen JT, Varel VH, Neienaber JA. Metabolic and microbial responses in western crossbred and in Meishan growing pigs fed a high-fiber diet. Journal of Animal Science, 2004, 82: 1740-1755.

[76] Zhang S, Qiao S, Ren M, et al. Supplementation with branched-chain amino acids to a low-protein dietregulates intestinal expression of amino acid and peptide transporters in weanling pigs. Amino Acids, 2013, 45: 1191-1205.

第六章 表观遗传修饰在肝脏糖脂及氨代谢中的作用

肝脏是机体中最大的消化腺及代谢器官，承载着多种重要的生理功能如分泌、代谢、解毒等，在生理调节过程中起到举足轻重的作用。作为机体内进行新陈代谢的重要场所，肝脏不仅具有丰富的血管组织，还含有大量细胞及种类繁多的酶，这为物质新陈代谢高效、顺利地进行提供了坚实的物质基础。肝脏是动物机体营养代谢及重分配的重要器官，在能量代谢、营养物质代谢转化、生物合成中发挥重要的作用。肝脏是遭受表观遗传学修饰的重要器官，包括组蛋白乙酰化、染色质重塑等。

第一节 肝脏糖脂代谢特点

肝脏是能量和营养代谢的重要部位，也是响应营养物质和激素信号的主要糖脂代谢器官之一。在饥饿状态下，肝脏通过脂质氧化、糖原分解和糖异生将储存的脂类和糖原分解，产生葡萄糖并提供能量。在摄食的情况下，肝脏可以将多余的营养物质转化为糖原或脂肪储存。肝脏作为机体内能量代谢的中枢器官，在糖脂代谢过程中起着十分重要的作用。

一、肝脏糖代谢

血糖主要是指血液中的葡萄糖，是维持机体生命活动最重要的物质之一。在正常生理状态下，动物血糖的来源与去路始终处于动态平衡，从而使血糖浓度比较恒定，保持在一定的范围内，以维持机体内环境的稳定。血糖浓度受进食的影

响，进食数小时内血糖浓度升高，在饥饿时血糖含量会逐渐降低，但在短时间内不进食，血糖也能维持正常水平。家畜血糖浓度相对恒定具有重要的生理意义，因为血糖浓度的相对恒定是保证细胞正常代谢、维持组织器官正常机能的重要条件之一。如果血糖浓度过低，就会引起葡萄糖进入各组织的量不足，造成各组织机能障碍，出现低血糖。体内很多器官均参与糖代谢的调节，如肝脏、肾脏、骨骼肌、脂肪组织等，其中肝脏是维持血糖浓度的主要器官。肝脏作为胰岛素和胰高血糖素信号肽作用的主要效应器官，通过调节肝细胞糖原合成和葡萄糖异生作用以维持血糖水平的动态平衡。

动物摄食后，日粮中的碳水化合物经过肠道的消化主要以葡萄糖的形式大量被吸收进入血液，导致体内血糖浓度显著升高。此时，肝脏糖原合成加强而分解减少，将大量的葡萄糖通过糖原合成的形式储存起来；同时将过多的葡萄糖再转变成脂肪储存起来；另外，通过磷酸戊糖途径（一条糖的分解代谢途径）加强葡萄糖氧化分解，转变为非糖物质，为机体合成脂肪、核苷酸等其他物质提供底物，从而降低血糖水平，维持血糖浓度的恒定。相反，在空腹或饥饿状态，机体血糖浓度开始降低时，肝细胞把储存的肝糖原分解为葡萄糖，进入血液循环，升高血糖水平，维持血糖的稳定，以满足机体的正常生命活动。可见，肝糖原在调节血糖浓度并维持其稳定中具有重要作用。

当外源糖摄入不足或是肝糖原储备减少时，一些非糖物质如脂肪、生糖氨基酸、丙酮酸、乳酸等可转变为葡萄糖或糖原，这就是糖异生。具有糖异生能力的器官有肝脏、肾脏、肠上皮细胞，肝脏是进行糖异生最主要的器官，体内约50%的葡萄糖消耗及重要器官的能量供应都是来源于肝脏糖异生。严重肝病患者易出现空腹血糖降低，主要是由于肝糖原储存减少或者糖异生障碍。可见，肝糖原合成或分解和糖异生在肝脏调节糖代谢中发挥非常重要的作用。

二、肝脏脂质代谢

肝脏在脂类的消化、吸收、分解、合成及运输等代谢过程中均起重要作用。肝脏能分泌胆汁，其中的胆汁酸盐是胆固醇在肝脏的转化产物，能乳化脂类，可促进脂类的消化和吸收。此外，肝脏还是氧化分解、合成及转运脂肪的主要场所，也是人体内生成酮体的主要场所。当血液中的游离脂肪酸被肝脏细胞摄取后，经过一系列的酶催化后进入线粒体进行β氧化代谢，分解成乙酰 CoA。在氧气充足的情况下，乙酰 CoA 彻底氧化分解成二氧化碳和水，释放出大量的能量，供给肝脏自身利用以及为机体提供热量。在安静状态下，肝脏是人体内脏中产热量最大的器官，对于维持体温有重要生理意义。脂肪酸β氧化产生的乙酰辅酶 A，不仅可用于氧化磷酸化提供能量，还可以合成酮体。由于肝脏中缺乏利用酮体的酶，生成的酮体不能在肝脏氧化利用，必须经血液运输到其他组织氧化利用，作为这些组织的良好功能原料。

肝脏不仅可以分解脂肪、氧化脂肪酸，还可以合成脂肪，相对于脂肪组织和小肠，它的合成能力最强。肝脏能够利用乙酰 CoA、ATP、NADPH 等作为原料，在细胞液中丰富的脂肪酸合成酶系的催化下重新合成脂肪酸，然后和甘油进行再酯化，最后形成甘油三酯。一般情况下肝细胞虽然能够合成脂肪，但并不储存脂肪。合成的脂肪在高尔基体内与载脂蛋白结合形成极低密度脂蛋白，进入血液中运送到肝外组织利用或储存。除此之外，肝脏还是合成胆固醇最旺盛的器官，机体全身 80％的胆固醇是由肝脏合成的，是血浆胆固醇的主要来源。肝脏还合成并分泌卵磷脂、胆固醇酰基转移酶，促使胆固醇酯化。肝脏内磷脂合成与甘油三酯的合成及转运有密切关系。磷脂合成障碍将会导致甘油三酯在肝内堆积，形成脂肪肝。其原因一方面是由于磷脂合成障碍，导致前 β-脂蛋白合成障碍，使肝内脂肪不能顺利运出；另一方面是肝脏内脂肪合成增加。由此可见，肝脏在脂类代谢过程中有着重要的作用。

第二节　表观遗传修饰在糖脂代谢中的作用

表观遗传学修饰是不涉及基因组的碱基序列改变，却能导致可遗传性的表型变异，表观遗传易受到环境和营养水平的影响。DNA 甲基化、组蛋白修饰以及非编码 RNA 等表观遗传修饰与糖脂代谢有着密切的联系，糖和脂肪之间可以进行相互转化。当机体摄入糖过多时，糖可以转变生成脂肪；而当糖摄入不足时，脂肪酸氧化可以代替糖来提高能量。表观遗传修饰可以调节胰岛的发育和分化、胰岛素分泌、糖代谢相关途径等，从而对糖代谢产生影响；对脂肪组织的生长发育、脂代谢相关途径等产生影响，调节脂代谢平衡。

一、DNA 甲基化与糖脂代谢

1. DNA 甲基化与糖代谢

DNA 甲基化主要是在 DNA 甲基转移酶（DNMT）的作用下，将胞嘧啶修饰为甲基胞嘧啶。启动子区富含 CpG 岛的高甲基化会引起基因表达的改变。2 型糖尿病（type 2 diabetes mellitus，T2DM）又名非胰岛素依赖性糖尿病，其发病与遗传因素和环境因素有关。有研究者分析了 T2DM 的胰岛组织中 245 个基因，发现启动子中的 276 个 CpG 岛甲基化修饰出现显著变化（Volkmar 等，2012）。此外，Yang 等分析 T2DM 患者与正常人胰岛的胰岛素基因启动子区的 25 个 CpG 位点的 DNA 甲基化水平，发现 T2DM 患者 4 个 CpG 位点甲基化水平升高，同时胰岛素 mRNA 表达量降低。另外，胰岛相关基因如肝细胞核因子-4α (hepatocyte nuclear factor-4α，Hnf4α）的 CpG 岛区域发生异常的 DNA 甲基化修饰，可使该基因表达降低，影响胰岛 β 细胞的分化，并最终增加 T2DM 的患病风险。相关研究表明，增加人过氧化物酶体增殖物激活受体 Y 辅激活因子 1A（peroxisome proliferator-activated receptor gamma coactivato 1 alpha，PPARGC1A）基因 DNA 甲基化程度，会引起 mRNA 表达下降和胰岛素的分泌减少。有研究发现 T2DM 患者的胰岛 PGC-1α 启动子 DNA 甲基化水平上升，直接导致其 mRNA 表达下降和胰岛素的分泌减少。另有研究表明，肝脏中主要代谢调节基因 PPARGC1A 与胰岛素分泌之间存在密切关系，在人类 T2DM 患者胰岛中 PPARGC1A 基因启动子的 DNA 甲基化对外周胰岛素抵抗、胰岛素敏感性及肝线粒体生物合成有很大的影响（Sookoian 等，2012）。肥胖大鼠肝脏糖酵解的几个关键基因的表达水平显著低于正常大鼠，而 L-丙酮酸激酶（L-type pyruvate kinase，LPK）、葡萄糖激酶（glucokinase，GCK）基因启动子的甲基化程度显著高于正常体重大鼠，基因启动子区的甲基化程度与基因的转录水平呈负相关关系。葡萄糖激酶（glueokinase，GCK）是己糖激酶（hexokinase，HK）家族的一员，在调节肝细胞的糖代谢及胰岛 β 细胞葡萄糖刺激的胰岛素分泌中发挥重要的作用，是 T2DM 的易感基因之一，其活性下降与糖代谢紊乱明显相关。

2. DNA 甲基化与脂代谢

脂肪组织的发育是一个复杂的生理过程，包括间充质干细胞与前脂肪细胞的增殖、分化、脂质同化、脂肪细胞的肥大以及血管发生等过程。研究表明，DNA 甲基化在脂肪组织生长发育过程中发挥重要作用。DNA 甲基化可以通过调控特异性基因、脂肪细胞分化转录因子及转录辅助因子的表达来影响脂肪组织的生长发育。研究发现，DNA 甲基化在脂肪细胞分化过程中发挥着调控作用，且在该过程中 DNA 甲基化是动态变化的。鼠的 3T3-L1 是细胞系广泛的体外脂肪细胞分化的细胞模型。3T3-L1 细胞的分化与 DNA 甲基化和去甲基化的比例有关。在细胞分化过程中，这个比例维持在一个稳定的水平（Sakamoto 等，2008）。过氧化物酶体增殖物激活受体 γ（peroxisome proliferato ractivatedreceptor-γ，PPARγ）与脂肪细胞的分化、血糖调节及胰岛素抵抗有关。研究发现，间充质干细胞 PPARγ 基因的启动子是低甲基化的，表明间充质干细胞在分化前是处于低甲基化状态的（Noer 等，2006）。另有研究显示，PPARγ 启动子的去甲基化可以促进前脂肪细胞分化为成熟脂肪细胞（Fujiki 等，2009）。此外，叶酸可以通过上调了一碳代谢和甲基转移相关基因的表达，加强 C/EBPα（CCAAT/enhancer binding protein alpha）基因启动子甲基化程度的，从而增加脂肪细胞的增殖，降低单个细胞脂肪含量，进而影响了细胞分化程度（喻小琼等，2014）。叶酸是核酸和氨基酸代谢过程中一碳转移反应的辅酶，对甲基供体 SAM 的合成非常重要。叶酸水平在维持基因组 DNA 甲基化水平中起着不可替代的作用，叶酸过多或不足均导致特定基因位点修饰程度变化。研究发现，瘦素（Leptin）启动子去甲基化与脂肪细胞前体分化为脂肪细胞的过程紧密相关。瘦素是主要由脂肪细胞分泌的蛋白质类激素，它能抑制动物的食欲、调节机体能量代谢等。在间充质细胞中，瘦素基因的启动子是低甲基化的；而在3T3-L1前脂肪细胞中，瘦素基因启动子区呈现高度甲基化的状态。

二、组蛋白修饰与糖脂代谢

1. 组蛋白修饰与糖代谢

组蛋白修饰是表观遗传修饰的另外一种重要方式，可以被共价修饰，包括甲基化、磷酸化、乙酰化、泛素化等。组蛋白修饰也与糖代谢关系密切。在肾脏疾病发生过程中，常伴随着组蛋白修饰酶表达和组蛋白修饰水平的变化，从而调控了特定基因的表达。在体外细胞试验中，TGFP-1（糖尿病肾病中的关键蛋白，可以诱导细胞外基质相关基因的转录）刺激会诱导TGFP-1靶基因的启动子上组蛋白修饰的变化，如转录抑制性的修饰H3K9me2和H3K9me3显著降低，而转录激活性的修饰H3K4me和H3K4me3则显著增高（Sun等，2010）。HDAC5可以通过组蛋白去乙酰化作用抑制Glut4的表达，使血糖升高，进而引起胰岛素抵抗。研究发现，β细胞胰岛素基因启动子区的组蛋白H3K4的甲基化水平增高。而有研究者发现H3K4的高甲基化需要转录因子Pdx-1的作用，Pdx-1可以招募组蛋白甲基转移酶Set7/9，从而引起胰岛素基因启动子区的H3K4甲基化，促进胰岛素基因的表达（Francis等，2005）。在肝脏中SIRT1在短期饥饿时，可以抑制糖异生关键因子TORC2，从而抑制糖异生，降低血糖浓度（Liu等，2008）；长期饥饿状态下通过去乙酰化FOXO1、STAT3等促进糖异生并抑制糖酵解（Nie等，2009）。细胞质中的SIRT2可以通过调控FOXO1、PEPCK等的去乙酰化进而调控葡萄糖的代谢，如SIRT2促进PEPCK的去乙酰化而抑制其泛素化降解，从而促进糖异生（Jiang等，2011）。另外p65也是SIRT2的去乙酰化靶标之一（Rothgiesser等，2010）。研究表明SIRT6可以通过低氧诱导因子1α（Hif1α）来调控葡萄糖平衡，使葡萄糖进入三羧酸循环（Zhong等，2010）。在正常条件下，SIRT6结合到糖酵解相关基因的启动子上，使其H3K9低乙酰化，同时作为转录因子Hif1α的辅阻遏物，抑制糖酵解相关基因的表达。在营养缺乏时，SIRT6被抑制，使Hif1α激活，同时也激活了糖酵解相关基因的表达。

2. 组蛋白修饰与脂代谢

脂肪细胞的增生和肥大是导致肥胖症发生的主要原因，而肥胖症会导致糖尿病及代谢综合征的发生。组蛋白修饰与脂代谢也有着密切的关系。间充质干细胞（mesenehymalstemcells，MSC）体外研究成脂分化的细胞模型C3H10TI/2细胞。HDACS在C3HIOTI/2细胞中转录水平呈现较大的差异，其中Ⅰ类

HDACS 的基因表达量最高，其次是Ⅱa 类和Ⅱb 类，Ⅳ类含量最低；在成脂分化过程中 HDAC 1、HDAC 3 和 HDAC 2 的基因表达量显著上升，而 HDAC10 则下调。C3H10TI/2 细胞成脂分化的过程伴随着蛋白质乙酰化修饰的下降，增加蛋白质的乙酰化修饰水平可以抑制成脂分化（吴伟，2011）。Knutson 等（2008）研究发现，特异性敲除新生小鼠肝脏组蛋白去乙酰化酶 3（HDAC3），可以增加 PPARγ2 的表达，并且可以调节脂质、胆固醇合成基因如肝 X 受体（LXR）、视黄醇类 X 受体（RXR）及乙酰辅酶 A 羧化酶（ACC）等的表达，从而抑制脂肪生成，小鼠表现为明显的肝脏肿大，并出现糖脂代谢的紊乱。在脂肪组织中 SIRT1 可以通过抑制 PPARγ、aP2 来促进脂肪细胞的动员，或者通过结合 PPARγ 辅抑制因子 NCoR 和 SMRT 来抑制 PPARγ 的转录效应。过量表达 SIRT1 或以 Resveratrol 处理培养的脂肪细胞可以抑制 PPARγ 介导的基因转录，抑制脂肪生成，促进脂肪分解。研究发现，SIRT6 可以抑制 SREBP-1 和 SREBP-2，降低它们目标基因的转录水平，SREBP-1 和 SREBP-2 两种异构体是脂质代谢转录因子。

三、非编码 RNA 与糖脂代谢

1. 非编码 RNA 与糖代谢

最新研究表明，microRNA（miRNA）的表达具有组织特异性，miRNA 在胰腺的发育、胰岛素的分泌和合成中都发挥重要的作用。对葡萄糖代谢也具有重要的调控作用。miRNA-375 在糖代谢调节中起关键作用，在胰腺中以钙非依赖的方式调节葡萄糖，从而刺激胰岛素分泌。研究发现 miRNA-375 可以降低 β 细胞的数量和活性，从而抑制胰岛素分泌。葡萄糖诱发的胰岛素分泌在 miRNA-375 过表达时被抑制，而当 miRNA-375 功能被抑制后则可以促进胰岛素分泌。在正常的糖浓度范围内，β 细胞中 miRNA-124a 过量表达会促进胰岛素的分泌；而在糖浓度高的条件下，miRNA-124a 则会抑制胰岛素的分泌。Plaisance 等发现 miRNA-9 是参与胰岛素分泌的重要调节子。miRNA-9 通过直接靶基因 *Onecut2*（*OC2*）来调节，而 *OC2* 直接与其启动子结合抑制 Granuphilin/Slp4 的表达，Granuphilin 是一种 RabGTP 酶的效应物，它与分泌颗粒协同作用调节胰岛素的释放。miRNA-124a 和 miRNA-96 在胰岛素胞外分泌和激素、神经递质释放中起关键的调节作用（Lovis 等，2008）。miRNA 与 T2DM 的发生发展有密切联系，糖尿病病人血浆中 miRNA-126 的表达明显降低，这点在动物模型上也得到了验证。

Karolina 等（2011）通过对 GK 大鼠的研究发现，糖尿病组大鼠与正常组大鼠比较，有 29 种 miRNA 的表达存在差异，其中 miRNA-222 和 miRNA-27a 在脂肪组织中的表达上调，miRNA-195 和 miRNA-103 在肝组织中的表达上调。此外，某些 miRNA 既可以影响胰岛素基因的表达，又作用于胰岛素的靶受体。

如在糖尿病患者外周血呈高表达的miRNA-144（Karolina等，2011），它不仅调控胰岛素的分泌，而且还可以直接作为调控胰岛素受体底物蛋白1（IRS1）表达的控制因子，使IRS的表达下调，从而导致胰岛素作用功能的下降，产生胰岛素抵抗。miRNA-126可以作为IRS1转录前的一个阻遏因子，影响胰岛素靶蛋白IRS1的表达，使肝细胞合成糖原的能力减弱，造成肝内糖代谢紊乱和胰岛素抵抗（Ryu等，2011）。可见miRNA与糖尿病有着密切的联系。

越来越多的研究表明，miRNA能够通过调节葡萄糖转运子家族（glucose transporters，GLUTs）的表达来调节肿瘤细胞糖代谢。在肿瘤细胞中，GLUT1和GLUT3表达上调。在肾细胞癌中，GLUT1表达增加；相反，GLUT4、GLUT9、GLUT12的表达却下调。在葡萄糖代谢的初始阶段，葡萄糖通过GLUT3和GLUT4进行跨膜运输。miRNA-223过表达使GLUT4的表达增加，从而促进细胞对葡萄糖的摄取（Lu等，2010）。而miRNA-133则抑制GLUT4蛋白的表达，使胰岛素介导的葡萄糖摄入减少（Horie等，2009）。在人膀胱癌细胞系中，miRNA-195-5p可以直接靶向下调GLUT3表达，从而抑制葡萄糖的摄取和细胞增殖。因此，miRNA能够通过改变GLUTs的表达来调节葡萄糖的摄取，影响肿瘤细胞中的糖代谢过程。

2. 非编码RNA与脂代谢

非编码RNA（non-coding RNA）是指不编码蛋白质的RNA。其中包括rRNA、tRNA、snRNA、snoRNA和miRNA等多种已知功能的RNA，还包括未知功能的RNA。miRNA是一类内源性单链非编码小分子RNA，大约由22个核苷酸组成，通过与靶基因mRNA结合调节基因转录后表达。miRNA能参与多种生物学过程包括细胞凋亡、分化和癌变等，近几年其关于脂代谢的重要调节被相继报道。脂肪是人和动物用以贮存能量的重要形式，脂类代谢在机体生命活动中发挥着重要作用，而脂类代谢调控对于畜牧生产及人类疾病治疗都具有重要意义。

miRNA-143可以抑制葡萄糖转运蛋白4（GLUT4）、激素敏感性脂肪酶（HSL）、脂肪酸结合蛋白（FABP）和氧化物酶增殖体激活受体-v2（PPAR-v2）等脂肪细胞特定基因的表达，导致脂肪细胞的分化减少。miRNA-335在脂质加工过程中表达上调，且在肥胖小鼠的肝脏和脂肪组织中高度表达。Lin等（2009）发现，miRNA-27的过表达可以抑制脂肪细胞的形成。如miRNA-27抑制CCAAT增强子结合蛋白α（C/EBPα）、脂蛋白酯酶（lipoprotein lipase，LPL）、CD36（CD36）、固醇调节元件结合蛋白-1c（SREBP-1c）等脂代谢相关基因的表达（Karbiener等，2009）。在细胞中miRNA-27过表达可以降低LPL基因的表达量，导致甘油三酯的积累以及脂肪生成基因的表达受到抑制。miRNA-27包括miRNA-27a和miRNA-27b两种亚基形式。研究表明，miRNA-27a和miRNA-27b与LPL基因的表达有关，LPL是血浆乳糜微粒以及极低密度脂蛋白中甘油三酯水解作用的限速酶。

miRNA-122 占成年小鼠肝脏 miRNA 的 70%，肝脏中 miRNA-122 可以维持肝细胞表型，对脂代谢具有重要的调节作用。抑制 miRNA-122 的表达能下调肝脏脂肪酸合成相关酶的表达，降低血清中总胆固醇的含量，促进脂肪酸氧化，从而改善因高脂饮食引起的小鼠肝脏脂肪变性（Esau 等，2006）。值得注意的是在 miRNA-122 基因敲除和肝细胞特异的基因敲除的小鼠中观察到肝脏发生进行性脂肪性肝炎，这在以前的研究中并未发现。miRNA-378/378* 是过氧化物酶体增殖物激活受体 γ 共激活因子-1α（PGC-1α）基因内含子上的 miRNA，对血脂代谢的调节起着重要的作用（Gerin 等，2010）。miRNA-378/378* 可以增强脂肪酸代谢相关基因的表达，如 *FABP4*、*FAS* 和 *SCD-1* 等基因。研究表明 miRNA-33 在脂代谢中也发挥重要的作用，它可以通过下调 ABC 转运蛋白的表达来调节胆固醇的进出和高密度脂蛋白（HDL）的生物合成（Fernández-Hernando 等，2011）。此外，miRNA-33 还可以抑制一些参与脂肪酸氧化蛋白的翻译，从而减少脂肪酸的降解。miRNA 已被越来越多的学者认为是体内脂代谢平衡的重要调节因子，它通过许多不同的途径参与调节脂肪酸和胆固醇代谢。当然，miRNA 的脂代谢调控网络十分复杂，还需进行更深入的研究。

四、染色质重塑与糖脂代谢

1. 染色质重塑与糖代谢

染色质重塑（chromatin remodeling）是基因表达调控过程一系列染色质结构变化的总称。染色质重塑控制着以 DNA 为模板的各种细胞生命过程，如 DNA 复制、重组、修复以及转录控制等诸多方面。染色质重塑主要有两种复合物：一种是组蛋白乙酰转移酶（HATs）复合物，通过对组蛋白翻译后的修饰来改变染色质的结构和功能；另一种是依赖 ATP 的染色质重塑复合物，依赖 ATP 水解释放的能量是组蛋白和 DNA 的构象发生局部改变，从而改变转录调控因子等对染色质的可接近性以实现对基因的表达调控等过程的调节。SWI/SNF 染色质重塑复合物属于依赖 ATP 的染色质重塑复合物之一。近期有研究报道，染色质重塑复合物 SWI/SNF 家族成员之一 BAF60a。BAF60a 是 SWI/SNF 复合物的一个亚基，该复合物能通过水解 ATP 获能来调节核小体和染色质的结构，能和 PGC-1α 相互作用（Li 等，2008）。PPARγ 共激活物-1α（PGC-1α）可以诱导激活核激素受体和其他转录因子。PGC-1α 主要调控肝脏糖异生、活性氧代谢和线粒体的氧化磷酸化等代谢途径。研究表明，2 型糖尿病患者肝脏中的 PGC-1α 水平较高，PGC-1α mRNA 及蛋白质水平在多种糖尿病动物模型的胰岛中显著增高，并抑制胰岛素分泌，导致 2 型糖尿病的发生。这说明 BAF60a 可能影响糖代谢。

通过应用腺病毒介导的RNAi技术，肝脏BAF60a的表达被特异性的降低以后，发现肝脏中一些能量代谢基因的表达严重受损，且血清中的代谢物的水平包括葡萄糖、甘油三酯等也发生了明显的改变，这说明BAF60a对肝脏代谢相关基因的表达过程是必需的。进一步的分子机制研究发现染色质重塑复合物亚基BAF60a可以协同RORa结合到糖异生关键基因G6Pase启动子的RORE motif上，通过改变启动子区的染色质结构，使其由抑制状态变为活性状态，从而激活G6Pase的转录，增加其表达，从而促进原代肝细胞中葡萄糖的生成。但目前对于染色质重塑对糖代谢影响的其他调控机制尚不完全清楚，有待进一步研究。

2. 染色质重塑与脂代谢

染色质重塑复合物SWI/SNF家族成员之一BAF60a在各种组织广泛表达。BAF60a可以调控肝脏中一些特异的代谢基因的表达，特别是干扰肝脏中BAF60a的表达以后，涉及肝脏糖异生、脂肪酸氧化和线粒体呼吸的基因的节律性表达明显受损。研究发现，BAF60a和PPARα在肝脏代谢功能方面有相交的地方。近期有研究报道，BAF60a可以和PGC-1α、PPARα结合，从而促进肝脏的脂肪酸氧化（Li等，2008）。核受体PPARα，它是一个生物钟控制的代谢调节因子，主要在肝脏中表达，它的主要生理功能是调节肝脏的脂肪酸氧化。在肝细胞中通过腺病毒介导BAF60a的表达刺激脂肪酸β氧化，减轻体内肝脂肪变性。PGC-1α介导招募BAF60a结合到PPARα结合位点上，引起过氧化物酶体和线粒体脂肪氧化基因的转录激活（Li等，2008）。与染色质重塑对糖代谢的影响一样，对于染色质重塑对脂代谢影响的调控机制，尚不完全清楚，有待进一步研究。目前，染色质重塑已经成为生物学中最重要和前沿的研究领域之一。

第三节 氨在肝脏内的代谢来源与去向

氮营养素的高效利用和氮排放污染问题严重制约了我国养猪业的可持续发展，目前，国内对大豆和鱼粉进口的依赖度高达70%以上，而猪对日粮蛋白质的利用率仅为24%～54%，46%～76%通过粪、尿排出体外。中国的单位耕地面积的畜禽氮污染负荷平均已达138.13kg/hm^{2}以上（杨飞等，2013）。在商品猪160天全生长期内，每头猪平均每天产（排泄）总氮30～50g，其中粪与尿中氮各占一半左右（谌建宇等，2014）。根据《全国畜牧业发展第十二个五年规划》，到2015年，全国畜禽养殖总量将达到14亿头（猪当量）；规模化养殖比重将提升10～15个百分点，养殖总量将达到7亿头（猪当量），按照现有畜禽养殖污染防治水平测算，氨氮的年排放量预计将高达80万吨，给污染防治带来较大压力。所以，提高氮利用率、减少氮排放是养猪业可持续发展的关键问题。

一、肝脏氨的来源

肠道上皮细胞和肠道微生物分解蛋白质、氨基酸等产生的氨通过门静脉进入肝脏。参与尿素循环的氮约有大部分来自于门静脉血氨（主要为小肠和结肠形成的氨）。脑等组织内的氨与谷氨酸在谷氨酰胺合成酶的作用下生成谷氨酰胺，转至肝脏解毒。氨基酸脱氨基作用产生的氨是体内氨的主要来源。体内胺类物质（如肾上腺素、去甲肾上腺素及多巴胺等）在氨氧化酶的作用下也可以分解产生氨，这是氨的次要来源。

动物机体还存在着两种重要的氨转运形式：①丙氨酸-葡萄糖循环，肌肉中的氨基酸经转氨基作用将氨转给丙酮酸生成丙氨酸，生成的丙氨酸经血液运到肝脏；②谷氨酰胺循环，氨与谷氨酸在组织中谷氨酰胺合成酶的催化下生成谷氨酰胺，并由血液运送到肝和肾，再经谷氨酰胺酶水解成谷氨酸和氨。有研究表明，在肝脏内，谷氨酰胺和谷氨酸是氨的主要来源。谷氨酰胺释放氨的同时会生成谷氨酸，脯氨酸和精氨酸可直接生成谷氨酸，此外其他氨基酸的脱氨基作用也可生成谷氨酸（除赖氨酸和苏氨酸，缺少转氨酶）。生成的谷氨酸在谷氨酸脱氢酶（肝脏表达量最高）的作用下产生大量的氨，与肝脏内丝氨酸、苏氨酸、半胱氨酸等脱氨作用生成的氨共同进入尿素循环（Haussinger，2007）。

那么在尿素循环中各种来源的氨所占的比例是多少？通过小鼠肝脏^{13}N同位素示踪技术研究发现，门静脉血氨约33%，门静脉谷氨酰胺为6%～13%，线粒体谷氨酰胺约20%，谷氨酸和其他门静脉与肝脏来源的丙氨酸、谷氨酰胺等为33%～40%（Cooper等，1988）。

二、肝脏尿素循环与谷氨酰胺循环

（一）肝脏尿素循环与谷氨酰胺循环特点

肠道上皮细胞和肠道微生物分解蛋白质、氨基酸等产生的氨通过门静脉进入肝脏代谢。肝脏尿素合成是一个低亲和力、高能力（low affinity、high capacity）的氨解毒系统，绝大多数的血氨在门静脉周被降解为无毒的尿素，仅有少量的氨逃逸此过程；逃匿的氨进入肝静脉周，通过高亲和力、低能力（high affinity、low capacity）谷氨酰胺合成酶系统生成谷氨酰胺（Meijer等，1990；Haussinger等，1990）。肝脏并不是我们传统上认为的简单的实质性器官，而是由数以万计的肝小叶组成的。有趣的是肝小叶中肝细胞在组织上虽不易区分，但是它们在功能上却不尽相同。根据门脉三联管到中央肝静脉的位置，将肝小叶分为三部分（图6.1）：门静脉区（Zone 1），中间区域（Zone 2），肝静脉区（Zone 3；Brosnan等，2009）。肝脏的分区和肝细胞的异质性产生了基因表达和代谢酶

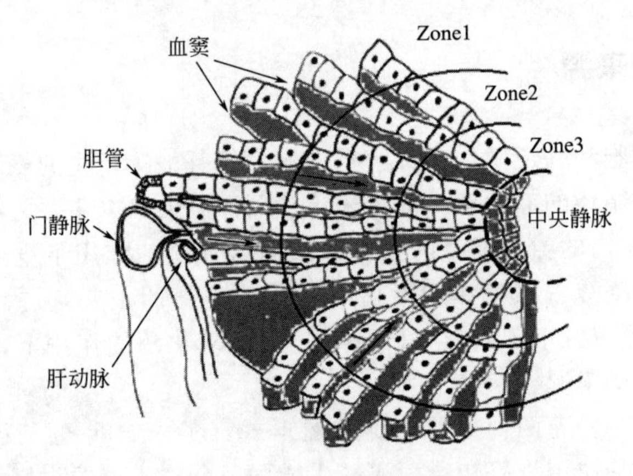

图 6.1 肝脏小叶与腺泡示意

根据 Brosnan 等（2009）文献绘制

系的差异，最终导致了肝脏代谢的区室化。

尿素循环和谷氨酰胺合成这两种氨代谢方式以一种互补的形式存在于肝脏不同的区室。尿素循环发生在门静脉周肝细胞，关键酶为氨甲酰磷酸合成酶（CPS1），催化氨甲酰磷酸的合成。尿素循环主要有5步：①1分子氨和 HCO_3^- 在氨甲酰磷酸合成酶（CPS1）的催化下生成氨甲酰磷酸，反应在线粒体基质中进行，消耗2分子ATP；②在鸟氨酸转氨甲酰酶（OCT）的作用下，氨甲酰磷酸的氨甲酰基转移到鸟氨酸上形成瓜氨酸，反应在线粒体基质中进行；③瓜氨酸由线粒体运至胞浆，精氨琥珀酸合成酶1（ASS1）催化瓜氨酸和天冬氨酸合成精氨琥珀酸，反应在细胞质中进行，消耗1分子ATP中的两个高能磷酸键；④精氨琥珀酸酶（裂解酶）（ASL）将精氨琥珀酸裂解为精氨酸，释放出延胡索酸，反应在细胞质中进行；⑤精氨酸被精氨酸酶水解为尿素和鸟氨酸，鸟氨酸进入线粒体，可再次与氨甲酰磷酸合成瓜氨酸，重复循环过程。

谷氨酰胺合成主要发生在肝静脉周肝细胞，胞内有丰富的谷氨酰胺合成酶（GS）分布，催化氨与谷氨酸生成谷氨酰胺（Häussinger，1990）。尿素循环关键酶 CPS1 的 K_m（NH_4^+）$=1\sim2$mmol/L，远高于门静脉氨浓度 0.2～0.3mmol/L，证明了尿素循环清除血氨的高能力，也解释了氨对门静脉周肝细胞谷氨酰胺酶催化谷氨酰胺释放氨这一过程的正调控作用，这暗示了门静脉周尿素循环的高能力部分是因为对谷氨酰胺酶作用的补偿，其分解产物氨正调控谷氨酰胺酶的活性，所以谷氨酰胺酶是门静脉周氨代谢的一个重要的决定因子。

（二）肝脏尿素循环与谷氨酰胺循环调控

1. 尿素循环的调控

pH 对尿素循环具有严格的调控，尿素循环的底物来源为 NH_4^+ 和 HCO_3^-，两种离子的状态受 pH 的严格调控，在小鼠离体肝脏灌注试验中，pH 的改变显著影响了尿素合成的速率。所以，动物机体 pH 的变化会非常显著地影响尿素循环的进程，反之，由于尿素循环对 NH_4^+ 的清除，在动物机体系统 pH 稳态的调节中，发挥了主要的作用。血氨在动物体内的存在状态由 $NH_3+H^+ \longleftrightarrow NH_4^+$ 决定，生理 pH 下绝大多数的血氨以 NH_4^+ 形式存在。HCO_3^- 的状态由 $HCO_3^- + H^+ \longleftrightarrow CO_2+H_2O$ 决定，所以，尿素循环受到 pH 严格的调控，并且受碳源与氮源的共同影响（Haussinger，2007）。

2. 谷氨酰胺循环的调控

肝静脉周肝细胞分布于末端静脉，细胞数量占总肝细胞数的 7%左右（Gebhardt 等，1983），胞内有丰富的谷氨酰胺合成酶分布（Meijer 等，1990），然而，缺少尿素循环酶（Häussinger 等，1993）。所以肝静脉周谷氨酰胺合成酶对氨的解毒作用在机体里也发挥了重要的作用，有实验表明，选择性地破坏肝静脉周的肝细胞，没有对尿素循环产生影响，但却导致了机体的高血氨。体内与体外的试验均表明，从门静脉摄取的 7%～25%的血氨在肝静脉周合成谷氨酰胺（Häussinger 等，1983；Cooper 等，1987）。肝静脉周细胞非常高地表达 NH_4^+ 转运体 RhB 糖蛋白、鸟氨酸氨基转移酶、谷氨酸转运体（GLT1），以及高亲和力地摄取 α-酮戊二酸、苹果酸等提供谷氨酸合成的碳架。谷氨酰胺合成酶的严格的区室化表达的机制还不明确，这可能涉及基因的沉默原件调控与 Wnt/β-catenin 通路。

谷氨酰胺合成酶的短期调控主要是在底物水平和酶的共价修饰调节，由于谷氨酰胺合成酶的表达位于尿素合成的下游，所以其氨的来源量由尿素循环确定，导致尿素循环相关酶间接对谷氨酰胺循环发生调控作用。有报道称胰岛素与糖皮质激素的增加导致谷氨酰胺合成酶表达上调（Labow 等，2001）。所以，由于尿素循环的存在，在一定的范围内，谷氨酰胺合成酶（GS）和磷酸激活的谷氨酰胺酶（PAG）协同作用，可通过谷氨酰胺的合成与降解快速精细调节动物机体氨的水平（Kaiser 等，1988）。

三、肝-门静脉灌注模型及应用

肝门静脉灌注技术是研究肝脏营养物质代谢的关键技术，猪肝脏在解剖结构上和肠道一样处于优先利用日粮营养物质的位置，在营养物质代谢中起着至关重要的作用。动静脉插管技术成为体内研究营养物质代谢的关键技术，导致目前猪肝脏营养代谢研究报道匮乏的主要原因是肝静脉血插管的安装。在成功建立肝脏营养物质代谢的仔猪肝-门静脉血插管技术（黄飞若等，2014）的基础上，建立了肝门静脉灌注技术。建立的方法同肝脏多重血插管的建立（仅保留门静脉与肝静脉两根插管），并利用灌注泵进行营养物质的灌注。门静脉灌注技术可以定时、定量地灌注单个营养物质及营养物质混合液。通过肝静脉血液中营养物质含量检测可定量分析营养物质的代谢差异，也可应用同位素标记技术探究营养物质的代谢去向。

四、不同门静脉血氨水平对猪肝脏营养代谢的影响

（一）不同蛋白水平日粮条件下猪门静脉血氨的浓度

氨是蛋白质和氨基酸降解的产物，氨的过多代谢和排放会导致蛋白质资源利用的低效和氮的排泄污染，这成为制约养猪业发展的一个重要瓶颈。低蛋白水平的日粮补充必需氨基酸的模式可以有效降低氮的排放，所以，不同蛋白水平日粮下，氨的浓度及代谢情况的研究极为重要。黄飞若等（2015）对仔猪饲喂不同水平的蛋白质日粮（14%、17%、20%），门静脉血氨浓度检测发现，仔猪摄食后门静脉血氨浓度可高达 260～330μmol/L。并根据此浓度进行血氨的门静脉灌注实验，探究血氨水平对肝脏营养代谢的影响。

（二）不同门静脉血氨水平对猪肝脏营养代谢的影响

1. 门静脉血氨对肝脏氨基酸代谢的影响

尿素循环是肝脏清除氨最主要的方式。尿素有两个氮源，一是来自于氨；二是来自于天冬氨酸。血氨水平过高会加速尿素循环的发生，这就需要天冬氨酸提供更多的氮源。在此情况下，更多的天冬氨酸在肝脏被代谢，同时，肝脏蛋白质也进行分解，以弥补天冬氨酸的不足（Brosnan 等，2001）。肝脏中血氨除进入尿素循环外，另一主要的代谢去向是合成谷氨酰胺和少量的天冬酰胺等非必需氨基酸，血氨整合进入其他氨基酸上的报道很少。肝脏内存在丰富的以谷氨酸为中间代谢物的脱氨与转氨酶，所以谷氨酰胺与谷氨酸是肝脏内氨的主要来源，那么氨也可以逆反应整合进谷氨酰胺与谷氨酸，谷氨酰胺的合成主要发生在肝静脉周。所以肝静脉周谷氨酰胺循环的研究将有助于氨的高效利用和氮排放的减少。

2. 门静脉血氨对肝脏糖代谢的影响

尿素循环在清除更多氨的同时，也引起了蛋白质的分解，分解的蛋白质提供更多的天冬氨酸。同时分解的氨基酸有大部分的生糖氨基酸，这些生糖氨基酸在一定程度上促进了糖异生的产生，黄飞若等（2015）实验结果也表明，高氨促进了糖异生相关基因的表达上调和糖异生的增加。

3. 门静脉高血氨对肝脏基因与蛋白表达的影响

有研究表明，氨的聚集能引起一些重要的脑基因表达的改变。在肝脏中，高血氨同样会引起氨代谢及转运相关基因的改变。最新研究发现了一类专性转运氨

的蛋白（一类AMT/MEP/RH蛋白），其在肝脏的氨的代谢和转运中起关键作用。在人与动物中氨转运蛋白主要为RhAG、RhBG和RhCG。随着研究的不断深入，一组对水具有高选择性的蛋白——水通道蛋白（Aquaporin-8，AQP8）被发现，其主要负责水的分泌吸收和细胞内外的水平衡，而AQP8在肝脏中表达很丰富。值得注意的是，肝脏线粒体中的AQP8在吸收NH_4^+供尿素循环使用的过程中发挥重要作用（Soria等，2012）。关克磊等（2013）研究发现，肝脏内血氨的累积导致氨转运体AQP8、RHCG表达量的上调，同时在细胞培养实验中发现，氨在肝细胞内的非正常聚集造成氨对肝细胞的特异性损伤，但在其他细胞系中无此现象。

高血氨可对肝脏胆红素水平、胆红素代谢相关酶如血红素加氧酶1（H0-1）和尿苷二磷酸葡萄糖醛酸转移酶1A1（UGT1A1）表达量产生影响，并使NK-κB通路激活。王彦芳等（2013）通过NH_4^+Cl灌胃制造的高血氨大鼠模型实验发现，血氨升高并导致总胆红素（TBIL）和直接胆红素（DBOL）升高，H0-1和UGT1A1在组织中的表达增加，NF-κB通路被激活，并提示动物肝脏处于氧化应激状态。

4. 门静脉高血氨产物尿素对肝脏的影响

尿素在哺乳动物体内不能进一步代谢，所以当血氨浓度过高，尿素产生过多并积聚达到尿毒症水平时，会干扰肝细胞膜上K^+通道，导致肝细胞膜的皱缩。肝内存在两种尿素转运体AQP9和UT-B1，那么高血氨导致的尿素产物增多势必引起这两种尿素转运体蛋白表达的上调。由于尿素循环清除血氨的能力较强，正常情况下，高蛋白日粮等引起的高血氨对健康肝脏造成的损伤较小。

第四节 乙酰化与去乙酰化修饰在肝脏氨代谢中的调控作用

组蛋白的可逆共价修饰调节是基因表达调控的重要方式之一。目前已知的共价修饰调节作用有六种修饰方式：磷酸化/去磷酸化、乙酰化/去乙酰化、腺苷酰化/去腺苷酰化、尿苷酰化/去尿苷酰化、甲基化/去甲基化、氧化（S—S)/还原(2SH)。乙酰化修饰是一种重要的蛋白质翻译后修饰方式，线粒体中的蛋白质存在广泛的赖氨酸乙酰化，乙酰化的线粒体蛋白质参与众多涉及营养物质及能量代谢的途径，例如三羧酸循环（TCA）、脂肪的β氧化、氨基酸代谢、碳水化合物代谢、核苷酸代谢及尿素循环等（Zhao等，2010）。

一、尿素循环酶的短期与长期调控

肝脏尿素循环敏感地感受血浆中氨的浓度变化，特别是因为外源氨基酸（日粮）负载所引起的血浆氨浓度的变化。一般情况下，即在现实的底物浓度下，尿素循环不可能达到饱和（Vilstrup 等，1980）。对尿素循环短期（short-term）的调控主要发生在底物的提供量与酶活性的水平上，底物的提供取决于氨基酸的摄取、动物机体氨基酸转运体表达量和氨基酸代谢酶的活性等；而长期（long-term）的调控是在转录水平的影响，表现在对酶的含量（主要指尿素循环酶）和尿素循环相关蛋白（ORNT1 和谷氨酰胺酶）表达量的增加上。胰高血糖素被认为是调控血氨代谢的一种重要激素。主要机制是激活谷氨酰胺酶（Häussinger 等，1983）、氨基酸转运体的表达、*N*-乙酰谷氨酸（NAG）的增加和促进蛋白质分解等。

在体外，精氨琥珀酸合成酶 1（ASS1）似乎是在氨饱和情况下尿素合成的限速酶，而在生理正常低氨的浓度下，氨甲酰磷酸合成酶（CPS1）是尿素循环的限速步骤。在短期调控过程中 *N*-乙酰谷氨酸（NAG）是 CPS1 的重要激活因子。鸟氨酸浓度也对 CPS1 有一定的调节作用。CPS1、ASS、ASL 等尿素循环酶的活性受 MgATP 和游离 Mg^{2+} 的变构激活，此路径一般无负反馈作用，在尿素含量异常升高时除外。此外，有报道称，GH 处理可以通过减少氨基酸的降解、降低肝脏内尿素循环酶的活性，显著减少尿素氮合成（约 33%），提高氮利用率。IGF-1 可激活 mTOR 和 Akt，促进肝脏、肌肉等组织细胞的增殖及蛋白质合成。甲状腺轴和肾上腺轴也是调控尿素和组织蛋白质分解代谢的重要途径。

二、去乙酰化酶 Sirtuin 蛋白家族

Sirtuin 蛋白是一组具有 NAD^+ 依赖性的组蛋白去乙酰基转移酶，包括最初被发现于酵母细胞中的 Sir2 及其存在于哺乳动物中的同源类似物 SIRT1～SIRT7。该家族是一个从细菌到复杂真核生物高度保守的蛋白质家族，每个成员都有一个约 250 个氨基酸残基组成的酶催化核心结构域。研究证明，Sirtuin 蛋白具有广泛的生理功能，并在调控营养代谢及代谢综合征方面发挥重要作用。近几年来，大量的研究集中于 Sirtuin 蛋白在细胞生理功能上的研究。通过 Sirtuin 蛋白的研究，从而对组蛋白的乙酰化/去乙酰化系统在生命活动调控中的作用认识更加清楚，包括基因沉默、与寿命的关系以及在代谢中的作用等。

1. Sirtuin 蛋白的结构特征

从古细菌到哺乳动物的所有 Sirtuin 蛋白质均包含有一个高度保守的核心结构域，这个核心结构域具有结合底物蛋白质和 NAD^+ 的能力，并催化脱乙酰化的反应，*N* 端和 *C* 端序列在物种间和同一物种的不同成员之间高度可变。以人的 Sirtuin 蛋白质为例：SIRT1～7 均具有保守的 Rossman 折叠，该结构域最初由可特异性的结合 NAD^+ 而被发现，是机体内参与 NAD^+ 合成的酶如 NAMPT

和 NAD^+ 结合蛋白的特征结构域。近年来，研究者通过 X 射线晶体衍射揭示了从细菌到人类的所有生物体内的 Sirtuin 蛋白家族多个成员的分子结构，它们有相似的基本结构：一个大的结构域，主要由 Rossmann 折叠组成，是许多 NAD 和 NADP 结合酶的特征域，此结构保守性较强；一个小的结构域，包含一个锌带结构（zinc ribbon）和一个螺旋构件，其保守性比大结构域要低很多。在这两个结构域之间形成一个裂隙，它们的底物就结合于此并发生催化反应（Avalos 等，2002）。

2. 哺乳动物 Sirtuin 蛋白家族分类

见表 6.1。

表 6.1　哺乳动物 Sirtuin 蛋白家族分类

类别	酶活性	底物	亚细胞定位	参与的生理功能
SIRT 1	去乙酰化酶	p53、Foxo1、Foxo3、β-catenin、PGC-1α、NF-κB p65、SREBP、H3、H4 等	细胞核 细胞质	葡萄糖代谢、胰岛素敏感性、脂肪酸代谢、胆固醇代谢、炎症反应等
SIRT 2	去乙酰化酶	Tubulin、H4、FoxO1、p65、PEPCK1、NF-κB 等	细胞质 细胞核	糖异生、脂肪细胞分化、氧化应激、NF-κB 信号通路等
SIRT 3	去乙酰化酶	AceCS2、LCAD、OTC 等	线粒体	ATP 生成、脂肪酸氧化、酮体生成、尿素循环等
SIRT 4	ADP 核糖基转移酶	GDH 等	线粒体	胰岛素分泌、脂肪酸氧化等
SIRT 5	去乙酰化酶	CPS1 等	线粒体	尿素循环等
SIRT 6	去乙酰化酶、ADP 核糖基转移酶	H3、CtIP、SIRT6 等	细胞核	DNA 修复、端粒染色质结构、NF-κB 信号通路等
SIRT 7	去乙酰化酶?	p53?	细胞核	rDNA 转录等

注：根据周犇和翟琦巍（2012）Sirtuin 蛋白家族和糖脂代谢绘制。

3. Sirtuin 蛋白的功能

Sirtuin 蛋白家族功能的研究越来越广泛，首先主要是通过对酵母 Sir2 的研究得到的，其次越来越多的研究关注到人的 SIRT1。Sirtuin 蛋白都含有一个保守的催化核心结构域，但是它们的亚细胞定位却有所不同。SIRT1、SIRT3、SIRT6 和 SIRT7 四种 Sirtuin 蛋白大部分分布于细胞核的不同亚核部位，并且 SIRT1 在非核结构区域如细胞质中也同样发挥重要的功能。而 SIRT6 和 SIRT7 主要分别存在于异染色质和核仁当中。SIRT2 通常存在于细胞质中，其在有丝分裂过程中与染色质结合。SIRT3、SIRT4 和 SIRT5 是定位于线粒体的 Sirtuin 蛋白，SIRT3 能够穿越核膜。目前的研究发现 Sirtuin 蛋白家族在基因的沉默、染色质的结构、转录调控方面有非常重要的功能。随着人们对人的 SIRT1 研究的不断深入，对于蛋白质乙酰化修饰在生命活动调控的重要性的认识产生了新的认识。在能量代谢方面，Sirtuin 蛋白更多地参与机体对葡萄糖、氨基酸、脂肪酸等营养和能量物质的代谢过程的调控，SIRT4 通过 ADP 核糖基化作用下调线粒体中 GDH 的活性和胰岛 β 细胞中胰岛素的分泌。在 SIRT4 敲除或日粮能量限制小鼠中，GDH 活性升高，促进胰岛素的分泌（Haigis 等，2011）。SIRT6 和 SIRT7 更多地参与对基因组稳定性的调控。

三、SIRT3 与鸟氨酸氨甲酰基转移酶 OTC

SIRT3 是一种线粒体 NAD^+ 依赖的去乙酰化酶，具有去乙酰基酶活性，定位在 11 号染色体，基因长度 21kb，在其代谢活跃的组织，如肌肉、肝脏、肾脏和心脏中表达量较高。SIRT3 在褐色脂肪细胞中可调节线粒体的功能和热稳定性（Shi 等，2005）。大分子 SIRT3 存在于细胞质、细胞核和线粒体中，小分子 SIRT3 仅存在于心肌细胞的线粒体。线粒体 SIRT3 在线粒体基础生物学，包括能量生成、代谢、细胞凋亡和细胞内信号控制功能方面发挥重要作用（郝栋和张力华，2011）。

蛋白质是由许多氨基酸通过肽键连接在一起的，并形成一定的空间结构。动物体内的氨基酸都是 L-氨基酸，即右旋氨基酸。而正常动物体内的游离 L-氨基酸总量为 600～700g，形成了氨基酸代谢库。消化道吸收的氨基酸随着血流进入氨基酸代谢库中，处于不断合成、不断分解的动态平衡之中。其中氨基酸代谢酶起着非常重要的作用。在大多数 L-氨基酸分解代谢过程中，氨基酸转氨酶、氨基酸氧化酶或脱水酶等一系列特异性的分解酶通过分解作用释放出氨基，其转化成氨，氨在一定程度上对中枢神经系统具有很强的毒性（余巍，2009）。尿素循环在细胞代谢中起着关键作用，主要作用就是将氨基酸代谢中的氨基转化成尿素，合成的尿素最终由肾脏排出体外。鸟氨酸氨甲酰基转移酶（OTC）是尿素循环所需要的 5 种酶之一。OTC 将氨甲酰磷酸的氨甲酰基转移给鸟氨酸（ornithine），产生瓜氨酸（citrulline），该催化反应发生在线粒体中。OTC 是 X 连锁的线粒体酶，主要表达在肝、肠细胞中。OTC 先在胞浆中合成前体，进入线粒体中后切去了 *N* 端的信号肽，形成了 36kDa 的成熟肽（余巍，2009）。

OTC 的活性在动物的生理活动中起着必不可少的作用。OTC 的活性也会受到组蛋白去乙酰化酶的修饰。在蛋白质的赖氨酸的残基 ε-氨基上添加乙酰基团，已经是一种很常见的并被广泛研究的翻译后修饰方式。乙酰化和甲基化都是发生在特定残基上的组蛋白翻译后修饰，涉及转录的激活与沉默、DNA 修复和重组等。负责这类修饰的酶以代谢物作为乙酰或甲基基团的来源，这些代谢物的含量和定位决定了酶促反应的有效性和特异性。在乙酰化中，细胞代谢物乙酰辅酶 A（acetyl-CoA）和 NAD^+ 就是相应表观遗传学修饰酶的辅酶，能够调控基因表达。蛋白质的乙酰化修饰也调控了蛋白质功能的很多方面，比如蛋白和蛋白之间的相互作用，蛋白质的定位，蛋白质的结构，蛋白质的活性等。近十年的大量研究表明了乙酰化修饰在调控核蛋白和转录因子中起着相当重要的作用。

余巍（2009）首次通过质谱和实验鉴定了OTC的赖氨酸88位点被乙酰化修饰。赖氨酸88位点的乙酰化修饰可能对OTC的活性产生重要作用。OTC在被乙酰化修饰时活性大大降低。值得注意的是赖氨酸88位点的乙酰化状态受到细胞内的代谢状态的调节。SIRT3能够通过去乙酰化激活OTC加速尿素循环，SIRT3缺失的小鼠表现出与人类尿素循环障碍相似的症状，如血清鸟氨酸含量升高而瓜氨酸水平降低等症状（Hallows等，2011）。不断的研究发现为通过乙酰化修饰调节代谢酶的活性从而调控细胞内的信号通路提供了新的研究思路。

四、SIRT5与氨甲酰磷酸合成酶CPS1

SIRT5是沉默信息调节因子Sirtuin蛋白家族的亚型之一，位于线粒体内，具有去乙酰化、去琥珀酰化、去丙二酰化以及去戊二酰化等功能，参与包括能量代谢、物质代谢以及细胞氧化应激及凋亡等多个代谢过程的调控（王悦等，2015）。SIRT5具有去琥珀酰化作用，对呼吸链复合物、丙酮酸脱氢酶复合体（pyruvate dehydrogenase complex，PDHC）和琥珀酸脱氢酶复合物（succinate dehydrogenase complex subunit A，SDHA）的生物活性具有显著的调控作用，进而调节细胞的呼吸。SIRT5去乙酰化靶蛋白也涉及脂肪酸代谢、酮体生成、TCA循环以及ATP合成等相关代谢通路。

CPS1是肝脏细胞能量代谢的尿素循环中的关键酶和起始酶，亦为成熟肝细胞的组织特异酶，在ATP的存在下催化NH_3与CO_2合成氨甲酰磷酸进而合成尿素，是尿素合成过程中的限速酶。尿素循环的代谢途径是肝脏细胞代谢的一项主要功能，CPS1可以清除细胞中多余的氨，CPS1缺失可以导致高血氨。

SIRT5除具有较弱的去乙酰化活性外，对CPS1还存在去琥珀酰化及去丙二酰化的选择性作用。CPS1在相同赖氨酸残基（K44、K287和K1291）上，既存在乙酰化，又有琥珀酰化两种翻译后修饰方式，SIRT5敲除后仅导致K1291位琥珀酰化水平上调，但并不影响K44及K287的琥珀酰化以及3个位点的乙酰化水平，所以，SIRT5对蛋白的修饰作用可能具有一定选择性（王悦等，2015）。此外，SIRT5还具有一种全新蛋白翻译后修饰方式：赖氨酸去戊二酰化。并且CPS1也是SIRT5赖氨酸去戊二酰化修饰的靶蛋白之一，但是CPS1的激活及其调节作用机制尚待进一步研究。有学者研究表明，SIRT5能够去乙酰化尿素循环的关键酶CPS1并使其活性升高，在禁食的情况下，肝脏线粒体中NAD^+的含量上升，SIRT5对CPS1去乙酰化激活，加速尿素循环以应对氨基酸代谢的增加，而在SIRT5敲除的小鼠中，CPS1无法激活，并且血氨维持在一个较高的水平（Nakagawa等，2009）。

五、转录共激活因子 PGC-1α 与 SIRT3 和 SIRT5

过氧化物酶体增生物激活受体（peroxisome proliferator-activated receptor，PPAR）辅助活化因子 1（PGC-1）是近年来发现的核受体家族的转录激活蛋白，广泛参与线粒体生物合成等多条代谢途径。PGC-1 家族有 3 个成员：PGC-1α、PGC-1β 和 PGC-1 相关因子（PGC-1-related coactivator，PRC）。PPARγ 是参与脂肪酸代谢过程中的主要转录因子之一，它在白色脂肪组织中可以促进脂肪的合成，而在棕色脂肪组织中可以促进脂肪酸的分解。有趣的是，转录因子并没有组织特异性，而 PPARγ 在白色脂肪组织和棕色脂肪组织中作用的靶基因却存在明显差异。其中有一个重要的分子在此过程中发挥重要的作用，该分子被称为 PPARγ 的辅助激活因子，又名 PGC-1α（Puigserver 等，1998）

PGC-1α 在线粒体含量丰富和氧化代谢活跃的组织中高表达，如棕色脂肪组织、骨骼肌、心脏、肝脏、肾脏和大脑组织等。同时，PGC-1α 也受不同信号的诱导，如寒冷刺激能够诱导 PGC-1α 在棕色脂肪组织和骨骼肌中上调表达；禁食可诱导 PGC-1α 在肝脏中的上调表达；运动可诱导 PGC-1α 在骨骼肌中的上调表达（李密杰等，2012）。PGC-1α 通过停靠不同的转录因子参与多种能量代谢过程，包括适应性产热、线粒体的生物合成、肝脏糖异生和脂肪酸氧化等，对哺乳动物的能量动态平衡调控起到重要作用。在正常情况下，PGC-1α 在肝脏中的表达较低，在禁食状态下 PGC-1α 大量表达，进而刺激肝脏糖异生和脂肪酸氧化代谢。在此过程中，胰高血糖素和儿茶酚胺通过刺激 cAMP 和 CREB 激活 PGC-1α 的表达，进而激活一系列转录因子，如 HNF-4α、糖质激素受体等。使更多的转录因子结合在糖异生关键酶磷酸烯醇式丙酮酸激酶（PEPCK）和葡萄糖-6-磷酸酶（G-6-P）的基因启动子区，增加糖异生关键酶的转录。

线粒体是真核生物细胞中一种重要的细胞器，线粒体的最主要的功能是进行氧化磷酸化，合成 ATP，为细胞生命的活动提供能量。并且线粒体是糖类、脂肪和氨基酸等物质最终氧化供能的场所。糖类和脂肪等营养物质在细胞质中经过降解作用产生丙酮酸和脂肪酸，这些物质进入线粒体基质中，并形成乙酰辅酶 A，进入三羧酸循环，产生大量的 ATP，供机体各种活动的需要。正常的线粒体功能是新陈代谢稳态以及涉及的多种代谢酶活性的精细调节所必需的（Newman 等，2012）。有趣的是 SIRT3 和 SIRT5 也定位于与衰老和能量代谢密切相关的细胞器——线粒体。Sirtuin 蛋白家族具有不同水平的 NAD^+ 依赖性的去乙酰化活性。Sirtuin 蛋白家族的酶学活性与细胞能量水平密切相关，感受能量状况的变化，并且调控营养物质和能量的代谢。

PGC-1α 作为辅助代谢调节因子可促进线粒体的生物合成，通过 PGC-1α 作为调控元件去控制线粒体功能及能量的动态平衡（Coste 等，2008）。PGC-1α 的表达主要在需要能量的组织中（如心脏、骨骼肌、肾和肝），能够增加转录因子与代谢相关基因启动子区域的结合，促进线粒体功能的实现。PGC-1α 与线粒体 Sirtuin 蛋白在线粒体功能的发挥和能量稳态的调控中均发挥了重要的作用。最新的研究表明，PGC-1α 能够非常强烈地刺激 SIRT3 基因的表达，而 PGC-1α 的敲除则大大降低了 SIRT3 基因的表达量，其具体的机制是 PGC-1α 可以激活 SIRT3 基因的启动子区域，以达到增加 SIRT3 基因表达的目的（Kong 等，2010；Buler 等，2012）。同样有研究表明，SIRT5 的表达也受 PGC-1α 的严格调控，此过程在线粒体的能量代谢中发挥了重要的调控作用（Buler 等，2014）。所以，线粒体 Sirtuin 蛋白在转录调控因子 PGC-1α 的调控作用下，并且与 PGC-1α 一起在氨的代谢、线粒体的能量代谢及细胞的能量稳态的维持中发挥重要的作用。

六、SIRT1/GCN5 与转录共激活因子 PGC-1α

沉默信息调节因子 1（silent information regulator 1，SIRT1）也隶属于 Sirtuin 蛋白家族，由于其在多种生物过程和疾病中的关键作用使其近些年受到人们的持续关注。SIRT1 是 NAD^+ 依赖的组蛋白去乙酰化酶，最初研究认为它主要参与延长生物寿命和能量限制相关的生理过程。SIRT1 可以去乙酰化组蛋白，还可以去乙酰化很多重要的转录因子和调节蛋白，从而调控多种生物学过程。其中研究较多的是 SIRT1 在糖脂代谢中的作用，包括肝脏、肌肉、脂肪、胰岛及脑中非常精细和复杂的对脂代谢调控作用（周犇和翟琦巍，2012）。

肝脏是营养物质和能量代谢以及响应营养物质浓度和激素信号的主要器官之一，在糖脂代谢方面发挥重要的作用。在饥饿状态下，肝脏可以通过对脂质氧化、糖原分解和糖异生将储存的脂类和糖原分解，产生葡萄糖并提供能量。而 SIRT1 在调节糖异生、糖酵解、脂肪酸氧化、胰岛素敏感性以及胆固醇的代谢过程中发挥重要的作用。在营养物质浓度高、能量状态过剩的情况下，肝脏能通过合成糖原和形成脂肪来储存能量。最近几年的研究报道表明，SIRT1 广泛地参与了肝脏中的糖脂代谢，在糖脂代谢调控中发挥了重要的作用。在短期饥饿时，SIRT1 可以抑制糖异生关键因子 TORC2，从而抑制糖异生，达到降低血糖的目的（Liu 等，2008）。而在长期饥饿的条件下，SIRT1 去乙酰化并激活 PGC-1α 和 PPARα，促进脂肪酸的氧化并改善葡萄糖稳态。并且动物机体在长期饥饿过程中，SIRT1 还通过去乙酰化 FOXO1、STAT3 等促进糖异生并抑制糖酵解。此外，SIRT1 还可以通过去乙酰化 CREB，从而调节糖脂代谢（Qiang 等，2011）。

值得注意的是，在禁食的情况下，SIRT1 通过去乙酰化作用激活 PGC-1α，PGC-1α 不仅能够调控相关基因的表达，调节肝糖原异生和肝糖输出，还可以增加骨骼肌等组织中葡萄糖转运因子的表达，从而促进肝脏和骨骼肌对糖的转运

(Chalkley 等，2002)，更为重要的是，SIRT1/PGC-1α 能够启动多个线粒体生物合成和线粒体氧化的关键基因表达，从而增加线粒体的生物合成，提高其氧化能力，以保证线粒体的能量代谢和细胞稳态。

Gcn5（general control non-derepressible 5）是 SAGA 复合物中组蛋白转移模块中重要的亚基。因其最初在酵母中发现常规调控氨基酸合成信号通路而得名，当缺乏氨基酸时具有 Gcn5 突变的酵母菌株无法使大量的氨基酸生物合成基因去抑制。随后，研究证实 Gcn5 是一种转录相关组蛋白乙酰转移酶（HAT），负责对 H3 和 H2B 组蛋白尾部赖氨酸进行乙酰化，从酵母到人类，Gcn5 显示出高度进化保守的酶特异性，在转录调控中发挥重要的作用（Baker 等，2007；Brownell 等，1996）。激素和营养物质调控糖代谢主要是通过 PGC-1α 的转录共激活调控。有研究报道表明 PGC-1α 被 Gcn5 直接乙酰化，使得糖异生相关酶被抑制，葡萄糖的产量降低。因此，Gcn5 乙酰化 PGC-1α 使 PGC-1α 在肝脏糖异生中的作用减弱（Lerin 等，2006；Dominy 等，2010）。综上，SIRT1/Gcn5 分别作为去乙酰化酶和乙酰化酶在营养物质含量和能量状态的感应，并在营养物质和能量代谢的过程中发挥了重要的调控作用。

参考文献

[1] 关克磊，阚全程，余祖江，等．NH_4Cl 对人肝细胞系 L02 氨转运相关蛋白 RHCG 和 AQP8 表达的影响．基础医学与临床，2013，33（11）：1484-1488.

[2] 郝栋，张力华．去乙酰化酶 SIRT3 抗衰老研究进展．分子诊断与治疗杂志，2011，3（3）：203-206.

[3] 李密杰，张春梅，蓝贤勇，等．共激活因子 PGC-1α 的研究进展．中国牛业科学，2012，38（4）：35-38.

[4] 王彦芳，阚全程，余祖江，等．高血氨对大鼠血清胆红素及肝组织血红素加氧酶 1，尿苷二磷酸葡萄糖醛酸转移酶 1A1 表达的影响．郑州大学学报：医学版，2013（4）：489-492.

[5] 王悦，刘率男，申竹芳．线粒体蛋白 SIRT5 调节代谢性蛋白翻译后修饰作用研究进展．基础医学与临床，2015，35（3）：405-408.

[6] 王振兴，许振成，谌建宇，等．畜禽养殖业氨氮总量控制减排技术评估研究．环境科学与管理，2014（3）：54-58.

[7] 吴伟．蛋白质乙酰化修饰与间充质干细胞 C3H10T1/2 的成脂分化．广州：暨南大学硕士学位论文，2011.

[8] 杨飞，杨世琦，诸云强，王卷乐．中国近 30 年畜禽养殖量及其耕地氮污染负荷分析．农业工程学报，2013，29（5）：1-11.

[9] 余巍．代谢酶的乙酰化蛋白组学和鸟氨酸氨甲酰转移酶的乙酰化调控的研究．上海：复旦大学博士学位论文，2009.

[10] 喻小琼，刘冉冉，赵桂苹，等．叶酸对种鸡子代胚胎期脂代谢基因表达及甲基化的影响．动物营养学报，2014，26：1796-1806.

[11] 周犇，翟琦巍．Sirtuin 蛋白家族和糖脂代谢．生命科学，2013，25（2）：143-151.

[12] 郑培培，包正喜，李鲁鲁，等．肝脏营养物质代谢的仔猪肝-门静脉血插管技术的建立．动物营养学报，2014，26（6）：1624-1631.

[13] Baker S P, Grant P A. The SAGA continues: expanding the cellular role of a transcriptional coactivator complex. Oncogene, 2007, 26: 5329-5340.

[14] Brosnan M E, Brosnan J T. Hepatic glutamate metabolism: a tale of 2 hepatocytes. The American Journal of Clinical Nutrition, 2009, 90: 857S-861S.

[15] Brosnan J T, Brosnan M E, Yudkoff M, et al. Alanine Metabolism in the Perfused Rat Liver STUDIES WITH 15N. Journal of Biological Chemistry, 2001, 276: 31876-31882.

[16] Brownell J E, Zhou J, Ranalli T, et al. Tetrahymena histone acetyltransferase A: a homolog to yeast Gcn5p linking histone acetylation to gene activation. Cell, 1996, 84: 843-851.

[17] Buler M, Aatsinki S M, Izzi V, et al. Metformin reduces hepatic expression of SIRT3, the mitochondrial deacetylase controlling energy metabolism. PloS One, 2012, 7: e49863.

[18] Buler M, Aatsinki S M, Izzi V, et al. SIRT5 is under the control of PGC-1α and AMPK and is involved in regulation of mitochondrial energy metabolism. The FASEB Journal, 2014, 28: 3225-3237.

[19] Cantó C, Auwerx J. Caloric restriction, SIRT1 and longevity. Trends in Endocrinology & Metabolism, 2009, 20: 325-331.

[20] Chalkley S M, Hettiarachchi M, Chisholm D J, et al. Long-term high-fat feeding leads to severe insulin resistance but not diabetes in Wistar rats. American Journal of Physiology-Endocrinology and Metabolism, 2002, 282: E1231-E1238.

[21] Cooper A J, Nieves E, Rosenspire K C, et al. Short-term metabolic fate of 13N-labeled glutamate, alanine, and glutamine (amide) in rat liver. Journal of Biological Chemistry, 1988, 263: 12268-12273.

[22] Coste A, Louet J F, Lagouge M, et al. The genetic ablation of SRC-3 protects against obesity and improves insulin sensitivity by reducing the acetylation of PGC-1α. Proceedings of the National Academy of Sciences, 2008, 105: 17187-17192.

[23] Dominy J E, Lee Y, Gerhart-Hines Z, et al. Nutrient-dependent regulation of PGC-1α's acetylation state and metabolic function through the enzymatic activities of Sirt1/GCN5. Biochimica et Biophysica Acta (BBA) -Proteins and Proteomics, 2010, 1804: 1676-1683.

[24] Gebhardt R, Mecke D. Heterogeneous distribution of glutamine synthetase among rat liver parenchymal cells in situ and in primary culture. The EMBO Journal, 1983, 2: 567.

[25] Gerin I, Bommer G T, McCoin C S, et al. Roles for miRNA-378/378* in adipocyte gene expression and lipogenesis. American Journal of Physiology-Endocrinology and Metabolism, 2010, 299: E198-E206.

[26] Gilbert E R, Liu D. Epigenetics: the missing link to understanding β-cell dysfunction in the pathogenesis of type 2 diabetes. Epigenetics, 2012, 7: 841-852.

[27] Haigis M C, Mostoslavsky R, Haigis K M, et al. SIRT4 inhibits glutamate dehydrogenase and opposes the effects of calorie restriction in pancreatic β cells. Cell, 2006, 126: 941-954.

[28] Hallows W C, Yu W, Smith B C, et al. Sirt3 promotes the urea cycle and fatty acid oxidation during dietary restriction. Molecular Cell, 2011, 41: 139-149.

[29] Häussinguer D. Ammonia, urea production and pH regulation. In: Rodes J, Benhamou JP, Blei A, Reichen J, Rizzetto M, eds. The Textbook of Hepatology: From Basic Science to Clinical Practice. Hoboken, NJ: Blackwell Publishing; 2007: 181-192.

[30] Häussinger D. Hepatocyte heterogeneity in glutamine and ammonia metabolism and the role of an intercellular glutamine cycle during ureogenesis in perfused rat liver. European Journal of Biochemistry,

1983, 133: 269-275.

[31] Häussinger D. Liver glutamine metabolism. Journal of Parenteral and Enteral Nutrition, 1990, 14: 56S-62S.

[32] Häussinger D, Gerok W. Liver carbonic anhydrase and urea synthesis. Hepatology (Baltimore, Md.), 1987, 8: 435-435.

[33] Häussinger D, Gerok W, Sies H. Regulation of flux through glutaminase and glutamine synthetase in isolated perfused rat liver. Biochimica et Biophysica Acta (BBA) -General Subjects, 1983, 755: 272-278.

[34] Horie T, Ono K, Nishi H, et al. MicroRNA-133 regulates the expression of GLUT4 by targeting KLF15 and is involved in metabolic control in cardiac myocytes. Biochemical and Biophysical Research Communications, 2009, 389: 315-320.

[35] Jiang M, Zhang Y, Liu M, et al. Hypermethylation of hepatic glucokinase and L-type pyruvate kinase promoters in high-fat diet - induced obese rats. Endocrinology, 2011, 152: 1284-1289.

[36] Kaiser S, Gerok W, Häussinger D. Ammonia and glutamine metabolism in human liver slices: new aspects on the pathogenesis of hyperammonaemia in chronic liver disease. European Journal of Clinical Investigation, 1988, 18: 535-542.

[37] Karbiener M, Fischer C, Nowitsch S, et al. microRNA miR-27b impairs human adipocyte differentiation and targets PPARγ. Biochemical and Biophysical Research Communications, 2009, 390: 247-251.

[38] Karolina D S, Armugam A, Tavintharan S, et al. MicroRNA 144 impairs insulin signaling by inhibiting the expression of insulin receptor substrate 1 in type 2 diabetes mellitus. Public Library of Science One, 2011, 6: e22839.

[39] Kong X, Wang R, Xue Y, et al. Sirtuin 3, a new target of PGC-1alpha, plays an important role in the suppression of ROS and mitochondrial biogenesis. PloS One, 2010, 5: e11707.

[40] Knutson S K, Chyla B J, Amann J M, et al. Liver - specific deletion of histone deacetylase 3 disrupts metabolic transcriptional networks. The EMBO journal, 2008, 27: 1017-1028.

[41] Labow B I, Souba W W, Abcouwer S F. Mechanisms governing the expression of the enzymes of glutamine metabolism—glutaminase and glutamine synthetase. The Journal of Nutrition, 2001, 131: 2467S-2474S.

[42] Lerin C, Rodgers J T, Kalume D E, et al. GCN5 acetyltransferase complex controls glucose metabolism through transcriptional repression of PGC-1α. Cell Metabolism, 2006, 3: 429-438.

[43] Li S, Liu C, Li N, et al. Genome-wide coactivation analysis of PGC-1α identifies BAF60a as a regulator of hepatic lipid metabolism. Cell Metabolism, 2008, 8: 105-117.

[44] Lin Q, Gao Z, Alarcon R M, et al. A role of miR - 27 in the regulation of adipogenesis. Febs Journal, 2009, 276: 2348-2358.

[45] Liu Y, Dentin R, Chen D, et al. A fasting inducible switch modulates gluconeogenesis via activator/coactivator exchange. Nature, 2008, 456: 269-273.

[46] Lovis P, Gattesco S, Regazzi R. Regulation of the expression of components of the exocytotic machinery of insulin-secreting cells by microRNAs. Biological Chemistry, 2008, 389: 305-312.

[47] Lu H, Buchan R J, Cook S A. MicroRNA-223 regulates Glut4 expression and cardiomyocyte glucose metabolism. Cardiovascular Research, 2010.

[48] Meijer A J, Lamers W H, Chamuleau R. Nitrogen metabolism and ornithine cycle function. Physiological Reviews, 1990, 70: 701-748.

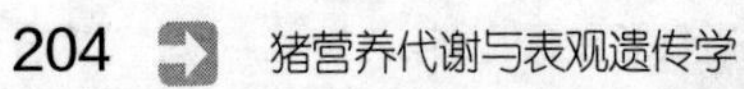

[49] Nakagawa T, Lomb D J, Haigis M C, et al. SIRT5 Deacetylates carbamoyl phosphate synthetase 1 and regulates the urea cycle. Cell, 2009, 137: 560-570.

[50] Newman J C, He W, Verdin E. Mitochondrial protein acylation and intermediary metabolism: regulation by sirtuins and implications for metabolic disease. Journal of Biological Chemistry, 2012, 287: 42436-42443.

[51] Nie Y, Erion D M, Yuan Z, et al. STAT3 inhibition of gluconeogenesis is downregulated by SirT1. Nature Cell Biology, 2009, 11: 492-500.

[52] Noer A, Sorensen A L, Boquest A C, et al. Stable CpG hypomethylation of adipogenic promoters in freshly isolated, cultured, and differentiated mesenchymal stem cells from adipose tissue. Molecular Biology of the Cell, 2006, 17: 3543-3556.

[53] Puigserver P, Wu Z, Park C W, et al. A cold-inducible coactivator of nuclear receptors linked to adaptive thermogenesis. Cell, 1998, 92: 829-839.

[54] Qiang L, Lin H V, Kim-Muller J Y, et al. Proatherogenic abnormalities of lipid metabolism in Sirt1 transgenic mice are mediated through Creb deacetylation. Cell Metabolism, 2011, 14: 758-767.

[55] Rothgiesser K M, Erener S, Waibel S, et al. SIRT2 regulates NF-κB-dependent gene expression through deacetylation of p65 Lys310. Journal of Cell Science, 2010, 123: 4251-4258.

[56] Ryu H S, Park S Y, Ma D, et al. The induction of microRNA targeting IRS-1 is involved in the development of insulin resistance under conditions of mitochondrial dysfunction in hepatocytes. Public Library of Science One, 2011, 6: e17343.

[57] Sakamoto H, Kogo Y, Ohgane J, et al. Sequential changes in genome-wide DNA methylation status during adipocyte differentiation. Biochemical and Biophysical Research Communications, 2008, 366: 360-366.

[58] Sands J M. Mammalian urea transporters. Annual Review of Physiology, 2003, 65: 543-566.

[59] Shi T, Wang F, Stieren E, et al. SIRT3, a mitochondrial sirtuin deacetylase, regulates mitochondrial function and thermogenesis in brown adipocytes. Journal of Biological Chemistry, 2005, 280: 13560-13567.

[60] Sookoian S, Pirola C J. DNA methylation and hepatic insulin resistance and steatosis. Current Opinion in Clinical Nutrition Metabolic Care, 2012, 15: 350-356.

[61] Soria L R, Marrone J, Calamita G, et al. Ammonia detoxification via ureagenesis in rat hepatocytes involves mitochondrial aquaporin - 8 channels. Hepatology, 2013, 57: 2061-2071.

[62] Stoll B, Häussinger D. Functional hepatocyte heterogeneity. European Journal of Biochemistry, 1989, 181: 709-716.

[63] Sun G, Reddy M A, Yuan H, et al. Epigenetic histone methylation modulates fibrotic gene expression. Journal of the American Society of Nephrology, 2010.

[64] Vilstrup H. Synthesis of urea after stimulation with amino acids: relation to liver function. Gut, 1980, 21: 990-995.

[65] Volkmar M, Dedeurwaerder S, Cunha D A, et al. DNA methylation profiling identifies epigenetic dysregulation in pancreatic islets from type 2 diabetic patients. The EMBO journal, 2012, 31: 1405-1426.

[66] Zhao S M, Xu W, Jiang W, et al. Regulation of cellular metabolism by protein lysine acetylation . Science, 2010, 327: 1000-1004.

[67] Zhong L, D'Urso A, Toiber D, et al. The histone deacetylase Sirt6 regulates glucose homeostasis via Hif1alpha. Cell, 2010, 140: 280-293.

第七章

免疫应激猪肌肉蛋白质降解与表观遗传学修饰

目前，规模化和集约化的养猪生产已经成为畜牧生产的一种重要模式，集约化的生产条件下动物经常面临各种病原和应激（密度应激等）的免疫刺激。免疫刺激下，促炎因子大量分泌。国内外大量关于 n-3 多不饱和脂肪酸（Polyunsaturated fatty acids，PUFA）的研究，发现 n-3 PUFA 可以抑制动物体内 IL-1、IL-6 和 TNF-α 的 mRNA 表达水平，降低这些促炎细胞因子的循环浓度。这意味着 n-3 PUFA 下调促炎细胞因子可能会影响到肌肉的生长。油用亚麻籽含油率在40%左右，含有丰富 n-3 PUFA，是 n-3 PUFA 最好和最经济的来源。动物的性状是在特定的生长发育阶段形成的，而性状的改变是营养和环境因素长期调控的结果。在生长肥育猪骨骼肌生长期间持续较长时间添加 10%亚麻籽（2% α-亚麻酸），日粮 n-3 PUFA 可能通过抑制组织中促炎细胞因子基因表达和分泌来降低促炎细胞因子的循环浓度，从而降低到达骨骼肌细胞的促炎细胞因子水平，抑制了骨骼肌细胞中 NF-κB 的活性，减少了骨骼肌蛋白质降解，促进了骨骼肌生长。而在此过程中，表观遗传学修饰发挥了极大的作用。

第一节　肌肉的生长发育与肌纤维类型

一、肌肉的结构及生长发育

1. 肌肉的结构

肌肉的主要组成成分是肌纤维。动物机体肌肉可以分为三大类：骨骼肌、心肌和平滑肌。对于肉品质的研究主要是骨骼肌。骨骼肌由大量的肌纤维组成，骨骼肌纤维是构成肌肉组织的基本单位，每个肌纤维就是一个肌细胞。肌纤维与肌纤维之间有一层很薄的结缔组织膜围绕隔开，此膜叫肌内膜。20～300条肌纤维聚集构成肌束，而肌束外包一层结缔组织鞘膜，称为肌束膜。数条肌束聚集在一起，外面包裹一层较厚的结缔组织膜即肌外膜，形成一块肌肉。

每条肌纤维由细胞膜、肌浆、肌浆蛋白、细胞核及大量的肌原纤维组成。肌纤维内充满肌浆，肌浆蛋白主要由肌球蛋白、肌动蛋白等组成。肌纤维是由许多肌原纤维在肌浆中排列而成的，且肌原纤维上每相邻两条Z线之间的部分称为一个肌节，肌节是肌肉的最小收缩单位。肌纤维是一类特殊分化的多核细胞，每个核控制一定体积的细胞质，称为一个DNA单位。肌束和肌纤维之间分布着结缔组织和脂肪组织。结缔组织形成致密的膜鞘，在一定程度上可防止肌肉水分的蒸发和汁液的外渗损失。脂肪组织含量和分布不同使肌肉呈现不同的大理石纹。

2. 肌肉的生长发育

肌肉的体积主要是由肌纤维的数目和横截面积所控制的。骨骼肌的生长主要分为两个阶段，即出生前的肌肉形成和出生后的肌肉生长。肌肉的发育过程十分复杂，首先由来自中胚层体的间质细胞不断增殖、迁移、分化，形成成肌细胞，随后成肌细胞进一步发生融合形成的肌管实质上是长圆柱状多核细胞，此时的细胞核位于细胞的中央，当肌动蛋白在细胞中出现时肌原纤维数量进一步增加，细胞核被移至细胞膜下，肌管转变成肌纤维，也就是骨骼肌细胞。另外还有一部分成肌细胞不发生融合，被束缚在肌纤维及肌纤维基底膜之间，形成卫星细胞，在动物生长过程中一直保持增殖和分裂的能力（Campion等，1979）。动物肌纤维的数目在出生前就已经确定了，出生后，肌纤维的数目不再增加，因此骨骼肌纤维数目主要依赖于胚胎期成肌细胞增殖程度。但肌肉卫星细胞在出生后具有修复受损肌纤维的功能。对猪而言，在胚胎期90d肌纤维的数目就已经不再发生变化（Wigmore和Stickland，1983），因而出生后肌纤维的生长主要取决于肌纤维的伸长和变粗程度，即肌纤维的肥大。肌纤维的肥大是依赖于卫星细胞的分裂引起肌原纤维的增多，卫星细胞的分裂一个继续为卫星细胞，另一个与肌纤维融合，使肌细胞进一步增大。肌纤维类型是骨骼肌功能及其适应性的主要体现，在出生前后均可以发生改变，本质是相关收缩蛋白组成及代谢途径的多样性。

二、肌纤维类型及其影响因素

（一）肌纤维的分类

骨骼肌肌纤维高度分化，根据其形态、功能和生理生化特性可将肌纤维分化成不同的类型，然而目前已有多种方法对纤维类型进行划分，对不同肌纤维的命名也不尽相同。

1. 基于生理形态的纤维类型划分

传统的方法根据不同肌肉收缩速度的差异，将肌纤维分为慢速收缩肌肉和快速收缩肌肉。慢速收缩肌肉主要由慢型纤维或红肌纤维构成，也被称为Ⅰ型纤维；而快速收缩肌肉主要由快型纤维或白肌纤维组成，也称为Ⅱ型纤维。从外观上来看，慢速收缩肌肉属于红肌肌肉，而快速收缩肌肉属于白肌肌肉。从功能上来看，慢速收缩肌肉受到刺激后收缩和松弛较慢，在维持姿势功能方面具有优势，而快速收缩肌肉受到刺激后快速收缩和松弛，在运动方面具有优势。这种传统的分类方法，不能得到量化的结果。随着对骨骼肌收缩机制与代谢特征的研究，酶组化学、免疫化学及基因表达等先进方法应用于肌纤维的划分，使人们进一步认识肌纤维类型特征。

2. 基于酶学反应特性的纤维分类

目前主要基于三种酶学反应将纤维划分为不同的类型。

（1）ATP 酶染色法　肌原纤维 ATP 酶水解 ATP 生成的磷酸，与 Ca^{2+} 结合成磷酸钙沉淀后，与染料结合形成呈色聚合体。因此根据不同类型肌纤维 ATP 酶活性对 pH 敏感性不同的特点，通过调节 pH 将其 ATP 酶活性差异区分开来达到划分纤维类型的目的。利用这一方法，Padykula 和 Herman（1955）采用组织化学染色方法将肌纤维分为Ⅰ型（或 β 型，慢肌）和Ⅱ型（或 α 型，快肌）。Ogilvie 和 Feeback（1990）经过改良后利用 ATP 酶异染法在同一张切片上将人骨骼肌纤维划分为Ⅰ、Ⅱa、Ⅱb 和Ⅱc 型。但是该反应的不足之处是，溶液中溶质特别是反应底物的浓度会随着染色过程的进行而减小。

（2）琥珀酸脱氢酶染色法　琥珀酸脱氢酶与氯化硝基四氮唑蓝结合形成蓝色沉淀，根据有无染色反应的类型将纤维划分为红肌纤维和白肌纤维，也可以根据染色的深度变化进一步划分为Ⅰ型和Ⅱ型纤维，但很难严格区分。另外，此方法需要连续切片染色寻找最佳 pH，操作繁琐，结果稳定性差，因此使用受到限制。

（3）烟酰胺腺嘌呤二核苷酸四唑还原酶（NADH-TR）染色法　NADH-TR 是骨骼肌线粒体氧化磷酸化和呼吸链传递的关键酶，主要包括 NADPH 脱氢酶、NADP 脱氢酶和 NADH 脱氢酶。NADH 脱氢酶能够催化氯化硝基四氮唑蓝氧化形成蓝紫色不溶性沉淀，根据颜色深度可以判断线粒体数量，进而将骨骼肌纤维划分为慢速氧化型、快速氧化型、快速氧化酵解型和快速酵解型。氧化代谢型肌纤维含有较多的细胞色素和肌红蛋白，由于氧与肌红蛋白结合呈红色，因而也叫红肌纤维；酵解代谢型肌纤维细胞色素和肌红蛋白含量均较少，外观呈白色，故也叫白肌纤维。氧化型纤维含线粒体数量较多，有氧代谢的酶系如细胞色素氧化酶、琥珀酸脱氢酶活性很高；而酵解型纤维线粒体含量较少，糖酵解酶系活性较高，有氧代谢酶活性很低。因此，这两类纤维获取能量的方式和代谢特点也不相同。氧化型纤维经有氧代谢获取的能量较多，而酵解型几乎全部从厌氧代谢获取能量。

3. 基于免疫学反应特性的纤维类型划分

骨骼肌肌纤维功能的差异主要是由于收缩蛋白和代谢蛋白结构与功能的多样性造成的。肌球蛋白是骨骼肌收缩的主要收缩蛋白，含有多种同功能蛋白的家族。肌球蛋白分子由两个肌球蛋白重链（MyHC）和两对肌球蛋白轻链组成。因此基于不同蛋白质亚基免疫反应特性，通过特异性抗原抗体反应，结合化学或生物学染色技术对不同 MyHC 亚基进行蛋白质定量分析来划分肌纤维类型。有研究表明肌球蛋白重链Ⅰ、Ⅱa、Ⅱb 和Ⅱx 在猪的骨骼肌上表达，因此 Lefaucheur 等（1998）依据肌纤维特有的 MyHC 类型利用免疫组化方法将成年猪骨骼肌纤维类划分为Ⅰ、Ⅱa、Ⅱb 和Ⅱx 型四种类型，分别对应于慢速氧化型、快速氧化型、快速酵解型和中间型。Eggert 等（2002）利用酶联免疫法比较了不同氟烷基因型猪背最长肌的 MyHC（Ⅰ、Ⅱa、Ⅱx 和Ⅱb）亚基含量及比例关系。由于免疫组化、免疫印迹以及分子量电泳都属于半定量分析技术，故存在夸大优势蛋白而忽略低丰度蛋白的弊端；酶联免疫虽然可以获得精确定量，但是对不同亚基特异性单克隆抗体存在很大难度，不利于广泛应用。

4. 基于基因表达差异的纤维类型划分

不同 MyHC 亚基都是由不同的基因编码决定的，随着 MyHC 亚基编码基因的鉴定以及基因表达分析技术的发展，Northen 杂交、Slot/dot 杂交、RNase 保护分析、原位杂交和反转录 PCR 都被用于检测不同 MyHC 亚基的 mRNA 表达，并逐渐成为骨骼肌纤维类型划分的重要手段。Haddad 等（2008）研究表明，MyHC 基因表达主要受双向互作基因启动子共同影响的 mRNA 转录调控。此方法的最大优点是有利于肌纤维类型分化机制的研究。而骨骼肌运动具有高度的适应性，mRNA 转录的灵活性应该高于蛋白质的表达，因此 MyHCmRNA 的检测有望成为分析肌肉纤维类型组成的理想方法。

（二）影响肌纤维类型分布的因素

虽然动物的肌纤维数目在出生时已经固定，但肌纤维类型的组成并不是固定不变的。不同品种相同肌肉的肌纤维类型差异较大。家猪经过长期的人工选育，使得肌肉中Ⅱb 型纤维的比例增加。研究表明，同一部位的肌肉家猪和野猪相比，家猪含有更多的Ⅱb 型肌纤维和较少的Ⅱa 型肌纤维（Essén 和 Lindholm，1984）。同一品种不同性别、不同发育阶段相同肌肉和不同部位肌肉的肌纤维类型也有较大差异。有研究认为公猪与母猪相比，母猪背最长肌Ⅰ、Ⅱa、Ⅱb 型肌纤维都具有更大的横截面积，从而使母猪具有更高的瘦肉率和更大的眼肌面积（Petersen 等，1998）。而猪出生时，肌纤维大多为氧化型，出生后 1～4 周，氧化型肌纤维的比例下降，而酵解型肌纤维急剧增加，说明氧化型肌纤维有能力转化成酵解型。所有类型的肌纤维横截面积随着动物的生长发育都在增加，但不同类型的肌纤维增加速率不一样。

日粮营养水平也影响着肌肉纤维类型组成，但是研究结果不一致。出生后限饲可以导致仔猪背最长肌中慢速氧化型纤维比例增加，促进氧化型纤维相关因子表达（White 等，2000）；营养不良可选择性降低背最长肌快速酵解型纤维的生长速度，相对促进氧化型纤维生长。早期日粮限饲可以显著增加肌肉氧化型纤维比例，但同时降低纤维直径和肌肉产量（Zhu 等，2006），不利于提高综合产肉性能。但是也有研究表明不同饲养标准对杜长大猪和荣昌猪的背最长肌纤维类型组成没有显著影响。日粮营养对肌肉纤维类型组成的影响受品种、性别、阶段、肌肉部位、饲喂时间、添加剂量以及纤维类型鉴定方法等诸多因素的影响。因此，日粮营养水平调控肌纤维类型还有待进一步研究，对提高猪肉品质的纤维类型组成具有重要的意义。此外，环境因素、神经刺激、运动训练以及激素状态等都会引起肌纤维类型的相应改变。

三、肌纤维类型与肉品质的关系

肉品质主要包含了嫩度、肉色、系水力、大理石纹和肉的风味以及肌内脂肪等，而肌内脂肪含量是一项能够影响肉品质的关键性状。肌纤维类型通过影响肉的酸度、肌内脂肪、嫩度、颜色等来影响肉的品质。所以，肌纤维类型及其形成过程的进一步研究有助于改善肉品质。

1. 肌纤维类型与肉的 pH 值

动物屠宰时肌肉中糖原的含量会在很大程度上决定肌肉宰后的 pH 值。由于宰后糖原经过糖酵解转化成乳酸并在肌肉中积聚，导致宰后肌肉中 pH 值降低。在活体肌肉，快速氧化型、快速酵解型和中间型纤维主要利用高能磷酸化合物和糖原酵解完成 ATP 再生，单一纤维的糖原酵解能力表现为快速酵解型＞中间型＞快速氧化型＞慢速氧化型，而氧化代谢能力刚好相反。

在屠宰后，肌肉中快速酵解型纤维具有相对较多的糖原含量和较高的糖酵解能力（Monin 等，1987），快速酵解型纤维比例与糖酵解产物含量显著正相关。Larzul（1997）对大白猪背最长肌的研究表明，酵解型肌纤维比例的增加会加快宰后 pH 值降低的速度和程度，并最终导致肌肉颜色的下降和滴水损失的增加。猪背最长肌的快速酵解型纤维比例与宰后 pH 存在显著负相关（Ryu 和 Kim，2006）；快速纤维类型比例与宰后肌肉乳酸含量显著正相关，与屠宰早期 pH 显著负相关（Choi 等，2007）；高比例慢速氧化型纤维肌肉表现为较高的 pH。

2. 肌纤维类型与肌内脂肪含量

肌内脂肪是嫩度、多汁性、风味与表观可接受程度等肉质性状形成的重要物质基础。氧化型肌纤维脂质含量更高，会在一定程度上影响肌内脂肪含量。肌内脂肪含量与Ⅰ型纤维的含量成正相关。慢速氧化型与快速酵解型纤维的中性脂含量分别是26%和1%，慢速氧化型纤维总脂类物质含量是酵解型纤维的3倍（Karlsson 等，1999；DeFeyter 等，2006）。以慢速氧化型为主的半膜肌比以快速酵解型为主的股二头肌和背最长肌的总脂肪、甘油三酯和磷脂含量更高。此外，氧化型肌纤维与酵解型肌纤维相比，还具有更高的磷脂含量（Leseigneur 和 Gandemer，1991），而磷脂又是决定肉品风味的一个重要因素。脂类物质是肌肉氧化代谢的主要底物，不同类型肌纤维在氧化能力上存在明显差异，因此，纤维类型组成与肌肉脂类物质含量、组成存在某种必然联系。

3. 肌纤维类型与肉品嫩度

柔嫩性、多汁性和风味是评价肉食用品质的三大标准。其中嫩度是最为重要的。嫩度的差异主要由动物屠宰和烹调时肌肉中肌原纤维蛋白结构的改变所造成。肌纤维类型可通过影响肌内脂肪，在一定程度上影响肌肉的嫩度。脂肪含量的增加能够在胴体冷藏时将肌肉隔离，并且它们在肌束膜结缔组织中累积，当累积水平较高时，纤维蛋白被柔软的脂肪所稀释，能够降低肌肉的剪切力。此外，肌纤维的直径可以直接影响肌肉的嫩度。Ⅰ型纤维直径较细、横截面积较小，而Ⅱb型纤维直径较粗、横截面积较大。在相同屠宰和储藏条件下，肌肉中Ⅱb型纤维比例增大，会增加肌肉的剪切力，从而降低肉品的嫩度。另外宰后的肌节长度会影响肌肉的嫩度，肌节长度越长，肌肉越嫩。研究表明氧化型纤维比酵解型纤维有更强的缩短效应，从宰后的收缩效应来看，酵解型纤维含量高的肌肉似乎具有较嫩的肉（Cena 等，1992）。

4. 肌纤维类型与肉品颜色

肌纤维类型的组成会直接影响肌肉的颜色。氧化型纤维含有较高的肌红蛋白和血红蛋白，肌肉中若氧化型纤维所占比例较高，则肌肉颜色鲜红，肉色评分较高。相反，Ⅱb型纤维因含肌红蛋白和血红蛋白较低，导致肌肉颜色显得苍白，肉色评分较低。此外，肌肉的系水力直接影响肌肉的颜色，系水力与肌纤维类型有直接的关系，酵解型纤维含量较高会导致肌肉的保水性能下降。肌肉中氧化型纤维比酵解型纤维具有相对较高的蛋白质溶解度，而蛋白性溶解性发生变化导致蛋白质变性，从而使肌原纤维收缩，蛋白质析出和水分流失，因此氧化型纤维比例高的猪肉表现较高的系水力（Joo 等，1999）。

第二节 免疫应激下动物骨骼肌蛋白质代谢特点

现代规模化和集约化畜牧生产条件下动物经常面临各种病原（例如细菌、毒菌等）和非病原（内毒素）的免疫刺激。在免疫应激条件下，促炎细胞因子白细胞介素（interleukin，IL）-1、IL-6 和肿瘤坏死因子-α（tumor necrosis factor，TNF-α）分泌大量增加。促炎细胞因子具有重要的免疫调节功能，促炎细胞因子的增加会使本来用于肌肉生长的能量和营养物质转而用于维持免疫反应。同时，促炎因子的增加也会导致猪骨骼肌蛋白质的降解。

一、猪集约化生产与免疫应激

集约化畜牧生产条件下，动物极易受到免疫应激的影响，免疫应激下大量的细胞因子分泌，细胞因子通过各种途径对骨骼肌的沉积产生影响，进而影响动物的生产。细胞因子（cytokine）是指一类由免疫细胞（淋巴细胞、单核-巨噬细胞等）和非免疫细胞（成纤维细胞、内皮细胞等）产生的具有调节细胞功能的高活性小分子蛋白质，它是可溶性的糖蛋白。它能调节细胞的生长、分化，调节机体的免疫功能，参与炎症的发生和创伤的愈合等。机体的天然免疫和特异性免疫两种效应机制大部分是通过促炎细胞因子介导的（Rhind 等，1995）。20 世纪 80 年代以后，由于免疫学、分子生物学的发展，使得促炎细胞因子不断被克隆、重组、确认。

根据细胞因子在宿主防御反应中的功能，可将其分为两类：促炎细胞因子和抗炎性细胞因子。促炎细胞因子包括 TNF-α、IL-1β、IL-6、IL-8 等，主要由炎性细胞产生，同时又反过来促进炎性细胞发挥作用。抗炎性细胞因子有 IL-4、IL-10、IL-13、TGF-β、IL-1 受体拮抗剂和可溶性 TNF 受体等，通过限制炎症性促炎细胞因子的产生，上调它们的可溶性拮抗结合蛋白，抑制炎症细胞的活性，减轻炎症反应。以往认为促炎细胞因子只能由炎症细胞合成和分泌，近十年来的研究证实，促炎细胞因子可在多种组织细胞内合成。脂肪细胞和肌纤维也是促炎细胞因子的主要来源细胞。此外，一些在培养 3T3-L1 脂肪细胞、C2C12 骨骼肌细胞以及在融合的肌管的研究中表明脂肪细胞和骨骼肌细胞表达促炎细胞因子的受体，表明脂肪细胞和肌纤维心脏既是促炎细胞因子的合成场所，又是促炎细胞因子的靶细胞。

1. 肿瘤坏死因子

肿瘤坏死因子（tumor necrosis factor，TNF）是一种非种属特异性活性因子，包括两种结构和功能上相关的蛋白质：TNF-α 和 TNF-β。通常将巨噬细胞产生的TNF命名为TNF-α，细胞产生的淋巴毒素命名为TNF-β。TNF-α是一种分泌状态的可溶性蛋白质（sTNF-α），分子质量为17kDa，其活性形式为同源三聚体。在细胞膜表面存在另一种形式的TNF-α（mTNF-α），它是一个完整的跨膜分子，为sTNF-α的前体，相当于sTNF-α的序列前有一个76个氨基酸的前导序列，此序列含一个疏水区，镶嵌于膜脂质双层。

在中枢神经系统，TNF-α主要由单核细胞和巨噬细胞产生，其他细胞包括淋巴细胞、星形细胞、小胶质细胞等能够被刺激分泌TNF-α。TNF-α能产生各种作用，这是因为：①TNF-α的受体普遍存在；②能激活多种信号转导通路；③能引起或抑制由基因编码的许多生长因子、促炎细胞因子、转录因子、多种受体、炎性介质的表达。此外，血清中还存在可溶性TNF-α受体（solubleTNF-αrecepor，sTNF-αR），实际上是从细胞膜上脱落下来的TNF-α受体，它与膜上受体竞争结合TNF-α，可限制TNF-α的活性。TNF-β与TNF-α有30%氨基酸残基同源，二者结合到相同的细胞表面受体，产生类似但不完全相同的生物效应。

2. 白细胞介素-1

白细胞介素-1（interleukin-1，IL-1）是一种单核因子。人白细胞培养的上清中含有一种可溶性物质，这种物质可促进小鼠胸腺细胞对植物血凝素的有丝分裂反应，1979年国际统一命名为IL-1。IL-1主要由单核-巨噬细胞产生，单核细胞、巨噬细胞、树突状细胞等在摄取抗原抗体复合物后或在抗原递呈过程中可产生IL-1。表皮细胞、NK细胞、B细胞、成纤维细胞、内皮细胞、脑星形胶质细胞等在某些条件下亦可产生IL-1。IL-1包括IL-1α和IL-1β。IL-1α大多数情况下停留于细胞质中，其前体和成熟体都有活性；IL-1β只有被存在于单核细胞中的胞浆半胱氨酸蛋白酶IL-1β转化酶（ICE）裂解后才有活性。在非吞噬细胞中，IL-1β停留在胞浆中，单核-巨噬细胞产生的IL-1β有40%～60%以囊泡、主动运输、渗漏或细胞死亡的形式出胞（Dinarello等，1994）。

3. 白细胞介素-6

白细胞介素-6（interleukin-6，IL-6）是一种多功能促炎细胞因子，又名肝细胞刺激因子、B细胞刺激因子及B细胞分化因子等，由B淋巴细胞、单核-巨噬细胞、成纤维细胞、内皮细胞等产生，是由184个氨基酸残基组成、分子质量为21kDa的糖蛋白，其生物学功能可概括为：①促进B细胞分化成浆细胞和分泌免疫球蛋白，特别是IgG、IgM；②增强T淋巴细胞、NKC及吞噬细胞的活性，刺激肝细胞分泌急性期C反应蛋白（creactiveprotein，CRP），促进造血祖细胞的繁殖；③抑制TNF-α、IL-1β的分泌，诱导淋巴细胞产生干扰素，诱导IL-1β及其受体在T淋巴细胞中表达；④促垂体分泌促肾上腺皮质激素；⑤促星状细胞分泌神经生长因子样活性物质。此外，它还参与自身免疫反应性疾病和恶性肿瘤的形成等。

二、免疫应激与动物骨骼肌生长的关系

众所周知，猪出生后骨骼肌的生长主要是骨骼肌蛋白质沉积增加的结果。骨骼肌蛋白质的沉积程度是由蛋白质合成速率和降解速率决定的。动物在免疫应激条件下，促炎细胞因子 IL-1、IL-6 和 TNF-α 分泌大量增加。促炎细胞因子 IL-1、IL-6 和 TNF-α 的增加减少蛋白质合成，同时加速蛋白质降解。其原因：第一，免疫应激条件下会导致动物采食量降低。因此，提供给合成蛋白质的氨基酸减少。第二，免疫应激条件下，会导致淋巴细胞和巨噬细胞的增殖、抗体的产生以及急性期蛋白（acyl carrier protein，ACP）的合成；而在用于肝脏合成急性期蛋白的氨基酸中，60%是由骨骼肌蛋白质分解而来的。每天用来合成人的 ACP 的氮的需要量为 1.2g/kg。同时，骨骼肌氨基酸的组成并不完全与 ACP 的氨基酸组成相同，所以需要骨骼肌释放的氨基酸量要高于合成 ACP 的氨基酸需要量。因此，在免疫应激条件下导致的骨骼肌蛋白质损失要比减少动物采食量所引起的骨骼肌蛋白质损失的高。

在啮齿类动物的免疫应激模型下，促炎细胞因子 IL-1 和 TNF-α 会抑制蛋白质合成、提高蛋白质降解。在培养的 L8 骨骼肌细胞中添加 IL-1 和 TNF-α 会提高肌细胞的降解速率。在动物体内添加中和 TNF-α 的抗体表明能够消除 TNF-α 对骨骼肌蛋白质降解的影响。而 TNF-α 是直接还是间接地影响骨骼肌蛋白质沉积的机制目前并不清楚。目前，许多学者研究了在动物的疾病（如糖尿病、代谢性酸中毒、感染及烧伤等疾病）状态下，TNF-α 对骨骼肌蛋白质降解的影响。Ebisui 等（1995）发现在培养的小鼠 C2C12 骨骼肌细胞中添加 IL-6 提高了蛋白质的降解。同时，在 IL-6 转基因的小鼠中添加抗-IL-6 受体的抗体，能够缓解 IL-6 促进蛋白酶基因的表达和提高骨骼肌萎缩的作用。

在现代规模化和集约化畜牧生产中，促炎细胞因子 IL-1、IL-6 和 TNF-α 可能影响到肌肉生长的证据可以从以下几方面推断：第一，免疫刺激条件刺激下，脂肪细胞和肌纤维能够分泌促炎细胞因子 IL-1、IL-6 和 TNF-α；第二，促炎细胞因子的表达增加会导致骨骼肌蛋白质降解率升高；第三，免疫刺激条件刺激下，骨骼肌中促炎细胞因子受体的表达量会增加。因此，在现代规模化和集约化畜牧生产中，如果能适当降低动物体内促炎细胞因子的水平，就有可能缓解骨骼肌蛋白质降解，从而促进骨骼肌生长。

三、免疫应激诱导骨骼肌蛋白质分解途径的机制

TNF-α、IL-1、IL-6 等参与泛素途径的激活。Llovera 等（1998）给正常小

鼠注射不同的促炎细胞因子，发现 TNF-α、IL-1 能使肌肉中泛素 mRNA 表达升高 1～3 倍。同时他们的研究小组还发现，在给予恶病质大鼠模型多克隆 TNF 抗体后，可以抑制肌肉中泛素 mRNA 的表达（Llovera 等，1996）。此外，种植了 Lewis 肺癌的大鼠外周循环中 TNF-α 水平升高与肌肉蛋白降解增加以及泛素-蛋白酶体途径的激活相关；而在 TNF-α 受体基因缺陷的小鼠，外周循环中 TNF-α 浓度虽同样增加，但却未见到泛素-蛋白酶体途径的激活（Llovera 等，1998）。这些研究都显示了 TNF-α 是泛素途径激活的重要介质。Fujita 等（1996）对结肠-26 腺癌细胞接种的小鼠研究发现，在肿瘤接种后 17 天，腓肠肌的重量下降到正常对照组的 69%，同时伴有泛素和蛋白酶 mRNA 表达的增加。给予抗鼠 IL-6 受体抗体后，腓肠肌重量增加到正常的 84%，且泛素和蛋白酶 mRNA 表达也显著受到抑制。

1. 骨骼肌蛋白质的分解代谢

骨骼肌蛋白质降解和体内其他体细胞蛋白质降解是细胞内一系列的蛋白酶（protease）和肽酶（peptidase）来完成的。真核细胞中蛋白质降解主要有两条途径：一条是不依赖 ATP 的过程，包括溶酶体途径和 Ca^{2+} 依赖性蛋白酶分解途径；另一条是依赖 ATP 的泛素-蛋白酶体蛋白降解途径。溶酶体是体细胞内含酸性水解酶的细胞器，其中含有脂肪酶、蛋白酶、核酸酶、糖苷酶等很多非特异性降解细胞内大分子物质的水解酶。溶酶体内的蛋白酶主要降解细胞外蛋白以及细胞表面受体，细胞内的非纤维蛋白的细胞器成分不参与细胞凋亡，在骨骼肌蛋白质分解代谢中不起主要作用。

钙依赖的蛋白酶途径，主要在组织损伤坏死和自融过程中起作用，有三种：Calpains Ⅰ（又称 μ-蛋白酶）、Calpains Ⅱ（又称 m-蛋白酶）、Calpains Ⅲ（又称 n-蛋白酶），Calpains 系统在骨骼肌蛋白降解过程中只起启动作用。溶酶体、钙激活的蛋白水解酶和泛素蛋白酶体系统（Ubiquitin-Proteasome pathway）依赖途径，是骨骼肌蛋白分解过程中发挥最主要作用的三种途径。目前已证实肌萎缩过程中蛋白质水解主要是由泛素-蛋白酶体系统完成。泛素-蛋白酶体途径（ubiquitin-proteasome pathway，UPP）是新近发现的一种蛋白质降解途径，属于能量依赖型。泛素-蛋白酶体途径通过其蛋白质降解作用参与了细胞周期、转录调控、抗原递呈等多种过程的调节，具有广泛的生物学作用。该途径主要由三部分组成：泛素、相关酶、蛋白酶体。

泛素是一种分子质量为 8.5kDa、含有 76 个氨基酸的球蛋白。泛素的主要作用是以多聚泛素（polyubiquitin）的形式与蛋白底物相结合，从而标记底物蛋白，以便于蛋白酶体进一步水解蛋白。相关酶包括泛素活化酶（ubiquitin-activating enzyme，以下简称 E1）、泛素偶联酶（ubiquitin-conjugating enzymes，以下简称 E2s）、泛素-蛋白连接酶（ubiquitin-protein ligating enzymes，以下简称 E3s）、泛素碳末端水解酶（ubiquitin-end hydrolysis）或同工肽酶。E1 是催化泛素与蛋白底物结合所需的第一个酶。E2s 是泛素与蛋白底物合所需的第二个酶。E3s 是泛素与蛋白底物结合所需的第三个酶，E3s 在决定泛素介导的底物蛋白降解的选择性方面具有重要作用。

蛋白酶体（proteasome）是催化泛素与底物蛋白的偶联体降解的关键酶，包括 20S 蛋白酶体和 26S 蛋白酶体，均为多亚基高分子量复合体。26S 蛋白酶体是蛋白降解的主要作用物质，它是由一个 20S 核心蛋白酶体（其中心结构为 C2 亚基，是靶蛋白降解的场所）和两个调节复合体结合而成。20S 核心蛋白酶体含有多种蛋白酶活性：①类糜蛋白酶活性；②类胰蛋白酶活性；③谷氨酰水解酶活性；④支链氨基酸肽酶活性；⑤中性氨基酸活性。蛋白在 26S 蛋白酶体降解中，首先是 26S 蛋白酶体的 19S 调节复合体识别、结合、展平泛素化的底物蛋白，然后由 20S 核心蛋白酶体最终将蛋白水解为氨基酸。

泛素系统降解蛋白质的过程主要分两步：①泛素分子与靶蛋白的共价结合；②多聚泛素化的蛋白被 26S 蛋白水解酶复合体降解，同时泛素被重新活化。泛素蛋白酶体分解蛋白质主要受激素和促炎细胞因子的调控，能上调其活性的激素是糖皮质激素和甲状腺激素 T_3，能抑制其活性的主要是胰岛素。而促炎细胞因子对其活性的影响则普遍表现为上调作用，这些促炎细胞因子包括 TNF-α、IL-1、IL-6（Llovera 等，1998）。

2. MuRF-1 和 MAFbx 基因在骨骼肌蛋白的分解代谢中的作用

泛素-蛋白酶体通路参与骨骼肌萎缩已得到证实。在骨骼肌发生萎缩情况下，能提高骨骼肌蛋白降解速率；蛋白酶体抑制剂能阻止萎缩过程中蛋白质分解增强。泛素化连接物的水平在萎缩时增加。编码泛素通路不同成分的基因在萎缩时上调。在长期的寻找肌萎缩过程标记物时，通过筛选差异表达基因的方法发现了两条基因在多种肌萎缩模型中表达上调：MuRF-1（肌环指蛋白 1 的基因）和 MAFbx（肌萎缩 F-box 蛋白，也称为 Atrogin-1 的基因），而且只在骨骼肌和心肌中特异性表达。MuRF-1 和 MAFbx 均属于泛素蛋白连接酶，是目前发现的与骨骼肌蛋白分解代谢关系最为密切的 E3。两条基因编码泛素连接酶 E3，结合并介导特异性底物的泛素化（Bodine 等，2001）。

在 13 种骨骼肌萎缩模型中都发现了 MuRF-1 和 MAFbx 基因 mRNA 表达量被上调。MuRF-1 是一个 40kDa 大小的蛋白，包含 3 个部分：一个 RING-fingers，它是泛素蛋白连接酶的活性区；一个 B-box 结构，它的功能还不清楚；还有两个卷曲螺旋结构（coiled-coil domain），它可能对于 MuRF-1 与一个相关蛋白 MuRF-2 之间异二聚体的形成起作用。MuRF-1 能诱导心肌肌钙蛋白Ⅰ（TroponinⅠ）的泛素化，而 MuRF-1 可在 M 线与肌纤蛋白的粗丝连接蛋白（titin）相互作用，表明 MuRF-1 可能通过降解肌肉中的收缩蛋白起作用。MuRF-1 过表达可引起 titin 与 MuRF-1 的结合部分被破坏，这表明 MuRF-1 在 titin 的更新中起重要作用。

MAFbx/Atrogin-1含有一个F-box结构，这个结构是SCF（Skp1、Culli、F-box）泛素蛋白连接酶家族的特征。F-box蛋白能特异性地识别底物蛋白，它对SCF对底物蛋白识别的特异性起决定作用。含有F-box的泛素蛋白连接酶通常是底物蛋白被翻译后修饰如磷酸化之后才能与之结合。这表明可能存在这样的信号通路：诱导骨骼肌萎缩的刺激使信号通路中的底物蛋白磷酸化，被磷酸化的底物蛋白再通过MuRF-1被分解。最近研究发现心肌中的神经钙蛋白是MAFbx的底物（Li等，2004），MAFbx在心肌中过表达能阻止神经钙蛋白引起的心肌肥大，但目前还不清楚神经钙蛋白在骨骼肌中是不是MAFbx的蛋白底物。MAFbx参与转录因子MyoD的分解，而这种转录因子在肌肉的发育和分化中非常重要，这表明可能通过调控基因转录引起骨骼肌萎缩。

3. NF-κB对MuRF-I的调控作用

促炎细胞因子可诱导出肌肉萎缩，其中最明显的是TNF-α，它是一种致炎分泌型促炎细胞因子，最初叫“恶液质因子”。TNF-α与其受体结合诱导NF-κB的活化。因为肌肉中的NF-κB在废用和脓毒血症时都是被活化的，因此NF-κB在这些疾病的发病学上可能起作用。在体外抑制NF-κB的活性可抑制肌管蛋白分解（Li等，2000）。TNF-α可通过活化NF-κB降低了胰岛素诱导的蛋白合成。TNF-α也可通过活化NF-κB抑制C1C12肌管的分化。NF-κB的活化受激酶调控。NF-κB的活化可以引起明显的肌肉萎缩。NF-κB活化的骨骼肌中泛素蛋白连接酶MuRF-1的表达也是上调的。使用p105/p50NF-κB1基因敲除的小鼠发现，NF-κB1基因敲除的小鼠肌肉萎缩减轻（Hunter等，2004）。体外研究发现，过表达IκBα能阻止引起的C2C12肌管的肌球蛋白减少。以上研究表明，TNF-α-NF-κB-MuRF-1可能是一个可以引起骨骼肌蛋白高分解代谢的线性信号通路。

4. 促炎细胞因子与NF-κB的活化

现在对各种胞外诱导因素如何激活NF-κB以及它们彼此信号传导途径的交汇点已有相对明确的认识。典型的炎症刺激因子如TNF-α及IL-1等通常在数分钟内促使IκBs（尤其是IκBα）发生降解。首先IκBα在激酶复合物IKK的作用下被磷酸化，磷酸化发生在IκBα分子中Ser32和Ser36两个位点。IKK复合物由活性亚基IKKα、IKKβ和调节亚基IKKγ组成。基因敲除实验表明，IKKβ和IKKγ是促炎细胞因子激活NF-κB所必需的。磷酸化后的IKKα被泛素连接酶复合物SCF（Skp-1/Cul/F-box）家族成员E3RSIκB/β-TrCP识别，从而促使IκBα分子中的Lys21及Lys22泛素化，然后被26S蛋白酶体识别并迅速降解。IκBα的降解使得NF-κB的核定位序列暴露出来，进入核内起始转录。

泛素-蛋白酶体通路参与骨骼肌萎缩已得到证实。蛋白酶体抑制剂能阻止萎缩过程中蛋白质分解的增强。泛素化连接物的水平在萎缩时增加（Lecker

等，1999）。编码泛素通路不同成分的基因在萎缩时上调。在长期的寻找肌萎缩过程标记物时证实了两条基因在多种肌萎缩模型中表达上调，而且只在骨骼肌和心肌中特异性表达。这两条基因是 *MuRF-1* 和 *MAFbx*（肌萎缩 F-box 蛋白，也称为 Atrogin-1 的基因）。两条基因均编码泛素连接酶 E3，结合并介导特异性底物的泛素化（Bodine 等，2001）。表明 TNF-α 通过激活 NF-κB 而提高 MuRF-1 的表达，诱导泛素蛋白酶体系统降解骨骼肌蛋白质，导致肌肉萎缩。

第三节 *n*-3 PUFA在猪肌肉蛋白质降解中的作用

油用亚麻籽含油率在 40%左右，含有丰富的 *n*-3 PUFA，其中 α-亚麻酸（α-linolenicacid，LNA）占脂肪酸组成的 50%以上，是 *n*-3 PUFA 最好和最经济的来源。*n*-3 PUFA 在抗炎症及蛋白质合成及降解过程中发挥重要的作用。所以，研究日粮中持续添加亚麻籽（富含 *n*-3 PUFA）对生长肥育期猪肌肉生长的影响，并在细胞水平揭示 *n*-3 PUFA 影响肌肉生长的分子机制，具有非常重要的产业意义。

一、*n*-3 PUFA 调节生长肥育猪促炎因子和免疫功能

n-3 PUFA 不但可以在体内氧化供能，而且还可以参与细胞结构的组成和物质代谢，影响细胞膜的结构及某些代谢产物的变化，进而影响细胞功能。有研究发现，*n*-3 PUFA 可以通过多种机制调控机体的炎症反应和免疫功能，影响多种免疫细胞的功能。

（一）*n*-3 PUFA 对细胞内脂肪酸代谢产物的影响

细胞膜由脂质双分子层构成，含有不同的磷脂。在内毒素、促炎细胞因子、细菌等刺激下，细胞的各种磷脂酶活化，然后动员膜上磷脂中的不饱和脂肪酸花生四烯酸（arachidonic acid，AA）、EPA，在脂过氧化酶（LOX）和环氧化酶（COX）氧化作用下产生各种类型的类二十烷酸。EPA 产生前列腺素 3 系列（PGE3）、白三烯 5 系列（LTB5）和血栓烷 A3（TXA3）类物质。AA 产生前列腺素 2 系列（PGE2）、白三烯 4 系列（LTB4）和血栓烷 A2（TXA2）类物质。来源于 AA 的 LTB4 能增加血管的渗透性和血液的流动性，是潜在的白细胞趋化剂，能诱导释放溶菌酶；促进促炎细胞因子 TNF-α、IL-2、IL-6 和 IL-1 的产生。而来源于 *n*-3 PUFA 的 LTB5 对中性粒细胞的趋化和凝聚、释放溶菌酶的作用仅为 LTB4 的 10%。TXA3 对凝聚血小板、收缩血管的作用较 TXA2 低。这些类

二十烷酸合成的数量和类型取决于细胞膜上 AA 和 EPA 的含量以及磷脂酶 A2、磷脂酶 C、LOX 和 COX 的活性。*n*-3 PUFA 的抗炎作用可能与通过竞争抑制作用或影响这些酶的活性减少 AA 或 AA 来源的类二十烷酸，从而降低促炎细胞因子的产生。

（二）*n*-3 PUFA 对细胞膜磷脂脂肪酸构成的影响

人体免疫细胞膜磷脂包含 6%～10%的亚油酸、1%～2%的双同型 γ-亚麻酸（DGLA）、15%～25%的花生四烯酸。*n*-3 PUFA 比例较低，α-亚麻酸很少，EPA 大概占 0.1%～0.8%、DHA 占 2%～4%（Arrington 等，2001）。动物和人体实验发现，膳食鱼油或 *n*-3 PUFA 能显著增加免疫细胞膜磷脂的 EPA 和 DHA 的含量，减少 AA 含量（McMurray 等，2000；Pcmpos 等，2002）。

Kouba 等（2003）同样报道，分别饲喂 40kg 生长猪 20d、60d 和 100d 亚麻籽日粮（每千克饲料中亚麻籽含量 60g），发现随着亚麻籽添加时间的延长，与对照组日粮相比，背最长肌磷脂中 LNA 的含量分别上升了 1.8%、2.29%和 2.26%；EPA 的含量分别上升到 0.99%、1.76%和 1.53%；而花生四烯酸的含量分别下降了 1.01%、2.73%和 3.34%。这些结果表明，在生长肥育猪日粮中添加富含 *n*-3 PUFA 的日粮，能显著提高磷脂中 *n*-3 PUFA 的含量，特别是长链多不饱和脂肪酸 LNA、EPA 和 DHA 含量，降低 AA 的含量。其发生与 *n*-3 PUFA 的增加能直接与 AA 竞争结合细胞膜磷脂，从而减少细胞膜磷脂中 AA 的含量和与亚油酸争夺 *n*-6 去饱和酶，减少 AA 的生成有关，最终可减少来源于 AA 的类二十烷酸。

（三）*n*-3 PUFA 对酶作用的影响

n-3 PUFA（EPA、DHA）能竞争性抑制环氧化酶对 AA 的氧化作用，减少 AA 产物的生成。*n*-3 PUFA 可下调 IL-1β 诱导的环氧化酶-2（COX-2）表达。因此，细胞膜 *n*-3 PUFA 的增加与 COX-2 抑制剂一样，能抑制 AA 的氧化代谢产物，如每天 6g 的 DHA，可使 PGE2 下降 60%，LTB4 下降 75%（Pcmpos 等，2002）。同样，*n*-3 PUFA 能够与 AA 竞争脂过氧化酶，减少白三烯 4 和血栓烷 2 的生成。另外，不同的脂肪酸能影响磷脂酶活性，从而影响这些酶对膜磷脂的水解，如油酸和亚油酸能提高磷脂酶的活性，而 EPA、DHA 则能显著抑制磷脂酶 A2 的活性。AA 从细胞膜上动员游离出来需要磷脂酶 A2 的作用，*n*-3 PUFA 通过抑制磷脂酶 A2 的活性，减少膜磷脂 AA 的释放，这样也可减少来源于 AA 的类二十烷酸。因此，认为 *n*-3 PUFA 通过影响酶的作用减少这类物质的形成，有助于抑制炎症及免疫反应，同时降低促炎细胞因子的产生。

（四）*n*-3 PUFA 对细胞膜流动性的作用

细胞膜由脂质双分子层构成，具有流动性。虽然有 *n*-3 PUFA 的干预不会显著改变细胞膜流动性的报道，但是大多数研究表明，用 *n*-3 PUFA 培养一些细胞，如淋巴细胞，能显著改变细胞膜磷脂构成，从而增加膜流动性；用棕榈酸和多不饱和脂肪酸培养 Caco-2 细胞，可见棕榈酸对细胞膜的流动性没有显著影响，而多不饱和脂肪酸（EPA、DHA）则能增加膜的流动性，并呈剂量反应（Nano 等，2003）。

脂肪酸结构或性质的改变能影响膜的流动性，从而改变膜连接酶、受体或离子通道功能。膜连接酶的活性被认为对脂肪酸环境特别敏感，如内皮细胞膜连接酶 Na-K-ATP 酶对血管的收缩功能具有重要的作用，而 *n*-3 PUFA 可抑制它的活性。又如 *n*-3 PUFA 可通过改变膜流动性引起细胞膜钠离子通道的改变，Leifert 等（1999）对心肌细胞的研究发现 *n*-3 PUFA 是最强的钠离子通道抑制剂，而其他类型脂肪酸的作用较弱，且 DHA 对膜流动性和钠离子通道阻滞的作用较 LNA 强。研究认为 *n*-3 PUFA 改变膜脂质结构，并因此改变膜的流动性，从而调节离子通道的功能。EPA 作用于血管肌细胞能减少静息细胞内钙离子的浓度，减少拮抗剂诱导的钙离子水平升高，抑制细胞对血小板来源生长因子所引起的迁移运动。促炎细胞因子 IL-2 的分泌也受细胞内钾离子、钙离子水平的调节，因而推测 *n*-3 PUFA 能改变细胞膜流动性，从而影响离子通道，抑制细胞的炎症反应。此外，细胞膜闭合蛋白（occludin）能形成和维持细胞的稳固结合，EPA 能上调细胞膜闭合蛋白的产生，降低细胞对大分子的渗透，而 AA、油酸则下调细胞膜闭合蛋白的表达。

（五）*n*-3 PUFA 对促炎细胞因子产生的影响

许多研究表明，日粮中添加富含 *n*-3 PUFA 的亚麻油或鱼油能抑制巨噬细胞分泌促炎细胞因子。Lokesh 等（1990）发现日粮中添加 10%鲱鱼油 15d，小鼠腹膜巨噬细胞中的 TNF-α 和 IL-1 的水平要比添加 10%玉米油的小鼠低。Yaqoob 等（1995）发现，在脂多糖（lipopolysaccharides，LPS）刺激下的小鼠日粮中添加 20%的鱼油 8 周，能显著降低巨噬细胞中 IL-1β、IL-6 和 TNF-α 的水平。

在健康人的日粮中添加 *n*-3 PUFA 显著地降低了外周血单核细胞中 IL-1β、IL-6 和 TNF-α 的水平。这些研究主要是关注长链多不饱和脂肪酸［二十碳五烯酸（eicosapentaenoic acid，EPA）、二十二碳六烯酸（docosahexaenoic acid，DHA）］。并且健康人的日粮中提高 LNA 的水平可以抑制机体促炎细胞因子的水平。在健康人的日粮中添加 *n*-3 PUFA，促炎细胞因子的表达水平显著降低。添加 *n*-3 PUFA 能显著降低外周血单核细胞中 IL-1β、IL-6 和 TNF-α 的水平。在健康人的食物中添加 n-3 PUFA 显著降低了淋巴细胞中促炎细胞因子和干扰素 γ（interferon-gamma，IFNγ）的水平。所以，n-3 PUFA 能够有效降低人体巨噬细胞、外周血单核细胞、淋巴细胞以及脂肪细胞中促炎细胞因子的水平。目前，国内外很少有关于 n-3 PUFA 降低骨骼肌细胞促炎细胞因子的水平的报道。

（六）n-3 PUFA 对促炎细胞因子基因表达的影响

Caterina 等（1994）研究表明，DHA 可以通过作用于 VCAM-1 基因的表达水平而下调内皮细胞的 VCAM-1 基因的表达，并且这种方式是不依赖类二十烷酸的。这是第一次证明 n-3 PUFA 能够影响促炎细胞因子基因的表达。最近，有研究表明在培养的牛软骨细胞中分别添加 LNA、EPA 和 DHA，能够迅速降低 TNF-α、IL-1α 基因的表达（Curtis 等，2000）。同时，在培养的人膝关节软骨细胞中分别添加 LNA、EPA 和 DHA 也能显著降低 IL-1α、IL-1β 以及 TNF-α 基因的表达。

然而，只有有限的研究表明日粮中添加鱼油能够抑制促炎细胞因子基因的表达。Chandrasekar（1994）报道，在小鼠日粮中添加鱼油能够显著抑制 TNF-α、IL-1β 和 IL-6 基因的表达。Robinson（1996）也发现，在脂多糖刺激下的小鼠日粮中添加鱼油能显著降低脾脏淋巴细胞中 IL-1β 的表达，并且这种作用不是通过加速 mRNA 的降解，而是削弱 IL-1β mRNA 的合成达到的。在小鼠日粮中添加鱼油同样能够降低腹膜巨噬细胞中 TNF-α 的表达（Miles 等，2000）。这些研究表明日粮中添加 n-3 PUFA 能够显著抑制促炎细胞因子基因的表达。

因此，AA 产生的类二十烷酸能够上调促炎细胞因子，而 n-3 PUFA 降低炎性反应的效应可能是通过竞争 AA 来源的介质而产生效应（Meydani 等，1992）。因此，日粮中的 n-3 PUFA 可以通过抑制花生四烯酸产生类二十烷酸来下调促炎细胞因子基因的表达。Caterina 等（1994）发现，n-3 PUFA 调控促炎细胞因子基因的表达可以不依赖类二十烷酸的作用。目前的研究结果表明，n-3 PUFA 可能通过直接作用于细胞间的信号通路，从而导致激活一种或多种转录因子（如目前广泛被关注的转录因子 PPAR 和 NF-κB）而产生作用。

1. 过氧化物酶体增殖物激活受体

过氧化物酶体增殖物激活受体（peroxisome proliferator-activated receptor，PPAR）是核受体家族中的一员，是调控基因转录和细胞功能的一个重要成分（Mangelsdorf 等，1995）。核受体是配体激活型转录因子，属细胞内蛋白，能与其配体以高度的亲和力和特异性相结合。PPAR 大致分为四个区：氮端、DNA 结合区域、连接区和配体结合区。根据 PPAR 结构及功能可分为 PPARα、PPARβ（亦称 PPARδ）及 PPARγ 三种亚型，由各自的基因编码（Schoonjans 等，1996）。PPAR 的表达具有组织特异性（Braissant 等，1996）。在大多数组织细胞中 PPARα、β 和 γ 是共表达的，但表达水平相差悬殊。PPARα 在肝细胞、心肌细胞、肠上皮和肾近曲小管上皮细胞表达较高；PPARβ 在组织中的表达较为广泛，没有特异性，因此目前研究较少；而 PPARγ 则主要在脂肪细胞及免疫系统如脾细胞、激活的 T/B 淋巴细胞和单核-巨噬细胞表达。也有报道表明 PPARγ 在肌肉组织中表达（Meadus 等，2002）。

n-3 PUFA 能够作为配体来激活 PPARγ，PPARγ 被激活后能抑制促炎细胞因子 IL-6、IL-1β 以及 TNF-α 基因表达，并降低细胞培养液释放促炎细胞因子。同样也有研究发现 PPARγ 激活剂能抑制促炎信号通路，表现为负调控 NF-κB 及其信号转导和转录激活，从而阻止促炎细胞因子基因表达（Reitere 等，2004）。不同脂肪酸对人单核 THP-1 细胞炎性反应的研究发现，LA、LNA 和 DHA 培养的细胞分泌的 IL-6、IL-1β 以及 TNF-α 量极显著低于 PTA 组，其中 LNA 和 DHA 的效果最强。LA、LNA 和 DHA 显著降低了 IL-6、IL-1β 和 TNF-α 基因表达，而且抑制了 NF-κB 与 DNA 的结合能力，促进了 PPARγ 与 DNA 的结合能力。

2. 核因子 κB

核因子 κB（nuclear factor kappa B，NF-κB）转录因子家族主要控制炎症和免疫反应，以及其他对细胞生长和存活有重要作用的基因。促炎细胞因子如 TNF-α、IL-1 等能激活 NF-κB。TNF-α 可通过激活骨骼肌细胞中 NF-κB 的活性提高肌肉环状指基因 1（muscle RING finger 1，MuRF1）的表达，而 MuRF1 编码泛素连接酶 E3，结合并介导特异性底物的泛素化，从而诱导泛素蛋白酶体系统降解骨骼肌蛋白质，导致肌肉萎缩。最近的研究证据显示，*n*-3 PUFA 可能通过直接作用于胞间信号通路，激活一种或多种转录因子（如在炎性反应中广泛研究的转录因子 PPAR 和 NF-κB），从而调节促炎细胞因子表达（Calder，2002）。

（1）NF-κB 蛋白家族　NF-κB 是一种与 B 细胞内免疫球蛋白轻链基因增强子区结合的核转录因子，起初认为是 B 细胞转录因子，NF-κB 是一种在各种器官广泛存在的核转录因子。NF-κB/REL 基因共包括五个，即 NFKB1、NFKB2、RELA、c-REL 和 RELB，它们产生七种蛋白质，即 p105（NF-κB1）、p100（NF-κB2）、p50、p52、RELA（p65）、c-REL 和 RELB。p50 氨基末端由 NF-κB1 编码，约为其前体 p105 氨基末端的一半，而 p52 氨基末端由 NFKB2 编码，约为其前体 p100 的一半。典型的 NF-κB 复合体是 p50 和 p65 的异二聚体。有功能的 NF-κB 为 Rel 家族的同或异二聚体，它们大多含有 p65 分子。含有 p65 的 NF-κB 的二聚体有显著的促炎活性。

（2）IκB 蛋白家族　所有的 NF-κB 复合物均以相似的方式被调节与抑制因子 IκB 结合。当上游信号导致 IκB 蛋白的磷酸化并降解时，NF-κB 就被释放出来并向核内迁移，激活靶基因的转录。IκB 家庭成员包括 IκBα、IκBβ、IκBγ、IκBε、Bcl-3、NF-κB1 的前体 p105、NF-κB2 的前体 p100 以及果蝇的蛋白 Catus。每个 IκB 家族成员分子中均含有 6 个或 7 个 ankyrin 重复序列，IκB 分子凭借这些重叠的螺旋结构与 NF-κB 分子中的 RHR 区域结合，掩蔽 NF-κB 的核定位序列 NLS，使 NF-κB 滞留在胞质中。目前确定 IκB 激酶（IκB kinase，IKK）参与 IκB 的磷酸化作用。IKK1（或 IKKα）和 IKK2（或 IKKβ）介导 IκB 的位点特异性磷酸化，从而引发 IκB 的降解，进一步释放 NF-κB 异二聚体，NF-κB 异二聚体迅速地被转移到核内。IκBα 是 NF-κB 的靶基因，IκBα 的转录被启动后会重新合成在 NF-κB 激活过程中消耗的 IκBα，从而补充这种胞内抑制剂的储备。IκBα 在细胞核-细胞质间发挥穿梭作用，从核内转运 NF-κB 复合体到胞浆。

(3) NF-κB 的功能及活化因素　NF-κB 转录因子家族主要控制炎症和免疫反应，以及其他对细胞生长和存活有重要作用的基因。许多在人和鼠的自身免疫疾病及癌症的研究中发现 NF-κB 与疾病产生相关，抑制 NF-κB 的活性被认为有治疗这些疾病的效果。NF-κB 的抑制剂被认为是风湿性关节炎的潜在治疗物。NF-κB 能被各种刺激因子激活，包括引起炎症反应的 TNF-α、IL-1、T 细胞和 B 细胞的有丝分裂原、细菌以及细菌脂多糖（lipopolysaccharide，LPS）、病毒粒子及病毒蛋白、双链 RNA（dsRNA）、刺激免疫的 DNA 序列 ISS-DNA（immunostimulatoryDNA）、生理及化学胁迫等。这些刺激因子的信号如何在细胞内传递并最终导致 NF-κB 的活化，一直吸引着研究者们的浓厚兴趣。许多促炎细胞因子的基因含有 NF-κB 的结合位点，而且大多表现为在转录水平上受 NF-κB 调控。NF-κB 活化后进入细胞核，与促炎细胞因子基因结合，促进它们的转录。

（七）PPAR /NF-κB 信号通路对促炎细胞因子的调控作用

PPARγ 的配体可抑制转录因子活化蛋白-1（AP-1）、信号转导和转录活化因子-1（STAT-1）和 NF-κB 等的活性。目前，许多研究表明，PPARγ 可以通过抑制 NF-κB 的活性而下调促炎细胞因子的表达。对于 NF-κB，PPARγ 配体抑制可诱导 NF-κB 抑制因子（IκB）激酶的活性。正常情况下，IκB 激酶促使 IκB 磷酸化，导致 NF-κB 靶基因的转录活化。PPARγ 的激活剂能下调促炎信号通道，PPAR 表现为负调控 NF-κB 及其信号转导和转录激活，因此可阻止包括促炎细胞因子在内的促炎细胞因子基因的表达。Wu 等（2007）也发现，PPARγ 通过抑制 NF-κB 的活性，从而下调了 IL-1β、IL-6、TNF-α 的表达。所以，PPAR 对抑制 NF-κB 的活性而下调促炎细胞因子的表达的调控已有比较清楚的阐述。

1. 辅助激活竞争模型

转录因子 PPAR 和 NF-κB 共用一套辅助激活蛋白。在这套辅助激活竞争模型中，PPARγ 竞争 NF-κB 来结合辅助激活因子。在正常的状态下，PPAR 与核受体辅助抑制因子（nuclearreceptorcorepressor，NCoR）结合，核受体辅助抑制因子抑制 PPAR 的转录调控作用。PPAR 的配体通过结合到 PPAR 的配体结合区域，导致 PPAR 的构象发生变化，从而活化 PPAR。除了导致 PPAR 的配体结合区域构象变化，PPAR 的配体结合区域同时释放 NCoR 因子，从而提高辅助激活因子结合 PPAR 的能力（Li 等，2000）。

2. PPAR 与 NF-κ B 的直接结合作用

Ricote 和 Glass（2007）研究发现，PPAR 与 NF-κB 的直接结合会导致抑制一种或多种转录因子的 DNA 结合活性或转录激活活性。例如在内皮细胞中，PPARα 可以通过与 p65 蛋白的结合，从而抑制促炎细胞因子的表达。同样，PPARγ 可以通过与 p65/p50 的结合，从而抑制巨噬细胞中促炎细胞因子的表达。PPARα 的配体通过诱导内皮细胞和肝脏细胞中 IκBα 的表达，从而导致 NF-κB 以非活化状态停留在细胞质中，因此抑制了 NF-κB 的 DNA 结合活性。

3. 辅助抑制因子依赖模型

PPARγ 抑制促炎细胞因子的表达是通过阻止辅助抑制因子复合物的清除。Pascual 等（2005）通过酵母双杂交的研究表明，在配体激活下，PPARγ 与转录激活因子的抑制蛋白（the protein inhibitor of the activated transcription factor，STAT-1）结合。STAT-1 的作用是有助于 PPARγ 结合到 NCoR 复合物上，从而抑制 PPARγ 调控促炎细胞因子的表达。PPARγ 与 NCoR 复合物的结合阻止了泛素系统识别并清除抑制因子复合物，从而导致 NF-κB 调控促炎细胞因子表达的能力下降。

二、*n*-3 PUFA 改善生长肥育猪脂肪酸组成和肌肉重

亚麻籽是 *n*-3 PUFA 的一个重要植物性来源。日粮中添加亚麻籽或亚麻籽油可显著提高猪组织中 *n*-3 PUFA 的富集量，并且随添加水平的提高或添加时间的延长而增加（Nuernberg 等，2005）。目前，在生长肥育猪日粮中添加 *n*-3 PUFA 的研究中，主要是探讨 *n*-3 PUFA 对生长肥育猪生长性能、脂肪酸组成以及肉质品质的影响（Fontanillas 等，1998）。而 *n*-3 PUFA 改变生长肥育猪背膘厚以及肌肉块重量的报道较少。Hsu 等（2004）发现在 28d 断奶仔猪日粮中短期（18d）添加 2%二十二碳六烯酸［docosahexaenoic acid，DHA（C22：6*n*-3）］，虽然可以迅速调控到肝脏的脂肪代谢关键基因的表达，但并未影响猪脂肪和肌肉组织中这些基因的表达，所以，*n*-3 PUFA 对动物脂肪代谢相关基因的调控既有种属特异性的差异，同时到达特定组织中调控相关基因表达的 *n*-3 PUFA 的富集量可能是一个关键的因素。

动物的性状是在特定的生长发育阶段形成的，而性状的改变是营养和环境因素长期调控的结果。因此，以宰前添加亚麻籽的时间长短作为处理因素，研究添加 10%亚麻籽（2%LNA）对生长肥育猪背膘厚、肌内脂肪含量以及背最长肌、后肢肌肉块重量（股四头肌、股二头肌、瓣膜肌、半腱肌、股薄肌）的影响非常

重要。

1. 亚麻籽来源的 *n*-3 PUFA 对生长肥育猪脂肪酸组成的影响

猪体内 *n*-3 PUFA 的含量随着日粮亚麻籽添加水平的提高而增加。其他研究同样表明猪体内 *n*-3 PUFA 的含量随着日粮亚麻籽添加水平的提高而增加（Enser 等，2000；Romans 等，1995）。亚麻酸在体内的蓄积并不是随着添加的时间呈线性增长，而是以曲线的形式增长。黄飞若等（2008）研究发现，随亚麻籽添加时间的延长，肌肉、脂肪、肝脏组织中 *n*-3 PUFA 富集量逐渐提高，尤其是 LNA、EPA 和 DPA。这些结果表明猪体内 *n*-3 PUFA 的含量随亚麻籽添加时间的延长而增加。其他研究同样表明猪体内 *n*-3 PUFA 的含量随着日粮亚麻籽添加时间的延长而增加（Matthews 等，2000）。Kouba 等（2003）饲喂 40kg 猪，日粮中添加亚麻籽（60g/kg），在饲养 20d、60d、100d 后，分别测定了背最长肌中脂肪酸组成，与对照组相比，LNA 的含量分别提高了 2.85 倍、4.62 倍、4.56 倍，EPA 的含量分别提高了 2.27 倍、2.96 倍、2.59 倍。此外，Enser 等（2000）的研究发现，添加亚麻籽日粮显著提高了背最长肌中 DHA 含量。所以，持续添加亚麻籽日粮能有效提高 *n*-3 PUFA 的含量。

黄飞若等（2008）研究发现，皮下脂肪中 LNA 的富集量高于肌内脂肪含量，宰前添加亚麻籽 30d、60d、90d 组猪肌内脂肪中 C18：3*n*-3 含量依次为 2.46g/100g TFA、3.32g/100g TFA、4.15g/100g TFA，而皮下脂肪中依次为 4.54g/100g TFA、7.52g/100g TFA、8.46g/100g TFA，约为肌内脂肪中的 2 倍。这暗示了来自日粮的 C18：3*n*-3 以乳糜微粒形式从肝脏中转运到脂肪组织和肌肉组织的效率存在很大差异，更多地转运到了脂肪组织，这可能与脂蛋白介导的脂肪酸转运过程的调控有关。值得注意的是，皮下脂肪中 EPA 和 DHA 含量却低于肌内脂肪，说明皮下脂肪中从 C18：3*n*-3 经碳链延长和去饱和作用转化为 EPA 和 DHA 的能力较肌内脂肪差，其原因可能与所需的碳链延长和去饱和酶活性具有组织差异性有关。

持续添加亚麻籽日粮使皮下脂肪、肌肉组织中 MUFA 含量有所降低。硬脂酰 CoA 脱饱和酶是使饱和脂肪酸（saturated fatty acid，SFA）转化为 MUFA 的关键酶。饲喂亚麻籽 60d 可使背膘中硬脂酰 CoA 脱饱和酶活性降低 40%（Kouba 等，2003），从而使 MUFA 含量明显减少。MUFA 含量的减少可部分解释为日粮亚麻籽的添加使硬脂酰的活性降低，从而使 SFA 向 MUFA 的转化减少。持续添加亚麻籽日粮降低了肌肉、皮下脂肪组织中 AA 的含量，并降低了组织中 *n*-6/*n*-3 的比例。这可能是由于持续添加亚麻籽日粮能够显著提高组织中 LNA、EPA 和 DPA 的含量，同时降低了组织中 AA 的含量。此外，持续添加亚麻籽油显著提高了肌肉和皮下脂肪组织中 LAN、EPA 和 DPA 的含量，降低 C20：4*n*-6 的含量。这可能是由于 LNA 与 LA 竞争碳链延长和脱饱和酶，从而限制 LA 向 AA 的转化。

2. 添加亚麻籽日粮对生长肥育猪肉质品质的影响

黄飞若等（2008）研究发现，日粮中持续添加10%亚麻籽对生长肥育猪肉质性状没有负面影响，各处理组平均背膘厚、瘦肉率、眼肌面积、滴水损失和系水力的差异没有因亚麻籽的添加而显著。当亚麻籽作为n-3 PUFA的来源在生长肥育猪日粮中添加时，同时添加一定量的抗氧化剂如维生素E（200mg/kg）可避免因长链不饱和脂肪酸易氧化而引起的肉质的负面影响。Nguyen等（2004）发现，日粮中添加3%的亚麻油（相当于亚麻籽添加量为7.5%）能提高生长猪的日增重，使皮下脂肪组织中LNA的含量达到11%。D'Arrigo等（2002）报道，日粮中添加3%亚麻油的亚麻油并不会影响猪肉品质。进一步把猪日粮中亚麻油的添加量提高到5%（相当于亚麻籽添加量为12.5%），并从40kg饲喂到105kg，肌肉中LNA和EPA的含量显著提高，脂肪组织中LNA和EPA的含量分别提高了13倍、10倍，但是并没有影响猪的肉质品质。这些结果表明在猪的生长肥育期，日粮中持续添加亚麻籽（添加量在12.5%以内）并不会影响猪的肉质品质。

3. 亚麻籽来源的*n*-3 PUFA对生长肥育猪肌肉重的影响

日粮中的多不饱和脂肪酸能够改善肌肉和脂肪组织对胰岛素的敏感性。骨骼肌对胰岛素敏感性的提高可以减少骨骼肌蛋白质的降解。黄飞若等（2008）研究发现持续添加亚麻籽日粮显著提高了背最长肌、股四头肌和半腱肌重（表7.1）；同时，回归分析的结果发现背最长肌重随肌肉中n-3 PUFA，尤其是LNA含量的增加而呈显著的二次曲线上升。这些结果表明持续添加亚麻籽日粮通过提高肌肉中n-3 PUFA的含量，促进了生长肥育猪背最长肌、股四头肌和瓣腱肌的发育。

表7.1 不同时期添加亚麻籽对生长肥育猪肌肉块重量的影响

项目①	屠宰前饲喂亚麻籽的日期/d					
	0(C)	30(T1)	60(T2)	90(T3)	SEM	T②
半胴体重/kg	35.6	36.3	38.2	37.2	1.03	NS
背最长肌/kg	2.46	2.65	2.68	2.95	0.06	L③
股二头肌/kg	1.48	1.51	1.54	1.33	0.08	NS
股四头肌/kg	1.10	1.18	1.22	1.24	0.02	L③
瓣膜肌/kg	0.95	0.93	0.95	1.03	0.06	NS
腰肌/kg	0.48	0.45	0.51	0.45	0.03	NS
半腱肌/kg	0.38	0.42	0.45	0.45	0.01	L③
股薄肌/kg	0.20	0.24	0.24	0.25	0.01	NS③

① 半胴体重作为变量校正肌肉块重量。

② T=时间效应；NS=不显著，L和Q分别表示亚麻籽添加时间的显著的线性和二次效应。

③ $P<0.05$。

提高骨骼肌对胰岛素敏感性从而导致骨骼肌蛋白质降解降低的机制并不十分

清楚。这可能由于血浆当中胰岛素含量的增加提高了胰岛素受体的数目，骨骼肌细胞膜上葡萄糖转运子的数量也相应增加。所以，动物机体提高对葡萄糖的吸收，吸收进入机体的葡萄糖用以氧化功能，从而满足机体对能量最基本的需求，进而降低了机体氨基酸的消耗，这可以使氨基酸更多地用于蛋白质合成。同时，葡萄糖的利用也减少了机体降解自身蛋白质来提供生糖氨基酸。

目前，并没有发现持续添加亚麻籽日粮能够改善生长肥育猪的瘦肉率，而关于猪的生长肥育期添加亚麻籽日粮对肌肉块重量影响的报道也较少。Kouba 等(2003)进行了相关的研究，然而，其研究中的对照组日粮脂肪酸含量（4.05%）高于试验组脂肪酸含量（2.4%），对照组日粮的消化能与试验组消化能并不一致，这可能是由于前人的研究多集中于研究日粮中添加亚麻籽对生长肥育猪生长性能、脂肪酸组织和肉质品质的影响，而对胴体性状的研究报道并不多。所以，在实验的设计过程中，按照消化能、蛋白质和粗脂肪相等的原则配合两种日粮（对照组日粮与试验组日粮）更为重要，也将更有利于胴体性状的研究。

4. 猪生长肥育期添加亚麻籽与组织中 *n*-3 PUFA 富集量和肌肉重的关系

瘦肉率的提高是机体众多肌肉块重量共同提高的反映。所以，测定背最长肌、后肢肌肉块重量（股二头肌、瓣膜肌、半腱肌、股薄肌）更为重要。并且，测定肌肉块重量可能更能反映 *n*-3 PUFA 对肌肉生长的影响。

黄飞若等（2008）通过动物实验，采用气相色谱方法分析了饲料、肌肉以及脂肪组织中脂肪酸组成，研究了持续添加亚麻籽日粮对生长肥育猪肌肉及脂肪组织中脂肪酸组成的影响；分析了日粮中持续添加亚麻籽（富含 *n*-3 PUFA）对生长肥育期猪胴体性状和肉质性状，以及背最长肌、后肢肌肉块重量（股四头肌、股二头肌、瓣膜肌、半腱肌、股薄肌和腰肌）的影响；通过回归分析，进一步探讨了肌肉中 *n*-3 PUFA 的富集量与背最长肌重的关系。研究发现：在生长肥育猪170 日龄屠宰时，各处理组背膘厚、瘦肉率、眼肌面积均没有显著影响，各处理组股二头肌重、瓣膜肌、半腱肌和腰肌重差异不显著；背最长肌、股四头肌和股薄肌重随亚麻籽添加时间的延长呈线性上升，背最长肌、皮下脂肪组织中 LNA 含量随亚麻籽添加时间的延长呈极显著线性上升，同样背最长肌和皮下脂肪组织中二十碳五烯酸（eicosapentaenoic acid，EPA）和二十二碳五烯酸（docosapentenoic acid，DPA）含量随添加时间的延长呈极显著线性上升；此外，肌肉组织中二十二碳六烯酸（docosahexaenoic acid，DHA）含量随添加时间的延长呈极显著二次曲线上升；回归分析发现背最长肌重随肌肉中 *n*-3 PUFA，尤其是 α-亚麻酸（α-linolenic acid，LNA）含量的增加而呈显著的二次曲线上升。这些结果表明，在生长肥育猪屠宰前 30～90d 添加亚麻籽，通过提高组织中 *n*-3 PUFA 富集量，促进了背最长肌、半腱肌和股薄肌的生长，提高肌肉重（黄飞若等，2008）。

三、n-3 PUFA 调控生长肥育猪组织中基因表达

TNF-α 是一类在免疫和炎性反应中发挥重要调节作用的小肽分子。体外试验发现 TNF-α 通过激活骨骼肌细胞中 NF-κB 的活性，提高泛素蛋白酶体系统的活性，从而加速骨骼肌蛋白质降解（Li 等，1998）。动物实验的结果表明 TNF-α 能提高骨骼肌蛋白质降解，从而降低骨骼肌重量。

对于一些患癌症、脓血症和外伤的动物，通过添加抑制 TNF-α 水平的药物能够降低骨骼肌蛋白损失，从而提高肌肉块重量。值得注意的是，日粮中添加 n-3 多不饱和脂肪酸能抑制动物体内 TNF-α 的产生。然而，很少有研究报道在正常的生产条件下，日粮中添加 n-3 PUFA 通过抑制机体 TNF-α 的水平，从而提高猪的肌肉块重量。最近的研究证据显示，n-3 PUFA 可能通过直接作用于胞间信号通路导致激活一种或多种转录因子（如在炎性反应中广泛研究的转录因子 PPARγ），从而下调 TNF-α 基因表达。因此，在正常生产条件下，猪日粮中添加 n-3 PUFA，很可能通过激活 PPARγ 下调 TNF-α 基因表达，从而提高生长肥育猪肌肉块重量。日粮中添加亚麻籽可提高猪组织中 n-3 PUFA 的富集量，并且随添加水平的提高或添加时间的延长而增加。因此，黄飞若等（2008）以宰前添加亚麻籽的时间长短作为处理因素，研究了添加 10%亚麻籽（2%LNA）对 PPARγ 和 TNF-α mRNA 丰度、血清中 TNF-α 浓度的影响。

1. 持续添加亚麻籽对生长肥育猪组织中基因表达的调控

PPARγ 是超氧化物酶体增殖激活受体（peroxisome proliferator activated receptors，PPAR）超家族成员之一，最初认为它的主要功能是调节脂肪细胞分化。现在有越来越多的证据表明 PPARγ 在调节免疫反应特别是炎症控制上的重要作用。n-3 PFUA 可能通过直接作用于胞内信号通路，导致激活一种或几种包括 PPARγ 在内的转录因子。黄飞若等（2008）发现，随亚麻籽添加时间的延长，逐渐提高了肌肉、脂肪、肝脏组织中 n-3 PUFA 富集量，尤其是 LNA、EPA 和 C22：5n-3；同时，持续添加亚麻籽日粮显著提高了肌肉和脾脏中 PPARγ 的表达量（表 7.2）。这些结果表明日粮中 n-3 PUFA 可能激活了肌肉和脾脏组织中 PPARγ 的表达。

动物体内的促炎细胞因子（TNF-α、IL-1、IL-6）主要来源于淋巴细胞和巨噬细胞，目前发现促炎细胞因子也并不都是由免疫系统产生的，还有脂肪细胞和肌纤维，它们是促炎细胞因子的有效来源和靶细胞。许多研究表明日粮中 n-3 PUFA 可能通过核转录因子发挥其抑制促炎细胞因子表达的作用，其中 PPARγ 激活后抑制促炎细胞因子产生的作用正受到越来越多的关注（Calder，2002）。黄飞若等（2008）研究表明添加亚麻籽日粮显著抑制了肌肉、脂肪、脾脏组织中 TNF-α（表 7.3）、IL-1β 及 IL-6 的表达；同时发现，PPARγ 和促炎细

胞因子的 mRNA 丰度在脾脏和肌肉组织中有显著的负相关，表明持续添加亚麻籽日粮激活了肌肉和脾脏组织中 PPARγ 的表达，抑制了促炎细胞因子的表达。

表 7.2 亚麻籽添加时间对 PPARγ 基因表达的影响

基因[①]	来源	宰前亚麻籽添加时间/d					
		0(T1)	30(T2)	60(T3)	90(T4)	SEM	*P*[②]
PPARγ	脾脏	1.45[③]	1.75	1.99	2.10	0.02	L[④]
	肌肉	0.87	1.31	1.54	1.49	0.02	L[④]
	脂肪	1.57	1.77	2.07	1.97	0.05	NS

① PPARγ 为超氧化物酶体增殖激活受体 γ。

② NS 为不显著；L 表示亚麻籽添加时间的显著的线性效应。

③ 半定量 RT-PCR 数值以特定基因在线性扩增循环数内的信号除以 β-actin 信号的比值。

④ $P<0.01$。

表 7.3 亚麻籽添加时间对 TNF-α 基因表达的影响

基因[①]	来源	宰前亚麻籽添加时间/d					
		0(T1)	30(T2)	60(T3)	90(T4)	SEM	P[②]
TNF-α	脾脏	1.95[③]	1.63	1.46	1.31	0.03	L[④]
	肌肉	1.27	1.17	0.91	0.79	0.01	L[④]
	脂肪	1.92	1.73	1.35	1.33	0.04	L[④]

① TNF-α 为肿瘤坏死因子-α。

② L 表示亚麻籽添加时间的显著的线性效应。

③ 半定量 RT-PCR 数值以特定基因在线性扩增循环数内的信号除以 β-actin 信号的比值。

④ $P<0.01$。

黄飞若等（2008）发现持续添加亚麻籽日粮并没有影响脂肪组织中 PPARγ 的表达量（表 7.2）。有研究表明 n-3 PUFA 也可能通过 NF-κB 来抑制促炎细胞因子的表达（Xi 等，2001）。因此，在猪的脂肪组织中，n-3 PUFA 并不是通过激活 PPARγ 来抑制促炎细胞因子的表达，可能涉及其他的转录因子。Newman 等（2006）表明，日粮中添加 n-3 PUFA 显著提高了肉鸡胸肌的重量。黄飞若等（2008）研究发现持续添加亚麻籽日粮提高了背最长肌、股四头肌、半腱肌重量；同时，回归分析的结果表明，肌肉中 PPARγ 和 TNF-α 的表达量与背最长肌重呈显著的二次曲线关系，表明在肌肉组织中，n-3 PUFA 可能通过激活转录因子 PPARγ 抑制了肌肉中 TNF-α 表达量，从而提高了生长肥育猪背最长肌重量。

以前的关于 TNF-α 能够影响到肌肉块重量的报道，大部分是在一些慢性疾病下研究的结果，如脓血症、癌症、糖尿病等疾病。在炎症疾病状态下，循环中的 TNF-α 浓度迅速增加，例如风湿性关节炎患者血清中的 TNF-α 浓度达到 2.8ng/mL，而一些癌症患者血清中 TNF-α 的浓度达到 6ng/mL（Nakashima 等，1995）。黄飞若等（2008）结果表明，在正常的生理状态下，持续添加亚麻籽日粮使生长肥育猪血清中 TNF-α 的浓度从 0.073ng/mL 降低到 0.052ng/mL

(表 7.4)。这些结果说明了正常的生理状态下，适当降低生长肥育猪血清中 TNF-α 的浓度有利于提高肌肉块重量，促进肌肉的生长。

表 7.4　亚麻籽添加时间对血清中 TNF-α 促炎细胞因子浓度的影响

项目	宰前亚麻籽添加时间/d					
	0(T1)	30(T2)	60(T3)	90(T4)	SEM	*P*②
TNF-α①	73.25③	67.97	54.31	51.89	4.14	L④

① TNF-α 为肿瘤坏死因子-α。

② NS 为不显著；L 为亚麻籽添加时间的显著的线性效应。

③ 使用对数转换标准化数据。

④ $P<0.01$。

2. 持续添加亚麻籽与生长肥育猪组织中基因表达的关系

在 28d 断奶仔猪日粮中短期（18d）添加 2%二十二碳六烯酸［docosahexaenoic acid，DHA（C22：6 *n*-3）］，虽然可以迅速调控肝脏的脂肪代谢关键基因的表达，但并未影响猪脂肪和肌肉组织中这些基因的表达，这是由于肝脏组织 DHA 的含量（占总脂肪酸含量 9%）高于脂肪组织和肌肉组织 DHA 的含量(分别为 1.60%、2.36%)。*n*-3 PUFA 是对动物基因调控的关键因素。黄飞若等(2008) 通过在猪的生长肥育期持续添加 10%亚麻籽（2%LNA)，显著提高了肌肉、脂肪、肝脏组织中 *n*-3 PUFA 富集量，尤其是 LNA、EPA 和 DPA；同时，持续添加亚麻籽日粮显著提高了肌肉和脾脏中 PPARγ 的表达量。表明日粮中 *n*-3 PUFA 激活了肌肉和脾脏组既有种属特异性的差异，同时到达特定组织中调控相关基因表达的 *n*-3 PUFA 的富集量也是一个组织中核转录因子 PPARγ 的表达。许多研究表明日粮中 *n*-3 PUFA 可能通过核转录因子发挥其抑制促炎细胞因子表达的作用，其中 PPARγ 激活后抑制促炎细胞因子产生的作用正受到越来越多的关注（Calder，2002)。所以，目前的研究表明添加亚麻籽日粮显著抑制了肌肉、脂肪、脾脏组织中 TNF-α 表达。

黄飞若等（2008）分析了不同器官中 PPARγ 与 TNF-α 的 mRNA 丰度及血清中 TNF-α 的含量关系发现：脾脏中 PPARγ 与 TNF-α 的 mRNA 丰度有极显著的负相关，肌肉组织中 PPARγ 的表达量与 TNF-α 也有极显著的负相关；同样，脾脏中 PPARγ 的表达量与血清中 TNF-α 浓度有极显著的负相关，肌肉组织中 PPARγ 的表达量与血清中 TNF-α 浓度之间也有显著的负相关。这些结果表明，持续添加亚麻籽日粮激活了肌肉和脾脏组织中 PPARγ 的表达，抑制了 TNF-α 的表达，降低了循环中 TNF-α 的浓度；回归分析发现背最长肌重分别与背最长肌中 PPARγ 表达量和 TNF-α 表达量有显著的二次曲线关系，表明生长肥育猪日粮中持续添加亚麻籽可能通过激活 PPARγ，下调 TNF-α 基因表达以及血清中 TNF-α 的浓度，从而提高生长肥育猪肌肉块重量。

四、n-3 PUFA 对肌肉蛋白质降解的作用机制

促炎细胞因子如 TNF-α、IL-1 等能激活 NF-κB。TNF-α 能够促使骨骼肌细胞中 IκBα 发生降解，IκBα 被降解后释放 NF-κB，使得 NF-κB 进入核内起始转录 MuRF1，MuRF1 能编码泛素连接酶 E3，结合并介导特异性底物的泛素化，从而诱导泛素蛋白酶体系统降解骨骼肌蛋白质，导致肌肉蛋白质损失。n-3 PUFA 可以作为配体激活 PPARγ，PPARγ 被激活后能抑制促炎细胞因子 IL-6、IL-1β 和 TNF-α 的表达。目前的研究也表明持续添加富含 n-3 PUFA 的日粮能通过激活生长肥育猪肌肉中 PPARγ，从而抑制肌肉组织中 TNF-α、IL-1β 及 IL-6 的表达（Huang 等，2008）。进入动物体内的 LNA 可以进一步延长，脱饱和形成更长链的、不饱和度高的多不饱和脂肪酸 EPA。长链的、不饱和度高的 n-3 PUFA 对基因调控效果更强。因此，LNA 和 EPA 可能通过激活骨骼肌细胞 PPARγ 抑制 TNF-α 的表达，从而减少胞液 IκBα 的降解，进一步抑制 MuRF1 基因的表达。相反，棕榈酸（palmitic acid，PTA）能够促进骨骼肌细胞中促炎细胞因子的表达水平，而促炎细胞因子表达水平的增加可能促进胞液 IκBα 的降解，提高 MuRF1 基因的表达。因此，黄飞若等（2008）采用小鼠 C2C12 骨骼肌细胞，并在培养的小鼠 C2C12 骨骼肌细胞中分别添加 LNA、EPA 和 PTA，用实时定量 PCR 方法测定 PPARγ、TNF-α 及 MuRF1 基因的表达量，Western Blot 方法测定骨骼肌细胞 IκBα 蛋白量，探究了 n-3 PUFA 在肌肉蛋白质降解中的作用机制。

1. n-3 PUFA 通过抑制 NF- κB 的活化影响骨骼肌生长的可能机制

PPARγ 的激活剂能下调促炎信号通道，PPAR 表现为负调控 NF-κB 及其信号转导和转录激活，从而下调了 IL-1β、IL-6 及 TNF-α 等促炎细胞因子基因的表达。日粮中添加 n-3 PUFA 可以通过激活 PPARγ 来抑制 NF-κB 的活性，从而抑制促炎细胞因子 IL-1β、IL-6 和 TNF-α 的表达，减少促炎细胞因子的产生。在淋巴细胞、巨噬细胞、肌纤维和脂肪细胞，n-3 PUFA 通过一种依赖于 PPARγ 的机制下调促炎细胞因子的表达。在促炎细胞因子的靶细胞，如脂肪细胞和肌肉纤维，由于促炎细胞因子的表达被下调，NF-κB 的促分解代谢作用被抑制。n-3 PUFA 可能通过激活 PPARγ 和下调促炎细胞因子的效应诱导 GH/IGF 轴作用的发挥。

促炎细胞因子可通过激活 NF-κB，从而提高 MuRF-1 的表达，诱导泛素蛋白酶体系统降解骨骼肌蛋白质，导致肌肉萎缩。Whitehouse 等（2003）发现 EPA 能促进 IκB/NF-κB 复合体的稳定性，在一定程度上了阻止 NF-κB 在核内的富集，从而削弱蛋白水解诱导因子刺激下对肌管蛋白质降解的作用。由此可见，n-3 PUFA 可能通过抑制 PPARγ/NF-κB 信号途径来降低淋巴细胞、巨噬细胞、

肌纤维和脂肪细胞等细胞产生促炎细胞因子，降低到达机体肌纤维的促炎细胞因子的水平，通过 NF-κB/MuRF-1 信号通路来降低对泛素-蛋白酶体通路的诱导，减少生理或病理条件下肌肉蛋白质的降解，从而促进动物骨骼肌生长。另一方面，n-3 PUFA 也可能直接通过 PPARγ/NF-κB/MuRF-1 信号途径，来降低对泛素-蛋白酶体通路的诱导，减少生理或病理条件下肌肉蛋白质的降解，从而促进动物骨骼肌生长。

2. 不同脂肪酸对 PPARγ、TNF-α 和 MuRF-1 基因表达量的影响

黄飞若等（2008）在不同脂肪酸对 PPARγ、TNF-α 和 MuRF-1 基因表达量的影响发现：在骨骼肌细胞中持续添加的 EPA（600μmol/L，24h）能够提高 PPARγ mRNA 的丰度 2.3 倍数；LNA 只提高了 PPARγ mRNA 的丰度 1.08 倍；而 600μmol/L 棕榈酸，培养 24h，抑制了 PPARγ 基因的 mRNA 丰度（表 7.5）。骨骼肌细胞中分别添加 LNA、EPA（600μmol/L，24h），TNF-α 基因的 mRNA 丰度分别被抑制了 1.06 倍、2.93 倍。而棕榈酸通过抑制了 PPARγ 基因的表达，提高了 TNF-α 基因表达。分别添加 600μmol/L LNA 和 EPA，LNA 没有影响骨骼肌细胞中 MuRF-1 基因表达，而 MuRF-1 基因表达量被 EPA 显著抑制了 3.38 倍。添加促进 IκBα 蛋白质降解的棕榈酸（600μmol/L，24h）显著提高了 MuRF-1 基因表达。

表 7.5 不同脂肪酸对 PPARγ、TNF-α 和 MuRF-1 基因表达量的影响

基因②	处理组①					
	BSA	PTA	LNA	EPA	SEM	P
PPARγ	0.78	0.60	0.85	1.15	0.03	③
TNF-α	3.03	3.68	2.87	1.03	0.01	③
MuRF-1	3.40	4.38	3.33	1.01	0.10	③

① BSA 为牛血清蛋白，PTA 为棕榈酸，LNA 为 α-亚麻酸，EPA 为二十碳五烯酸。

② PPARγ 为超氧化物酶体增殖激活受体 γ，TNF-α 为肿瘤坏死因子，MuRF-1 为肌肉环状指基因 1。

③ $P<0.01$。

3. 不同浓度脂肪酸对 IκBα 蛋白质表达量的影响

黄飞若等（2008）探究了不同浓度脂肪酸对 IκBα 蛋白质表达量的影响：小鼠 C2C12 骨骼肌细胞中分别添加 300μmol/L LNA、EPA，培养 24h，并没有影响骨骼肌中 IκBα 的蛋白质表达量；在同样条件下，分别添加 600μmol/L LNA 和 EPA，LNA 依然没有影响骨骼肌中 IκBα 的蛋白质表达量，而 IκBα 的蛋白质表达量被 EPA 显著提高了 86%。添加棕榈酸（600μmol/L，24h）能够降低细胞中 39% IκBα 蛋白质水平（表 7.6）。

表 7.6 不同浓度脂肪酸对 IκBα 蛋白质水平的影响

浓度②	处理组①					
	BSA	PTA	LNA	EPA	SEM	P
300μmol/L	1.92	1.81	1.93	2.01	0.12	NS②
600μmol/L	1.52	0.82	1.82	2.82	0.21	③

① BSA 为牛血清蛋白，PTA 为棕榈酸，LNA 为 α-亚麻酸，EPA 为二十碳五烯酸。

② NS 为不显著。

③ $P<0.01$。

4. 不同脂肪酸对 NF-κB 活性的影响

黄飞若等（2008）探究了不同脂肪酸对 NF-κB 活性的影响：分别添加 600μmol/L LNA 和 EPA，LNA 没有影响 C2C12 骨骼肌细胞细胞核中 NF-κB 的蛋白质含量，而 EPA 降低了细胞核中 NF-κB 的蛋白质含量；添加 600μmol/L PTA 提高了 C2C12 细胞核中 NF-κB 的蛋白质含量。

5. 不同脂肪酸与 MuRF-1 等基因表达和 NF-κB 活性的关系

过氧化物酶体增殖物激活受体（PPARγ）主要在脂肪组织和巨噬细胞中表达，同样 PPARγ 也在肌肉组织中表达。转录因子 PPARγ 是受 n-3 PUFA 调控的一类重要的核转录因子，n-3 PUFA 可以作为 PPARγ 的配体，促进 PPARγ 与靶基因的结合以及基因转录。n-3 PFUA 可以激活 PPARγ 基因的表达，提高 PPARγ 在骨骼肌中的表达量。

黄飞若等（2008）分别在小鼠 C2C12 骨骼肌细胞中分别添加 600μmol/L LNA 和 EPA，培养 24h 发现，PPARγ 基因的 mRNA 丰度显著提高；在培养的骨骼肌细胞中持续添加的 EPA（600μmol/L，24h），PPARγ mRNA 的丰度同样提高，而 EPA 提高了小鼠骨骼肌 PPARγ mRNA 的丰度 1.47 倍，LNA 只提高了 PPARγ mRNA 的丰度 1.08 倍，即长链的、不饱和度高的 n-3 PUFA 对基因调控效果要强；在小鼠 C2C12 骨骼肌细胞中添加 600μmol/L 棕榈酸，培养 24h，PPARγ 基因的 mRNA 丰度受到抑制。

n-3 PUFA 可以作为配体激活 PPARγ，PPARγ 被激活后能抑制促炎细胞因子 IL-6、IL-1β 和 TNF-α 基因的表达，并减少细胞培养液中促炎细胞因子的释放 (Jiang 等，1998)。黄飞若等（2008）动物实验的结果表明，在生长肥育猪日粮中持续添加富含 n-3 PUFA 的亚麻籽日粮，通过激活 PPARγ 基因的表达，抑制了骨骼肌中 IL-6、IL-1β 和 TNF-α 基因的表达量；同时发现，在小鼠 C2C12 骨骼肌细胞中分别添加 600μmol/L LNA、EPA，培养 24h，TNF-α 基因的 mRNA 丰度分别被抑制了 1.06 倍、2.93 倍；LNA 和 DHA 显著抑制了 IL-6、IL-1β 以及 TNFα 基因 mRNA 的表达丰度，而棕榈酸通过抑制了 PPARγ 基因的 mRNA 丰度，促进了 TNFα 基因的表达。

促炎细胞因子如 TNF-α、IL-1 等能激活 NF-κB。NF-κB 蛋白从胞浆进入细胞核后才具有活性。在未刺激的淋巴细胞中，胞浆中的 IκBα 和 IκBβ 与 NF-κB 结合，从而阻止 NF-κB 进入核内；一旦这些细胞受到刺激，IκB 被特异性的激酶磷酸化并随之迅速降解，促使 NF-κB 释放入核发挥作用。脂肪酸主要是通过降解 IκBα 而不是 IκBβ（Chung 等，2005）。黄飞若等（2008）测定了骨骼肌细胞中 IκBα 的蛋白质水平发现：小鼠 C2C12 骨骼肌细胞中分别添加 300μmol/L LNA、EPA，培养 24h，并没有影响骨骼肌中 IκBα 的蛋白质表达量；在同样条件下，分别添加 600μmol/L LNA 和 EPA，LNA 依然没有影响骨骼肌中 IκBα 的蛋白质表达量，而 EPA 显著提高了 IκBα 的蛋白质表达量。这说明 EPA 对 IκBα 蛋白质的有效调控需要达到一定的浓度，添加 600μmol/L EPA 可以影响 IκBα 蛋白水平，而添加 600μmol/L 的 LNA 并没有影响 IκBα 蛋白水平。

黄飞若等（2008）进一步分析了小鼠 C2C12 骨骼肌细胞中 NF-κB 的活性，发现添加 600μmol/L EPA 抑制了 NF-κB 的活性，而添加 600μmol/L LNA 依然没有影响到骨骼肌中 NF-κB 的活性；如果添加促进 TNF-α 基因表达的棕榈酸（600μmol/L，24h），能够降低细胞中 IκBα 蛋白质水平，从而提高骨骼肌细胞中 NF-κB 的活性。表明 EPA 可能通过激活 PPARγ，下调促炎细胞因子的表达，减少了 IκBα 蛋白降解，促进了 I-κB/NF-κB 复合体的稳定性，从而阻止 NF-κB 的活化。NF-κB 活化的骨骼肌中泛素蛋白连接酶 MuRF-1 的表达上调。肌肉环状指基因 1（muscle RING finger1，MuRF-1）属于泛素蛋白连接酶，是目前发现的与骨骼肌蛋白分解代谢关系最为密切的 E3。两条基因编码泛素连接酶 E3，结合并介导特异性底物的泛素化（Bodine 等，2001）。MuRF-1 能诱导心肌肌钙蛋白 I（troponin I）的泛素化，而 MuRF-1 可在 M 线与肌纤蛋白的粗丝连接蛋白（titin）相互作用（Pizon 等，2002），这表明 MuRF-1 可能通过降解肌肉中的收缩蛋白起作用。

MuRF-1 基因只在骨骼肌和心肌中特异性表达（Bodine 等，2001）。TNF-α 通过激活 NF-κB，从而提高 MuRF-1 的表达，诱导泛素蛋白酶体系统降解骨骼肌蛋白质，导致肌肉萎缩。黄飞若等（2008）分别添加 600μmol/L LNA 和 EPA 发现，LNA 并没有影响到骨骼肌细胞中中 MuRF-1 基因表达，而 MuRF-1 基因表达量被 EPA 显著抑制了 3.38 倍。添加促进 IκBα 蛋白质降解的棕榈酸（600μmol/L，24h）显著提高了 MuRF-1 基因表达。

综上，这些结果表明，EPA 通过 PPARγ/TNFα/NF-κB/IκBα 信号通路，抑制了 MuRF-1 基因表达，从而减少了骨骼肌蛋白质的降解，促进正常生产条件下动物骨骼肌生长而减少了骨骼肌的降解。

第四节　表观遗传修饰对骨骼肌蛋白质分解的作用

一、表观遗传学修饰修饰对 NF-κB 的调控

转录因子 NF-κB 在免疫反应、炎症、细胞耐受、细胞分化和蛋白质降解过程中都起着核心的作用。NF-κB 的表观遗传学修饰在上述过程中起着重要的调控作用，并影响着一系列的生理过程，如炎症、骨骼肌蛋白质降解等。

1. NF-κB 信号转导通路的磷酸化修饰

NF-κB/Rel 家族由 p50、p52、p65（RelA）、c-Rel 和 RelB 共同组成，他们可以形成同质的或异质的二聚体。p50/p65 异质二聚体是哺乳动物中最常见的。所以当细胞处于静息状态时，NF-κB 处于细胞质中，一旦细胞被相关刺激激活，NF-κB 就会转移到核内发挥功能，作为开关调控下游基因的转录水平。

在 NF-κB 信号转导通路中多种激酶负责调控磷酸化。同样信号通路的其他蛋白或亚基也可由不同的激酶负责，NF-κB 信号转导通路的磷酸化修饰也有复杂的调控。最常见的是 IKKβ 介导的 IκBα 亚单位依赖的蛋白酶体的降解。IκBα 抑制剂抑制了 NF-κB 复合体的活性，将它滞留在细胞质内，IκBα 激酶可以导致 IκBα 的磷酸化，进而促发了它的泛素化和蛋白酶体的降解。p50/p65 异质二聚体是 NF-κB 信号通路中最重要的二聚体。p65 可被 GSK3β、TBK1 磷酸化，也可被 PKAc、MSK1 等在不同的位点磷酸化修饰。此外，CK2、NIK、IKK 也是常见的磷酸化激酶，被磷酸化的氨基酸残基不仅为丝氨酸也有酪氨酸，如 IκBα 的 Tyr42 位点可以被 Syk 激酶磷酸化修饰，大多数 p65 位点的修饰都会增加其转录能力（郑重和赵维莅，2012）。所以，磷酸化修饰在 NF-κB 信号转导通路中发挥了重要的调控作用。

2. NF-κB 信号转导通路的乙酰化修饰

乙酰化修饰在 NF-κB 信号转导通路中同样发挥了重要的作用。p65 的磷酸化修饰早于它和 P300/CBP 的结合，导致了 p65 在多个位点的乙酰化修饰。K221 和 K310 的乙酰化修饰和 NF-κB 目标基因的转录激活有重要的联系，而且对于 p65 的活性的激活也是必需的。去乙酰化酶 SIRTI 可以去乙酰化 p65 的 K310 位点并抑制了 NF-κB 对目标基因的转录激活。同样去乙酰化酶 HDACl 和 HDAC3 对 p65 的 K221 和 K310 的去乙酰化作用也抑制了 NF-κB 的转录活性（余巍，2009）。

乙酰化对 NF-κB 信号转导通路的调节作用主要通过三个方面实现，即对转

录能力的调节、与DNA结合Lys能力的调节、与IκBα结合能力的调节。p65位点：Lys-221、Lys-218、Lys-310位点可被乙酰化酶P300/CBP乙酰化，Lys-221位点的乙酰化可增强其与κB增强子的结合，Lys-218位点的乙酰化可降低NF-κB和IκBα的结合能力，Lys-310的乙酰化可促进转录共激活因子Brd4结合至特定区域（郑重和赵维莅，2012）。p50位点：p50主要被P300在Lys-431、Lys-440、Lys-441三个位点修饰增强其与DNA的结合能力并促进转录。所以，乙酰化修饰在NF-κB信号转导通路中发挥了重要的调控作用。

3. NF-κB信号转导通路的甲基化修饰

甲基化修饰是表观遗传学的重要组成部分，近几年来发现，甲基化在NF-κB信号转导通路中也起着重要的作用。Set9、NSD1、SETD6也是转录后修饰甲基化酶，也参与p65的翻译后修饰过程。甲基化负向调控NF-κB信号转导通路并可介导RelA的蛋白酶体降解，阻止其与DNA的结合。p65可被NSD1在Lys-218、Lys-221位点甲基化修饰，导致NF-κB信号转导通路激活；Set9可介导Lys-314、Lys-315甲基化，对NF-κB信号转导通路起抑制作用，引起p65蛋白酶体依赖的降解；Lys-310可被SETD6甲基化（郑重和赵维莅，2012）。甲基化修饰作为NF-κB信号转导通路终止的一个新机制，需要进一步的研究和完善。

4. NF-κB信号转导通路的SUMO化修饰

蛋白质翻译后修饰如磷酸化、乙酰化和甲基化对NF-κB信号转导通路功能发挥中有重要的影响。此外，泛素化等对蛋白质的活性和功能也有重要作用。最近的研究显示，小泛素相关修饰物（small ubiquitin-related modifier，SUMO）参与了NF-κB信号通路的调节，该通路中重要的蛋白因子如IκBα、NEMO均可被SUMO化修饰，并且SUMO化修饰酶作为构架蛋白，可与一些蛋白相互作用，进而对NF-κB信号通路进行调控。因此，阐明NF-κB信号通路的调控机制具有重要的生物学意义。

小泛素相关修饰物（SUMO）是一类由98个氨基酸组成的多肽，广泛存在于真核细胞中且高度保守，主要有4个成员：SUMO-1、SUMO-2、SUMO-3和SUMO-4。SUMO化修饰就是SUMO共价结合到底物蛋白的赖氨酸残基上的一种蛋白质翻译后修饰，它能修饰许多在基因表达调控中起重要作用的蛋白质，包括转录因子、转录辅助因子以及调控染色质结构的因子。SUMO在转录因子翻译后修饰中所起的作用越来越重要，SUMO通过与某些特异靶转录因子的残基共价结合影响蛋白质亚细胞定位，广泛参与细胞内多条代谢途径，在蛋白质与蛋白质相互作用、DNA结合、信号转导、核质运输、转录因子激活等方面均发挥着重要作用（高阳等，2008）。SUMO调控NF-κB信号通路，其机制主要有两种：一种是通过SUMO化修饰通路中的重要蛋白因子，从而调控NF-κB介导的相关基因的转录；另一种主要是SUMO化修饰酶作为构架蛋白，通过蛋白的直接相互作用，调控 NF-κB 信号通路（杨春华等，2009）。

SUMO 能与泛素竞争 IκBα 的同一 Lys 位点 k21，抑制 IκBα 被泛素依赖的蛋白酶体降解，起到稳定底物蛋白的作用。IκBα 的 SUMO 化修饰在调节 NF-κB 依赖的核内转录和出核中起重要作用。IκBα 发生 SUMO 化后，能抑制 NF-κB 在核内启动靶基因的转录。在 NF-κB 信号通路中，可被 SUMO 化修饰的除了 IκBα 之外，还有 IKKγ/NEMO（Huang 等，2003）。NEMO 是 IKK 复合物中的一个重要组成部分。IKK 由 3 种亚基组成：催化亚基 IKKα/IKK1、IKKβ/IKK2 和调节亚基 IKKγ/NEMO。其中 NEMO 的结构从 *N* 端到 *C* 端分别是两个潜在的卷曲螺旋结构域 CC1 和 CC2（coiled coil domains），一个亮氨酸拉链（leucine zipper，LZ），一个锌指结构域（zinc finger domain，ZF）。NEMO 能够在细胞内发生多聚化，这对 IKK 的激活起到重要作用，而 NEMO 的二聚化就足以诱发 IKK 和 NF-κB 的激活（杨春华等，2009）。此外，Ubc9 作为 SUMO 结合酶 E2 可直接作用于 NF-κB 信号通路，以构架蛋白的形式，通过蛋白的相互作用，调控 NF-κB 信号通路。

二、表观遗传学修饰对 PPARγ 的调控

PPARγ/TNF-α/NF-κB/IκBα 信号通路在骨骼肌蛋白质的降解过程中发挥了主要的作用，作为该通路一种主要的蛋白，PPARγ 也受表观遗传学的修饰调控。过氧化物酶体增殖物激活受体 γ（peroxisome proliferator-activated receptor gamma，PPARγ）是一种配体依赖性核转录因子，它具有调控细胞分化、脂肪代谢、糖代谢及炎症等多种生物学功能。机体对 PPARγ 转录活性的调控方式是多种多样的，包括蛋白表达水平、配体以及转录辅助因子等。

1. PPARγ 的磷酸化

磷酸化修饰是 PPARγ 第一个被鉴定的翻译后修饰方式。丝裂原活化蛋白激酶和细胞周期素依赖的蛋白激酶 5 是两种重要的磷酸化修饰酶。PPARγ 的激活可以通过已知的丝裂原活化蛋白激酶（mitogen-activated protein kinases，MAPK）的三种途径来实现磷酸化过程，分别是细胞外信号调节激酶、p38、c-Jun 氨基端激酶（Hu 等，1996；Camp 等，1999）。PPARγ 位于 DNA 结合结构域和 LBD 之间铰链区的 S273 可以被细胞周期素依赖的蛋白激酶 5（cyclin-dependent kinase 5，Cdk5）磷酸化，此酶能够在胰岛 β 细胞及脂肪细胞中表达，在脂肪组织中由 Cdk-5 介导的 PPARγ 的磷酸化被认为与肥胖相关（Choi 等，2010；Lilja 等，2001）。此外，Cdk7 和 Cdk9 能够修饰 Ser112 增加 PPARγ 的活性。

2. PPARγ 的泛素化

蛋白质泛素化（ubiquitination）是指在靶蛋白的特定赖氨酸残基上共价连接

1个由76个氨基酸残基组成并进化保守的多肽即泛素（ubiquitin），泛素化过程需要3种蛋白酶依次参与，即泛素活化酶E1、泛素结合酶E2和泛素连接酶E3，泛素化修饰既能调控靶蛋白进行蛋白酶体介导的降解过程，也可以作为“支架”招募其他蛋白而形成信号复合物（陈勇军等，2010）。配体可以调控PPARγ的泛素化修饰，PPARγ配体在诱导细胞分化的同时，还能促进PPARγ AF2区域的泛素化修饰及蛋白酶体依赖性的蛋白降解（Blanquart等，2002）。所以，PPARγ结合配体后发生构象改变，一方面，招募辅助激活因子而使其发生激活；另一方面，也可以招募泛素化相关酶的结合并诱导蛋白酶体依赖的降解，从而负反馈地调控PPARγ的转录活性。

表观遗传修饰如磷酸化、泛素化等在PPARγ/TNFα/NF-κB/IκBα信号通路介导的骨骼肌蛋白质分解的作用中发挥着重要的功能。随着表观遗传学的不断研究和发展，对为动物生产中肌肉蛋白质合成及降解的研究提供新的思路。

参考文献

[1] 陈勇军，刘智勇，沈萍萍. PPARγ的翻译后修饰. Chinese Journal of Biochemistry and Molecular Biology，2012，8：685-691.

[2] 高阳，陈思娇，宋今丹. SUMO化修饰对NF-κB信号通路的调控. 细胞生物学杂志，2008，30（6）：701-706.

[3] 黄飞若. *n*-3 PUFA抑制NF-κB活化与骨骼肌生长的关系研究. 武汉：华中农业大学博士学位论文，2008.

[4] 杨春华，洪永德，伍会健. SUMO对NF-κB信号通路的调控作用. 生理科学进展，2009，40（2）：154-157.

[5] 余巍. 代谢酶的乙酰化蛋白组学和鸟氨酸氨甲酰转移酶的乙酰化调控的研究. 上海：复旦大学硕士学位论文，2009.

[6] 郑重，赵维莅. 核因子κB信号转导通路表观遗传学调控的研究进展. 诊断学理论与实践，2012，2：022.

[7] Arrington J L，Chapkin R S，Switzer K C. Dietary n-3 polyunsaturated fatty acids modulate purified murine T-cell subset activation. Clinical and Experimental Immunology，2001，125：499-507.

[8] Arrington J L，McMurray D N，Switzer K C. Docosahexaenoic acid suppresses function of the CD-8 costimulatory membrane receptor in primary murine and Jurkat T cells. The Journal of Nutrition，2001，131：1147-1153.

[9] Blanquart C，Barbier O，Fruchart J C，et al. Peroxisome proliferator-activated receptor α（PPARα）turnover by the ubiquitin-proteasome system controls the ligand-induced expression level of its target genes. Journal of Biological Chemistry，2002，277：37254-37259.

[10] Bodine S C，Latres E，Baumhueter S，et al. Identification of ubiquitin ligases required for skeletal muscle atrophy. Science，2001，294：1704-1708.

[11] Braissant O，Foufelle F，Scotto C，et al. Differential expression of peromisome proliferator-activated receptors（PPARs）：tissue distribution of PPAR-alpha，-beta，and - gamma in the adult rat. Endocrinology，1996，137：354-366.

[12] Calder P C. Fatty Acids and Gene Expression Related to Inflammation. Nestlè Nutrition Workshop

Series Clinical Performance Program, 2002, 7: 19-40.

[13] Campion D R, Richardson R L, Kraeling R R, et al. Changes in the satellite cell population in fetal pig skeletal muscle. Journal of animal science, 1979, 48: 1109-1115.

[14] Caterina D R, Cybulsky M I, Clinton S K, et al. The omega-3 fatty acid docosahexaenoate reduces cytokine-induced expression of proatherogenic and proinflammatory proteins in human endothelial cells. Arterioscler Throm, 1994, 14: 1829-1836 .

[15] Cena P, Jaime I, Beltran J, et al. Postmortem shortening of lamb Longissimus oxidative and glycolytic fibers. Journal of Muscle Foods, 1992, 3: 253-260.

[16] Chandrasekar B, Fernandes G. Decreased pro-inflammatory cytokines and increased antioxidant enzyme gene expression by ώ-3 lipids in murine lupus nephritis. Biochemical and Biophysical Research Communications, 1994, 200: 893-898.

[17] Choi J H, Banks A S, Estall J L, et al. Anti-diabetic drugs inhibit obesity-linked phosphorylation of PPAR [ggr] by Cdk5. Nature, 2010, 466: 451-456.

[18] Choi Y M, Ryu Y C, Kim B C. Influence of myosin heavy-and light chain isoforms on early postmortem glycolytic rate and pork quality. Meat science, 2007, 76: 281-288.

[19] Chung S, Brown J M, Provo J N, et al. Conjugated Linoleic Acid Promotes Human Adipocyte Insulin Resistance through NFκB-dependent Cytokine Production. Journal of Biological Chemistry, 2005, 280: 38445-38456.

[20] Curtis C L, Hughes C E, Flannery C R, et al. *n*-3 Fatty acids specifically modulate catabolic factors involved in articular cartilage degradation. Journal of Biological Chemistry, 2000, 275: 721-724.

[21] D' Arrigo M. Effect of dietary linseed oil on pig hepatic tissue fatty acid composition and susceptibility to lipid peroxidation. Nutrition Research, 2002, 22: 1189-1196.

[22] De Feyter H M M L, Schaart G, Hesselink M K, et al. Regional variations in intramyocellular lipid concentration correlate with muscle fiber type distribution in rat tibialis anterior muscle. Magnetic resonance in medicine, 2006, 56: 19-25.

[23] Dinarello C A. The biological properties of interleukin-1. European Cytokine Network. 1994, 5: 517-531.

[24] Ebisui C, Tsujinaka T, Morimoto T, et al. Interleukin-6 induces proteolysis by activating intracellular proteases (cathepsins B and L, proteasome) in C2C12 myotubes. Clinical Science, 1995, 89: 431-439.

[25] Eggert J M, Depreux F F S, Schinckel A P, et al. Myosin heavy chain isoforms account for variation in pork quality. Meat Science, 2002, 61: 117-126.

[26] Enser M, Richardson R I, Wood J D, et al. Feeding linseed to increase the *n*-3 PUFA of pork: fatty acid composition of muscle, adipose tissue, liver and sausages. Meat Science, 2000, 55: 201-212.

[27] Esau C, Davis S, Murray S F, et al. miR-122 regulation of lipid metabolism revealed by in vivo antisense targeting. Cell Metabolism, 2006, 3: 87-98.

[28] Essén-Gustavsson B, Lindholm A. Fiber types and metabolic characteristics in muscles of wild boars, normal and halothane sensitive Swedish landrace pigs. Comparative Biochemistry and Physiology Part A: Physiology, 1984, 78: 67-71.

[29] Fernández-Hernando C, Suárez Y, Rayner K J, et al. MicroRNAs in lipid metabolism. Current Opinion in Lipidology, 2011, 22: 86.

[30] Fontanillas R, Barroeta A, Baucells M D, et al. Backfat fatty acid evolution in swine fed diets high in either cis-monounsaturated, trans, or (*n*-3) fats. Journal of Animal Science-Menasha Then

Abanyl Then Champaign Illinois, 1998, 76: 1045-1055.

[31] Francis J, Chakrabarti S K, Garmey J C, et al. Pdx-1 links histone H3-Lys-4 methylation to RNA polymerase Ⅱ elongation during activation of insulin transcription. Journal of Biological Chemistry, 2005, 280: 36244-36253.

[32] Fujiki K, Kano F, Shiota K, et al. Expression of the peroxisome proliferator activated receptor gamma gene is repressed by DNA methylation in visceral adipose tissue of mouse models of diabetes. BMC biology, 2009, 7: 38.

[33] Fujita J, Tsujinaka T, Yano M. Anti-interleukin-6 receptor antibody prevents muscle atrophy in colon-26 adenocarcinoma-bearing mice with modulation of lysosomal and ATP-ubiquitin-dependent proteolytic pathways. International Journal of Cancer, 1996, 68: 637-643.

[34] Harrison A P, Rowlerson A M, Dauncey M J. Selective regulation of myofiber differentiation by energy status during postnatal development. American Journal of Physiology-Regulatory, Integrative and Comparative Physiology, 1996, 270: R667-R674.

[35] Hsu J M, Wang P H, Liu B H, et al. The effect of dietary docosahexaenoic acid on the expression of porcine lipid metabolism-related genes. Journal of Animal Science, 2004, 82: 683-689.

[36] Hu E, Kim J B, Sarraf P, et al. Inhibition of adipogenesis through MAP kinase-mediated phosphorylation of PPARγ. Science, 1996, 274: 2100-2103.

[37] Huang T T, Wuerzberger-Davis S M, Wu Z H, et al. Sequential modification of NEMO/IKKγ by SUMO-1 and ubiquitin mediates NF-κB activation by genotoxic stress. Cell, 2003, 115: 565-576.

[38] Huang F R, Wei H K, Luo H F, et al. Eicosapentaenoic acid inhibits the IκBα/NFκB/MuRF1 pathway in C2C12 myotubes in a PPARγ-dependent manner. British Journal of Nutrition, 2011, 105: 348-356.

[39] Huang F R, Zhan Z P, Luo J, et al. Duration of dietary linseed feeding affects the intramuscular fat, muscle mass and fatty acid composition in pig muscle. Livestock Science, 2008, 118: 132-139.

[40] Huang F R, Zhan Z P, Luo J, et al. Duration of feeding linseed diet influences peroxisome proliferator-activated receptor PPARγ and tumor factor gene expression, and muscle mass of growing-finishing barrows. Livestock Science, 2008, 119: 194-201.

[41] Hunter R B, Kandarian S C. Disruption of either the Nfkb1 or the Bcl3 gene inhibits skeletal muscle atrophy. Journal of Clinical Investigation, 2004, 114: 1504-1511.

[42] Jiang C, Ting A T, Seed B. PPAR-gamma agonists inhibit production of monocyte inflammtory cytokines. Nature, 1998, 391: 82-86.

[43] Joo S T, Kauffman R G, Kim B C, et al. The relationship of sarcoplasmic and myofibrillar protein solubility to colour and water-holding capacity in porcine longissimus muscle. Meat science, 1999, 52: 291-297.

[44] Karlsson A H, Klont R E, Fernandez X. Skeletal muscle fibres as factors for pork quality. Livestock Production Science, 1999, 60: 255-269.

[45] Kouba M, Enser M, Whittington F M, et al. Effect of a high linolenic acid diet on lipogenic enzyme activities, fatty acid composition and meat quality in the growing pig. Journal of Animal Science, 2003, 81: 1967-1979.

[46] Lecker S H, Solomon V, Price S R, et al. Ubiquitin conjugation by the N-end rule pathway and mRNAs for its components increase in muscles of diabetic rats. Journal of Clinical Investigation, 1999, 104: 1411-1420.

[47] Lefaucheur L, Hoffman R K, Gerrard D E, et al. Evidence for three adult fast myosin heavy chain

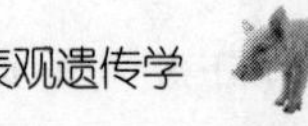

isoforms in type II skeletal muscle fibers in pigs. Journal of animal science, 1998, 76: 1584.
[48] Leifert W R, McMurchie E J, Saint D A. Inhibition of cardiac so2 dium currents in adult rat myocytes by n23 polyunsaturated fatty acids. The Journal of Physiology, 1999, 520: 671-679.
[49] Leseigneur-Meynier A, Gandemer G. Lipid composition of pork muscle in relation to the metabolic type of the fibres. Meat Science, 1991, 29: 229-241.
[50] Li H H, Kedar V, Zhang C, et al. Atrogin-1/muscle atrophy F-box inhibits calcineurin-dependent cardiac hypertrophy by participating in an SCF ubiquitin ligase complex. Journal of Clinical Investigation, 2004, 114: 1058-1071.
[51] Li M, Pascual G, Glass C. Peroxisome proliferator-activated receptor g-dependent repression of the inducible nitric oxide synthase gene. Molecular and Cellular Biology, 2000, 20: 4699-4707.
[52] Li Y P, Schwartz R J, Waddell I D, et al. Skeletal muslce myocytes undergo protein loss and reactive oxygen-mediated NF-κB activation in response to tumor necrosis α. FASEB Journal, 1998, 12: 871-880.
[53] Lilja L, Yang S N, Webb D L, et al. Cyclin-dependent kinase 5 promotes insulin exocytosis. Journal of Biological Chemistry, 2001, 276: 34199-34205.
[54] Llovera M, García-Martínez C, Agell N, et al. Anti-TNF treatment reverts increased muscle ubiquitin gene expression in tumor-bearing rats. Biochemical and Biophysical Research Communications, 1996, 221: 653-655.
[55] Llovera M, Garcia-Martinez C, Lopez-Soriano J. Role of TNF receptor 1 in protein turnover during cancer cachexia using gene knockout mice. Molecular and Cellular Endocrinology, 1998, 142: 183-189.
[56] Loskesh B R, Sayers T J, Kinsella J E. Interleukin-1 and tumor necrosis factor synthesis by mouse peritomneal macrophages is enchanced by dietary n-3 polyunsaturated fatty acids. Immunology Letters, 1990, 23: 281-286.
[57] Mangelsdorf D J, Thummel C, Beato M, et al. The nuclear receptor superfamily: the second decade. Cell, 1995, 83: 835-839.
[58] Matthews K R, Homer D B, Thies F, et al. Effect of whole linseed (Linum usitatissimum) in the diet of finishing pigs on growth performance and on the quality and fatty acid composition of various tissues. British Journal of Nutrition, 2000, 83: 637-643.
[59] McMurray D N, Jolly C A, Chapkin R S. Effects of dietary n-3 fatty acids on T cell activation and T cell receptor-mediated signaling in a murine model. Journal of Infectious Diseases, 2000, 182: S103-S107.
[60] Meadus W J, MacInnis R, Dugan M E R. Prolonged dietary treatment with conjugated linoleic acid stimulates porcine muscle peroxisome proliferator activated receptor gamma and glutamine-fructose aminotransferase gene expression in vivo. Journal of Molecular Endocrinology, 2002, 28: 79-86.
[61] Meydani S N, Lichtenstein A H, Cornwall S, et al. Immunologic effects of national cholesterol education panel step-2 diets with and without fish-derived n-3 fatty acid enrichement. Journal of Clinical Investigation, 1993, 92: 105-113.
[62] Miles E A, Wallace F A, Calder P C. Dietary fish oil reduces intercellular adhesion molecule 1 and scavenger receptor expression on murine macrophages. Atherosclerosis. 2000, 152: 43-50.
[63] Monin G, Mejenes-Quijano A, Talmant A, et al. Influence of breed and muscle metabolic type on muscle glycolytic potential and meat pH in pigs. Meat Science, 1987, 20: 149-158.
[64] Nakashima J, Tachibana M, Ueno M, et al. Tumor necrosis factor and coagulopathy in patients

with prostate cancer. Cancer Research, 1995, 55: 4881-4885.

[65] Nano J L, Nobili C, Girard-Pipau F. Effects of fatty acids on the growth of Caco22 cells. Prostaglandins, Leukotrienes and Essential Fatty Acids, 2003, 69: 207-215.

[66] Nguyen L Q. Mathematical relationships between the intake of n-6 and n-3 polyunsaturated fatty acids and their contents in adipose tissue. Meat Science, 2003, 65: 1399-1406.

[67] Nuernberg K, Fischer K, Nuernberg G, et al. Effects of dietary olive and linseed oil on lipid composition, meat quality, sensory characteristics and muscle structure in pigs. Meat Science, 2005, 70: 63-74.

[68] Ogilvie R W, Feeback D L. A metachromatic dye-ATPase method for the simultaneous identification of skeletal muscle fiber types Ⅰ, ⅡA, ⅡB and ⅡC. Biotechnic & Histochemistry, 1990, 65: 231-241.

[69] Padykula H A, Herman E. Factors affecting the activity of adenosine triphosphatase and other phosphatases as measured by histochemical techniques. Journal of Histochemistry & Cytochemistry, 1955, 3: 161-169.

[70] Pascual G, Fong A L, Ogawa S, et al. A SUMOylation-dependent pathway mediates transrepression of inflammatory response genes by PPARγ. Nature, 2005, 437: 759-763.

[71] Pcmpos L J, Fritsche K L. Antigen-driven murine $CD4^+$ T lymphocyte proliferation and interleukin-2 production are diminished by dietary (n-3) polyunsaturated fatty acids. The Journal of Nutrition, 2002, 132: 3293-3300.

[72] Petersen J S, Henckel P, Oksbjerg N, et al. Adaptations in muscle fibre characteristics induced by physical activity in pigs. Animal Science, 1998, 66: 733-740.

[73] Pizon V, Iakovenko A, Van DerVen P F, et al. Transient association of titin and myosin with microtubules in nascent myofibrils directed by the MURF2 RING-finger protein. Journal Cell. Science, 2002, 115: 4469-4482.

[74] Reiterer G, Toborek M, Hennig B. Peroxisome proliferators activated receptors α and γ require zinc for their anti-inflammatory properties in porcine vascular endothelial cells. Journal Nutrition. 2004, 137: 1711-1715.

[75] Rhind S G, Shek P N, Shephard R J. The impact of exercise on cytokines and receptor expression. Exercise Immunology Review, 1995, 1: 97-148.

[76] Ricote M, Glass C K. PPARs and molecular mechanisms of transrepression. Biochimica et Biophysica Acta -Molecular and Cell Biology of Lipids, 2007, 1771: 926-935.

[77] Robinson D R, Urakaze M, Huang R, et al. Dietary marine lipids suppress continuous expression on interleukin-1β gene expression. Lipids, 1996, 31: S23-S31.

[78] Romans J R, Johnson R C, Wolf D M, et al. Effects of ground flaxseed in swine diets on pig performance and on physical and sensory characteristics and omega-3 fatty acid content of pork: I. Dietary level of flaxseed. Journal of Animal Science, 1995, 73: 1982-1986.

[79] Ryu Y C, Kim B C. Comparison of histochemical characteristics in various pork groups categorized by postmortem metabolic rate and pork quality. Journal of animal science, 2006, 84: 894-901.

[80] Schoonjans K, Staels B, Auwerx. The peroxisome proliferator activated receptors (PPARs) and their effects on lipid metabolism and adipocyte differentiation. Biochimica et Biophysica Acta-Lipids and Lipid Metabolism, 1996, 1302: 93-109.

[81] Wang Y, Lin Q, Zheng P, et al. DHA inhibits protein degradation more efficiently than EPA by regulating the PPARγ/NFκB pathway in C2C12 myotubes. Biomed Res Int, 2013.

[82] Whitehouse A S, Smith H J, Drake J L, et al. Mechanism of attenuation of skeletal muscle protein catabolism in cancer cachexia by eicosapentaenoic acid. Cancer Research, 2001, 61: 3604-3609.

[83] Wigmore P M, Stickland N C. Muscle development in large and small pig fetuses. Journal of Anatomy, 1983, 137: 235.

[84] Wu D, Ren Z, Pae M, et al. Aging up-regulates expression of inflammatory mediators in mouse adipose tissue. The Journal of Immunology, 2007, 179: 4829-4839.

[85] Yaqoob P, Calder P C. Effects of dietary lipid manipulation upon inflammatory mediator production by murine macrophages. Cellular Immunology, 1995, 163: 120-128.

[86] Zhu M J, Ford S P, Means W J, et al. Maternal nutrient restriction affects properties of skeletal muscle in offspring. The Journal of physiology, 2006, 575: 241-250.

第八章 猪皮下脂肪与肌内脂肪形成的表观遗传学调控

猪的脂肪组织在体内不同部位的分布及脂肪沉积是影响猪的胴体品质和肉质风味的关键因素，其中腹脂和皮下脂肪主要影响猪的胴体品质，肌内脂肪（intramuscular fat，IMF）是形成大理石纹的物质基础，也是影响肉质风味的重要因素。脂肪沉积主要依赖于脂肪前体细胞的增殖、分化和聚酯成熟。脂肪前体细胞向成熟脂肪细胞分化的过程是一个由分化转录因子调控的复杂过程。在脂肪生成的过程中，脂肪生成关键基因的表达调控、关键转录因子的修饰都涉及表观遗传学的调控过程。此外，肌内脂肪细胞与皮下脂肪细胞的形成过程与基因表达的调控有重要的关系，也受到了差异转录因子的调控。

第一节 猪脂肪组织分布

一、猪脂肪组织沉积部位

脂肪组织主要由大量群集的脂肪细胞构成，聚集成团的脂肪细胞由薄层疏松结缔组织分隔成小叶。脂肪沉积过程主要包括脂肪细胞数量的增加和细胞体积的增大。脂肪细胞数目的增加是由于脂肪祖细胞的不断增生，而脂肪细胞体积的增大是由于细胞分化程度增加，胞质内脂质累积造成的。在脂肪组织生长发育的过程中脂肪细胞的增殖和肥大是同时进行的。研究表明，在脂肪细胞肥大的过程中，甘油三酯含量的增加和细胞体积的增大不是独立分开的，而是同时进行、密不可分的。然而机体脂肪组织在生长的前期一般都是以脂肪细胞的快速增殖为主，而后期则是以脂肪细胞体积的增大为主。

根据脂肪沉积部位的不同，将猪脂肪组织主要分为四大类：皮下脂肪、内脏脂肪、肌间脂肪和肌内脂肪。皮下脂肪是储存在皮下的脂肪组织，是机体主要的储能器官，直接影响猪的胴体性状。内脏脂肪主要在肠系膜和网膜上分布，分泌的细胞因子可以直接通过肝脏门静脉进入血液循环，与肥胖引起的相关疾病具有更加密切的关系。肌间脂肪量小，组成上与皮下脂肪相似。肌内脂肪是储存在肌肉块中环绕着肌纤维束的脂肪组织，与肌间脂肪相比，含有更多的磷脂和甘油三酯，因其特殊的解剖学特征，肌内脂肪是影响猪肉品质的一个重要性状。

从养殖生产的角度看，皮下脂肪和肌内脂肪的沉积直接影响猪的胴体性状和肉的品质。其中皮下脂肪主要影响猪胴体性状，与胴体瘦肉率成显著的负相关，皮脂的过度沉积不仅会影响饲料的转化效率，而且会降低猪胴体的经济价值。肌内脂肪是作为评定肉质的一个重要指标，其含量直接影响肉的嫩度、风味和多汁性。众多研究结果表明，2.5%～3%的肌内脂肪含量是猪肉的一个理想水平。当肌内脂肪含量低于2%时，肉的质地和口感都较差（Lakshmanan 等，2012）；而高于3.5%时则可能使口感变得油腻。但目前对商品猪瘦肉率的选择已使肌内脂肪含量降到2%以下。因此，如何保持猪适宜的皮下脂肪沉积和提高肌内脂肪含量，一直是猪脂肪研究的一个热点。

二、皮下脂肪与肌内脂肪的差异

皮下脂肪和肌内脂肪是分布在两个不同部位的脂肪组织，但是其功能却有较大的差别。皮下脂肪不仅是机体主要的储能器官，而且还是重要的内分泌器官，其分泌的激素和大量的细胞因子可以调节机体一系列生物学和生理过程，如体温的调节、能量平衡调控、胰岛素敏感性、炎症反应和心血管反应等。肌内脂肪因其沉积部位的特殊性，其含量对猪肉的品质有着显著的影响。此外，沉积在肌肉中的脂肪细胞还可以储存肌肉组织中过多的脂类物质，减少这些脂类物质对肌细胞的毒性作用，从而有效防止骨骼肌胰岛素抵抗的发生（Poulos 和 Hausman，2005）。

皮下脂肪和肌内脂肪细胞在发育特征上也存在明显的差异。首先在细胞形态上，肌内脂肪细胞与皮下脂肪细胞和肾周脂肪细胞相比，细胞大小明显偏小，细胞中脂质含量较少（Gardan 等，2006）。其次在发育时间上，肌内脂肪细胞的发育时间明显要晚于皮下脂肪细胞，且皮下脂肪细胞的发育速度快于肌内脂肪细胞的发育速度。在猪出生前皮下脂肪细胞就已经开始发育了，而肌内脂肪细胞在猪出生后110日龄才开始发育。肌内脂肪细胞的含量也明显低于皮下脂肪细胞的含量，不同品种猪的肌内脂肪细胞的含量在1%～4%。此外，Gardan 等（2006）在比较猪皮下脂肪和肌内脂肪细胞的脂质代谢发现，皮下脂肪细胞中脂肪合成和分解相关酶的基因表达量和酶活性显著低于肌内脂肪细胞，而且胰岛素诱导的脂肪合成效率和儿茶酚胺诱导的脂肪分解效率都显著地高于肌内脂肪细胞。Gondret等（2008）在研究猪肌内和皮下脂肪细胞中差异表达蛋白时发现，肌内脂肪细胞中与脂肪代谢相关蛋白的表达水平显著低于皮下脂肪细胞。因此，肌内脂肪细胞和皮下脂肪细胞在脂质代谢方面存在很大的差异。

皮下脂肪和肌内脂肪细胞都主要来自于脂肪组织中血管基质（stromal vascular，SV）细胞的成脂分化。但研究结果显示，不同脂肪组织来源的SV细胞具有不同成脂分化潜能。在细胞培养基中添加地塞米松诱导骨骼肌和皮下脂肪中的SV细胞成脂分化，发现骨骼肌中SV细胞分化后的脂肪细胞数目明显比皮下脂肪少（Hausman，2004）。但是用共轭亚油酸诱导骨骼肌和皮下脂肪中SV细胞成脂分化，发现共轭亚油酸促进骨骼肌中的SV细胞成脂分化，但抑制皮下脂肪中SV细胞成脂分化（Zhou等，2007）。这表明，不同部位来源的SV细胞在成脂诱导条件下呈现出不同的分化潜能。此外，皮下脂肪和肌内脂肪SV细胞在成脂分化过程中可能受到不同方式的调控。

三、脂肪沉积与肉质的关系

在猪的肉质性状中肌内脂肪的含量引起人们越来越大的兴趣。肌内脂肪主要分布在肌束和肌纤维之间，肌内脂肪的积累使肌肉表现出大理石花纹，其数量和分布不同使肌肉呈现出不同程度的大理石纹。沉积在肌内的脂肪从肌纤维间融化出来使肉质鲜嫩而多汁。肌内脂肪作为评定肉质的一个重要指标，它影响着肉的嫩度、系水力、剪切力、风味和多汁性。含量适中且分布均匀的大理石纹能使猪肉味美多汁、口感好；含量过少则猪肉干硬乏味；含量过多或分布不均，均对猪肉营养品质产生不利影响。

肌内脂肪含量影响肉的嫩度和多汁性。大量的研究表明肌内脂肪和肉质呈正相关，影响肉质的嫩度、风味和多汁性，特别是肉的嫩度。Bejerholm等（1986）研究肌内脂肪对烤猪排嫩度的影响，结果表明，肌内脂肪含量增加的同时烤排的嫩度也相应提高。Patricia（1985）对丹麦的商品猪研究得出结论：肉的风味及多汁性随肌内脂肪含量的增加而持续改善，提高肌内脂肪含量将会产生肉质嫩度和多汁性的相关改进。提高肌内脂肪含量、改善猪肉嫩度主要是通过以下两方面来调节的：一是肌纤维束间的交联结构被肌内脂肪所切断；二是在咀嚼过程中使肌纤维更容易断裂。

肌内脂肪影响肉品风味。肉的风味主要指味觉和嗅觉方面的效应，包括滋味和香味两方面。肉的滋味物来源于肉的基本成分蛋白质、核酸、无机盐和矿物质，种间无明显的不同。肉的香味来源于肌内脂肪酸的氧化降解产物，肌内脂肪的含量及组成对肌肉风味的形成具有重要影响，不同种类肉品风味的差异也主要是由于肌内脂肪氧化产物的不同所导致的。Wassecrmna等（1972）认为不饱和脂肪酸的分解能够产生特殊的风味物质，从而生成大量的香气化合物。Pippen（1968）报道说脂质可作为香气化合物的溶剂，香气化合物随气压的升高而从脂质中释放。脂肪的氧化作用对肉香的形成有重要影响：脂肪本身及其热解产物可能就是风味物质，脂肪酸和游离脂肪酸受热氧化可产生大量的风味物质；在60℃脂肪分子的游离基就会发生自动氧化，内酯、醇、酮和低级脂肪酸的产生都与脂肪的热解有关。另外，肌内脂肪中的磷脂通过美拉德反应（Maillard reaction）相互作用而改变其挥发性产物的构成，从而影响肉品的风味。

第二节 脂肪细胞的生成与调控

脂肪组织是一种高度分化的组织，由许多脂肪细胞聚集而成，聚集的脂肪细胞被薄层疏松结缔组织分隔成小叶，其中蛋白质占2%，水分占10%～25%，脂类占70%～80%，而且脂类物质中的甘油三酯占98%。脂肪细胞是由多能干细胞不断分化，最终形成成熟的脂肪细胞。脂肪组织的生长发育包括脂肪细胞数目的增加和体积的增大。脂肪组织可以分为白色脂肪组织和棕色脂肪组织。在体内白色组织主要作用是储存脂肪，分布在皮下和内脏周围。其中皮下脂肪和内脏脂肪指的就是白色脂肪，白色脂肪是在机体摄取食物后将剩余的能量以中性脂肪形式储存起来；当机体需要时，就以脂肪酸和甘油的形式提供给各个组织细胞。哺乳动物的棕色脂肪主要存在于颈背部、腋窝和纵隔周围。脂肪组织的主要功能包括：供给维持生命必需的热量，储存热量和保持体温；保护身体组织的功能；脂肪细胞的内分泌功能等。

一、脂肪细胞的起源

在原肠胚形成期，随着内胚层和外胚层细胞的外包，中胚层逐渐形成。原始中胚层分化为轴旁中胚层、间介中胚层和侧中胚层，其中轴旁中胚层进一步发育成骨、软骨、骨骼肌、真皮和皮下组织等，间介中胚层分化为泌尿生殖器官，而侧中胚层则衍生出心包腔、胸膜腔和腹膜腔等结构。普遍认为以上各组织器官附近的脂肪组织是由相应部位中胚层特化的细胞群发育而来的。

1. 白色脂肪的中胚层起源

通过建立以Wt1为启动子的基因报告鼠来追踪Wt1阳性细胞及其子代，发现小鼠性腺旁脂肪、肠系膜脂肪、心包脂肪、肾周脂肪、网膜脂肪和腹膜后脂肪等内脏脂肪组织中大部分脂肪细胞起源于胚胎期表达Wt1的侧中胚层间皮细胞，而皮下脂肪和棕色脂肪却没有被标记。内脏脂肪细胞起源于中胚层，且内脏脂肪、棕色脂肪与皮下脂肪起源于不同的细胞（Chau 等，2014）。白色脂肪由 Myf5 阳性祖细胞分化而来，其中肩胛间和腹膜后白色脂肪中大约有 50%的脂肪细胞起源于 Myf5 阳性祖细胞，这些脂肪细胞表达是白色脂肪标志性蛋白（Sanchez-Gurmaches 等，2012）。

2. 棕色脂肪的中胚层起源

哺乳动物存在两种棕色脂肪细胞：啮齿类动物肩胛间等部位的经典棕色脂肪细胞（classic brown adipocyte）和特定情况 WAT 中出现的棕色样脂肪细胞（brown-like adipocyte）或浅棕色脂肪细胞（brite adipocyte）。前者由棕色前体脂肪细胞分化形成；后者则可能由脂肪组织衍生的干细胞分化而来或由白色脂肪细胞直接转变形成。近年来的研究却发现某些棕色脂肪与肌肉有共同的起源。通过同源核转录因子 En1 标记轴旁中胚层生皮肌节及其分化产物，发现肩胛间棕色脂肪与骨骼肌起源于相同的中胚层细胞。同时，运用微阵列分析比较前脂肪细胞体外分化过程中的基因变化，发现棕色脂肪组织中分离出来的前脂肪细胞具有与肌肉相似的转录调节特征。Seale 等通过黄色荧光标记表达生肌调节因子 5（myogenic regulatory factors5，Myf5）阳性祖细胞及其子代，发现骨骼肌和棕色脂肪均起源于该细胞。在小鼠中的 PRDM16 可以招募组蛋白甲基转移酶 Ehtmt1 来调控棕色脂肪在体内的发育。而敲除 PRDM16 基因会引起棕色脂肪出现异常，棕色脂肪标志性蛋白减少，肌肉标志性蛋白表达增多，说明 PRDM16 还对骨骼肌和棕色脂肪的分化起着重要的调控作用。

3. 外胚层神经嵴起源

一般认为在发育过程中脂肪细胞起源于中胚层，但近年来也有研究发现部分脂肪细胞起源于外胚层神经嵴。在维甲酸处理早期胚体的模型中，Billon 等（2006）从胚体中分离外胚层神经上皮祖细胞做体外培养，在脂肪分化诱导剂的作用下也可分化为脂肪细胞。小鼠在体实验中，通过绿色荧光蛋白标记 Sox10 追踪外胚层神经嵴及其后代细胞，发现小鼠头部从唾液腺到耳区的脂肪细胞起源于神经嵴，但躯干和四肢的脂肪却没有被标记，说明该区域脂肪有不同的起源（Rosen 等，2014）。通过另一个特异性表达于神经嵴的基因 Wnt1 所做的谱系追踪也发现，头面部的祖细胞和脂肪细胞起源于神经嵴，而内脏和皮下脂肪均不来源于此。另外，神经外胚层还是头部脂肪组织前脂肪细胞的重要来源，但随着年龄的增长，这些神经嵴起源前脂肪细胞的比例会下降，被一群起源不明的细胞代替，提示发育过程中脂肪细胞的起源并不是一成不变的（Sowa 等，2013）。

二、脂肪细胞的分化过程

脂肪组织（adipose tissue，AT）是哺乳动物体内重要的能量储库和赋形组织，其形态功能受到各种因素的调节，例如激素、营养、温度、神经反射等。这些机制涉及脂肪细胞在转录后的蛋白水平的改变和细胞新陈代谢的变化。脂肪细胞是由间充质前体细胞（mesenchymal stem cell，MSC）分化而来，是组成脂肪组织的主要细胞，在动物体内的能量代谢中起到重要作用。脂肪组织几乎遍布全身，在整个生命过程中有极强的可塑性。研究证明，神经纤维和单核-巨噬细胞是脂肪细胞组成成分，大约有2/3的这些细胞可以充分发育为脂肪细胞，在显微镜下可以观察到特有的指环形细胞形态。脂肪细胞的细胞结构与个体、年龄、性别、体重以及来源部位有很大的不同。网膜脂肪组织中的血管和交感神经神经纤维比皮下脂肪组织更多，这说明网膜脂肪组织具有更强的代谢活性。此外，与皮下脂肪组织比较，网膜脂肪组织的单核-巨噬细胞更多。根据脂肪细胞分化过程中脂滴的变化可将脂肪细胞大致分为前脂肪细胞、前体脂肪细胞（preadipocytes）和成熟的脂肪细胞（adipocyte）。脂肪细胞的分化过程为：多能干细胞→脂肪母细胞（adipoblast）→前脂肪细胞→不成熟脂肪细胞（immature fat cell）→成熟脂肪细胞（mature fat cell）。

1. 脂肪母细胞

脂肪细胞的分化开始于多能干细胞，多能干细胞在接受成脂相关刺激，如寒冷、激素、生物活性因子、体外实验性诱导剂刺激后，从多能变成单能，定向成脂分化，形成单潜能干细胞。这个阶段的细胞依然具有干细胞增殖活跃的特性。但对此阶段是否有特异基因表达，目前尚未报道。

2. 前脂肪细胞

生长期前脂肪细胞的形态与成纤维细胞相似，经适当分化诱导，其细胞骨架和细胞外基质发生变化，细胞开始进入不成熟脂肪细胞向成熟脂肪细胞转变的过程。认为该阶段的细胞无分裂增殖能力，为脂肪细胞分化的终末阶段。体外实验证明，单能干细胞向此阶段分化的启动，细胞生长必须停止在细胞周期的G_1/S期，而不是在细胞的接触。该阶段早期特异性表达A2COL6/P0b24 mRNA序列，该序列与人类编码Ⅳ型胶原酶A2链（A2COL6）的基因序列很相似。但A2COL6/P0b324的表达不仅在脂肪组织表达，在卵巢、肾上腺、肺、骨骼肌中也存在表达。A2COL6/P0b324在成脂分化早期表达，以后随晚期特异性分子如GPDH、脂素（adipsin）表达的出现而下降，因此它可以作为前脂细胞的特异性标志物。Cousin等以A2COL6/P0b324表达量的差异估计前脂细胞在不同解剖部位棕色脂肪组织的比例，结果表明卵巢周围脂肪组织A2COL6/P0b324的表达量高于肩胛区、腹肌间及腹膜后的脂肪组织，而且表达与寒冷和肾素能受体激动剂刺激成正相关。前脂细胞具有一般体细胞的有丝分裂能力。脂肪组织增生有两条途径：一条是脂肪细胞通过获得脂肪而使体积增加；另一条是通过前脂肪细胞数量增加，进而分化成脂肪细胞来实现脂肪细胞的增生。

3. 不成熟脂肪细胞

此时期细胞形态已趋于圆形，胞体变大，胞质中开始出现小脂滴，标志着分化已开始接近末尾阶段。细胞已无分裂增殖能力，该阶段细胞除表达早期标志性分子 A2COL6/P0b324 外，还表达晚期分化标志性分子，如胰岛素敏感性葡萄糖转运蛋白等。

4. 成熟脂肪细胞

该阶段成脂分化过程已结束，胞内脂滴数量增多，且小脂滴融化成大小不等的胞泡。细胞亦失去增殖、分裂能力，标志着终末分化。此时期细胞除表达前脂、不成熟细胞的标志分子 A2COL6/P0b324 外，还表达乙酰辅酶 A 结合蛋白（ACBP）、磷酸烯醇式丙酮酸激酶（PEPCK）、脂素（adipsin）、α2 肾上激素受体（α2-adrenoreceptor），这些标志性分子又被称为很晚标志。

三、脂肪细胞分化的关键转录因子

大量研究证实，脂肪细胞分化是一个高度精确的调控过程，这一过程受到许多激素、多种转录因子、信号转导通路和 miRNA 的调控。脂肪细胞分化过程伴随着细胞结构和功能的改变，这一过程大约有 300 种蛋白的表达水平发生变化。许多变化是通过一系列基因表达水平的分子事件而发生的。脂肪细胞分化与脂肪细胞特异性功能基因的转录激活密切相关，涉及多种分化转录因子的调节作用，如 PPARγ、C/EBP、ADD1/SREBP1 和 PRDM16 等，在对脂肪细胞分化的调控上起到重要的作用。

1. PPARs

过氧化物酶体增殖物激活受体家族（PPARs）是影响脂肪细胞分化和脂类代谢的主要核内转录受体。PPARs 家族有三个成员，分别是 PPARα、PPARβ 和 PPARγ，它们结合相似的过氧化物酶应答元件，但表现出不同的转激活功能。PPARγ 属于核受体超家族配体依赖的转录因子，在调控脂肪形成中起重要作用，具有正向调节脂肪细胞分化的作用，并促进葡萄糖内环境稳定（Nakajima 等，2005）。PPARγ 在脂肪细胞分化早期即有表达，通过正反馈调控，表达水平不断上升，到成熟脂肪细胞达最高。PPARγ 主要在脂肪组织表达，它有 3 个亚型：PPARγ1、PPARγ2 和 PPARγ3（Kendall 等，2006）。其中 PPARγ1 和 PPARγ2 除了第一个外显子不同外，其余序列相同。PPARγ1 在许多不同的组织中都有表达，而 PPARγ2 则主要在脂肪组织中表达。PPARγ2、PPARγ1 可以与 RXRα 形成异源二聚体，调节与脂肪酸代谢有关的基因的表达。PPARγ1 和 PPARγ2 这两种异构体均能有效刺激脂肪细胞分化，但在低配体浓度情况下，PPARγ2 刺激脂肪组织形成的能力明显强于 PPARγ1（Mueller 等，2002）。PPARγ3 仅在巨噬细胞和大肠组织细胞中表达，目前对它了解较少，但已证实它是和 PPARγ1 氨基酸序列相同的家族成员之一，它们在转录过程中有不同的启动子（Hamm 等，1999）。PPARγ 能够对细胞周期产生影响，在细胞终末分化中起主要调节作用。在处于细胞周期的视网膜母细胞瘤蛋白质的作用下 PPARγ 被激活，被活化的 PPARγ 可抑制促进细胞生长的 E2F/DP 转录因子的转录活性，脂肪前体分化为脂肪细胞需 E2F/DP 转录因子参与调节。PPARγ 还调控脂肪细胞和结肠细胞生长或使它们向终极分化（Nakajima 等，2005）。

2. C/EBP

CCAAT/增强子家族（C/EBP）是具有激活特定基因 DNA 增强子 CCAAT 重复序列功能的转录因子，能够高效地促进脂类和与胆固醇有关的物质的代谢。C/EBP 维持着一种高度保守的亮氨酸拉链结构，C/EBP 主要有 3 种同分异构体：C/EBPα、C/EBPβ 和 C/EBPδ，三者认为是脂肪细胞分化中的重要转录因子。C/EBP 在白色和棕色脂肪组织中均有表达（Darlington 等，1998）。体外培养的前脂肪细胞系，C/EBPβ 和 C/EBPδ 的瞬时表达出现在分化的早期，主要诱导 PPARγ 和 C/EBPα 的表达而启动生脂信号，但随脂肪细胞分化其表达量逐渐减少。而 C/EBPα 是在分化的较晚期阶段才表达出来的，主要调节脂肪细胞胰岛素依赖的葡萄糖摄取功能。C/EBPα 或 C/EBPβ 的异位表达诱导非原代成纤维细胞中的脂肪形成。C/EBPα 的过表达可以加速 3T3-L1 前脂肪细胞向成熟脂肪细胞的分化，反义 C/EBPmRNA 在 3T3-L1 前脂肪细胞中的表达可阻止分化。在成熟脂肪细胞分化过程中，缺乏 C/EBPα 表达的脂肪细胞不能对胰岛素产生应答而吸收葡萄糖。实验表明，缺乏 C/EBPα 的小鼠棕色脂肪细胞和白色脂肪细胞均大大减少，细胞内脂质积累也急剧下降（Linhart 等，2001）。C/EBPα 还可以和 PPARγ 以协同作用方式相互激活转录，促进脂肪细胞的分化。

3. ADD1/SREBP1

脂肪细胞决定于分化因子（adipocyte determination and differentiation factor，ADD1）也称固醇调节元件结合蛋白（sterol regulatory element binding protein1，SREBP-1）。它们被证实作为一类独立的转录因子参与脂肪细胞的分化和胆固醇的转录调节。SREBPs 有三种亚型：SREBP-1a、SREBP-1c、SREBP-2。其中 SREBP-1c 高表达于白色脂肪细胞、棕色脂肪细胞和肝细胞中。SREBP 可调节作用于胆固醇和脂肪酸代谢的蛋白质的编码基因的转录，脂肪酸生物合成主要由 SREBP-1a 和 ADD1/SREBP-1c 介导。脊椎动物细胞内的脂类平衡由膜结合转录因子的一个家族 SREBPs 调控。SREBPs 进入核内，与固醇调控元件-1（SRE-1）或在其启动子区内的 E-盒结合，激活与胆固醇及脂肪酸合成相关基因的转录（McPherson 等，2004）。ADD1/SREBP-1 可增加脂肪酸和脂肪合成，这部分由于它对 PPARγ 活性的影响，ADD1/SREBP1 和 PPARγ 的共表达可显著提高系统的转录活性，而 ADD1/SREBP1 的单独表达则效果很小。二者的关系可能是 ADD1/SREBP1 的表达产生了某些能提高 PPARγ 的活性因子。

4. 其他转录因子

除了 C/EBP、PPAR 和 SREBP-1c 外，还有一些其他的转录因子。影响前脂肪细胞增殖和分化的因素还有很多，如 PRDM16，它主要是通过蛋白和蛋白间相互作用的方式实现对棕色脂肪细胞的影响。与 C/EBP、PPAR 和 SREBP-1c 转录因子不同的是，PRDM16 不能影响白色脂肪细胞和棕色脂肪细胞形态学的改变，而是通过与碳末端结合蛋白 1 和 2 的结合抑制白色脂肪细胞基因的表达。

四、脂肪细胞分化的信号通路

脂肪发育的调控形成了一个复杂的调控网络。调控信号通路主要包括：Wnt 信号通路、IGF1 通路、SHH 通路、MAPK 信号通路、cAMP/PKA 信号通路和 FGF 信号通路等。

1. Wnt 信号通路与脂肪细胞分化

Wnt（wingless-type MMTV integration site family members）信号是一种高度保守的信号通路，作用于动物发育中细胞的增殖和分化，Wnt 信号可维持前体脂肪细胞未分化状态，抑制脂肪细胞的分化。Wnt 信号通路通过抑制核受体因子 PPARγ 及其转录因子 C/EBP，削弱骨髓基质细胞向脂肪细胞的分化，从而抑制脂肪细胞的分化。目前研究认为 Wnt 在细胞内主要有 3 条信号通路：经典的 Wnt/β-catenin 信号通路（canonical Wnt/β-catenin pathway）、Wnt/$Ca2^{+}$ 通路、细胞平面极性通路（Wnt/polarity pathway）。而 Wnt/β-catenin 信号通路则是调控脂肪细分化的主要通路。Ross 等（2000）研究表明，Wnt10b 在 3T3-L1 前体脂肪细胞生长、融合过程中高表达，在成脂诱导剂（3-异丁甲基嘌呤、地塞米松、胰岛素）作用下促进细胞分化时，其表达量减少；以 Wnt-1 反转录病毒表达载体转染 3T3-L1 前体脂肪细胞后，再予成脂刺激，不会出现胞质内脂滴的积聚、脂肪细胞分化受阻。无胸腺小鼠皮下注射前体脂肪细胞，几周后可在体内形成散在的脂肪垫；而在皮下注射转染了 Wnt-1 基因的前脂肪细胞时，没有观察到成熟的脂肪细胞，说明激活经典的 Wnt 信号可抑制脂肪细胞分化（Bennett 等，2002）。

在细胞分化初期，C/EBPβ 和 C/EBPδ 瞬时表达，继而诱导 PPARγ 和 C/EBPα 表达和激活，从而引起一系列成脂基因的表达，使细胞出现脂肪细胞表型特征。要使前脂肪细胞转变成棕色脂肪细胞，还需要激活 PPARγ 共激活子-1α

（PGC-1α）的表达，PGC-1α 可以辅助激活 PPAR-2γ 等核受体，是诱导棕色脂肪细胞 UCP-1 高表达的重要激活因子（Spiegelman 等，2000）。经典的 Wnt 信号的激活可以抑制棕色脂肪形成，Wnt-10b 的表达可阻止棕色脂肪组织发育和 UCP-1 的表达。UCP-1/Wnt-10b 转基因鼠缺少棕色脂肪组织的功能，即使在肾上腺素（寒冷刺激下棕色脂肪细胞定向分化的关键调节因子）诱导下，也不能正常表达 UCP-1 和具备棕色脂肪细胞的产热功能。

2. MAPK 通路与脂肪细胞分化

丝裂原活化蛋白激酶（mitogen-activated protein kinase，MAPK）信号通路在细胞增殖和分化等许多重要的细胞过程中发挥重要作用，其中细胞外信号调节激酶（extracellular signal-regulated kinase，ERK）是 MAPK 主要信号通路之一。在哺乳动物细胞中，ERK 主要包括 ERK1/2、ERK3、ERK4、ERK5/BMK1（big mitogen activated protein kinase 1）。ERK3、ERK4 和 ERK5/BMK1 信号通路的研究才刚刚起步，其信号激活、底物及作用尚不十分清楚。ERK1/2 通路可通过蛋白激酶 C（PKC）、受体酪氨酸激酶（RTK）、G 蛋白偶联受体（GPCR）等途径激活（Puente 等，2006）。ERK1/2 通过正调控和负调控两种方式调控脂肪细胞分化。Benito 最早发现，Ras 表达载体转染 3T3-L1 前脂肪细胞可抑制其增殖，促进分化，Ras 蛋白是 ERK 通路激活因子，由此证明 ERK 信号转导通路能够促进脂肪细胞的分化（Benito 等，1991）。研究发现 ERK 为脂肪细胞分化关键因子 C/EBPα、β、δ 和 PPARγ 的基因转录所必需，但 PPARγ 同时也是 ERK 的下游分子，当 ERK 通路激活后，PPARγ 发生磷酸化，转录活性降低，从而抑制了分化。因此推测，ERK 在整个脂肪细胞分化过程中存在一个启闭机制。Bost 等（2005）在试验中观察到 ERK1 基因敲除的小鼠脂肪细胞数量明显少于野生型小鼠，脂肪生成受到抑制，而敲除 ERK2 基因小鼠表现为胚胎致死性，而敲除 ERK1 基因的小鼠却能够存活并具生殖能力，但与野生型相比，其脂肪细胞减少，脂肪形成受抑制。由此猜测，脂肪细胞分化与 ERK1 有关，而与 ERK2 无关，表明肥胖症靶向治疗的目标应定位于 ERK1 基因及其通路。

3. cAMP/PKA 信号通路与脂肪细胞分化

环磷酸腺苷（cyclic 3′,5′-adenosine monophosphate，cAMP）是一个重要的胞内信号分子，其主要功能是激活 cAMP 依赖的蛋白激酶 A（PKA），调控细胞分化，抑制其成骨分化。β3 肾上腺素能受体基因编码肾上腺素能受体，ADRB3 是肾上腺素能受体家族的成员之一，属于 G 蛋白偶联受体超家族，是一种 G 蛋白偶联的膜表面受体。在脂肪组织中，ADRB3 与 Gs 和 Gi 蛋白偶联，经 cAMP 信号通路刺激蛋白激酶 A 的活性，进而导致激素敏感性脂肪酶磷酸化而进行脂肪分解。

五、皮下脂肪和肌内脂肪沉积差异的调控

脂肪细胞由间质细胞经增殖因子的刺激，逐渐成熟，数量增加，然后随脂肪的合成，细胞质内出现脂肪滴，并扩大充满整个细胞，最后形成丰满的卵圆形脂肪细胞。脂肪的生长发育过程包括脂肪细胞体积增大和数目增多。脂肪细胞数目增加是由于前脂肪细胞的增殖和分化造成的，而细胞数目减少是由凋亡或去分化导致的。脂肪可分为皮下脂肪、肌间脂肪和肌内脂肪，由于肌间脂肪量小且组成与皮下脂肪相近，因此一般认为脂肪主要分为皮下脂肪和肌内脂肪。脂肪的沉积主要以甘油三酯（triglyceride，TG）的形式，甘油三酯来源于循环系统中脂肪酸的合成或脂肪酸的从头合成。

1. 皮下脂肪与肌内脂肪

肌内脂肪（intramuscular fat，IMF）主要成分是磷脂和甘油三酯，存在于肌外膜、肌束膜甚至肌内膜上。一般情况下，脂肪先在肌肉的大血管周围沉积，后按照肌外膜、肌束膜的顺序沉积脂肪。脂肪沉积的过程主要是脂肪细胞数量的增加和体积的增大。肌内脂肪的含量取决于脂肪的前体细胞的数量和脂肪合成能力。肌内脂肪是储存在肌肉块中环绕着肌纤维束的脂肪组织，肌内脂肪因其沉积部位的特殊性，肌内脂肪是影响猪肉品质的一个重要性状。肌内脂肪的含量直接影响肉的嫩度、风味和多汁性。肌内脂肪含量是评定肌肉品质好坏的主要指标之一。皮下脂肪（subcutaneous fat）是储存于皮下的脂肪组织，在真皮层以下、筋膜层以上。皮下脂肪组织是脂质沉积的主要部位，在稳定机体代谢平衡中起着重要作用。皮下脂肪是机体主要的储能器官，同时也是重要的内分泌器官，其分泌的激素和大量的细胞因子可以调节机体一系列生物学和生理过程，如体温的调节、能量平衡调控、胰岛素敏感性、炎症反应和心血管反应等。皮下脂肪影响猪胴体性状，皮下脂肪与胴体瘦肉率成负相关，但是目前对皮下脂肪组织的整体发育规律缺乏系统的认识。

2. 皮下脂肪和肌内脂肪沉积差异的调控

脂肪的沉积是脂肪摄取、脂肪酸从头合成、甘油三酯的合成以及脂肪降解过程动态平衡的结果。脂肪是组织中最晚发育的，而肌内脂肪又是脂肪组织中发育最晚的。在动物中，脂肪的沉积最先在内脏组织，其次是皮下脂肪，最后才是肌内脂肪。研究发现猪肌内脂肪的发育要晚于皮下脂肪，肾脏周围的脂肪生长迅速。皮下脂肪的发育速度快于肌内脂肪的发育速度，皮下脂肪在猪出生前就已经开始发育，肌内脂肪在猪出生后 110 日龄开始发育。肌内脂肪中脂肪合成和分解相关酶的基因表达量和酶活性显著低于皮下脂肪细胞，而且胰岛素诱导的脂肪合成效率和儿茶酚胺诱导的脂肪分解效率都显著低于皮下脂肪细胞（Gardan 等，

2006)。肌内脂肪沉积的过程是一个包括脂肪细胞的分化和肌内脂肪的合成、转运与分解等一系列的动态变化过程。与肌内脂肪相比，皮下脂肪在脂肪代谢与脂肪酸代谢方面更强。研究发现，miRNA-130 可以靶向调控 PPARγ 的 3′UTR，PPARγ 作为调控脂肪细胞分化与脂肪沉积的关键因子，其蛋白表达量的差异可能是导致脂肪在这两种组织中差异沉积的原因之一，因此，皮下脂肪与肌内脂肪组织中 miRNA-130 的表达差异导致了 PPARγ 在这两种组织中的差异表达，是影响两种脂肪组织差异沉积的重要因素。C/EBPα 在两种组织中的差异表达也与脂肪在两种组织中的差异沉积有关。

脂肪在特定的部位沉积，脂肪在不同部位的脂肪代谢和生理功能方面存在差异。不同部位的脂肪前体细胞在分化能力上存在差异，而且不同部位的成熟脂肪细胞在代谢特性上也存在差异。通过运用基因表达系列分析法（SAGE）对韩国本地牛的肌内脂肪与皮下脂肪的基因表达水平进行了分析，发现皮下脂肪中有 32 个基因低表达，50 个基因高表达。运用表达谱芯片的方法对日本黑牛、荷斯坦小公牛的皮下脂肪与肌内脂肪的分析比较，在这两种组织中有 3400 个基因存在差异，而且差异基因与品种没有关系。根据上文所述可以说明肌内脂肪与皮下脂肪相比转录活性较低。通过对肌内脂肪前体细胞与皮下脂肪前体细胞分化过程进行比较，发现肌内脂肪具有更强的脂肪分化与沉积能力（Shimomura 等，1999）。

第三节 动物体内脂肪生成中的表观遗传学调控

表观遗传学在动物体内脂肪生成过程中扮演着越来越重要的角色。在未分化的成体间充质干细胞中与细胞定向分化相关的特性基因结合的组蛋白均可受到表观遗传学的修饰（Noer 等，2006）。间充质干细胞（mesenehymalstemcells，MSC）是来源于发育早期的中胚层，具有高度自我更新能力和多向分化潜能的一类成体干细胞，广泛存在于全身多种组织中。MSC 具有长期自我复制的能力和很强的潜在增殖能力。MSC 在体内的数量相对较少，长期保持其低分化的状态，多数 MSCS 处于细胞周期的 G_0 期。当机体需要或在体外一定条件刺激下 MSC 可大量增殖，并且能够保持其自身的特性。MSC 是成体脂肪细胞增生的重要来源。近年来发现了一系列参与成脂分化的关键转录因子、细胞内的信号途径和细胞外的效应分子等（Rosen 等，2006），MSC 的成脂分化也受到细胞的生长环境也影响。MSC 具有多向分化潜能，其发生定向分化前的细胞决定过程同样也影响了 MSC 的成脂分化潜能。但是对于细胞决定机制的研究还比较少，细胞在未改变形态的情况下已经发生了可遗传的功能上的改变，那么在此过程中，表观遗传学修饰起着巨大的调控作用。

一、乙酰化与去乙酰化修饰在脂肪生成中的作用

脂肪形成相关的转录因子形成复杂的网络严格调控成脂分化的发生。而这些转录因子不是孤立地调节脂肪相关基因的表达，它们与转录协同因子、抑制因子以及组蛋白翻译后修饰酶如组蛋白乙酰化酶和去乙酰化酶等组成转录调控复合物（Lefterova 等，2009），通过调节染色质的结构严格地调控成脂基因表达。染色质重构是转录因子调节基因表达的前提，也是表观遗传学研究的核心内容之一。组蛋白的翻译后修饰调节了染色质构象。乙酰化修饰与磷酸化修饰一样是广泛存在的蛋白质翻译后修饰，众多的文献报道前脂肪细胞中组蛋白乙酰化修饰参与调控成脂分化（Zuo 等，2006）

在脂肪细胞分化过程中，多个转录因子参与调节成脂分化的启动，如PPAR、C/EBP 和 SREBPlc 等。此外，许多转录因子还与脂肪细胞功能的维持相关，如 PPARγ 与 C/EBPα 等。这些转录因子在细胞内多与转录协同因子、抑制因子以及组蛋白修饰酶类等结合形成巨大的转录调控复合物，对成脂分化过程进行严谨的调控。此外，许多重要的信号通路在成脂分化中也发挥着重要的作用，如 Wnt/β-catenin 信号通路。Wnt/β-catenin 信号在脂肪生成中具有独特的控制作用，是决定中胚层细胞命运的重要信号通路，并且可以抑制脂肪生成。有研究表明，表观遗传学修饰也调控着脂肪的生成过程（Peserico 和 Simone，2011），其中组蛋白乙酰化酶（histone acetyltransferases，HAT）和组蛋白去乙酰化酶（histone deacetylases，HDAC）通过转录和转录后调控影响脂肪的生成（Zhou 等，2014）。

1. 去乙酰化酶 SIRT1 在成脂分化中的作用

SIRT1 属于 NAD^+ 依赖的组蛋白去乙酰化酶 Sirtuin 蛋白家族，Sirtuin 蛋白是组蛋白去乙酰化酶（HDAC）的一类，属于第Ⅲ类。SIRT1 参与了众多基因转录、能量代谢以及细胞衰老过程的调节（Hallows 等，2006）。SIRT1 能与众多参与脂肪代谢的转录因子相互作用，如过氧化物酶体增殖物激活受体 PPARγ、PGC-1α、叉头转录因子 FOXO 等，调控并影响脂肪代谢，成为近年来备受人们关注的研究热点。

有学者研究表明，在 3T3-L1 细胞模型中，SIRT1 稳定超表达的细胞中脂肪沉积明显减少。反之，下调 SIRT1 则导致细胞中甘油三酯含量显著增加，所以，SIRT1 是脂肪生成的负调控子（Picard 等，2004）。在小鼠间充质细胞系 C3H10T1/2 和原代大鼠骨髓细胞中，当间充质干细胞向成骨细胞分化时，SIRT1 的活化降低了脂肪细胞的形成。然而，当用白藜芦醇处理细胞激活了SIRT1 后，降低了脂肪细胞标志基因 PPARγ 和 aP2 的表达，从而阻止了脂肪细

胞的发育。Frederic 等（2004）发现，SIRT1 通过抑制 PPARγ 表达来促进脂肪动员，减少脂肪生成。此外，研究表明 SIRT1 与 FOXO 转录因子的关系非常密切，二者相互作用。SIRT1 通过与 FOXO 蛋白相互作用或是通过调节 FOXO 或 FOXO 的靶基因来调控脂肪细胞分化。值得注意的是，SIRT1 在幼龄猪和成年猪的多种组织中均广泛表达；成年猪内脏脂肪 SIRT1 mRNA 表达与皮下脂肪的差异显著，说明 SIRT1 可能参与了成年猪皮下脂肪和内脏脂肪积脂能力差异的调控；在骨骼肌、皮下脂肪和内脏脂肪组织中，成年猪与幼龄猪 SIRT1 mRNA 的表达也出现了显著的差异；同时，SIRT1 在猪前体脂肪细胞和成熟脂肪细胞中均表达，并且其表达水平与 PPARγ2 和 FOXO1 的表达水平相关；这些结果表明了 SIRT1 在猪前体脂肪细胞的增殖和分化中具有重要的调控作用，是猪脂肪细胞增殖与分化的负调控子（白亮，2007）。

值得注意的是，MSC 细胞在向脂肪细胞定型的阶段受到多个胞内或胞外的信号分子的共同调控，这些信号分子通过影响一些特异性的转录因子，从而促进脂肪细胞的定型，这些信号包括 Wnt 信号等。Wnt 信号抑制 MSC 定型为前脂肪细胞，并且该信号在调控 MSC 的成脂定向过程中调控 MSC 命运选择，激活 Wnt/β-catenin 信号通路，促进 MSC 向成骨和成肌方向分化，而抑制 MSC 的脂肪定向和终末分化。此外，Wnt/β-catenin 信号通路受到 Wnt 通路的胞外拮抗物分泌型卷曲相关蛋白或 Wnt 抑制因子或胞内拮抗物等抑制。去乙酰化酶 SIRT1 对间充质干细胞命运选择具有决定性作用，激活 SIRT1 抑制了 MSC 细胞的成脂定向，而抑制 SIRT1 则促进了 MSC 细胞的成脂定向。其机制是一方面 SIRT1 通过去乙酰化 Wnt 信号的拮抗物启动子区域的组蛋白，抑制 Wnt 信号的拮抗物的表达，解除了对 Wnt 信号通路的拮抗，从而激活 Wnt 信号通路，抑制脂肪的生成；另一方面 SIRT1 通过去乙酰化 Wnt 信号的关键蛋白 β-catenin，促进 β-catenin 在核内的积累，促进 Wnt 信号通路靶基因活性，抑制脂肪的生成（周远飞，2014）。

在乙酰化与去乙酰化修饰调控成脂分化过程中，除去乙酰化酶 SIRT1 发挥重要作用外，HDACl/3 也可与 C/EBP 结合而调节 PPARγ 的表达，揭示了组蛋白的乙酰化修饰参与调节成脂分化的重要作用。目前的研究发现，去乙酰化酶抑制剂短时间预处理前脂肪细胞改变了其成脂分化的效率等（Haberland 等，2010）。

2. 去乙酰化酶 SIRT2 在成脂分化中的作用

SIRT2 也是 Sirtuin 蛋白家族成员之一，近年来被广泛研究，其在细胞周期调控、脂肪细胞分化、神经系统和衰老等生命过程中起重要的调控作用。有学者研究发现，在脂肪组织中和培养的前体脂肪细胞中，SIRT2 都比 Sirtiun 蛋白家族其他成员表达丰富，这也暗示了 SIRT2 在脂肪细胞分化中可能起着更重要的作用（Jing 等，2007）。SIRT2 在 3T3-L1 小鼠前脂肪细胞系的分化过程中表达下调，并且发现超表达 SIRT2 会抑制脂肪细胞的分化，反之，降低 SIRT2 的表达则会促进脂肪的合成。值得注意的是 SIRT2 抑制脂肪细胞的分化伴随 C/EBPα、PPARγ、Glut4、aP2、FAS 和 C/EBP 等 mRNA 水平的降低而降低。而且，SIRT2 通过调节 FOXO1 的乙酰化/磷酸化，在脂肪分化过程中起到潜在的重要作用。近几年来的研究也同样表明，SIRT2 抑制脂肪的形成是通过促进 FOXO1 与 PPARγ 的结合，进而抑制 PPARγ 的转录活性来完成的。此外，SIRT2 还有脂肪分解的作用，在能量限制和或禁食的状态下表达上升，从而促进成熟脂肪的分解以应对环境的变化。所以，SIRT2 具有抑制前体脂肪细胞分化和促进成熟脂肪细胞的分解的作用。SIRT2 是去乙酰化酶，可通过去乙酰化许多蛋白来调节生物体重要的生物学功能。在脂肪细胞分化过程中，SIRT2 不仅可以通过去乙酰化 FoxO1 来抑制脂肪细胞分化，并且 SIRT2 还可与 PGC-1β 相互作用，并去乙酰化 PGC-1β，进而调控猪前体脂肪细胞的分化（刘炳婷，2010）。

3. 去乙酰化酶 SIRT3 在成脂分化中的作用

SIRT3 是 Sirtuin 蛋白家族的成员之一，与 SIRT1 和 SIRT2 不同的是，SIRT3 主要定位在线粒体中，其众多的底物都和能量代谢过程有关，例如三羧酸循环、呼吸链、脂肪酸 β 氧化、酮体生成等。所以，SIRT3 在控制线粒体的氧化途径以及 ROS 的生成速率方面发挥着重要的作用。SIRT3 作为 Sirtuin 蛋白家族中主要定位在线粒体中且是线粒体内的主效去乙酰化酶，其通过调控线粒体内各种蛋白质的乙酰化修饰，调控线粒体的生长、发育和新陈代谢过程。

线粒体进行脂肪酸氧化呼吸，产生 ATP 为细胞活动供能，这与脂肪的消耗成正相关，作为细胞内进行脂肪酸氧化功能的核心细胞器，一般观点认为线粒体脂肪酸氧化是脂肪消耗的主要方式。但是最新的研究表明，随着 3T3L1 分化的进行，伴随着线粒体的大量增生（Tormos 等，2011）。脂肪细胞的分化是一个脂肪生成和储存的过程，所以，线粒体不仅与脂肪的消耗有关，也与脂肪的生成和储存以及与脂肪沉积也有重要联系。脂肪细胞分化的过程伴随着大量脂肪生成相关基因的表达、细胞形态改变、甘油三酯合成等，这些过程需要线粒体产生大量 ATP 供能；甘油的重新合成也需要丙酮酸羧化酶的参与，而此酶定位于线粒体中并发挥功能，因此甘油三酯的合成也需要线粒体的参与。有学者研究表明，在 3T3L1 细胞分化后以抗霉素处理，抑制线粒体的氧化呼吸功能可以显著促进细胞内脂质的积累（Vankoningsloo 等，2005）。若先以鱼藤酮处理 3T3L1 细胞抑制其呼吸链功能，再以分化诱导剂诱导分化，与对照相比处理组的细胞分化能力也显著减弱（Wilson-Fritch 等，2003）。所以，在分化诱导之前阻断线粒体的氧化呼吸可以抑制前脂肪细胞的成脂分化，而在分化诱导之后阻断线粒体氧化呼吸链则可显著抑制细胞内甘油三酯的积累。

SIRT3 作为调控线粒体功能的核心枢纽，参与了成脂分化的调控。脂肪细胞分化初期伴随着线粒体的大量生成，在分化后期线粒体数量显著减少；脂肪细胞分化过程中，伴随着 SIRT3 和 Beclin-1 等基因的上调表达，并且二者的时空表达模式与 PPARγ 非常相似；若干扰 PPARγ 的表达，SIRT3 和 Beclin-1 的表达均表现为下调；此外，免疫共沉淀结果显示 SIRT3 可以与 Beclin-1 发生相互作用，表明 Beclin-1 可能受到 SIRT3 的去乙酰化调控，所以在脂肪细胞分化过程中，PPARγ 通过上调 SIRT3 的表达，而后 SIRT3 通过去乙酰化修饰调节 Beclin-1 在细胞自噬和线粒体自噬中的活性，从而调控脂肪细胞内甘油三酯的合成和储存（金丹，2013）。

二、miRNA 在脂肪细胞的分化中的调控作用

MicroRNA（miRNA）属于非编码小分子 RNA，在动物细胞的增殖、分化、凋亡和代谢等许多生物学过程中发挥作用。microRNA 作为内源性非编码小 RNA（约 22 个核苷酸），能够与 mRNA 的 3′非翻译区结合，从而降解靶基因 mRNA 或抑制转录物的蛋白翻译，进而参与调控机体的发育、分化、凋亡和代谢过程等。研究显示大量 miRNA 也参与动物脂肪细胞的分化调节，在前体脂肪细胞向成熟脂肪细胞的分化过程中具有多种功能。脂肪形成过程中大量的 mRNA 也潜在地受 miRNA 的靶作用（Hackl 等，2005），一些 miRNA 能够明显地调节脂肪细胞的分化和功能（Esau 等，2004；Kajimoto 等，2006）。miRNA 作为小调控 RNA，研究其对脂肪细胞分化的调节作用，可以从一个新的角度了解脂肪组织的生长发育机理，所以，了解更多 miRNA 在脂肪细胞分化中的功能，也可以加深对动物脂肪形成分子机制的理解，并有可能将其作为脂类代谢性疾病治疗的潜在靶点。

近年来，越来越多的研究发现 miRNA 可调控脂肪细胞分化和脂质代谢等生理过程。miRNA 的表达具有明显的组织特异性，一些研究表明，在动物脂肪组织及脂肪细胞分化过程中存在大量 miRNA 的表达。有学者对 3T3-L1 前体脂肪细胞分化期间 miRNA 的表达情况进行了检测，构建了 3T3-L1 细胞前体和分化后不同时间阶段 miRNA 文库，从中筛选鉴定及在脂肪生成过程的表达进行了分析验证，确定有 65 种 miRNA 在脂肪形成过程中存在表达，其中 21 种 miRNA 的表达出现上调或下调（Kajimoto 等，2006）。不同的学者也相继用高通量的方法与技术对 miRNA 进行了进一步的筛选和研究（Esau 等，2004；Hackl 等，2005）。

脂肪生成过程受到大量 miRNA 的抑制或促进。这些 miRNA 通过靶向多功能干细胞（MSC 细胞）定向的过程中关键调控因子，如 BMP2 和 RUNX2 等，从而决定 MSC 细胞的命运。抑制 miRNA-143 表达后，脂肪特异性基因 PPARγ、aP2、GLUT4 和 HSL 等表达下调，甘油三酯积累减少。miRNA-103 在人和小鼠的前脂肪细胞分化过程中表达上调，超表达 miRNA-103 能够促进脂肪的形成，增加甘油三酯的积累和脂肪标志基因的表达（Esau 等，2004；Sun

等，2009)。miRNA-30家族在人脂肪来源的干细胞中是脂肪细胞分化的正调控因子，超表达miRNA-30a、miRNA-30d和miRNA-30c能促进脂肪生成（Zaragosi等，2011)。miRNA-210通过抑制Wnt信号通路中的Tcf7l2促进3T3-L1的前脂肪细胞的分化（Qin等，2010)。miRNA-146b也参与调控脂肪细胞分化，在小鼠3T3-L1前脂肪细胞中，miRNA-146b促进脂肪的形成，在肥胖小鼠中超表达miRNA-146b能够降低SIRT1的表达，而SIRT1的表达量与FOXO1的乙酰化及PPARγ的表达有关（Ahn等，2013)。此外，let-7及miRNA-27基因家族在3T3-L1前脂肪细胞分化中表达上调，过表达均会抑制脂肪细胞分化。miRNA-27可以阻断脂肪细胞分化关键基因PPARγ和C/EBPα的表达从而抑制脂肪细胞分化（Lin等，2009)。

彭永东（2014）基于5月龄大白猪和梅山猪的背部脂肪组织Solexa测序获得的差异表达的miRNA，通过对miRNA的序列分析、靶基因预测和功能分析等，靶定miRNA-224、miRNA-146b、miRNA-215和miRNA-135a，并对其作用和功能进行了研究。miRNA-224在脂肪细胞分化早期通过靶向EGR2抑制脂肪细胞的分化，在脂肪细胞分化晚期通过靶向ACSL4调控脂肪酸代谢；miRNA-146b在脂肪细胞分化早期通过靴向Runxltl和Smad4促进脂肪细胞分化；miRNA-215在脂肪细胞分化早期通过靶向FNDC3B和CTNNBIP1抑制脂肪细胞分化；miRNA-135a可能参与调控脂肪酸碳链的延长（彭永东，2014)。

综上，表观遗传学修饰在乙酰化、miRNA脂肪形成的过程中起着重要的调控作用，随着研究的不断深入，更多的表观遗传学修饰方式在脂肪生成中的作用将被发现和阐述，这也将更有助于揭示皮下脂肪和肌内脂肪的沉积和差异调控机理，为动物成产提供更多的理论指导和借鉴。

参考文献

[1] 白亮. Sirt1在猪脂肪细胞增殖分化过程中的调控作用. 西安：西北农林科技大学硕士学位论文，2007.

[2] 金丹. 猪Sirtuin家族基因的克隆及脂肪生成中SIRT3的功能研究. 武汉：华中农业大学博士学位论文，2013.

[3] 刘炳婷. Sirt2在猪前体脂肪细胞分化中的作用及其机理研究. 西安：西北农林科技大学硕士学位论文，2010.

[4] 彭永东. miR-224，miR-146b，miR-215和miR-135a对脂肪细胞分化和脂质代谢的作用研究. 武汉：华中农业大学博士学位论文，2014.

[5] 周远飞. SIRT1调控Wnt信号通路影响间充质干细胞成脂定向的机制. 武汉：华中农业大学博士学位论文，2014.

[6] Ahn J，Lee H，Jung C H，et al. MicroRNA-146b promotes adipogenesis by suppressing the SIRT1-FOXO1 cascade. EMBO Molecular Medicine，2013，5：1602-1612.

[7] Bejerholm C，Barton-Gade P. Effect of intramuscular fat level on eating quality of pig meat. Proceedings of the 32nd European meeting of meat research workers. 1986，2：389-391.

[8] Benito M, Porras A, Nebreda A R, et al. Differentiation of 3T3-L1 fibroblasts to adipocytes induced by transfection of ras oncogenes. Science, 1991, 253: 565-568.

[9] Bennett C N, Ross S E, Longo K A, et al. Regulation of Wnt signaling during adipogenesis. Journal of Biological Chemistry, 2002, 277: 30998-31004.

[10] Bost F, Aouadi M, Caron L, et al. The extracellular signal - regulated kinase isoform ERK1 is specifically required for in vitro and in vivo adipogenesis. Diabetes, 2005, 54: 402-411.

[11] Chau Y Y, Bandiera R, Serrels A, et al. Visceral and subcutaneous fat have different origins and evidence supports a mesothelial source. Nature Cell Biology, 2014, 16: 367-375.

[12] Darlington G J, Ross S E, MacDougald O A. The role of C/EBP genes in adipocyte differentiation. Journal of Biological Chemistry, 1998, 273: 30057-30060.

[13] Esau C, Kang X, Peralta E, et al. MicroRNA-143 regulates adipocyte differentiation. Journal of Biological Chemistry, 2004, 279: 52361-52365.

[14] Gardan D, Gondret F, Louveau I. Lipid metabolism and secretory function of porcine intramuscular adipocytes compared with subcutaneous and perirenal adipocytes. American Journal of Physiology-Endocrinology and Metabolism. 2006, 291: E372-E380.

[15] Gondret F, Guitton N, Guillerm-Regost C, et al. Regional differences in porcine adipocytes isolated from skeletal muscle and adipose tissues as identified by a proteomic approach. Journal of Animal Science, 2008, 86: 2115-2125.

[16] Haberland M, Carrer M, Mokalled M H, et al. Redundant control of adipogenesis by histone deacetylases 1 and 2. Journal of Biological Chemistry, 2010, 285: 14663-14670.

[17] Hackl H, Burkard T R, Sturn A, et al. Molecular processes during fat cell development revealed by gene expression profiling and functional annotation. Genome Biology, 2005, 6: R108.

[18] Hallows W C, Lee S, Denu J M. Sirtuins deacetylate and activate mammalian acetyl-CoA synthetases. Proceedings of the National Academy of Sciences, 2006, 103: 10230-10235.

[19] Hamm J K, El Jack A K, Pilch P F, et al. Role of PPARγ in Regulating Adipocyte Differentiation and Insulin-Responsive Glucose Uptake. Annals of the New York Academy of Sciences, 1999, 892: 134-145.

[20] Hausman G J, Poulos S. Recruitment and differentiation of intramuscular preadipocytes in stromal-vascular cell cultures derived from neonatal pig semitendinosus muscles. Journal of Animal Science, 2004, 82: 29-437.

[21] Hocquette J F, Gondret F, Baéza E, et al. Intramuscular fat content in meat-producing animals: development, genetic and nutritional control, and identification of putative markers. Animal, 2010, 4: 303-319.

[22] Jing E, Gesta S, Kahn C R. SIRT2 regulates adipocyte differentiation through FoxO1 acetylation/deacetylation. Cell metabolism, 2007, 6: 105-114.

[23] Kajimoto K, Naraba H, Iwai N. MicroRNA and 3T3-L1 pre-adipocyte differentiation. RNA, 2006, 12: 1626-1632.

[24] Kendall D M, Rubin C J, Mohideen P, et al. Improvement of Glycemic Control, Triglycerides, and HDL Cholesterol Levels With Muraglitazar, a Dual (α/γ) Peroxisome Proliferator - Activated Receptor Activator, in Patients With Type 2 Diabetes Inadequately Controlled With Metformin Monotherapy A double-blind, randomized, pioglitazone-comparative study. Diabetes Care, 2006, 29: 1016-1023.

[25] Lakshmanan S, Koch T, Brand S, et al. Prediction of the intramuscular fat content in loin muscle of

pig carcasses by quantitative time-resolved ultrasound. Meat science，2012，90：216-225.
[26] Lefterova M I，Lazar M A. New developments in adipogenesis. Trends in Endocrinology & Metabolism，2009，20：107-114.
[27] Lin Q，Gao Z，Alarcon R M，et al. A role of miR-27 in the regulation of adipogenesis. FEBS Journal，2009，276：2348-2358.
[28] Linhart H G，Ishimura-Oka K，DeMayo F，et al. C/EBPα is required for differentiation of white，but not brown，adipose tissue. Proceedings of the National Academy of Sciences，2001，98：12532-12537.
[29] McPherson R，Gauthier A. Molecular regulation of SREBP function：the Insig-SCAP connection and isoform-specific modulation of lipid synthesis. Biochemistry and Cell Biology，2004，82：201-211.
[30] Mueller E，Drori S，Aiyer A，et al. Genetic analysis of adipogenesis through peroxisome proliferator-activated receptorαisoforms. Journal of Biological Chemistry，2002，277：41925-41930.
[31] Nakajima A，Yoneda M，Takahashi H，et al. The roles of PPARs in digestive diseases. Nihon rinsho. Japanese Journal of Clinical Medicine，2005，63：665-671.
[32] Noer A，Sørensen A L，Boquest A C，et al. Stable CpG hypomethylation of adipogenic promoters in freshly isolated，cultured，and differentiated mesenchymal stem cells from adipose tissue. Molecular Biology of the Cell，2006，17：3543-3556.
[33] Patrici A. Eating quality of pork in Denmark. Pig Farming (supplement)，1985，10：56-57.
[34] Peserico A，Simone C. Physical and functional HAT/HDAC interplay regulates protein acetylation balance. BioMed Research International，2010，2011.
[35] Picard F，Kurtev M，Chung N，et al. Sirt1 promotes fat mobilization in white adipocytes by repressing PPAR-γ. Nature，2004，429：771-776.
[36] Poulos S，Hausman G. Intramuscular adipocytes-potential to prevent lipotoxicity in skeletal muscle. Adipocytes，2005，1：79-94.
[37] Puente L G，He J S，Ostergaard H L. A novel PKC regulates ERK activation and degranulation of cytotoxic T lymphocytes：Plasticity in PKC regulation of ERK. European Journal of Immunology，2006，36：1009-1018.
[38] Qin L，Chen Y，Niu Y，et al. A deep investigation into the adipogenesis mechanism：Profile of microRNAs regulating adipogenesis by modulating the canonical Wnt/β-catenin signaling pathway. BMC Genomics，2010，11：320.
[39] Rosen E D，MacDougald O A. Adipocyte differentiation from the inside out. Nature Reviews Molecular Cell Biology，2006，7：885-896.
[40] Rosen E D，Spiegelman B M. What we talk about when we talk about fat. Cell，2014，156：20-44.
[41] Ross S E，Hemati N，Longo K A，et al. Inhibition of adipogenesis by Wnt signaling. science，2000，289：950-953.
[42] Sanchez-Gurmaches J，Hung C M，Sparks C A，et al. PTEN loss in the Myf5 lineage redistributes body fat and reveals subsets of white adipocytes that arise from Myf5 precursors. Cell Metabolism，2012，16：348-362.
[43] Shi-Zheng G，Su-Mei Z. Physiology，affecting factors and strategies for control of pig meat intramuscular fat. Recent patents on food，nutrition & agriculture，2009，1：59-74.
[44] Skiba G，Weremko D，Fandrejewski H，et al. The relationship between the chemical composition of the carcass and the fatty acid composition of intramuscular fat and backfat of several pig breeds slaughtered at different weights. Meat science，2010，86：324-330.

[45] Shimomura I, Bashmakov Y, Ikemoto S, et al. Insulin selectively increases SREBP-1c mRNA in the livers of rats with streptozotocin-induced diabetes. Proceedings of the National Academy of Sciences, 1999, 96: 13656-13661.

[46] Sowa Y, Imura T, Numajiri T, et al. Adipose stromal cells contain phenotypically distinct adipogenic progenitors derived from neural crest. 2013.

[47] Spiegelman B M, Puigserver P, Wu Z. Regulation of adipogenesis and energy balance by PPARg and PGC-1. Internationnal Journal of Obesity and Related Metabolic Disorders, 2000, 24: S8-S10.

[48] Sun F, Wang J, Pan Q, et al. Characterization of function and regulation of miR-24-1 and miR-31. Biochemical and biophysical Research Communications, 2009, 380: 660-665.

[49] Sun T, Fu M, Bookout A L, et al. MicroRNA let-7 regulates 3T3-L1 adipogenesis. Molecular Endocrinology, 2009, 23: 925-931.

[50] Tormos K V, Anso E, Hamanaka R B, et al. Mitochondrial complex III ROS regulate adipocyte differentiation. Cell metabolism, 2011, 14: 537-544.

[51] Vankoningsloo S, Piens M, Lecocq C, et al. Mitochondrial dysfunction induces triglyceride accumulation in 3T3-L1 cells: role of fatty acid β-oxidation and glucose. Journal of Lipid Research, 2005, 46: 1133-1149.

[52] Wilson-Fritch L, Burkart A, Bell G, et al. Mitochondrial biogenesis and remodeling during adipogenesis and in response to the insulin sensitizer rosiglitazone. Molecular and Cellular Biology, 2003, 23: 1085-1094.

[53] Zaragosi L E, Wdziekonski B, Brigand K L, et al. Small RNA sequencing reveals miR-642a-3p as a novel adipocyte-specific microRNA and miR-30 as a key regulator of human adipogenesis. Genome Biology, 2011, 12: R64.

[54] Zhou X, Li D, Yin J, et al. CLA differently regulates adipogenesis in stromal vascular cells from porcine subcutaneous adipose and skeletal muscle. Journal of lipid research, 2007, 48: 1701-1709.

[55] Zhou Y, Peng J, Jiang S. Role of histone acetyltransferases and histone deacetylases in adipocyte differentiation and adipogenesis. European journal of cell biology, 2014, 93: 170-177.

[56] Zuo Y, Qiang L, Farmer S R. Activation of CCAAT/enhancer-binding protein (C/EBP) α expression by C/EBPβ during adipogenesis requires a peroxisome proliferator-activated receptor-γ-associated repression of HDAC1 at the C/ebpα gene promoter. Journal of Biological Chemistry, 2006, 281: 7960-7967.